"十三五"国家重点出版物出版规划项目

智能制造与装备制造业转型升级丛书

工业机器人实战应用及调试

黄风 编著

机械工业出版社

本书从实用的角度出发，对工业机器人的选型、系统集成、实用配线、特殊功能、编程指令、状态变量、参数功能及设置、工业机器人与触摸屏的联合使用、工业机器人与视觉系统的联合使用等方面做了深入浅出的介绍，提供了大量的程序指令解说案例。

本书根据实际的应用成果，介绍了工业机器人在抛光、测量分拣、码垛、同步喷漆、数控机床的上下料等方面的应用。这些应用是作者实际工作经验的总结，可以为从事机器人的设计、集成、编程和调试的工程技术人员提供实用的参考，也可以使高校学生在学习一定的基础知识后，了解如何在实际的项目中配置和设计机器人集成项目，架起了从书本知识到实际应用的一条快速通道。

本书适合机器人设计应用行业、自动控制行业的从业人员阅读参考，也是高职高专学生和教师的一本优秀的参考教材。

图书在版编目（CIP）数据

工业机器人实战应用及调试/黄风编著 .—北京：机械工业出版社，2021.9（2024.1重印）

（智能制造与装备制造业转型升级丛书）

"十三五"国家重点出版物出版规划项目

ISBN 978-7-111-69663-6

Ⅰ.①工…　Ⅱ.①黄…　Ⅲ.①工业机器人　Ⅳ.①TP242.2

中国版本图书馆 CIP 数据核字（2021）第 244833 号

机械工业出版社（北京市百万庄大街 22 号　邮政编码 100037）
策划编辑：林春泉　　　　　　责任编辑：林春泉　翟天睿
责任校对：陈　越　　张　薇　封面设计：鞠　杨
责任印制：邓　博
北京盛通数码印刷有限公司印刷
2024 年 1 月第 1 版第 2 次印刷
184mm×260mm·28 印张·693 千字
标准书号：ISBN 978-7-111-69663-6
定价：139.00 元

电话服务　　　　　　　　　　网络服务
客服电话：010-88361066　　机　工　官　网：www.cmpbook.com
　　　　　010-88379833　　机　工　官　博：weibo.com/cmp1952
　　　　　010-68326294　　金　书　网：www.golden-book.com
封底无防伪标均为盗版　　　　机工教育服务网：www.cmpedu.com

前　言

近年来，工业机器人在制造领域的应用如火如荼，工业机器人是智能制造的核心技术。本书从实用的角度出发，对工业机器人的选型、系统集成、实用配线、特殊功能、编程指令、状态变量、参数功能及设置、工业机器人与触摸屏的联合使用、工业机器人与视觉系统的联合使用等方面做了深入浅出的介绍，提供了大量的程序指令解说案例。

本书根据实际的应用成果，介绍了工业机器人在抛光、测量分拣、码垛、同步喷漆、数控机床的上下料等方面的应用。这些应用是作者实际工作经验的总结，可以为从事机器人的设计、集成、编程和调试的工程技术人员提供实用的参考，也可以使高校学生在学习一定的基础知识后，了解如何在实际的项目中配置和设计机器人集成项目，架起了从书本知识到实际应用的一条快速通道。

本书第1~9章是机器人的理论介绍，是机器人应用的理论基础。主要介绍了机器人的选型、配线、特殊功能、编程指令、状态变量、函数、参数功能及设置。读者可以根据自身的需要选读其中的章节。第4章介绍的是最常用的编程指令，第5章介绍了全部的编程指令。在第8章中，结合软件的使用对重点参数的功能及设置做了说明，这也是从使用者的角度出发编写的。

本书第10~19章是实际使用的案例，包括了触摸屏与机器人的联合使用，视觉系统与机器人的联合使用，机器人在抛光、测量分拣、码垛、同步喷漆、数控机床的上下料等方面的应用。重点介绍了面对客户的要求，如何提出解决方案、配置系统硬件、宏观地分析工作流程和绘制工作流程图，以及如何编制机器人的相关程序。本书提供的应用案例对工程技术人员有很大的帮助。

本书第20章介绍了机器人视觉追踪的理论、指令应用、参数设置和编程实例，这是机器人应用比较高端的部分。

感谢林步东先生对本书提供的大力支持。

由于作者学识有限，书中不免有错误和遗漏，希望读者提出批评指教。

作者邮箱：hhhfff57710@163.com

目　录

第1章 工业机器人的技术规格及选型

本章主要介绍实用机器人的技术规格，这在选型时是十分重要的。

1.1 机器人概述

1. 机器人的基本知识

机器人实质上是一套由运动控制器控制，可以实现多轴联动的多关节型工业机械。工业机器人系统可分为：

（1）机器人本体　包含机械构件（各关节）和伺服电动机，伺服电动机已经安装在本体上。

（2）控制器　包括控制CPU、伺服驱动器、基本I/O，以及各种通信接口（USB/以太网）。

（3）示教单元　示教单元也称为"手持操作器"（简称TB），用于手动操作机器人运行，确定各工作点、JOG运行、设置参数、设置原点、显示机器人工作状态。

（4）附件　抓手和各种接口板、电缆。

2. 机器人的功能

本书以三菱机器人为例，介绍机器人的功能及规格。以下如不特别提及，均指三菱机器人。

1）机器人可以由一套控制器控制做单机运行。

2）机器人可以装在三菱QPLC平台上作为其中的一个运动CPU运行，类似于C70数控系统。

3）机器人可以配置一个CCLINK卡，作为CCLINK总线中的一个站。

4）机器人还可以连接附加"通用伺服轴"，控制九个伺服轴运行。

5）机器人可以连接触摸屏，由触摸屏进行控制。

3. 机器人的型号

（1）垂直多功能机器人型号标注的含义　垂直多功能机器人的型号标注如图1-1所示。

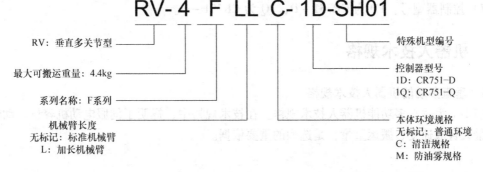

图1-1　垂直多功能机器人的型号标注规则

图 1-1 中标注说明如下：

1）机器人型号分类：RV 为垂直机器人，RH 为水平机器人。

2）最大可搬运重量：4 为 4.4kg，7 为 7kg，13 为 13kg，20 为 20kg。

3）系列名称：F 系列。

4）轴数：无标记为 6 轴型，J 为 5 轴型。

5）机械臂长度：无标记为标准机械臂；L 加长机械臂。

6）环境规格和保护规格：无标记为一般环境（IP40），M 为防油雾规格（IP67），C 为清洁规格（ISO 等级 3）。

7）控制器类型：D 为独立控制器，Q 为 Q 系列控制器。

8）特殊机型编号：限于订购了特殊规格的情况，例如，－SHxx 表示配线/配管内装规格。

（2）水平多功能机器人型号标注的含义　水平多功能机器人的型号标注如图 1-2 所示。

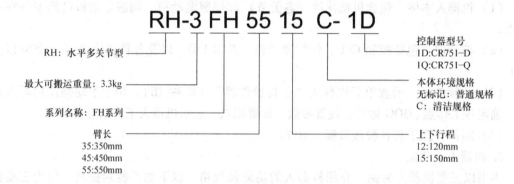

图 1-2　水平多功能机器人型号标注

图 1-2 中标注说明如下：

1）RH 为水平多关节型。

2）最大可搬运重量：3.3kg/6kg/12kg。

3）系列名称：FH 系列。

4）臂长：35：350mm，45：450mm，55：550mm。

5）上下行程：12：120mm，15：150mm。

6）本体环境规格：无标记为普通规格，C 为清洁规格。

7）控制器型号：1D 为 CR751－D，1Q 为 CR751－Q。

1.2　机器人技术规格

1.2.1　垂直多功能机器人技术规格

表 1-1 为垂直多功能机器人技术规格。在技术规格中，标明了伺服电动机容量、动作范围、最大合成速度、搬运重量，是选型的重要依据。

表 1-1　垂直多功能机器人技术规格

型号		单位	规格			
			RV-4F	RV-4FL	RV-7F	RV-7FL
环境规格			未标注：一般，C：清洁，M：防油雾			
动作自由度			6	6	6	6
安装方式			落地、吊顶、挂壁			
结构			垂直多关节			
驱动方式			AC 伺服电动机/带全部轴制动			
位置检测方式			绝对值编码器			
电动机容量	J1	W	400		750	
	J2		400		750	
	J3		100		400	
	J4		100		100	
	J5		100		100	
	J6		50		50	
动作范围	J1	°	480			
	J2		240		-115~125	-110~130
	J3		0~161	0~164	0~156	0~162
	J4		±200	±200	±200	±200
	J5		±120			
	J6		±360			
最大速度	J1	°/s	450	420	360	288
	J2		450	336	401	321
	J3		300	250	450	360
	J4		540		337	
	J5		623		450	
	J6		720			
最大动作半径		mm	514.5	648.7	713.4	907.7
最大合成速度		mm/s	9000		11000	
可搬运重量		kg	4	4	7	7
位置重复精度		mm	±0.02			
循环时间		s	0.36		0.32	0.35
环境温度		℃	0~40			
本体重量		kg	39	41	65	67
允许力矩	J4	N·m	6.66		16.2	
	J5		6.66		16.2	
	J6		3.90		6.86	
允许惯量	J4	kg·m²	0.20		0.45	
	J5		0.20		0.45	
	J6		0.10			

1.2.2　水平多功能机器人技术规格

表1-2为水平多功能机器人技术规格。在技术规格中，标明了臂长、动作范围、最大合成速度、搬运重量、位置重复精度等参数，是选型的重要依据。水平多功能机器人多用于平面搬运和垂直搬运。

表1-2　水平多功能机器人技术规格

参数		单位	规　　格		
			RH – 6FH35 ＊＊/M/C	RH – 6FH45 ＊＊/M/C	RH – 6FH55 ＊＊/M/C
环境规格			未标注：一般，C：清洁，M：防油雾		
动作自由度			4	4	4
安装方式			落地		
结构			水平多关节		
驱动方式			AC 伺服电动机		
位置检测方式			绝对值编码器		
臂长	No1 臂长	mm	125	225	325
	No2 臂长		225		
				100	400
				100	100
				100	100
				50	50
动作范围	J1	°	340		
	J2		290		
	J3	mm	＊＊=20：200　　　＊＊=34：340		
	J4	°	720		
最大速度	J1	°/s	400		
	J2		670		
	J3	mm/s	2400		
	J4	°/s	2500		
最大动作半径		mm	350	450	550
最大合成速度		mm/s	6900	7600	8300
可搬运重量		kg	最大6（额定3）		
位置重复精度		mm	±0.010		
循环时间		s	0.29		
环境温度		℃	0 ~ 40		
本体重量		kg	36	36	37
允许惯量	额定	kg · m²	0.01		
	最大		0.12		

1.3　技术规格中性能指标的解释

1.3.1　机器人技术规格名词术语

（1）动作自由度　机器人的动作维度，有几个电动机轴就有几个自由度。

（2）安装方式　机器人的可安装方式，有落地、吊顶、挂壁等方式。

（3）驱动方式　机器人各轴的动力源，一般采用交流伺服电动机。

（4）位置检测　检测机器人各轴运行位置，采用绝对位置编码器。

（5）动作范围　J1～J6 轴以°为单位。

（6）最大速度　J1～J6 轴以°/s 为单位。

（7）最大动作半径　在基本坐标系内，控制点的动作半径范围，以 mm 为单位（以机械 IF 坐标原点为控制点）。

（8）最大合成速度　控制点在 X－Y－Z 方向上的最大矢量速度。

（9）可搬运重量　机器人能够搬运移动物体的重量，以 kg 为单位，是非常重要的指标。

（10）位置重复精度　按规定的路径和速度多次反复定位的精度（0.02mm）。

1.3.2　负载重量及其他影响因素

1. 负载重心的影响

当负载重心偏置过大时，可能会影响正常运行并报警。负载重心对搬运重量的影响如图 1-3 所示。选型时应查看机器人规格手册的相关图表。

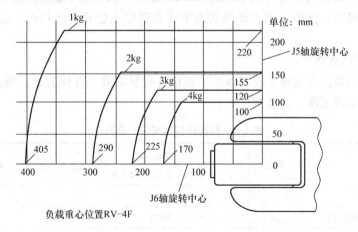

图 1-3　负载重心对搬运重量的影响

2. 负载重量与速度、加减速度的关系

机器人根据设置的负载重量自动设置最佳加减速度和最大速度。因此，必须正确设置负载重量数据（抓手及工件的重量、大小）。根据动作模式、环境温度的变化，有可能会发生振动、误差过大、过负载、过热等报警。必须要以 +20% 的范围为标准来更改设置值，如果设置值低于实际负载，则有可能会缩短机器人使用寿命。

3. 负载重量、大小的参数设置（抓手条件）

在最佳加减速参数 HNDDAT＊中设置抓手的重量、大小；在参数 WRKDAT＊中设置工件的重量、大小，两者各有 0～8 共九种设置可选。

指令设置方法：可在机器人程序中，通过"LoadSet"指令，对使用的 HNDDAT＊、WRKDAT＊进行设定。

4. 关于机器人低速动作中的机械臂前端的振动

随着机器人的动作、抓手重量、抓手惯性的不同组合，在机器人低速动作中机械臂前端的振动有可能变大，这是由于机械臂的固有振动频率接近于机械臂驱动电动机的运动频率。通过以下处理可以减少机械臂前端的振动：

1）通过 Ovrd 指令将速度从高速向低速降低约 5%。

2）对示教点进行更改、移动。

3）对抓手重量、抓手惯性进行更改。

4）慢速上升时，也可能会报警，因此选型时要保证有较大的余量。

5. 关于碰撞检测功能

机器人装备有"碰撞检测功能"，出厂时的初始设置为"碰撞检测功能无效状态"。"碰撞检测功能"的有效/无效状态可设置参数 COL 及 olChk。"碰撞检测功能"是通过机器人的动力学模型，在随时计算动作所需转矩的同时，对异常现象进行检测。因此，当抓手、工件条件的设置（参数：HNDDAT＊、WRKDAT＊的设置值）与实际相差过大，或速度、电动机转矩急剧变动运行时，急剧的转矩变化可能会被检测为"碰撞"。在这种情况下，根据实际对碰撞检测等级设置参数（COLLVL、COLLVLJG）可以对"碰撞检测"的灵敏度进行优化，降低损坏风险。此外，当在低温状态下或长期停止后开机运行时，必须先进行预热运行。

1.3.3　控制器技术规格

表 1-3 为控制器技术规格。控制器技术规格有控制轴数、存储容量、可控制的输入/输出点数、可使用电源范围、内置接口等。

表1-3　控制器技术规格一览表

参数		单位	规格 CR751－Q，CR751－D	备注
控制轴数			最多 6 轴	
存储容量	示教位置数	点	39000	
	步数	步	78000	
	程序个数	个	512	
编程语言			MELFA－BASIC V	
位置示教方式			示教方式或 MDI 方式	
外部输入/输出	输入/输出	点	输入点/输出点	最多可扩展至 I256/O256
	专用输入/输出	点	分配到专用输入/输出点	"STOP"1 点为固定
	抓手开闭输入/输出	点	输入 8 点/输出 8 点	内置
	紧急停止输入	点	1	冗余

（续）

参数		单位	规格	备注
			CR751 - Q，CR751 - D	
外部输入/输出	门开关输入	点	1	冗余
	可用设备输入	点	1	冗余
	紧急停止输出	点	1	冗余
	模式输出	点	1	冗余
	机器人出错输出	点	1	冗余
	附加轴同步	点	1	冗余
	模式切换开关输入	点	1	冗余
接口	RS422	端口	1	TB 专用
	以太网	端口	1	
	USB	端口	1	
	附加轴接口	通道	1	SCNET Ⅲ 与 MR - J3 - B、MR - J4 - B 连接
	跟踪接口	通道	2	连接编码器
	选配件插槽	插槽	2	连接选购件 I/O
电源	输入电压范围	V	RV - 4F 系列： 单相 AC 180 ~ 253V RV - 7F/13F 系列： 三相 AC 180 ~ 253V，或 单相 AC 207 ~ 253V	
	电源容量	kVA	RV - 4F 系列：1.0 RV - 7F 系列：2.0 RV - 13F 系列：3.0	
	频率	Hz	50/60	

1.3.4　控制器有关规格的名词术语

（1）存储容量

1）示教位置点数：39000，指可以使用的位置点数量。

2）步数：指一个程序内的程序步数，例如 78000 步。

3）程序个数：512，指可以同时存放在控制器内的程序数量。

（2）编程语言　编制机器人动作程序使用的程序语言，如 MELFA - BASIC V。

（3）位置示教方式　使用示教单元驱动机器人本体，对当前位置进行记录的方式。

（4）MDI 方式　MDI 是 Manual Data Input 的缩写，是指直接输入数值确定工作点的方式。

（5）外部输入/输出　通过使用外部 I/O 单元或 I/O 模块，可扩展的输入点/输出点数量，例如 I265/O256。

（6）专用输入/输出　由控制器内部已经定义的输入/输出功能。

（7）抓手开闭输入/输出　专门用于控制抓手的输入/输出点，例如 I8/O8。

（8）RS422 通信口 控制器内置的串行通信口，TB（示教单元）专用。

（9）以太网通信口 控制器内置的以太网通信口，10BASE–T/100BASE–Tx。

（10）USB 接口 控制器内置的 USB 通信口，用于连接计算机与机器人。

（11）附加轴接口 控制器内置通信口，用于 SCNET Ⅲ 与 MR–J3–B、MR–J4–B 系列伺服驱动器的连接。

（12）采样接口 控制器内置编码器信号接口，用于视觉追踪等场合连接编码器使用。

（13）选配件插槽 控制器内置的插口，用于安装外部 I/O 卡。

（14）输入电压范围 控制器使用的电压范围。

1）RV–4F 系列：单相 AC 180～253V。

2）RV–7F/13F 系列：三相 AC 180～253V，或单相 AC 207～253V。

（15）电源容量（kVA）

1）RV–4F 系列：1.0。

2）RV–7F 系列：2.0。

3）RV–13F 系列：3.0。

第 2 章　工业机器人实用控制系统的构建和配线

本章介绍机器人与控制器的各部分名称及用途，以及机器人实用控制系统的构建和配线方法。

2.1　机器人各部分名称及用途

垂直型 6 轴机器人各部分名称如图 2-1 所示。

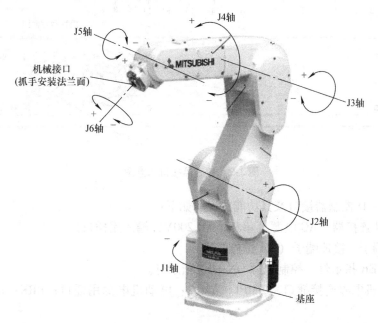

图 2-1　机器人各部分名称

以垂直型 6 轴机器人为例，说明各部分名称及用途。

（1）基座　基座是安装机器人的机械构件。基座的中心点就是机器人基本坐标系的原点。垂直型机器人可采用落地式、吊顶式、挂壁式等方式安装。

（2）各轴旋转方向　J1 轴、J2 轴、J3 轴、J4 轴、J5 轴、J6 轴各自在空间的旋转方向如图 2-1 所示。

（3）抓手安装法兰面　抓手安装法兰面在 J6 轴上，用于安装抓手。法兰面的中心就是机械接口坐标系的原点。

2.2　控制器各部分接口名称及用途

在机器人系统中，机器人本体与控制器是分离的，就像数控机床中，机床本体与控制器是分离的。本节将以 CR751－D（独立型）控制器为例，说明控制器各接口的作用，如图 2-2 所示。

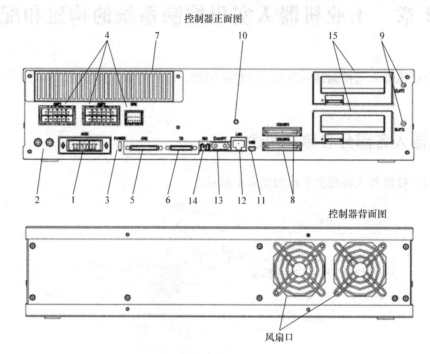

图 2-2　控制器接口示意图

对 CR751－D 控制器接口及其功能的说明如下：

（1）ACIN 连接器　AC 电源（单相，AC 200V）输入用插口。

（2）PE 端子　接地端子（M4 螺栓两处）。

（3）POWER 指示灯　控制电源 ON/OFF 指示灯。

（4）电动机电源连接插口　AMP1，AMP2：电动机电源用插口；BRK：电动机制动器插口。

（5）电动机编码器连接插口　CN2：电动机编码器插口。

（6）示教单元连接插口（TB）　R33TB：连接专用（未连接示教单元时安装假插头）。

（7）过滤器盖板　空气过滤器、电池安装两用。

（8）CNUSR 插口　机器人专用输入/输出插口（附带插头 CNUSR1、CNUSR2）。

（9）接地端子　接地端子（M3 螺栓，上下两处）。

（10）充电指示灯（CRARGE）　机器人伺服 ON，控制器内的电源基板上积累电能时，本指示灯 ON（红色）。电源 OFF 后经过一定时间（几分钟）后灯 OFF。

（11）USB 插口　用于 USB 连接。

（12）LAN 插口　以太网连接插口。

（13）ExtOPT 插口　附加轴连接用插口。

（14）RIO 插口　扩展输入/输出模块用插口。

（15）选配件插槽　选配件卡安装用插槽（SLOT1、SLOT2）。

2.3　机器人与控制器连接

2.3.1　机器人本体与控制器连接

机器人本体与控制器的连接如图 2-3 所示。

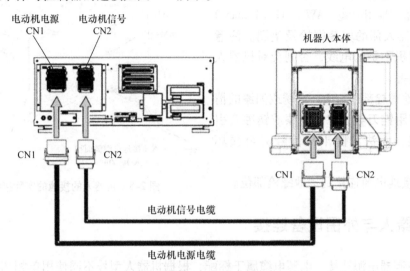

图 2-3　机器人本体与控制器的连接

机器人本体与控制器主要由两条电缆连接：

1）电源电缆，通过 CN1 口连接。

2）编码器反馈电缆，通过 CN2 口连接。

2.3.2　机器人的接地

1. 接地方式

接地是一项很重要的工作，接地不良会导致烧毁机器、伤人或干扰引起的误动作，所以在机器人安装连接时务必接地。

1）接地方式有如图 2-4 所示的三种方法，机器人本体及机器人控制器应尽量采用专用接地，如图 2-4a 所示。

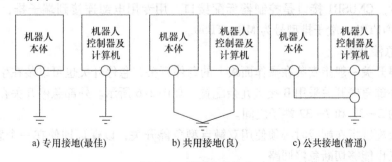

图 2-4　机器人的接地

2）接地工程应采用 D 种接地（接地电阻 100Ω 以下），与其他设备分开的专用接地为最佳。

3）接地用电线应使用 AWG #11（4.2mm²）以上的电线，接地点应尽量靠近机器人本体、控制器，以缩短接地用电线的距离。

2. 接地要领

接地线的连接如图 2-5 所示。

1）准备接地用电缆［AWG #11（4.2mm²）以上］及机器人侧的安装螺栓及垫圈。注意不要使截面积不足的电线，否则会对机器人系统造成损害。

2）接地螺栓部位（A）有锈或油漆的情况下，应使用锉刀等去除，油漆或锈蚀会引起接地不良，无法消除干扰信号甚至损坏机器。

3）将接地电缆连接到接地螺栓部位。

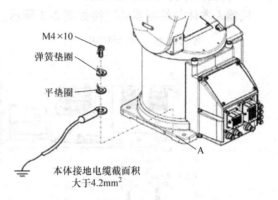

图 2-5　机器人的接地的实际接线

2.4　机器人与外围设备连接

（1）控制器电源连接　电源电缆属于标配，根据机器人型号不同使用单相 220V 电源或三相 220V 电源，需要使用一个能够提供三相 220V 的变压器。

请注意不能够直接使用工业用三相 380V 电源，否则会立即烧毁控制器，在主电源回路中还应该接入断路器。

（2）控制器与 GOT 的连接　通过以太网口连接。

（3）控制器与计算机的连接　可以通过以太网口连接，也可以通过 USB 连接，实际使用中多通过 USB.2 连接。

2.5　急停及安全信号

外部急停开关和门保护开关的接线如图 2-6 所示，这些开关信号都接入 CNUSR1 接口，如图 2-7 所示。CNUSR1 接口是控制器标配接口，用专用电缆连接到端子排，电缆名称为 MR－J2M－CN1TBL，端子排型号为 MR－TB50。

1. 外部急停开关

外部急停开关一般指安装在操作面板上的急停开关，急停开关也可以装在生产线的任何必要部位。外部急停开关采用 B 接点冗余配置，如图 2-6 所示。外部急停开关在 CNUSR1 接口引出电缆的 2—37 和 7—32 端子之间。

所谓冗余配置指在配线时必须使用双触点型急停开关，以保证即使在一个触点失效时，另外一个触点也能够切断急停回路。

2. 门开关

1）门开关用于检测工作门的开启/关闭状态，门开关采用 B 接点冗余配置。在正常状态下，门保护开关的功能是在设备的防护门被打开时使机器人伺服系统 = OFF，停止动作，

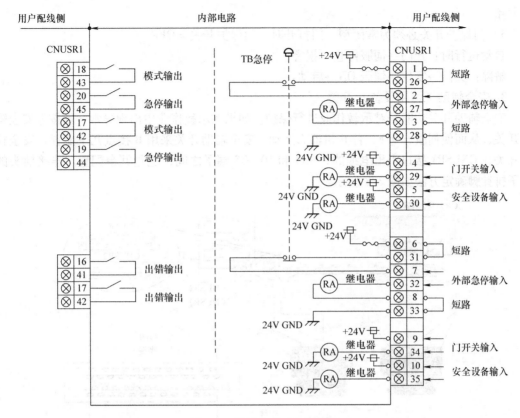

图 2-6　外部安全开关的配线

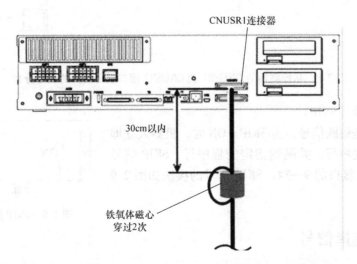

图 2-7　从控制器的 CNUSR1 接口引出的"特别输入/输出信号"

起到安全保护作用。设备的门打开以后，机器人停止运行，以免出现伤人事故。门开关的功能是使伺服 = ON/OFF。

2）门开关在 CNUSR1 接口引出电缆的 4—29 和 9—34 端子之间。所谓冗余配置指在配线时必须使用双触点型开关，以保证即使在一个触点失效时，另外一个触点也能够切断门开关回路。

3）门保护开关必须为常闭型。门打开时，门保护开关 = OFF。

自动运行时：开门→伺服停止→报警；

解除：关门→复位→伺服 ON→启动。

3. 安全辅助（可用设备）开关

安全辅助开关功能是对示教作业进行保护。如果在示教作业中出现异常，则按下安全辅助开关，从而使伺服 = OFF，停止机器人运动。安全辅助开关采用 B 接点冗余配置，安全辅助开关在 CNUSR1 接口引出电缆的 5—30 和 10—35 端子之间，也是冗余配置。连接插头的端子排针脚确定方法如图 2-8 所示。

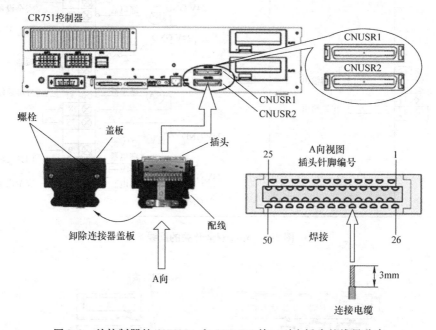

图 2-8　从控制器的 CNUSR1 和 CNUSR2 接口引出插头的线号分布

4. 跳跃信号（SKIP）

SKIP 信号是跳跃信号，当 SKIP = ON 时，机器人立即停止执行当前程序行，并跳到指定的程序行。SKIP 信号端子在 CNUSR2 接口的 9—34。SKIP 信号的接法如图 2-9 所示。

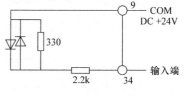

图 2-9　SKIP 信号的接法

2.6　模式选择信号

工作模式选择是指选择机器人的工作模式，机器人的工作模式有自动模式和手动模式。

（1）自动模式　通过（操作面板上的）外部信号控制"程序"启动或停止，要将操作权信号切换为外部信号有效。

（2）手动模式　通过示教单元的 JOG 模式操作机器人动作。

工作模式选择的信号标配在 CNUSR1 接口的规定信号端子 49—24、50—25，如图 2-10

和表 2-1 所示（源型接法，24V 电源由控制器提供）。

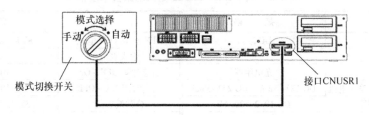

图 2-10　模式选择开关的电缆接口

表 2-1　模式选择开关的针脚编号

针脚编号和功能（接口 CNUSR1）		切换模式	
针脚编号	功能	手动	自动
49	1 系统输入	OFF	ON
24	1 系统输入 + 24V		
50	2 系统输入	OFF	ON
25	2 系统输入 + 24V		

2.7　I/O 信号的连接及功能定义

除了控制器标配的（CNUSR1/CNUSR2）输入/输出信号（急停信号、安全信号、模式选择信号）之外，为了实现更多的控制功能，包括对外部设备的控制和信号检测，实用的机器人系统需要使用更多的 I/O 信号。机器人系统可以扩展的外部 I/O 信号为 256/256 点。扩展外部 I/O 信号的方法可以通过配置"I/O 模块"和"I/O 接口板"实现。

2.7.1　实用板卡配置

机器人系统配置的外部 I/O 模块有板卡型和模块型两种：

1. 板卡型

1）板卡型 2D – TZ368、2D – TZ378 可直接插接在控制器的 SLOT1、SLOT2 的插口（32 点输入、32 点输出）。

2）板卡必须有对应的站号。这与一般控制系统相同，只有设置站号，才能分配确定 I/O 地址。使用板卡型 I/O 时，站号根据插入的 SLOT 确定。

SLOT1 = 站号 1　　　　SLOT2 = 站号 2

2. 模块型

模块型输入/输出单元配置有外壳，相对独立，通过专用电缆与控制器连接。

2.7.2　板卡 2D – TZ368（漏型）的输入/输出电路技术规格

1. 输入电路技术规格

板卡 2D – TZ368 输入电路技术规格见表 2-2。

1）输入电压：DC 12 ~ 24V。

2）输入点数：32 点。

3）公共端方式：32 点共一个公共端。

表2-2　板卡2D – TZ368 输入电路技术规格

项　目	规　格	项　目	规　格
形式	DC 输入	OFF 电压/OFF 电流	DC 4V 以下/1mA 以下
输入点数	32	输入电阻	2.7kΩ
绝缘方式	光电绝缘	响应时间 OFF – ON	10ms 以下
额定输入电压/额定输入电流	DC 12V/3mA，DC 24V/9mA	响应时间 ON – OFF	10ms 以下
使用电压范围	DC 10.2 ~26.4V	公共端方式	32 点共一个公共端
ON 电压/ON 电流	DC 8V 以上/2mA 以上	外线连接方式	连接器

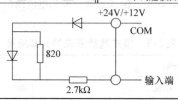

所谓公共端 COM 是指板卡本身这些输入点的公共端，一个板卡上有32个输入点，这些输入点的接法一样，所以就有一个公共接点（漏型，共 DC +24V）。在一个回路中，输入模块的"点"可视作"负载"。

4）漏型/源型接法：开关点与电源正极相连即为源型接法；开关点与电源负极相连即为漏型接法。

2. 输出电路技术规格

输出电路技术规格见表2-3。

1）输出形式：晶体管输出；DC 42V 电源由外部提供；DC 12 ~24V。

2）输出点数：32 点。

3）公共端方式：16 点共一个公共端。

表2-3　输出电路技术规格

项　目	规　格	项　目	规　格
形式	晶体管输出	输入电阻	2.7kΩ
输入点数	32	响应时间 OFF – ON	10ms 以下
绝缘方式	光电绝缘	响应时间 ON – OFF	10ms 以下
额定负载电压	DC 12V/DC 24V	额定熔丝	1.6A
使用电压范围	DC 10.2 ~30V	公共端方式	16 点共一个公共端
最大负载电流	0.1A/点	外线连接方式	连接器
OFF 时泄漏电流	0.1mA 以下	外部供电电源	DC 12 ~24V，60mA
ON 最大电压降	DC 0.9V 以下		

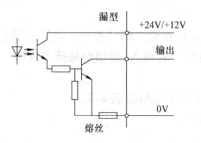

3. I/O 卡 2D – TZ368 与 PLC 输入/输出模块的连接

图 2-11 所示为 2D – TZ368 与 PLC 输入/输出模块的连接图，其中 QX41 是 PLC 输入模块，QY81P 是 PLC 输出模块。

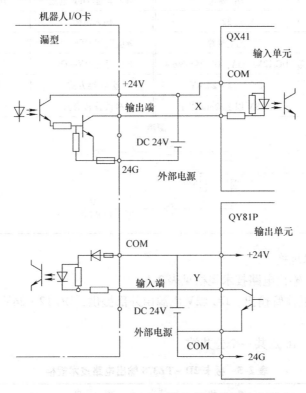

图 2-11　2D – TZ368 与 PLC 输入/输出模块的连接图

2D – TZ368 与 PLC 输入/输出模块的连接为漏型接法。

（1）漏型输出电路　在图 2-11 中，由外部 DC 24V 电源为输出部分的晶体管提供工作电源，所以必须在规定的点接入外部 DC 24V 电源。在"电源 – 开关 – 负载回路"中，其电流流向是"DC 24V +→负载（QX41）→集电极（TZ368）→发射极（DC 0V）"。

（2）漏型输入电路　其流向是"DC 24V +→负载（TZ368）→集电极（QY81P）→发射极（DC 0V）"。

在一个标准回路中，输出模块的每一点相当于一个开关，一个板卡上有 32 个输出点，这些输出点的接法一样，所以也有一个公共接点 COM（漏型，共 DC 0V）。

如果晶体管的发射极接 DC 0V，则集电极接负载，这就是所谓集电极开路，其公共端就是 DC 0V。

2.7.3　板卡型 2D – TZ378（源型）的输入/输出电路技术规格

1. 输入电路技术规格

板卡 2D – TZ378 输入电路技术规格见表 2-4。

1）输入电压：DC 12 ~ 24V。

2）输入点数：32 点。

3）公共端方式：32 点共一个公共端。

表 2-4　板卡 2D – TZ378 输入电路技术规格

项　目	规　格	项　目	规　格
形式	DC 输入	OFF 电压/OFF 电流	DC 4V 以下/1mA 以下
输入点数	32	输入电阻	2.7kΩ
绝缘方式	光电绝缘	响应时间 OFF – ON	10ms 以下
额定输入电压/额定输入电流	DC 12V/3mA，DC 24V/9mA	响应时间 ON – OFF	10ms 以下
使用电压范围	DC 10.2 ~ 26.4V	公共端方式	32 点共一个公共端
ON 电压/ON 电流	DC 8V 以上/2mA 以上	外线连接方式	连接器

源型

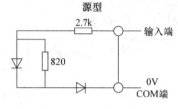

2. 输出电路技术规格

板卡 2D – TZ378 输出电路技术规格见表 2-5。

1）输出形式：晶体管输出，DC 42V 电源由外部提供，DC 12 ~ 24V。

2）输出点数：32 点。

3）公共端方式：16 点共一个公共端。

表 2-5　板卡 2D – TZ378 输出电路技术规格

项　目	规　格	项　目	规　格
形式	晶体管输出	输入电阻	2.7kΩ
输入点数	32	响应时间 OFF – ON	10ms 以下
绝缘方式	光电绝缘	响应时间 ON – OFF	10ms 以下
额定负载电压	DC 12V/DC 24V	额定熔丝	1.6A
使用电压范围	DC 10.2 ~ 30V	公共端方式	16 点共一个公共端
最大负载电流	0.1A/点	外线连接方式	连接器
OFF 时泄漏电流	0.1mA 以下	外部供电电源	DC 12 ~ 24V，60mA
ON 最大电压降	DC 0.9V 以下		

源型

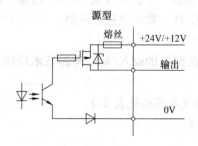

3. I/O 卡 2D – TZ378 与 PLC 输入/输出模块的连接

图 2-12 所示为 2D – TZ378 与 PLC 输入/输出模块的连接图，其中 QX41 是 PLC 输入模块，QY81P 是 PLC 输出模块。

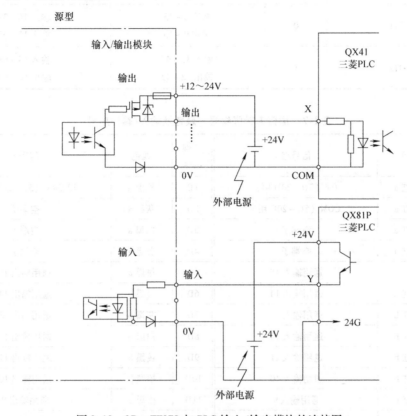

图 2-12　2D – TZ378 与 PLC 输入/输出模块的连接图

2D – TZ378 与 PLC 输入/输出模块的连接源型接法如下：

（1）源型输出电路　在图 2-12 中，由外部 DC +24V 电源给输出部分的晶体管提供工作电源。所以必须在规定的点接入外部 DC +24V 电源。在"电源—开关—负载回路"中，电流的流向是"DC +24V→开关点（TZ378）→负载（QX81P）→（DC 0V）"。

（2）源型输入电路　其流向是"DC +24V→开关点（QY81P）→负载（TZ378）→COM（DC 0V）"。

在实际布线中必须严格分清漏型、源型接法，接错会烧毁 I/O 板。

2.7.4　硬件的插口与针脚

硬件的插口与针脚定义：硬件插口 I/O 卡 2DTZ – 368 插入安装在控制器的 SLOT1/SLOT2 插口中，由连接电缆引出，其针脚分布如图 2-13 和表 2-6 所示。现场连接时，注意电缆颜色与针脚的关系，见表 2-7 和表 2-8。

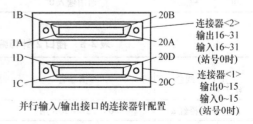

并行输入/输出接口的连接器针配置

图 2-13　输入/输出卡的硬插

表 2-6　在各硬插口内输入／输出信号的范围

插槽编号	站号	通用输入／输出编号范围	
		连接器（1）	连接器（2）
SLOT1	0	输入 0 ~ 15 输出 0 ~ 15	输入 16 ~ 31 输出 16 ~ 31
SLOT2	1	输入 32 ~ 47 输出 32 ~ 47	输入 48 ~ 63 输出 48 ~ 63

表 2-7　插口 1 针脚编号与颜色及输入／输出序号

针脚编号	线色	信号名	针脚编号	线色	信号名
1C	橙红 a	0V（5D ~ 20D 用）	1D	橙黑 a	12/24V（5D ~ 20D）用
2C	灰红 a	COM（5C ~ 20C 用）	2D	灰黑 a	空端子
3C	白红 a	空端子	3D	白黑 a	空端子
4C	黄红 a	空端子	4D	黄黑 a	空端子
5C	桃红 a	通用输入 15	5D	桃黑 a	通用输出 15
6C	橙红 b	通用输入 14	6D	橙黑 b	通用输出 14
7C	灰红 b	通用输入 13	7D	灰黑 b	通用输出 13
8C	白红 b	通用输入 12	8D	白黑 b	通用输出 12
9C	黄红 b	通用输入 11	9D	黄黑 b	通用输出 11
10C	桃红 b	通用输入 10	10D	桃黑 b	通用输出 10
11C	橙红 c	通用输入 9	11D	橙黑 c	通用输出 9
12C	灰红 c	通用输入 8	12D	灰黑 c	通用输出 8
13C	白红 c	通用输入 7	13D	白黑 c	通用输出 7
14C	黄红 c	通用输入 6	14D	黄黑 c	通用输出 6
15C	桃红 c	通用输入 5	15D	桃黑 c	通用输出 5
16C	橙红 d	通用输入 4	16D	橙黑 d	通用输出 4
17C	灰红 d	通用输入 3	17D	灰黑 d	通用输出 3
18C	白红 d	通用输入 2	18D	白黑 d	通用输出 2
19C	黄红 d	通用输入 1	19D	黄黑 d	通用输出 1
20C	桃红 d	通用输入 0	20D	桃黑 d	通用输出 0

表 2-8　插口 2 针脚编号与颜色及输入／输出序号

针脚编号	线色	信号名	针脚编号	线色	信号名
1A	橙红 a	0V（5B ~ 20B 用）	4A	黄红 a	空端子
2A	灰红 a	COM（5A ~ 20A 用）	5A	桃红 a	通用输入 31
3A	白红 a	空端子	6A	橙红 b	通用输入 30

（续）

针脚编号	线色	信号名	针脚编号	线色	信号名
7A	灰红 b	通用输入 29	4B	黄黑 a	空端子
8A	白红 b	通用输入 28	5B	桃黑 a	通用输出 31
9A	黄红 b	通用输入 27	6B	橙黑 b	通用输出 30
10A	桃红 b	通用输入 26	7B	灰黑 b	通用输出 29
11A	橙红 c	通用输入 25	8B	白黑 b	通用输出 28
12A	灰红 c	通用输入 24	9B	黄黑 b	通用输出 27
13A	白红 c	通用输入 23	10B	桃黑 b	通用输出 26
14A	黄红 c	通用输入 22	11B	橙黑 c	通用输出 25
15A	桃红 c	通用输入 21	12B	灰黑 c	通用输出 24
16A	橙红 d	通用输入 20	13B	白黑 c	通用输出 23
17A	灰红 d	通用输入 19	14B	黄黑 c	通用输出 22
18A	白红 d	通用输入 18	15B	桃黑 c	通用输出 21
19A	黄红 d	通用输入 17	16B	橙黑 d	通用输出 20
20A	桃红 d	通用输入 16	17B	灰黑 d	通用输出 19
1B	橙黑 a	12/24V（5B~20B）用	18B	白黑 d	通用输出 18
2B	灰黑 a	空端子	19B	黄黑 d	通用输出 17
3B	白黑 a	空端子	20B	桃黑 d	通用输出 16

2.7.5　输入/输出模块型号 2A – RZ361

输入/输出模块型号为 2A – RZ361，有外壳，类似于较为独立的模块。每一个模块和板卡都必须设置站号。这与一般控制系统相同，只有设置站号，才能分配确定 I/O 地址，如图 2-14 所示。

输入

形式	DC□□	
输入点数	32	
绝缘	光耦隔离	
额定输入电压	DC 12V	DC 24V
额定输入电流	约3mA	约7mA

输出

形式	□□□□□
输出点数	32
绝缘	光耦隔离
额定负载电压	DC12/DC24
最大负载电流	0.1A/□

图 2-14　输入/输出模块型号 2A – RZ361

2.8 实用机器人控制系统的构建

一套实用的机器人控制系统的构建如图 2-15 所示。

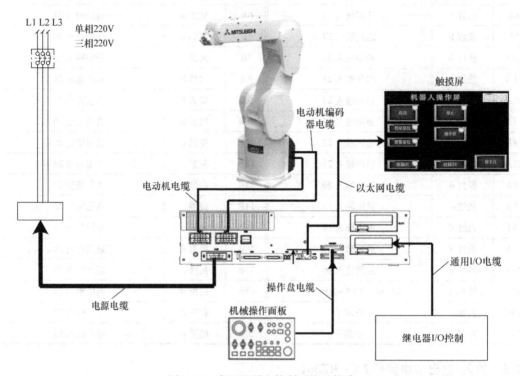

图 2-15 实用机器人控制系统的构建

1. 主回路电源系统

（1）电源等级 在主回路系统中必须特别注意，机器人使用的电源为单相 220V 或三相 220V，不是工厂现场使用的三相 380V。要根据机器人的型号确定其电源等级。使用三相 220V 电源时，需要专门配置三相 220V 变压器。

（2）主要安全保护元件 在主回路中应该配置无熔丝断路器和接触器。

（3）专用电缆 在机器人控制器一侧，有专用的电源插口。出厂时配置有电源电缆，长度不够时，用户可以将电缆加长。

（4）控制电源 在主回路中再接入控制变压器，控制变压器提供 DC 24V 电源，可以供操作面板和外围 I/O 电路使用。

2. 控制器与机器人本体连接

伺服电动机的电源电缆和伺服电动机编码器的电缆是机器人的标配电缆。注意 CN1 口是电动机电源电缆插口，CN2 口是电动机编码器电缆插口。

3. 操作面板与控制器的连接

操作面板由用户自制，至少包括以下按钮：电源 ON、电源 OFF、急停、工作模式选择（选择型开关）、伺服 ON、伺服 OFF、操作权、自动启动、自动停止、程序复位、程序号设置（波段选择开关）、程序号确认。

这些信号来自于控制器的不同插口，见表2-9。

表 2-9　工作信号及其插口

序号	按钮名称	对应插口
1	电源 ON	主回路控制电路
2	电源 OFF	主回路控制电路
3	急停	控制器 CNUSR1 插口
4	工作模式选择	控制器 CNUSR1 插口
5	伺服 ON	
6	伺服 OFF	
7	操作权	
8	自动启动	SLOT1 中 I/O 板 2D – TZ368
9	自动停止	
10	程序复位	
11	程序号选择	
12	程序号确认	

在配线时要分清强电、弱电（电源等级），分清是源型接法还是漏型接法，错误接法会导致设备烧毁。

4. 外围检测开关和输出信号

SLOT1 中 I/O 板 2D – TZ368 是输入/输出信号接口板，共有输入信号 32 点、输出信号 32 点，可以满足一般控制系统的需要。外围检测开关，如位置开关和各种显示灯信号全部可以接入 2D – TZ368 接口板中。注意 2D – TZ368 输入/输出都是漏型接法，需要提供外部 DC 24V 电源。

由于在主回路中有控制变压器，所以可以使用控制变压器提供的 DC 24V 电源。

5. 触摸屏与控制器的连接

触摸屏与控制器的连接直接使用以太网电缆连接，其连接和设置可参见第 10 章。

第 3 章　机器人的坐标系及功能

机器人不同于一般的数控机床和运动控制系统，一般的机器人也有 6 个轴，即 6 个自由度，其运动的空间复杂性比一般的数控机床要大。机器人有许多自身特有的功能，为了便于阅读后续的章节，需要对这些特有的功能进行解释。

3.1　机器人坐标系及原点

3.1.1　世界坐标系

1. 定义

世界坐标系是表示机器人当前位置的坐标系，所有表示位置点的数据都是以世界坐标系为基准的（世界坐标系类似于数控系统的 G54 坐标系，事实上就是工件坐标系）。

2. 设置

世界坐标系是以机器人的基本坐标系为基准设置的（这是因为每一台机器人的基本坐标系是由其安装位置决定的），只是确定世界坐标系基准时，是从新的世界坐标系来观察基本坐标系的位置，从而确定新的世界坐标系本身。所以基本坐标系是机器人坐标系中第 1 基准坐标系。

在大部分的应用中，世界坐标系与基本坐标系相同。在图 3-1 中，$X_w Y_w Z_w$ 是世界坐标系，$X_b Y_b Z_b$ 是基本坐标系。当前位置是以世界坐标系为基准的，如图 3-1 所示。

3.1.2　基本坐标系

基本坐标系是以机器人底座安装基面为基准的坐标系，在机器人底座上有图示标志，基本坐标系如图 3-2 所示。实际上基本坐标系是机器人第一基准坐标系，世界坐标系也是以基本坐标系为基准的。

3.1.3　机械 IF 坐标系

机械 IF 坐标系也就是机械法兰面坐标系，以机器人最前端法兰面为基准确定的坐

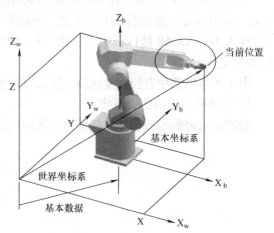

图 3-1　世界坐标系与基本坐标系之间的关系

标系称为机械 IF 坐标系，用 X_m、Y_m、Z_m 表示，如图 3-3 所示。与法兰面垂直的轴为 Z 轴，Z 轴正向朝外，X_m 轴、Y_m 轴在法兰面上。法兰中心与定位销孔的连接线为 X_m 轴，但必须注意 X_m 轴的正向与定位销孔相反。

由于在机械法兰面要安装抓手，所以这个机械法兰面就有特殊意义。特别注意：机械法兰面转动，机械 IF 坐标系也随之转动，而法兰面的转动受 J5 轴 J6 轴的影响，特别是 J6 轴的旋转带动了法兰面的旋转，也就带动了机械 IF 坐标系的旋转，如果以机械 IF 坐标系为基

准执行定位，那么就会影响很大，如图 3-4 和图 3-5 所示。图 3-5 是 J6 轴逆时针旋转后的机械 IF 坐标系。

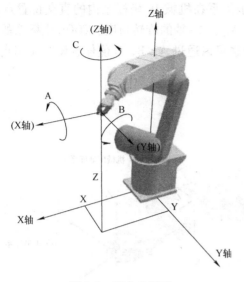

图 3-2　基本坐标系

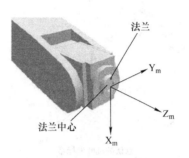

图 3-3　机械 IF 坐标系的定义

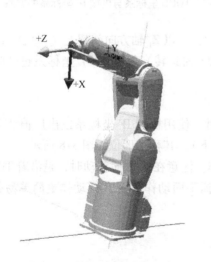

图 3-4　机械 IF 坐标系的图示

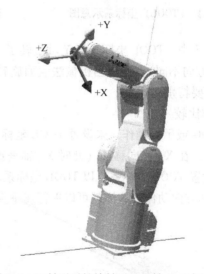

图 3-5　J6 轴逆时针旋转后的机械 IF 坐标系

3.1.4　工具坐标系

1. 工具坐标系的定义及设置基准

（1）定义　由于实际使用的机器人都要安装夹具抓手等辅助工具，所以机器人的实际控制点就移动到了工具的中心点上，为了控制方便，以工具的中心点为基准建立的坐标系就是 TOOL 坐标系，如图 3-6 所示。

（2）设置　由于夹具抓手直接安装在机械法兰面上，所以 TOOL 坐标系就是以机械 IF 坐标系为基准建立的。建立 TOOL 坐标系有参数设置法和指令设置法，实际上都是确定 TOOL 坐标系原点在机械 IF 坐标系中的位置和形位（POSE）。

（3）TOOL 坐标系的原点数据　TOOL 坐标系与机械 IF 坐标系的关系如图 3-7 所示。TOOL 坐标系用 X_t，Y_t，Z_t 表示。TOOL 坐标系是在机械 IF 坐标系基础上建立的。在 TOOL 坐标系的原点数据中，X，Y，Z 表示 TOOL 坐标系在机械 IF 坐标系内的直交位置点。A，B，C 表示 TOOL 坐标系绕机械 IF 坐标系 X_m，Y_m，Z_m 轴的旋转角度。TOOL 坐标系的原点不仅可以设置在任何位置，而且坐标系的形位也可以通过 A，B，C 值任意设置（相当于一个立方体在一个万向轴接点任意旋转）。

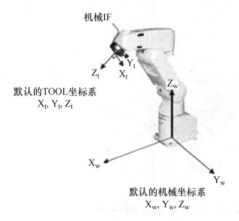

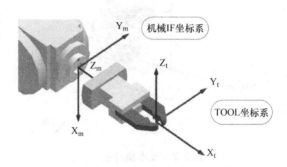

图 3-6　工具（TOOL）坐标系示意图　　　　图 3-7　TOOL 坐标系与机械 IF 坐标系的关系

在图 3-7 中，TOOL 坐标系绕 Y 轴旋转了 −90°，所以 Z_t 轴方向就朝上（与机械 IF 坐标系中的 Z_m 方向不同）。而且当机械法兰面旋转（J6 轴旋转）时，TOOL 坐标系也会随着旋转，分析时要特别注意。

2. 动作比较

（1）JOG 或示教动作　未设置 TOOL 坐标系时，使用机械 IF 坐标系以出厂值法兰面中心为控制点，在 X_m 方向移动（此时 X_m 轴垂直向下），其移动形位如图 3-8 所示。

（2）设置 TOOL 坐标系　以 TOOL 坐标系动作。注意在 X 方向移动时，是沿着 TOOL 坐标系的 X_t 轴方向动作。这样就可以平行或垂直于抓手面动作，使 JOG 动作更简单易行，如图 3-9 所示。

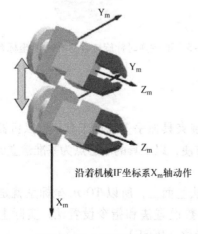

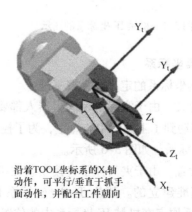

图 3-8　X 方向移动的形位　　　　　　图 3-9　在 TOOL 坐标系 X 方向移动

（3）A 方向动作　未设置 TOOL 坐标系时，使用机械 IF 坐标系，绕 X_m 轴旋转，抓手前端大幅度摆动，如图 3-10 所示。

设置 TOOL 坐标系后，绕 X_t 轴旋转，抓手前端绕工件旋转。在不偏离工件位置的情况下，改变机器人形位，如图 3-11 所示。以上是在 JOG 运行时的情况。

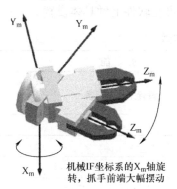

图 3-10　A 方向的动作

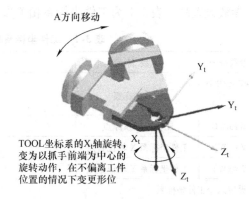

图 3-11　在 TOOL 坐标系中绕 X_t 轴旋转

3. 自动运行

（1）近点运行　在自动程序运行时，TOOL 坐标系的原点为机器人控制点。在程序中发出的定位点是以世界坐标系为基准的，但是 Mov 指令中的近点运行功能中的近点位置则是以 TOOL 坐标系的 Z 轴正负方向为基准移动，这是必须充分注意的。

指令例句：Mov P1，50：其动作是将 TOOL 坐标系原点移动到 P1 点的近点，近点为 P1 点沿 TOOL 坐标系的 Z 轴正向移动 50mm，如图 3-12 所示。

（2）相位旋转　绕工件位置点旋转（Z_t），可以使工件旋转一个角度。

例：指令在 P1 点绕 Z 轴旋转 45°（使用两点的乘法指令）。

1 Mov P1*(0,0,0,0,0,45)

实际的运动结果如图 3-13 所示。

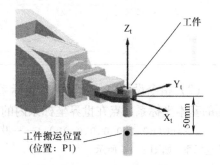

图 3-12　在 TOOL 坐标系中的近点动作

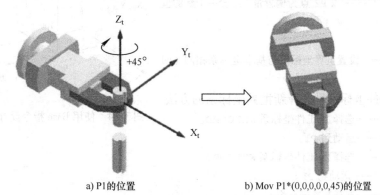

a) P1 的位置　　　　　b) Mov P1*(0,0,0,0,0,45) 的位置

图 3-13　在 TOOL 坐标系中的相位旋转

3.1.5　工件坐标系

工件坐标系是以工件原点确定的坐标系。在机器人系统中，可以通过参数预先设置八个工件坐标系，也可以通过 BASE 指令设置工件坐标系原点或选择工件坐标系。另外，可以指定当前点为新的世界坐标系的原点。

Base 指令就是设置世界坐标系的指令。

（1）参数设置法　表3-1 为工件坐标系相关参数，可在软件上做具体设置。

表3-1　工件坐标系相关参数

类型	参数符号	参数名称	功　能
动作	WKnCORD n 1 8	工件坐标系	设置工件坐标系
	WKnWO	工件坐标系原点	
	WKnWX	工件坐标系 X 轴位置点	
	WKnWY	工件坐标系 Y 轴位置点	
设置	可设置八个工件坐标系		

（2）指令设置法　设置世界坐标系的偏置坐标（偏置坐标为以世界坐标系为基准观察到的基本坐标系原点在世界坐标系内的坐标）。

1 Base(50,100,0,0,0,90) '——设置一个新的世界坐标系，如图3-14 所示。

2 Mvs P1

3 Base P2 ' —— 以 P2 点为偏置量，设置一个新的世界坐标系。

4 Mvs P1 '

5 Base 0'——设置世界坐标系与基本坐标系相同（回初始状态）。

（3）以工件坐标系号选择新世界坐标系的方法

1 Base 1 '——选择1#工件坐标系 WK1CORD。

2 Mvs P1 '——运动到 P1。

3 Base 2 '——选择2#工件坐标系 WK1CORD。

4 Mvs P1 '—— 运动到 P1。

5 Base 0 '——选择基本坐标系。

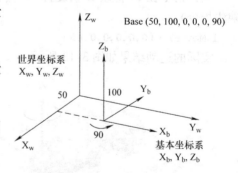

图3-14　使用 Base 指令设置新的坐标系

3.1.6　JOG 动作

在示教单元中，可以进行以下 JOG 操作：

（1）三轴直交 JOG　XYZ 三轴以直角坐标移动，ABC 三轴以关节轴的角度单位运行。

（2）圆筒 JOG　以圆筒坐标系运动。X 轴表示圆筒坐标系的半径大小，Y 轴表示绕圆筒的旋转的角度（绕 J1 轴的旋转），Z 轴表示上下运动。ABC 轴表示各轴的旋转，以角度为单位。

（3）工件 JOG　以工件坐标系为基准进行 JOG 动作，如图 3-15 所示。

（4）JOG TOOL　以工件坐标系为基准进行的 JOG 运动。

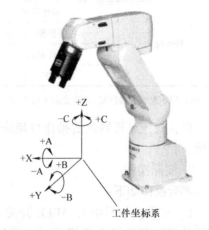

图 3-15　在工件坐标系内的 JOG 运动

3.2　专用输入/输出信号

1. 机器人控制器的通用输入/输出信号

机器人控制器的通用输入/输出信号见 2.7 节所述。由硬插槽 SLOT1/SLOT2 通过 I/O 卡输入/输出的信号称为通用输入/输出，I/O 卡为 2D – TZ368 或 2D – TZ378。控制器的 SLOT1/SLOT2 实际是外接 I/O 卡的插口，其站号也已经规定。

SLOT1——站号 = 0（信号编号 0 ~ 31）。

SLOT2——站号 = 1（信号编号 32 ~ 63）。

这些输入/输出信号最初没有做任何定义，可以由编程工程师给予任意定义，这与通用的 PLC 使用是相同的。

2. 机器人控制器的专用输入/输出信号

由于机器人工作的特殊性，机器人控制器有很多已经定义的功能，也称为专用输入/输出功能，这些功能可以定义在通用输入/输出信号的任何一个端子。机器人控制器中的专用输入/输出类似于数控系统中的固定接口，其输入信号用于向控制器发出指令，输出信号表示控制器的工作状态。

控制器的专用输入/输出只是各种功能，至于这些功能赋予到哪些针脚上，需要通过（软件）参数来设置。

3.3　操作权

1. 对机器人进行控制的设备

对机器人进行控制的设备有示教单元、操作面板（外部信号）、计算机、触摸屏。

某一类设备对机器人的控制权就称为操作权。示教单元中的使能开关就是操作权开关，表 3-2 是示教单元上的使能开关与操作权的关系。

2. 与操作权相关的参数

IOENA 信号的功能是使外部操作信号有效和无效。在 RT TOOLBOX2 软件中，在"参数"→"通用 1"中设置本参数。

表 3-2　示教单元上的使能开关与操作权的关系

设定开关	使能开关	无 效		有 效	
	控制器	自动	手动	自动	手动
操作权	示教单元	NO	NO	NO	YES
	控制器操作面板	YES	NO	NO	NO
	计算机	YES	NO	NO	NO
	外部信号	YES	NO	NO	NO

注：YES 表示有操作权，NO 表示无操作权。

操作权：对机器人的操作可能来自示教单元、外部信号、计算机软件（调试时）、触摸屏。

3. 实际操作

实际操作如下：

1）在示教单元中 ENABLE 开关 = ON，可以进行示教操作。当外部 I/O 操作权 = ON，即使外部没有选择自动模式，也可以通过示教单元的"开机"→"运行"→"操作面板"→"启动"进行程序启动（示教单元有优先功能 ENABLE）。

2）如果在操作面板上选择了自动模式，而 ENABLE = ON，则系统会报警，使 ENABLE = OFF，报警消除。

3）如果需要进入调试状态，则必须使 IOENA = OFF。

4）如果使用外部信号操作，则需要使 IOENA = ON。

3.4　其他功能

（1）最佳速度控制　最佳速度控制功能是指机器人在两点之间运动，需要保持形位要求的同时，还需要控制速度，防止速度过大出现报警。最佳速度控制功能有效时，机器人控制点速度不固定。用 Spd M_NSpd 指令设置最佳速度控制。

（2）最佳加减速度控制　机器人根据加减速时间、抓手及工件重量、工件重心位置，自动设置最佳加减速时间的功能。用 Oadl（Optimal Acceleration）指令设置最佳加减速度控制。

（3）柔性控制功能　对机器人的综合力度进行控制的功能，通常用于压嵌工件的动作。系统以直角坐标系为基础，根据伺服编码器反馈脉冲，进行机器人柔性控制，用 Cmp Too 指令设置伺服柔性控制功能。

（4）碰撞检测功能　在自动运行和 JOG 运行中，系统时刻检测 TOOL 或机械臂与周边设备的碰撞干涉状态的功能。用 ColChk（Col Check）指令设置碰撞检测功能的有效和无效。

机器人配置有对碰撞而产生的异常进行检测的碰撞检测功能，出厂时将碰撞检测功能设置为无效状态。碰撞检测功能的有效/无效状态切换可通过参数 COL 及 ColChk 指令完成，必须作为对机器人及外围装置的保护加以运用。

碰撞检测功能是通过机器人的动力学模型，在随时推算动作所需的转矩的同时，对异常现象进行检测的功能。因此，当抓手、工件条件的设置（参数 HNDDAT ＊、WRKDAT ＊ 的设置值）与实际相差过大时，或是速度、电动机转矩有急剧变动的动作（特殊点附近的直线动作或反转动作，低温状态或长期停止后起动运行）时，急剧的转矩变动就会被检测为碰撞。简单地说就是一直检测计算转矩与实际转矩的差值，当该值过大时，就报警。

（5）连续轨迹控制功能　在多点连续定位时，使运动轨迹为一条连续轨迹，本功能可以避免多次的分段加减速从而提高效率。用 Cnt（Continuous）指令设置连续轨迹控制功能。

（6）程序连续执行功能　机器人记忆断电前的工作状态，再次上电后，从原状态点继续执行原程序的功能。

（7）附加轴控制　控制行走台等外部伺服驱动系统。

（8）多机器控制　可控制多台机器人。

（9）与外部机器通信功能　机器人与外部机器通信功能有下列方法：

1）通过外部 I/O 信号：CR750Q↔PLC 通信输入 8192/输出 8192；CR750D↔输入 256/输出 256。

2）与外部数据的链路通信：所谓数据链路指与外部机器（视觉传感器等）收发补偿量等数据，通过"以太网端口"进行（仅 CR750D）。

（10）中断功能　中断当前程序，执行预先编制的程序，对工件掉落等情况特别适用。

（11）子程序功能　有子程序调用功能。

（12）码垛指令功能　机器人配置有码垛指令，分为多行、单行、圆弧码垛指令，实际上是确定矩阵点格中心点位置的指令。

（13）用户定义区　用户可设置 32 个任意空间。监视机器人前端控制点是否进入该区域，将机器人状态输出到外部并报警。

（14）动作范围限制　可以用下列三种方法限制机器人动作范围：

1）关节轴动作范围限制（J1～J6）。

2）以直角坐标系设置限制范围。

3）以任意设置的平面为界面设置限制范围（在平面的前面或后面），由参数 SFC-nAT 设置。

（15）特异点　特异点指使用直角坐标系的位置数据进行直线插补动作时，如果 J5 轴角度为 0，则 J4 轴与 J6 轴之间的角度有无数种组合，这个点就称为特异点。一般无法使机器人按希望的位置和形位动作，这个位置就是特异点，如图 3-16 所示。

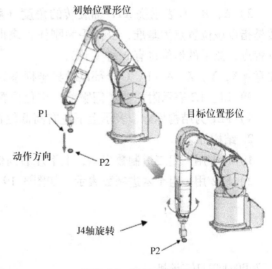

图 3-16　特异点示意图

3.5　机器人的形位

3.5.1　概述

1. 坐标位置和旋转位置

如图 3-17 所示，机器人的位置控制点由 10 个数据构成。

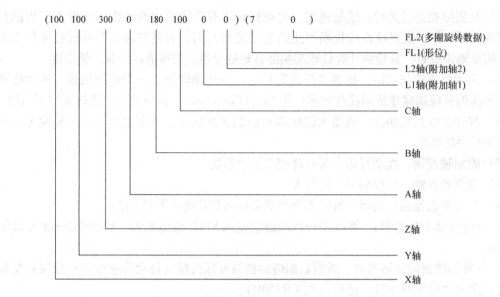

图 3-17　表示机器人位置控制点的 10 个数据

机器人的位置控制点在出厂时为法兰面中心点，当设置了抓手坐标系（TOOL 坐标系）后，即为 TOOL 坐标系原点。

1）X，Y，Z 表示机器人控制点，即在直角坐标系中的坐标。

2）A，B，C 表示绕 XYZ 轴旋转的角度（就一个点位而言，没有旋转的概念，所以旋转是指以该位置点为基准，以抓手为刚体，绕世界坐标系的 XYZ 轴旋转，这样即使同一个位置点，抓手的形位也有 N 种变化）。

注意：X，Y，Z、A，B，C 全部以世界坐标系为基准。

3）L1，L2 表示附加轴（伺服轴）定位位置。

4）FL1 为结构标志，表示上下左右高低位置；FL2 表示各关节轴旋转度数。

2. 结构标志

1）FL1 用一组二进制数表示，上下左右高低用不同的 bit（位）表示，如图 3-18 所示。

2）FL2 用一组十六进制数表示，如图 3-19 所示。

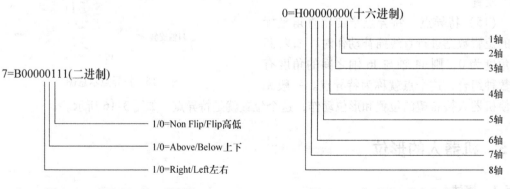

图 3-18　表示 FL1 的二进制数　　　图 3-19　表示 FL2 的十六进制数

各轴的旋转角度与数值之间的关系见表 3-3。

表 3-3　各轴的旋转角度与数值之间的关系

各轴角度(°)	-900 ~ -540	-540 ~ -180	-180 ~0	0 ~180	180 ~540	540 ~900
FL2 数据	-2（E）	-1（F）	0	0	1	2

3.5.2　对结构标志 FL1 的详细说明

机器人的位置控制点是由 X，Y，Z，A，B，C（FL1，FL2）标记的，由于机器人结构的特殊性，即使是同一位置点，机器人也可能出现不同的形位。为了区别这些形位，采用了结构标志，用位置标记的 [X，Y，Z，A，B，C（FL1，FL2）] 中的 FL1 来标记。

1. 垂直多关节型机器人

（1）左右标志

1）5 轴机器人：以 J1 轴旋转中心线为基准，判别 J5 轴法兰中心点 P 位于该中心线的左边还是右边。如果在右边（Right），则 FL1（bit2）=1；如果在左边（Left），则 FL1（bit2）=0，如图 3-20a 所示。

2）6 轴机器人：以 J1 轴旋转中心线为基准，判别 J5 轴法兰中心点 P 位于该中心线的左边还是右边。如果在右边（Right），则 FL1（bit2）=1；如果在左边（Left），则 FL1（bit2）=0，如图 3-20b 所示。

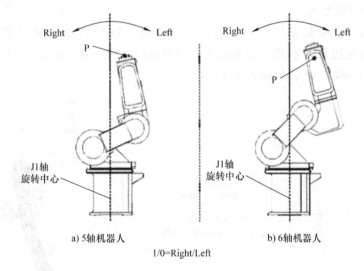

a) 5轴机器人　　　　　b) 6轴机器人

1/0=Right/Left

图 3-20　左右判定

注意：FL1 标志信号用一组二进制码表示，检验左右位置用 bit2 表示。

（2）上下判断

1）5 轴机器人：以 J2 轴旋转中心和 J3 轴旋转中心的连接线为基准，判别 J5 轴中心点 P 是位于该中心连接线的上面还是下面。如果在上面（Above），则 FL1（bit1）=1；如果在下面（Below），则 FL1（bit1）=0，如图 3-21a 所示。

2）6 轴机器人：以 J2 轴旋转中心和 J3 轴旋转中心的连接线为基准，判别 J5 轴中心点 P 是位于该中心连接线的上面还是下面。如果在上面（Above），则 FL1（bit1）=1；如果在下面（Below），则 FL1（bit1）=0，如图 3-21b 所示。

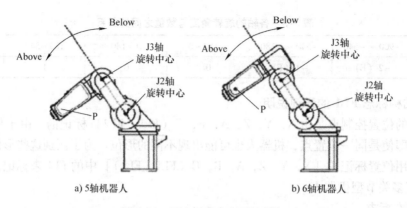

a) 5轴机器人   b) 6轴机器人

图 3-21   FL1 标志中上下的判定

注意：FL1 标志信号用一组二进制码表示，检验上下位置用 bit1 表示。

（3）高低判断   J6 轴法兰面（6轴机型）方位判断，是以 J4 轴旋转中心和 J5 轴旋转中心的连接线为基准，判别 J6 轴的法兰面是位于该中心连接线的上面还是下面。如果在下面（Non Flip），则 FL1（bit0）=1；如果在上面（Flip），则 FL1（bit0）=0，如图 3-22 所示。

注意：FL1 标志信号用一组二进制码表示，检验高低位置用 bit0 表示。

2. 水平运动型机器人

以 J1 轴旋转中心和 J2 轴旋转中心的连接线为基准，判别机器人前端位置控制点是位于该中心连接线的左边还是右边。如果在右边（Right），则 FL1（bit2）=1；如果在左边（Left），则 FL1（bit2）=0，如图 3-23 所示。

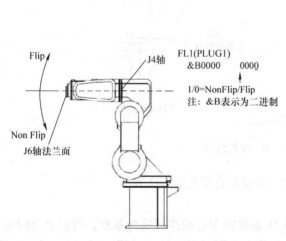

图 3-22   J6 轴法兰面位置的判定   图 3-23   水平运动型机器人的 FL1 标志

第4章　工业机器人常用编程指令快速入门

机器人使用的编程指令很多，本章仅介绍最常用的指令，从而使学习者达到快速入门的目的。

4.1　MELFA – BASIC V 的详细规格及指令一览

4.1.1　MELFA – BASIC V 的详细规格

目前，常用的机器人编程语言是 MELFA – BASIC V，在学习使用 MELFA – BASIC V 之前，需要学习编程相关知识。

（1）程序名　程序名只可以使用英文大写字母及数字，长度为 12 个字母。如果要使用程序选择功能，则必须只使用数字作为程序名。

（2）指令　指令由以下部分构成：

$$\underset{①}{\underline{1}}\ \underset{②}{\underline{Mov}}\ \underset{③}{\underline{P1}}\ \underset{④}{\underline{Wth\ M\_Out(17)=1}}$$

①步序号，也可称为程序行号；②指令；③指令执行的对象，即变量或数据；④附随语句。

（3）变量　机器人系统中使用的变量分类如图 4-1 所示。

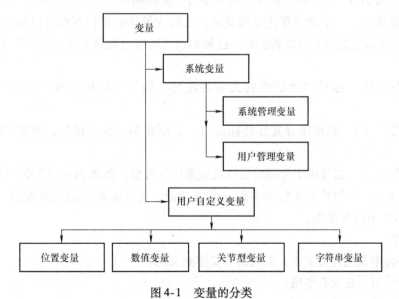

图 4-1　变量的分类

1）系统变量：有系统反馈的，表示系统工作状态的变量。变量名称和数据类型都是预先规定的。

2）系统管理变量：表示系统工作状态的变量。在自动程序中只用于表示系统工作状态，例如当前位置 P_CURR。

3）用户管理变量：系统变量的一种，但是用户可以对其进行处理，例如输出信号 M_OUT（18）=1。用户在自动程序中可以指令输出信号 ON/OFF。

4）用户自定义变量：这类变量的名称及使用场合由用户自行定义，是使用最多的变量类型。

① 位置变量：表示直交型位置数据，用 P 开头，例如 P1，P20。

② 关节型变量：表示关节型位置数据（各轴的旋转角度），用 J 开头，例如 J1，J10。

③ 数值变量：表示数值，用 M 开头，例如 M1，M5（如 M1 = 0.345，M5 = 256）

④ 字符串变量：表示字符串，在变量名后加 $，例如 C1 $ = "OPENDOOR"，即变量C1 $ 表示的是字符串"OPENDOOR"。

（4）文 构成程序的最小单位，即指令及数据，例如：Mov P1，其中 Mov 表示指令，P1 表示数据。

附随语句：

```
Mov P1 Wth M_Out(17)=1
```

Wth M_Out（17）=1 为附随语句，表示在移动指令的同时，执行输出M_Out（17）=1。

（5）程序行号 编程序时，软件自动生成程序行号，但是 GOTO 指令、GOSUb 指令不能直接指定行号，否则报警。

（6）标签（指针） 标签是程序分支的标记，用 * 加英文字母构成，如 GoTo * LBL，* LBL 就是程序分支的标记。

4.1.2 有特别定义的文字

（1）英文大小写 程序名、指令均可大小写，无区别。

（2）下划线（_） 下划线标注全局变量，全局变量是全部程序都可以使用的变量。在变量的第二个字母位置用下划线表示时，这种类型变量即为全局变量，例如 P_Curr，M_01，M_ABC。

（3）撇号（'） 撇号表示后面的文字为注释，例如 100 Mov P1'TORU，TORU 就是注释。

（4）星号（*） 在程序分支处做标签时，必须在第一位加星号，例如 200 * KAK-UNIN。

（5）逗号（,） 逗号用于分隔参数以及变量中的数据，例如 P1 =（200，150，…）。

（6）句号（。） 句号用于标识小数、位置变量、关节变量中的组成数据，例如 M1 = P2.X，标志 P2 中的 X 数据。

（7）空格

1）在字符串及注释文字中，空格是有文字意义的。

2）在行号后，必须有空格。

3）在指令后，必须有空格。

4）数据划分，必须有空格。

在指令格式中，" "表示必须有空格。

4.1.3　数据类型

（1）字符串常数　用双引号圈起来的文字部分即字符串常数，例如"ABCDEFGHI-JKLMN"　"123"。

（2）位置数据结构　位置数据包括坐标轴、形位轴、附加轴及结构标志数据，如图4-2所示。

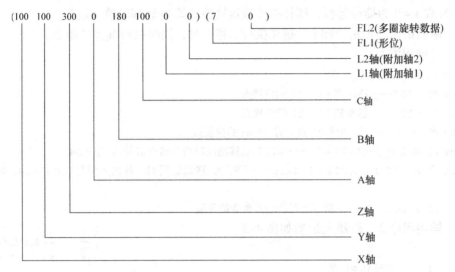

图4-2　位置数据结构

1）X，Y，Z 表示机器人控制点在直交坐标系中的坐标。

2）A，B，C 表示（以机器人控制点为基准的）机器人本体绕 XYZ 轴旋转的角度，称为形位，形位是机器人绕 XYZ 轴旋转的综合位置。

3）L1，L2 表示附加轴运行数据。

4）FL1 为结构标志，表示控制点与特定轴线之间的相对关系。

5）FL2 为结构标志，表示各轴的旋转角度。

4.2　常用指令功能概述

4.2.1　动作指令概述

1. 关节插补

（1）功能　关节插补 Mov（Move）指令表示从起点（当前点）向终点做关节插补运行（以各轴的联合旋转实现插补运行），简称为关节插补（插补就是各轴联合运行）。

（2）指令格式　Mov＜终点＞［，＜近点＞］［轨迹类型＜常数1＞，＜常数2＞］［＜附随语句＞］。

（3）例句　Mov（Plt 1，10），100 Wth M_Out（17）＝1。

说明：Mov 语句是关节插补，从起点到终点，各轴联合旋转实现插补运行，其运行轨迹无法准确描述。

1）终点指目标点。

2）近点指接近终点的一个点。在实际工作中，往往需要快进到终点的附近，再运动到终点。近点在终点的 TOOL 坐标系 Z 轴方向位置，根据符号确定是上方或下方，使用近点设置是一种快速定位的方法。

（4）类型常数　类型常数用于设置运行轨迹。

1）常数 1 = 1 为绕行，绕行指按示教轨迹，可能大于 180°轨迹运行。

2）常数 1 = 0 为捷径运行，捷径指按最短轨迹，即小于 180°轨迹运行。

（5）附随语句　Wth，WthIf，指在执行本指令时，同时执行其他的指令。

（6）样例程序 1

1 Mov P1'——移动到 P1 点

2 Mov P1 + P2'——移动到 P1 + P2 的位置点

3 Mov P1 * P2'——移动到 P1 * P2 的位置点

4 Mov P1, -50'——移动到 P1 点上方 50mm 的位置点

5 Mov P1 Wth M_Out(17) = 1'——向 P1 点移动同时指令输出信号(17) = ON

6 Mov P1 WthIf M_In(20) = 1,Skip'——向 P1 移动的同时，若输入信号(20) = ON，则跳到下一行

7 Mov P1 Type 1,0'——指定运行轨迹类型为捷径型

（7）样例程序 2　机器人运动如图 4-3 所示。

1 Mov P1'——移动到 P1 点

2 Mov P2, -50'——移动到 P2 点上方 50mm 的位置点

3 Mov P2'——移动到 P2 点

4 Mov P3, -100,Wth M_Out(17) = 1'——移动到 P3 点上方 100mm 的位置点,同时指令输出信号(17) = ON

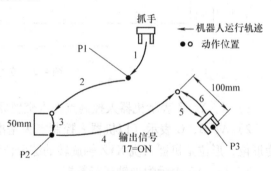

图 4-3　程序及移动路径

5 Mov P3'——移动到 P3 点

6 Mov P3' -100 '——移动到 P3 点上方 100mm 的位置点

7 End

注意：近点位置以 TOOL 坐标系的 Z 轴方向确定。

2. 直线插补

（1）功能　直线插补 Mvs 指令为直线插补指令，从起点向终点做插补运行，运行轨迹为直线。

（2）指令格式 1　Mvs　<终点>，<近点距离>，[<轨迹类型常数 1>，<插补类型常数 2>][<附随语句>]。

（3）指令格式 2　Mvs　<离开距离>[<轨迹类型常数 1>，<插补类型常数 2>][<附随语句>]。

（4）对指令格式的说明

1）终点：目标位置点。

2）近点距离：以 TOOL 坐标系的 Z 轴为基准，到"终点"的距离（实际是一个"接近点"），往往用作快进、工进的分界点。

3）轨迹类型常数 1：常数 1 = 1 为绕行；常数 1 = 0 为捷径运行。

4）插补类型：常数 = 0 为关节插补；常数 = 1 为直角插补；常数 = 2 为通过特异点。

5）离开距离：在指令格式 2 中的 < 离开距离 > （是便捷指令），定义为以 TOOL 坐标系的 Z 轴为基准，离开终点的距离，如图 4-4 所示。

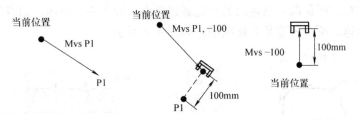

图 4-4　Mvs 指令的移动轨迹

（5）指令例句 1　向终点做直线运动。

$$1, \text{ Mvs P1}$$

（6）指令例句 2　向接近点做直线运动，实际到达接近点，同时指令输出信号 (17) = ON。

$$1 \text{ Mvs P1}, -100.0 \text{ Wth M\_Out}(17) = 1$$

（7）指令例句 3　向终点做直线运动（终点 = P4 + P5，终点经过加运算），实际到达接近点，同时如果输入信号 (18) = ON，则指令输出信号 (20) = ON

$$1 \text{ Mvs P4} + \text{P5}, 50.0 \text{ WthIf M\_In}(18) = 1, \text{ M\_Out}(20) = 1$$

（8）指令例句 4　从当前点，沿 TOOL 坐标系 Z 轴方向移动 100mm，如图 4-4 所示。

$$\text{Mvs}, -100$$

3. 三维真圆插补

（1）功能　三维真圆插补 Mvc（Move C）指令的运动轨迹是一完整的真圆，需要指定起点和圆弧中的两个点，运动轨迹如图 4-5 所示。

（2）指令格式　Mvc < 起点 >，< 通过点 1 >，< 通过点 2 > 附随语句。

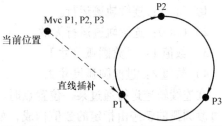

（3）指令说明　起点、通过点 1、通过点 2 是圆弧上的三个点。起点是真圆的起点和终点。

图 4-5　三维真圆插补指令 Mvc 的运行轨迹

（4）运动轨迹　从"当前点"开始到"P1"点，是直线轨迹。真圆运动轨迹为 < P1 > → < P2 > → < P3 > → < P1 >。

（5）指令例句

1 Mvc P1,P2,P3' —— 真圆插补

2 Mvc P1,J2,P3' —— 真圆插补

3 Mvc P1,P2,P3 Wth M_Out(17) = 1' —— 真圆插补同时输出信号 17 = ON

4 Mvc P3,(Plt 1,5),P4 WthIf M_In(20) = 1,M_Out(21) = 1' —— 真圆插补同时如果输入信号 20 = 1，则输出信号 21 = ON

（6）说明

1）本指令的运动轨迹由指定的三个点构成完整的真圆。

2）圆弧插补的形位为起点形位，通过其余两点的形位不计。

3）从"当前点"开始到"P1"点，是直线插补轨迹。

4. 连续轨迹运行

（1）功能　连续轨迹运行 Cnt（Continuous）指令表示在运行通过各位置点时，不做每一点的加减速运行，而是以一条连续的轨迹通过各点，如图 4-6 所示。而点到点的运行轨迹是每一点有加减速，所以轨迹是非连续的，如图 4-7 所示。

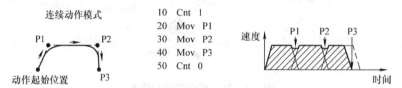

图 4-6　连续轨迹运行时的运行轨迹和速度曲线

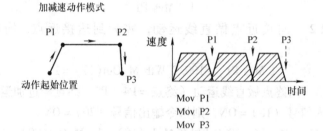

图 4-7　非连续轨迹运行时的运行轨迹和速度曲线

（2）指令格式　Cnt < 1/0 > ［, < 数值 1 > ］［, < 数值 2 > ］。

（3）说明

1）Cnt 1：连续轨迹运行。

2）Cnt 0：连续轨迹运行无效。

3）数值 1：过渡圆弧尺寸 1。

4）数值 2：过渡圆弧尺寸 2。

在连续轨迹运行通过某一位置点时，其轨迹不实际通过位置点，而是一条过渡圆弧，这条过渡圆弧的轨迹由指定的数值构成，如图 4-8 所示。

（4）程序样例

```
1 Cnt 0 '—— 连续轨迹运行无效

2 Mvs P1 '—— 移动到 P1 点

3 Cnt 1 '—— 连续轨迹运行有效

4 Mvs P2 '—— 移动到 P2 点

5 Cnt 1,100,200 '—— 指定过渡圆弧数据 100mm/200mm

6 Mvs P3 '—— 移动到 P3 点

7 Cnt 1,300 '—— 指定过渡圆弧数据 300mm/300mm

8 Mov P4 '—— 移动到 P4 点

9 Cnt 0 '—— 连续轨迹运行无效

10 Mov P5 '—— 移动到 P5 点
```

（5）说明

1）从 Cnt1 到 Cnt0 的区间为连续轨迹运行有效区间。

2）系统初始值为 Cnt0（连续轨迹运行无效）。

3）如果省略数值 1、数值 2 的设置，则其过渡圆弧轨迹如图 4-8 中虚线所示，圆弧起始点为减速开始点，圆弧结束点为加速结束点。

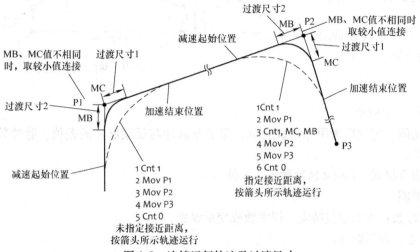

图 4-8　连续运行轨迹及过渡尺寸

5. 加减速时间与速度控制

（1）加减速时间与速度控制相关指令　各机器人的最大速度由其技术规范确定，见1.2.1 节。以下指令除 Spd 外均为速度倍率指令，所谓倍率指令就是设置速度的百分数。

1）加减速度倍率指令（%）Accel：设置加减速度的百分数。

2）速度倍率指令（%）Ovrd：设置全部轴的速度百分数。

3）关节运行速度的倍率指令（%）JOvrd。

4）抓手运行速度（mm/s）指令 Spd。

5）选择最佳加减速模式有效无效指令 Oadl。

（2）指令样例

1 Accel'——加减速度为 100%

2 Accel 60,80'——加速度倍率 = 60%，减速度倍率 = 80%

3 Ovrd 50'——运行速度倍率 = 50%

4 JOvrd 70'——关节插补速度倍率 = 70%

5 Spd 30'——设置抓手基准点速度 30mm/s

6 Oadl ON'——最佳加减速模式有效

（3）程序样例（见图 4-9）

1 Ovrd 100 '——设置速度倍率 = 100%

2 Mvs P1

3 Mvs P2,-50

4 Ovrd 50'——设置速度倍率 = 50%

...

7 Ovrd 100'——设置速度倍率 = 100%

8 Accel 70,70 '——设置加减速度倍率=70%

9 Mvs P3

10 Spd M_NSpd'——设置抓手基准点速度=初始值

11 JOvrd 70 '——设置关节插补速度倍率=70%

12 Accel'——设置加减速度倍率=100%

13 Mvs -50

14 Mvs P1

15 End

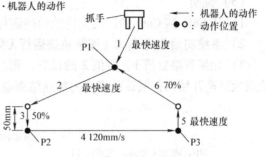

图4-9 动作轨迹及速度倍率

6. Fine 定位精度

（1）功能 定位精度用脉冲数表示，即指令脉冲与反馈脉冲的差值。脉冲数越小，定位精度越高。

（2）指令格式 Fine <脉冲数>，<轴号>。

（3）说明

1）脉冲数：表示定位精度，用常数或变量设置。

2）轴号：设置轴号。

（4）程序样例

1 Fine 300'——设置定位精度为300个脉冲，全轴通用

2 Mov P1

3 Fine 100,2'——设置第2轴定位精度为100个脉冲

4 Mov P2

5 Fine 0,5'——第5轴定位精度设置无效

6 Mov P3

7 Fine100'——定位精度设置为100个脉冲

8 Mov P4

7. Prec 高精度轨迹控制

（1）功能 高精度控制是指启用机器人高精度运行轨迹的功能。

（2）指令格式

1）Prec On——高精度轨迹运行有效。

2）Prec Off——高精度轨迹运行无效。

3）程序样例（见图4-10）

1 Mov P1,-50

2 Ovrd 50

3 Mvs P1

4 Prec,On'——高精度轨迹运行有效

5 Mvs P2'——从P1到P2以高精度轨迹运行

6 Mvs P3'——从P2到P3以高精度轨迹运行

7 Mvs P4'——从P3到P4以高精度轨迹运行

8 Mvs P1'——从P4到P1以高精度轨迹运行

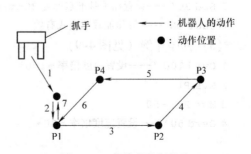

图4-10 高精度运行轨迹

9 Prec Off'——关闭高精度轨迹运行功能

10 Mvs P1,-50

11 End

8. 抓手 TOOL 控制

（1）功能　抓手控制指令实际上是控制抓手的开启、闭合指令（必须在参数中设置输出信号控制抓手，通过指令相关的输出信号 ON/OFF 也可以达到相同效果）。

（2）指令格式

1）HOpen——打开抓手。

2）HClose——关闭抓手。

3）Tool——设置 TOOL 坐标系。

（3）指令样例（见图 4-11）

1 HOpen 1'——打开抓手1

2 HOpen 2'——打开抓手2

3 HClose 1'——关闭抓手1

4 HClose 2'——关闭抓手2

5 Tool(0,0,95,0,0,0)'——设置新的 TOOL

坐标系

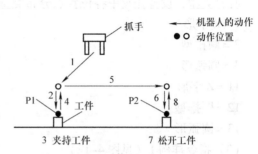

图 4-11　抓手控制

（4）程序样例

1 Tool (0,0,95,0,0,0)'——设置新的 TOOL

坐标系原点，距离机械法兰面 Z 轴 95mm

2 Mvs P1,-50

3 Ovrd 50

4 Mvs P1

5 Dly 0.5

6 HClose 1 '——关闭抓手1

7 Dly 0.5

8 Ovrd 100

9 Mvs, -50

10 Mvs P2,-50

11 Ovrd 50

12 Mvs P2

13 Dly 0.5

14 HOpen 1'——打开抓手1

15 Dly 0.5

16 Ovrd 100

17 Mvs,-50

18 End

4.2.2　PALLET 指令概述

（1）功能　PALLET 指令也翻译为托盘指令或码垛指令。实际上是一个计算矩阵方格中各点位中心（位置）的指令，该指令需要设置矩阵方格有几行几列、起点终点、对角点位置、计数方向。由于该指令通常用于码垛动作，所以也被称为码垛指令。

（2）指令格式

Def Plt ＜托盘号＞＜起点＞＜终点 A＞＜终点 B＞

［＜对角点＞］＜列数 A＞＜行数 B＞＜托盘类型＞

Def Plt：定义托盘结构指令。

Plt：指定托盘中的某一点。

托盘号：系统可设置 8 个托盘，本数据设置托盘号。

起点/终点/对角点：如图 4-12 所示，用位置点设置。

列数 A：起点与终点 A 之间列数。

行数 B：起点与终点 B 之间行数。

托盘类型：设置托盘中各位置点分布类型。

1＝Z 字形

2＝顺排型

3＝圆弧形

11＝Z 字形

12＝顺排型

13＝圆弧形

（3）指令样例 1（见图 4-12）

1 Def Plt 1,P1,P2,P3,,3,4,1'——3 点型托盘定义指令

2 Def Plt 1,P1,P2,P3,P4,3,4,1'——4 点型托盘定义指令

3 点型托盘定义指令中只给出起点、终点 A、终点 B；4 点型托盘定义指令中给出起点、终点 A、终点 B、对角点。

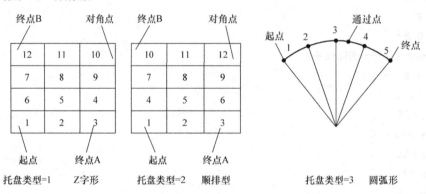

图 4-12   托盘的定义及类型

（4）指令样例 2

1 Def Plt 1,P1,P2,P3,P4,4,3,1'—— 定义 1 号托盘，4 点定义，4 列×3 行，Z 字形格式

2 Def Plt 2,P1,P2,P3,,8,5,2 '—— 定义 2 号托盘，3 点定义，8 列×5 行，顺排型格式（注意 3 点型指令在书写时在终点 B 后有两个逗号）

3 Def Plt 3,P1,P2,P3,,5,1,3 '—— 定义 3 号托盘，3 点定义，圆弧形格式（注意 3 点型指令在书写时在终点 B 后有两个逗号）

4（Plt 1,5）——1 号托盘第 5 点

5（Plt 1,M1）——1 号托盘第 M1 点（M1 为变量）

（5）程序样例 1（见图 4-13）

1 P3.A=P2.A'——设定"形位（pose）"P3 点 A 轴角度=P2 点 A 轴角度

2 P3.B=P2.B

4 P4.A=P2.A

5 P4.B=P2.B

6 P4.C=P2.C

8 P5.B=P2.B

9 P5.C=P2.C

10 Def Plt 1,P2,P3,P4,P5,3,5,2'——定义 1 号托盘，3×5 格，顺排型

11 M1=1'——设置 M1 变量

12 *LOOP'——循环指令 LOOP

14 Ovrd 50

15 Mvs P1

16 HClose 1'——1#抓手闭合

17 Dly 0.5

18 Ovrd 100

19 Mvs ,-50

20 P10=(Plt 1,M1)'——定义 P10 点为 1 号托盘 M1 点，M1 为变量

21 Mov P10,-50

22 Ovrd 50

23 Mvs P10'——运行到 P10 点

24 HOpen 1'——打开抓手 1

25 Dly 0.5

26 Ovrd 100

27 Mvs ,-50

28 M1=M1+1'——变量 M1 运算

29 If M1<=15 Then *LOOP'——循环指令判断条件，如果 M1 小于或等于 15，则继续循环。根据此循环完成对托盘 1 所有位置点的动作

30 End

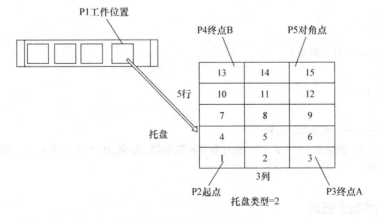

图 4-13　托盘的定义及类型

（6）程序样例2　形位（pose）在±180°附近的状态。

1 If Deg(P2. C) <0 Then GoTo *MINUS'——P2 点 C 轴角度小于 0 时跳转到 * MINUS 行

2 If Deg(P3. C) < -178 Then P3. C =P3. C +Rad(+360)'——P3 点 C 轴角度小于 -178°时指令 P3 点 C 轴 +360°

3 If Deg(P4. C) < -178 Then P4. C =P4. C +Rad(+360)'—— P4 点 C 轴角度小于 -178°时指令 P4 点 C 轴 +360°

4 If Deg(P5. C) < -178 Then P5. C =P5. C +Rad(+360)'—— P5 点 C 轴角度小于 -178°时指令 P5 点 C 轴 +360°

5 GoTo *DEFINE '——跳转到 * DEFINE 行

6 *MINUS '——Level MINUS

7 If Deg(P3. C) > +178 Then P3. C =P3. C -Rad(+360)'——P3 点 C 轴角度大于 178°时指令 P3 点 C 轴 -360°

8 If Deg(P4. C) > +178 Then P4. C =P4. C -Rad(+360)'——P4 点 C 轴角度大于 178°时指令 P4 点 C 轴 -360°

9 If Deg(P5. C) > +178 Then P5. C =P5. C -Rad(+360)'——P5 点 C 轴角度大于 178°时指令 P5 点 C 轴 -360°

10 *DEFINE'——程序分支标志 DEFINE

11 Def Plt 1,P2,P3,P4,P5,3,5,2'——定义 1 号托盘，3 ×5 格，顺排型

12 M1 =1 '——M1 为变量

13 *LOOP'——循环指令　Level LOOP

14 Mov P1 , -50

15 Ovrd 50

16 Mvs P1

17 HClose 1'——1 号抓手闭合

18 Dly 0.5

19 Ovrd 100

20 Mvs, -50

21 P10 =(Plt 1 M1)'——定义 P10 点为 1 号托盘中的 M1 点, M1 为变量

22 Mov P10 , -50

23 Ovrd 50

24 Mvs P10

25 HOpen 1'——打开抓手 1

26 Dly 0.5

27 Ovrd 100

28 Mvs , -50

29 M1 =M1 +1'——变量 M1 运算

30 If M1 < =15 Then *LOOP——'循环指令判断条件，如果 M1 小于或等于 15，则继续循环。执行 15 个点的抓取动作

31 End

4.2.3　程序结构指令概述

1. 无条件跳转指令

1）GoTo：无条件跳转。

2）On GoTo：对应于指定的数值跳转到相应的程序行（1，2，3，4…）。

2. 根据条件执行程序分支跳转的指令

（1）功能　本指令是根据条件执行程序分支跳转的指令，是改变程序流程的基本指令，如图 4-14 所示。

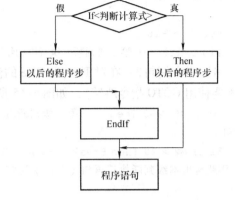

（2）指令格式 1　If < 判断条件式 > Then < 流程 1 > ［Else < 流程 2 >］。

1）说明：这种指令格式是在程序行里书写的判断 - 执行语句。如果条件成立则执行 Then 后面的程序指令；如果条件不成立则执行 Else 后面的程序指令，如图 4-14 所示。

2）指令例句：

10 If M1 >10 Then *L100 '——如果 M1 大于 10，则跳转到 *L100 行

11 If M1 >10 Then GoTo *L20 Else GoTo *L30 '——如果 M1 大于 10,则跳转到 *L20 行,否则跳转到 *L30 行

图 4-14　If Then　语句流程图

（3）指令格式 2　如果判断 - 跳转指令的处理内容较多，无法在一行程序里表示，则使用以下指令格式：If < 判断条件式 >

Then

< 流程 1 >

Else

< 流程 2 >

EndIf

1）说明：如果条件成立则执行 Then 后面一直到 Else 的程序行；如果条件不成立则执行 Else 后面到 EndIf 的程序行。EndIf 用于表示流程 2 的程序结束。

2）指令例句 1：

10 If M1 >10 Then' —— 如果 M1 大于 10, 则

11 M1 =10

12 Mov P1

13 Else' ——否则

14 M1 = -10

15 Mov P2

16 EndIf

3）指令例句 2：多级 If…Then…Else…EndIf 嵌套。

30 If M1 >10 Then'——第 1 级判断 - 执行语句

31 If M2 > 20 Then'——第 2 级判断 - 执行语句

32 M1 = 10

33 2 = 10

34 Else

35 M1 = 0

```
36 M2 = 0
37 EndIf'——第2级判断 - 执行语句结束
38 Else
39 M1 = -10
...
400 M2 = -10
410 EndIf'——第1级判断 - 执行语句结束
```

4）指令例句 3：在对 Then 及 Else 的流程处理中，以 Break 指令跳转到 EndIf 的下一行（不要使用 GOTO 指令跳转），如图 4-15 所示。

```
30 If M1 >10 Then'——第1级判断/执行
```
语句

```
31 If M2 > 20 Then Break'——
```
如果M2 >
20 则跳转出本级判断执行语句（本例中为第 38
行）

```
32 M1 = 10
33 M2 = 10
34 Else
35 M1 = -10
36 M2 = -10
37 EndIf
38 If M_BrkCq =1 Then Hlt
39 Mov P1
```

（4）说明

1）多行型指令：If···Then···Else···En-dIf，必须书写 EndIf，不得省略，否则无法确定流程 2 的结束位置。

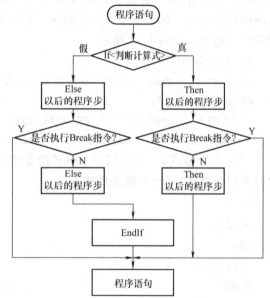

图 4-15　If···Then 语句中 Break 指令的流程

2）不要使用 GOTO 指令跳转到本指令之外。

3）嵌套多级指令最大为八级。

4）在对 Then 及 Else 的流程处理中，以 Break 指令跳转到 EndIf 的下一行。

4.2.4　外部输入/输出信号指令

1. 输入信号

（1）输入信号　输入信号需要从外部硬配线的开关给出，当然也可以由 PLC 控制（外部输入输出信号是由外部 I/O 信号卡接入的）。在机器人的自动程序中，只能够检测输入信号的状态，实际上不能够直接从程序中指令输入信号。

（2）输入信号相关的工作状态变量　输入信号相关的工作状态变量如下：

1）M_In 为开关型接口，表示某一位的 ON/OFF。

2）M_Inb 为数字型接口，表示 8 位的 ON/OFF。

3）M_Inw 为数字型接口，表示 16 位的 ON/OFF。

（3）检测输入信号状态的指令　用于检测输入信号状态的指令有 Wait 指令，其功能是检测输入信号。如果输入信号 = ON，则可进入下一行程序，也经常用输入信号的状态（ON/OFF）作为判断条件。

例如：Wait M_In(1) = 1

      M1 = M_Inb(20)

      M1 = M_Inw(5)

2. 输出信号

与对输入信号的控制不同，可以从机器人的自动程序中直接控制输出信号的 ON/OFF，这是很重要的。

（1）指令格式　M_Out,M_Outb,M_Outw,M_DOut。

（2）指令样例

1 Clr 1 '——输出信号全部 = OFF

2 M_Out(1) = 1'——输出信号(1) = ON

3 M_Outb(8) = 0'——输出信号(8) ~ 输出信号(15)(共 8 位) = OFF

4 M_Outw(20) = 0'——输出信号(20) ~ 输出信号(35)(共 16 位) = OFF

5 M_Out(1) = 1 Dly 0.5'—— 输出信号(1) = ON, 0.5s(相当于输出脉冲)

6 M_Outb(10) = &H0F'—— 指令输出端子 10 ~ 17 的状态为：输出端 10 ~ 13 = ON，输出端 14 ~ 17 = OFF

  M_Out,M_Outb,M_Outw,M_DOut 也可以作为状态信号，这是输出信号的特点。

4.2.5　通信指令概述

（1）指令格式

1）Open 开启通信。

2）Close 关闭通信。

3）Print#以 ASCII 码输出数据，结束码 CODE 为 CR 。

4）Input#接收 ASCII 码数据文件，结束码 CODE 为 CR。

5）On Com GoSub 根据外部通信口输入数据，调用子程序。

6）Com On 允许根据外部通信口输入数据进行插入处理。

7）Com Off 不允许根据外部通信口输入数据进行插入处理。

8）Com Stop 停止根据外部通信口输入数据进行插入处理。

（2）指令例句

1 Open "COM1" As #1 '——开启通信口 COM1 并将从通信口 COM1 传入的文件作为 1#文件

2 Close #1 '—— 关闭 1#文件

3 Close'——关闭全部文件

4 Print #1,"TEST" '——输出字符串"TEST"到 1#文件

5 Print #2,"M1 ="M1 '——输出字符串"M1 =" 到 2#文件。例：如果 M1 = 1 则输出"M1 = 1" + CR

6 Print #3, P1'——输出 P1 点数据到 3#文件。例：如果 P1 点数据为 X = 123.7，Y = 238.9，Z = 33.1，A = 19.3，B = 0，C = 0,FL1 = 1, FL2 = 0, 则输出数据为"(123.7, 238.9, 33.1, 19.3, 0, 0)(1, 0)" + CR

7 Print#1, M5, P5'——输出变量 M5 和 P5 点数据到 1#文件。例：如果 M5 = 8，P5 为 X = 123.7，Y = 238.9, Z = 33.1, A = 19.3, B = 0, C = 0, FL1 = 1, FL2 = 0, 则输出数据为"8, (123.7, 238.9, 33.1, 19.3, 0, 0)(1, 0)" + CR

8 Input #1,M3'——输入接收指令。指定输入的数据 = M3。例：如果输入数据 = "8 " + CR 则 M3 = 8

9 Input #1, P10 '——输入接收指令。指定输入的位置数据 = P10。例：如果输入数据为 "(123.7, 238.9, 33.1, 19.3, 0, 0)(1, 0)" + CR, 则 P10 为(X = 123.7, Y = 238.9, Z = 33.1,A = 19.3,

B = 0, C = 0, FL1 = 1, FL2 = 0)

10 Input #1,M8,P6'—— 输入接收指令。指定输入的数据代入 M8 和位置点 P6。例:如果输入数据为"7,(123.7,238.9,33.1,19.3,0,0)(1,0)" + CR,则 M8 = 7, P6 为(X = 123.7, Y = 238.9, Z = 33.1, A = 19.3, B = 0, C = 0, FL1 = 1, FL2 = 0)

11 On Com(2)GoSub *RECV'——根据从外部通信口 COM2 输入指令调用子程序 *RECV

12 Com(1) On'——允许通信口 COM1 工作

13 Com(2) Off'——关闭 COM2 通信口

14 Com(1) Stop'——停止 COM1 通信口的工作(保留其状态)

以下将对通信指令进行详细解释。

1. Open——通信启动指令

(1) 指令格式　Open," <通信口名或文件名 >" [For <模式 >] As [#] <文件号码 >。

说明:

1) <通信口名或文件名 >:指定通信口或文件名称。

2) <模式 >:有 INPUT/OUTPUT/Append 模式(省略即为随机模式)。

3) <文件号码 >:设置文件号(1~8)。

(2) 程序样例1 (指定通信口)

1 Open "COM1:" As #1'——开启通信口 COM1,作为1#文件使用

2 Mov P_01

3 Print #1,P_Curr'——将"P_C Curr(当前位置)"输出,假设以"(100.00,200.00,300.00,400.00)(7,0)"格式输出

4 Input #1,M1,M2,M3'——以 ASCII 码格式接收"101.00,202.00,303.00" 外部数据,即M1 = 101.00、M2 = 202.00、M3 = 303.00

5 P_01.X = M1'——对 P_01. 点的 X 赋值

6 P_01.Y = M2'——对 P_01. 点的 Y 赋值

7 P_01.C = Rad(M3)'——对 P_01. 点的 C 赋值

8 Close '——关闭通信口

9 End

(3) 程序样例2 (指定通信口)

1 Open "temp.txt" For Append As #1'——打开文件名为 temp.txt 的文件,Append 模式,指定 temp.txt 为1#文件

2 Print #1, "abc"——输出字符串"abc"到1#文件

3 Close #1'——关闭1#文件

通信口的通信方式可以用参数设置,如图4-16所示。

本参数设置了通信口 COM1 ~ COM8 的通信方式,例如,COM1 通信口的通信方式为 RS232。

2. Print——输出字符串指令

(1) 指令格式　Print　# <文件号 >　[<式 1 >]…[<式 2 >]。

说明:

1) <文件号 >:OPEN 指令指定的文件号。

2) <式 >:数值表达式、位置表达式、字符串表达式。

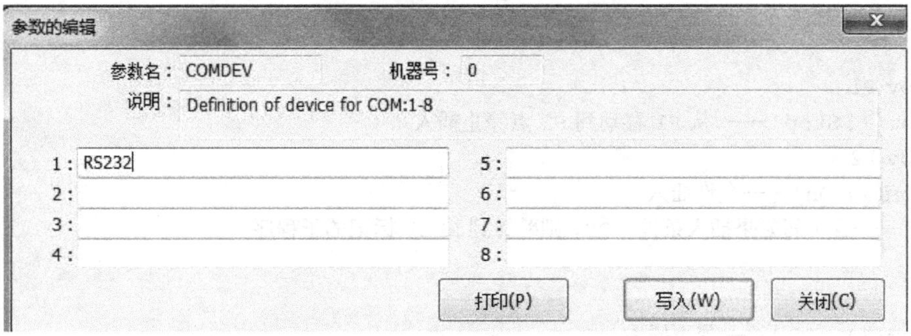

图 4-16　用参数设置通信口的通信方式

（2）指令例句　输出信息到文件" temp. txt"。

1 Open "temp. txt" For APPEND As #1 ' ——将文件 "temp. txt" 视作 1#文件

2 MDATA =150

3 Print #1,"＊＊＊Print TEST＊＊＊"'—— 输出字符串 "＊＊＊Print TEST＊＊＊"

4 Print #1 ' ——输出换行符

5 Print #1,"MDATA =",MDATA'——输出字符串 "MDATA =", 随后输出 MDATA 的值(150)

6 Print #1 '——输出换行符

7 Print #1,"＊＊＊＊＊＊＊＊＊＊＊＊＊＊＊＊"'——输出字符串 "＊＊＊＊＊＊＊＊＊＊
＊＊＊＊"

8 End

'输出结果

＊＊＊Print TEST＊＊＊

MDATA =150

＊＊＊＊＊＊＊＊＊＊＊＊＊＊＊＊

注意：如果指令中没有表达式，则输出换行符。

3. Input——从指定的文件中接收数据，接收的数值为 ASCII 码

（1）指令格式　Input　#＜文件号＞　［＜输入数据名＞］…［＜输入数据名＞］

说明：＜输入数据名＞为输入的数据被存放的位置，以变量表示。

（2）程序样例

1 Open "temp. txt" For Input As #1'——将 "temp. txt"文件视作 1#文件打开

2 Input #1, CABC $ '——接收 1#文件传送过来的数据(从开始到换行符为止),CABC $ ="接收到的
数据"

…

10 Close #1

4. On Com GoSub 指令

（1）功能　如果从通信端口有插入指令输入，则跳转到指定的子程序。

（2）指令格式　On　Com［（＜文件号＞）］　GoSub　＜跳转行标记＞。

（3）程序样例

1 Open "COM1:" As #1

2 On Com(1) GoSub ＊RECV'

3 Com(1) On'——允许插入

4 ''——这中间如果插入条件 =ON, 则跳转到 RECV 标记的子程序

```
...
11 '
12 Mov P1
13 Com(1)Stop'——从 P1 移动到 P2 点停止插入
14 Mov P2
15 Com(1) On'——允许插入
16 ''——这中间如果插入条件 = ON, 则跳转到 RECV 标记的子程序
...
26 '
27 Com(1) Off '——禁止插入
28 Close #1
29 End
...
40 *RECV'—— 标签
41 Input #1, M0001'——接收数据存放到 M0001, P0001
42 Input #1, P0001
...
50 Return 1
```

5. Com On/ Com Off /Com Stop 指令

1) Com On：允许插入（类似于中断区间指定）。

2) Com Off：禁止插入。

3) Com Stop：插入暂停（插入动作暂停，但继续接收数据，待 Com On 指令后，立即执行插入程序）。

4.2.6　运算指令概述

1. 位置数据运算——乘法

（1）定义　位置数据运算的乘法运算实际是变换到 TOOL 坐标系的过程。在下例中，P100 = P1 * P2，P1 点相当于 TOOL 坐标系中的原点，P2 是 TOOL 坐标系中的坐标点，如图 4-17 所示。注意 P1、P2 点的排列顺序，顺序不同，意义也不一样。

乘法运算就是在 TOOL 坐标系中的加法运算，除法运算就是在 TOOL 坐标系中的减法运算。由于乘法运算经常使用在根据当前点位置计算下一点的位置，所以特别重要，读者需要仔细体会。

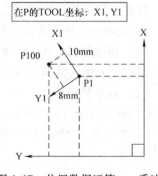

图 4-17　位置数据运算——乘法

（2）程序样例

1 P2 =(10,5,0,0,0,0)(0,0)

2 P100 = P1 * P2

3 Mov P1

4 Mvs P100

P1 =(200,150,100,0,0,45)(4,0)

2. 位置数据运算——加法

（1）定义　加法运算是以机器人基本坐标系为基准，以 P1 为起点，取 P2 点的坐标值进行的运算，如图 4-18 所示。

（2）程序样例

1 P2 =(5,10,0,0,0,0)(0,0)

2 P100 = P1 + P2

3 Mov P1

4 Mvs P100

P1 =(200,150,100,0,0,45)(4,0)

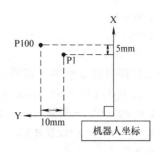

图 4-18　位置数据运算——加法

从本质上来说，乘法与加法的区别在于各自依据的坐标系不同，但都是以第 1 点为基准，第 2 点作为绝对值增量进行运算。

4.3　多任务处理

4.3.1　多任务定义

多任务是指系统可以同时执行多个程序，理论上可以同时执行的程序达到 32 个，出厂设置为 8 个。在系统中有一个程序存放区，该存放区分为 32 个任务区（也称为插槽），每一个任务区存放一个程序。在软件中可以对每一个任务区程序设置程序名、循环运行条件、启动条件、优先运行行数，如图 4-19 所示。

以参数 TASKMAX 设置多任务运行的最大程序数。

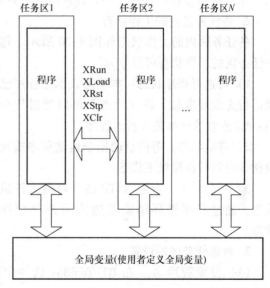

图 4-19　程序的存放区域

4.3.2　设置多程序任务的方法

1. 任务区内程序的设置和启动

（1）程序放置位置　如果同时运行的都是运动程序，则多个程序运行会造成混乱，所以将运动程序置于任务区 1（插槽 1），其他数据运算型程序置于任务区 2~7。

（2）程序的启动　任务区 1（插槽 1）内的程序通过指令启动其他任务区内的程序，相关指令如下：

1）XLoad ~ XLoad 2," 10"：指定任务区号和装入该任务区的程序号。

2）XRun ~ XRun 2：启动运行任务区 2（插槽 2）内程序。

3）XStp ~ XStp 2：停止执行任务区 2（插槽 2）内程序。

（3）样例程序　在图 4-19 中，各任务区程序之间可以通过用户基本程序、全局变量、用户定义的全局变量进行信息交换，这也是实现各程序启动停止的方法。

1）任务区 1 程序。

1 M_00 =0'　——M_00 为"全局变量"

2 *L2 If M_00 =0 Then *L2'　——对 M_00 进行判断

3 M_00 =0'　——设置 M_00 = 0

```
4 Mov P1
5 Mov P2
100 GoTo *L2
```

2）任务区2程序（信号及变量程序）。

```
1 If M_In(8)< >1 Then *L4'——对输入信号8进行判断,如果不等于1则跳到*L4
2 M_00 =1'——设置M_00=1,这个变量被任务区1的程序作为判断条件
3 M_01 =2'——设置M_01=2
4 *L4
```

（4）程序的启动条件

1）可以设置程序的启动条件为上电启动或遇报警启动。START信号为同时启动各任务区内程序。

2）可以对每个任务区（插槽）设置外部信号进行启动。在使用外部信号控制各任务区时，如果在插槽2~7中设置的程序为运动程序，则在发出相关的启动信号后，系统立即发出"未取得操作权"警报。如果设置的程序为数据运算程序，则不报警。

2. 各任务区内的工作状态

各任务区内的工作状态如图4-20所示。每一任务区的工作状态可以分为：

1）可选择程序状态：本状态表示原程序已经运行完成或复位，在此状态下可以通过指令XLOAD或参数选择装入新的程序。

2）待机状态：等待启动指令启动程序或复位指令回到可选择程序状态。

3）运行状态：通过XSTP指令可进入待机状态，通过程序循环结束可进入可选择程序状态。

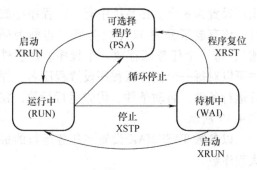

图4-20 任务区内的工作状态及其转换

3. 对多任务区的设置

（1）设置程序名 在RT ToolBox软件中可通过参数设置各任务区内的程序名，如图4-21所示。

图4-21 在RT ToolBox软件中可通过参数设置各任务区内的程序名

（2）同时启动信号　通过外部信号可以对各任务区进行“启动”“停止”，“START”信号为同时启动各任务区内程序。

（3）分别启动信号　通过外部信号可以对各任务区分别进行“启动”　“停止”，S1START ~ SNSTART 为分别启动各任务区的信号，如图 4-22 所示。

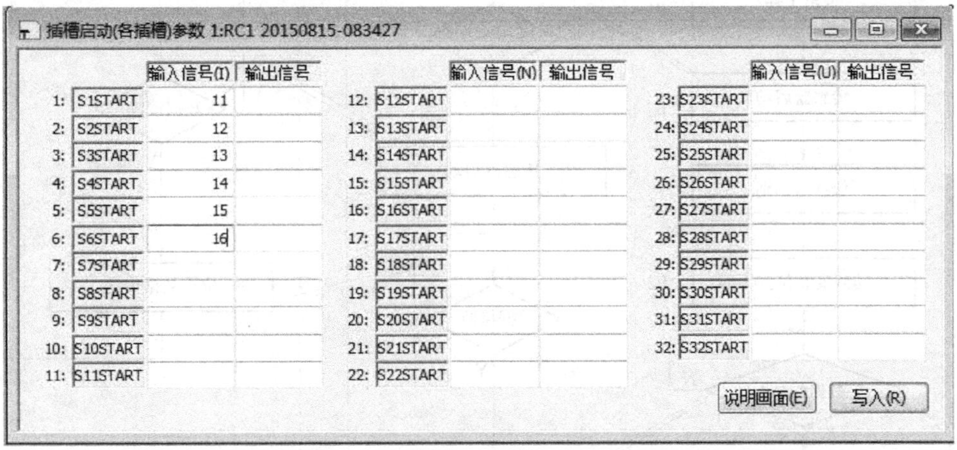
插槽启动(各插槽)参数 1:RC1 20150815-083427
输入信号(I)
输出信号
输入信号(N)
输出信号
输入信号(U)
输出信号
1: S1START 11
2: S2START 12
3: S3START 13
4: S4START 14
5: S5START 15
6: S6START 16
7: S7START
8: S8START
9: S9START
10: S10START
11: S11START
12: S12START
13: S13START
14: S14START
15: S15START
16: S16START
17: S17START
18: S18START
19: S19START
20: S20START
21: S21START
22: S22START
23: S23START
24: S24START
25: S25START
26: S26START
27: S27START
28: S28START
29: S29START
30: S30START
31: S31START
32: S32START
说明画面(E)
写入(R)

图 4-22　各任务区的启动信号

（4）分别停止信号　通过外部信号可以对各任务区分别进行停止，S1STOP ~ SNSTOP 分别为各任务区的停止信号，如图 4-23 所示。

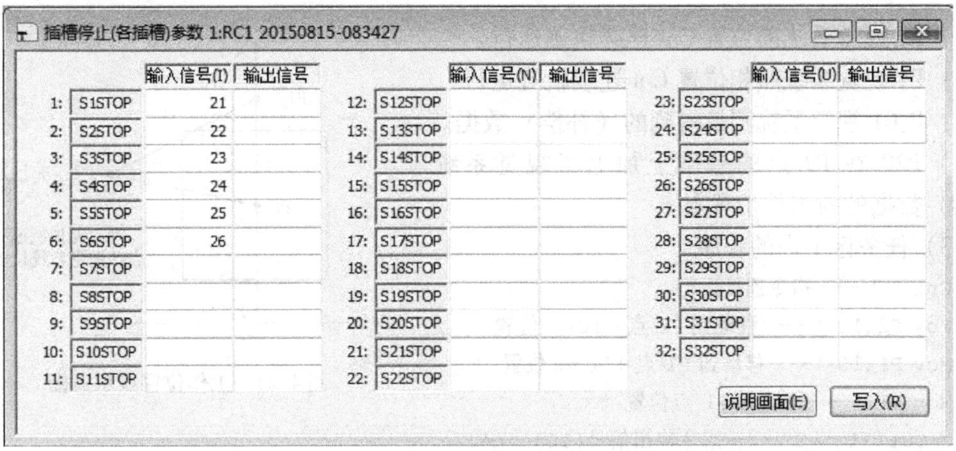
插槽停止(各插槽)参数 1:RC1 20150815-083427
输入信号(I)
输出信号
输入信号(N)
输出信号
输入信号(U)
输出信号
1: S1STOP 21
2: S2STOP 22
3: S3STOP 23
4: S4STOP 24
5: S5STOP 25
6: S6STOP 26
7: S7STOP
8: S8STOP
9: S9STOP
10: S10STOP
11: S11STOP
12: S12STOP
13: S13STOP
14: S14STOP
15: S15STOP
16: S16STOP
17: S17STOP
18: S18STOP
19: S19STOP
20: S20STOP
21: S21STOP
22: S22STOP
23: S23STOP
24: S24STOP
25: S25STOP
26: S26STOP
27: S27STOP
28: S28STOP
29: S29STOP
30: S30STOP
31: S31STOP
32: S32STOP
说明画面(E)
写入(R)

图 4-23　各任务区的停止信号

4.3.3　多任务应用案例

（1）程序流程　图 4-24 所示为任务区 1 和任务区 2 内的程序流程图，两个程序之间有信息交流。

工作位置点示意图如图 4-25 所示。

（2）各位置点的定义

1）P1 抓取工件位置并暂停 Dly 0.05s。

2）P2 放置工件位置并暂停 Dly 0.05s。

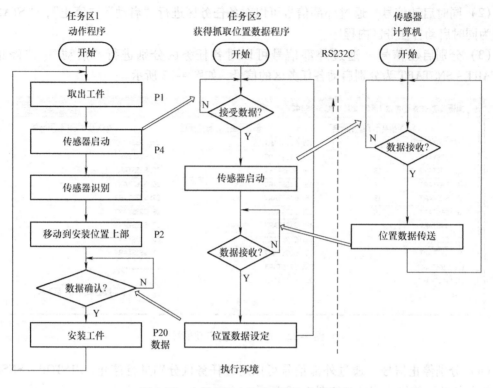

图 4-24 在任务区 1 和任务区 2 内的程序

3) P3 视觉系统前位置 Cnt 连续轨迹运行。

4) P4 视觉系统照相位置 Cnt 连续轨迹运行。

5) P_01 视觉系统测量得到的（补偿）数据。

6) P20 在 P2 点的基础上加上了视觉系统（补偿）数据的新工件位置点。

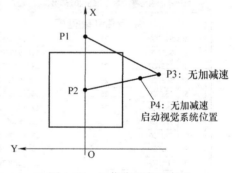

图 4-25 工作位置点示意图

（3）任务区 1 内的程序

1 Cnt 1 '——指令连续运行

2 Mov P2,10 '—— 移动到 P2 点 +10mm 位置

3 Mov P1,10 '——移动到 P1 点 +10mm 位置

4 Mov P1 '——移动到 P1 点位置

5 M_Out(10) =0'—— 指令输出信号(10) =OFF

6 Dly 0.05 '——暂停 0.05s

7 Mov P1,10'——移动到 P1 点 +10mm 位置

8 Mov P3 '——移动到 P3 点位置，准备照相

9 Spd 500 '—— 设置速度 =500mm/s

10 Mvs P4 '——移动到 P4 点位置，进行照相

11 M_02#=0'—— 设置（M_01 =1/M_02 =0，用作为程序 2 的启动条件）

12 M_01#=1' ——对程序 2 发出读数据请求

13 Mvs P2,10'——移动到 P2 点 +10mm 位置

14 *L2：If M_02#=0 Then GoTo *L2' 判断程序 2 的数据处理是否完成，M_02 =1 表示程序 2

的数据处理完成

15 P20 = P2 * P_01 '—— 定义 P20 的位置 = P2 与 P_01 乘法运算

16 Mov P20,10'——移动到 P20 点 +10mm 位置

17 Mov P20 ——'移动到 P20 点位置

18 M_Out(10) =1'—— 指令输出信号(10) =ON

19 Dly 0.05 '——暂停 0.05s

20 Mov P20,10 '—— 移动到 P20 点 +10mm 位置

21 Cnt 0 '—— 解除连续轨迹运行功能

22 End '—— 程序 1 结束

（4）获取位置数据　程序名 2（任务区 2 内的程序）。

1 *L1: If M_01#=0 Then GoTo *L1 '—— 检测程序 1 是否发出读位置数据请求,如果 M_01 =1 就执行以下读位置数据程序

2 Open "COM1:" As #1 '——打开通信口 1,执行 1#文件

3 Dly M_03#' ——暂停

4 Print #1,"SENS" ' —— 发出 "SENS" 指令,通知"视觉系统"

5 Input #1,M1,M2,M3 ' —— 接收视觉系统传送的数据

6 P_01.X = M1 '—— M1 为 X 轴数据

7 P_01.Y = M2 '—— M2 为 Y 轴数据

8 P_01.Z = 0.0

9 P_01.A = 0.0

10 P_01.B = 0.0

11 P_01.C = Rad(M3)'—— M3 为 C 轴数据

12 Close'—— 关闭通信口

13 M_01#=0 ' ——设置 M_01 =0,表示数据读取及处理完成

14 M_02#=1 '—— 设置 M_02 =1,表示数据读取及处理完成

15 End '

在上例程序中,用全局变量 M_01、M_02 进行程序 1 和程序 2 的信息交换,是编程技巧之一。

第5章　工业机器人编程指令详述

目前，常用的机器人编程语言是 MELFA – BASIC V。本章将对机器人使用的编程指令进行详细解释，并提供一些编程案例。本章对编程指令的编排按英文字母顺序排列，这样可以方便读者的查阅。在实际使用 RT ToolBox 软件进行编程时，软件提供了编程模板功能，可以直接查阅这些指令的标准书写格式。

5.1　A 开头指令

5.1.1　Accel——设置加减速阶段的加减速度的倍率

（1）功能　设置加减速阶段的加减速度的倍率（注意不是速度倍率）。

（2）指令格式　Accel <加速度倍率>，<减速度倍率>，<圆弧上升加减速度倍率>，<圆弧下降加减速度倍率>。

（3）指令格式说明

1）<加减速度倍率>：用于设置加减速度的倍率。

2）<圆弧上升加减速度倍率>：对于 Mva 指令，用于设置圆弧段加减速度的倍率。

（4）指令例句

1 Accel 50,100'——假设标准加速时间 = 0.2s，则加速度阶段倍率 = 50%，即 0.4s；减速度阶段倍率 = 100%，即 0.2s

2 Mov P1

3 Accel 100,100'—— 假设标准加速时间 = 0.2s，则加速度阶段倍率 = 100%，即 0.2s；减速度阶段倍率 = 100%，即 0.2s

4 Mov P2

5 Def Arch 1, 10,10,25,25,1,0,0'——定义圆弧

6 Accel 100,100,20,20,20,20'——设置圆弧上升下降阶段加减速度倍率

7 Mva P3,1

5.1.2　Act——设置（被定义的）中断程序的有效工作区间

（1）功能　Act 指令有两重意义：Act 1 ~ Act 8 是中断程序的程序号。Act n = 1，Act n = 0，划出了中断程序 Act n 的生效区间，如图 5-1 所示。

（2）指令格式

1）Act <被定义的程序段号> = <1>：中断程序可执行区间起始标志。

2）Act <被定义的程序段号> = <0>：中断程序可执行区间结束标志。

（3）指令格式说明　<被定义的程序号>——设置中断程序的程序号。

（4）指令例句 1

1 Def Act 1,M_In(1) =1 GoSub * INTR '——定义 Act 1 对应的中断程序

2 Mov P1

3 Act 1 =1 '——Act 1 定义的中断程序动作区间生效

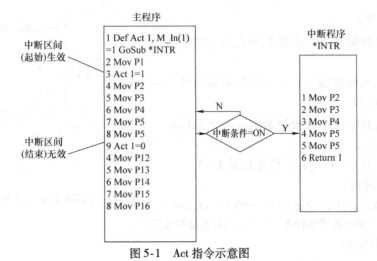

图 5-1　Act 指令示意图

4 Mov P2

5 Act 1 = 0 '——Act 1 定义的中断程序动作区间无效

…

10 ＊INTR

11 If M_In(1) = 1 GoTo ＊INTR' ——M_IN(1)（LOOP）

12 Return 0

（5）指令例句 2

1 Def Act 1,M_In(1) = 1 GoSub ＊INTR' —— 定义 Act 1 对应的中断程序

2 Mov P1

3 Act 1 = 1 '——Act 1 动作区间生效

4 Mov P2

…

10 ＊INTR

11 Act 1 = 0 '——Act 1 动作区间无效

12 M_Out(10) = 1

Return 1

（6）说明

1）Act 0 为最优先状态，程序启动时即为 Act 0 = 1 状态。如果 Act 0 = 0，则 Act 1 ~ 8 = 1 也无效。

2）中断程序的结束（返回）由 Return 1 或 Return 0 指定。

① Return 1：转入主程序的下一行。

② Return 0：跳转到中断程序的起始行。

5.2　B 开头指令

Base——设置一个新的世界坐标系

（1）功能　偏置坐标为以世界坐标系为基准观察到基本坐标系原点的坐标值。本指令通过设置偏置坐标建立一个新的世界坐标系。图 5-2 所示为世界坐标系与基本坐标系的关系。

（2）指令格式

1）Base＜新原点＞：用新原点表示一个新的世界坐标系。

2）Base＜坐标系编号＞：用坐标系编号选择一个新的世界坐标系。

① 坐标系编号＝0：系统初始坐标系 P_NBase。

P_NBase＝0,0,0,0,0,0

② 坐标系编号＝1～8：工件坐标系 1～8。

（3）指令例句 1

1 Base(50,100,0,0,0,90)'——以点(50,100,0,0,0,90)设置一个新的世界坐标系,这个点是基本坐标系原点在新坐标系内的坐标值

2 Mvs P1

3 Base P2'——以 P2 点为基点设置一个新的世界坐标系

4 Mvs P1

5 Base 0'——初始世界坐标系

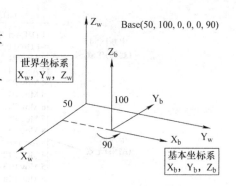

图 5-2　世界坐标系与基本坐标系的关系

（4）指令例句 2

以坐标系编号选择坐标系。

1 Base 1'——选择 1 号坐标系 WK1CORD

2 Mvs P1

3 Base 2'——选择 2 号坐标系 WK2CORD

4 Mvs P1

5 Base 0'——选择初始"世界坐标系"

（5）说明

1）新原点数据是从新世界坐标系观察到基本坐标系原点的位置数据,即基本坐标系在新世界坐标系中位置。

2）使用当前位置点建立一个新世界坐标系时可以使用 Base Inv（P1）指令（必须对 P1 点进行逆变换）。

5.3　C 开头指令

5.3.1　CallP——调用子程序指令

（1）功能　本指令用于调用子程序,子程序与主程序的关系如图 5-3 所示。

（2）指令格式　CallP［程序名］［自变量 1］［自变量 2］。

（3）指令格式说明

1）程序名：被调用的子程序名字。

2）［自变量 1］［自变量 2］：设置在子程序中

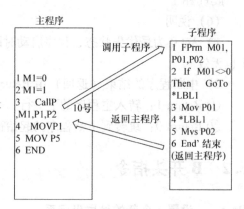

图 5-3　调用子程序示意图

使用的变量，类似于局部变量，只在被调用的子程序中有效。

（4）指令例句 1 调用子程序时同时指定自变量。

```
1 M1 = 0
2 CallP "10" , M1,P1,P2 '——调用 10 号子程序，同时指定 M1，P1，P2 为子程序中使用的变量
3 M1 = 1
4 CallP "10", M1,P1,P2 '——调用 10 号子程序，同时指定 M1，P1，P2 为子程序中使用的变量
…
10 CallP "10", M2,P3,P4 '——调用 10 号子程序，同时指定 M2，P3，P4 为子程序中使用的变量
15 End
```

10 号子程序如下：

```
1 FPrm M01, P01,P02 '——规定与主程序中对应的"变量"
2 If M01 < >0 Then GoTo * LBL1
3 Mov P01
4 * LBL1
5 Mvs P02
6 End '结束(返回主程序)
```

注意：在主程序第 1 步、第 4 步调用子程序时，10 号子程序变量 M01，P01，P02 与主程序指定的变量 M1，P1，P2 相对应。

在主程序第 10 步调用子程序时，10 号子程序变量 M01，P01，P02 与主程序指定的变量 M2，P3，P4 相对应。

（5）指令例句 2 调用子程序时不指定自变量。

```
1 Mov P1
2 CallP "20" '——调用 20 号子程序
3 Mov P2
4 CallP "20" '——调用 20 号子程序
5 End
```

20 号子程序如下：

```
1 Mov P1 '——子程序中的 P1 与主程序中的 P1 不同
2 Mvs P002
3 M_Out(17) = 1
4 End
```

（6）说明

1）子程序以 End 结束并返回主程序。如果没有 End 指令，则在最终行返回主程序。

2）CallP 指令指定自变量时，在子程序一侧必须用 FPrm 定义自变量，而且数量类型必须相同，否则会发生报警。

3）可以执行 8 级子程序调用。

4）TOOL 数据在子程序中有效。

5.3.2 ChrSrch（Character Search）——查找字符串编号

（1）功能 本指令用于在指定的一组字符串范围内，检索指定的字符串，检索的结果是指定的字符串的编号。

（2）指令格式 ChrSrch <字符串组编号> <检索字符串内容> <存放位置>。

（3）指令格式说明

1）＜字符串组（起始）编号＞：设置作为检索范围的字符串组。

2）＜检索字符串内容＞：设置检索的字符串。

3）＜存放位置＞：检索结果（号）存放的位置。

（4）指令例句

1 Dim C1 $(10)'——定义10组字符串

2 C1 $(1) = "ABCDEFG"

3 C1 $(2) = "MELFA"

4 C1 $(3) = "BCDF"

5 C1 $(4) = "ABD"

6 C1 $(5) = "XYZ"

7 C1 $(6) = "MELFA"

8 C1 $(7) = "CDF"

9 C1 $(8) = "机器人 "

10 C1 $(9) = "FFF"

11 C1 $(10) = "BCD"

12 ChrSrch C1 $(1)," 机器人", M1 '——从 C1 $(1)起，检索字符串"机器人"，检索的结果存放在 M1 中(该字符串编号 =8)，本例中 M1 =8

13 ChrSrch C1 $(1),"MELFA", M2 '——从 C1 $(1)起，检索字符串"MELFA"，检索的结果存放在 M2 中(该字符串编号 =2)

5.3.3　CavChk On——防碰撞功能是否生效

（1）功能　本指令用于设置防碰撞功能是否生效。

（2）指令格式　CavChk　＜On/Off＞ ［, ＜机器人 CPU 号＞ ［, NOErr]]。

（3）指令格式说明

1）＜On/Off＞ = ON：防碰撞停止功能 = ON。

2）＜On/Off＞ = OFF：防碰撞停止功能 = OFF。

3）＜机器人 CPU 号＞：设置机器人编号。

4）［NOErr]：检测到干涉时不报警，见5.3.12节。

5.3.4　Close——关闭文件

（1）功能　将指定的文件（及通信口）关闭。

（2）指令格式　Close ［#] ＜文件号＞[# ＜文件号＞]。

（3）指令例句

1 Open "temp. txt" For Append As #1 '—— 将文件 temp. txt 作为1#文件打开

2 Print #1，"abc" '—— 在1#文件中写入 "abc"

3 Close #1 '——关闭1#文件

5.3.5　Clr（Clear）——清零指令

（1）功能　本指令用于对输出信号、局部变量、外部变量及数据清零。

（2）指令格式　Clr　＜TYPE＞。

（3）指令格式说明

1）＜TYPE＞：清零类型。

2）＜TYPE＞ =1：输出信号复位。

3) ＜TYPE＞=2：局部变量及数组清零。

4) ＜TYPE＞=3：外部变量及数组清零，但公共变量不清零。

(4) 指令例句1　类型1：Clr 1'——将输出信号复位。

(5) 指令例句2　类型2。

```
Dim MA(10)
Def Inte IVAL
Clr 2'——MA(1)~MA(10)、变量 IVA 及程序内局部变量清零
```

(6) 指令例句3　类型3：Clr 3'——外部变量及数组清零。

(7) 指令例句4　类型0：Clr 0'——同时执行类型1~3清零。

5.3.6　Cmp Jnt（Comp Joint）——指定关节轴进入柔性控制状态

(1) 功能　本指令用于指定关节轴进入柔性控制状态。

(2) 指令格式　Cmp　Jnt　＜轴号＞。

(3) 指令格式说明　轴号用一组二进制编码指定，用 &B000000 对应654321轴。

(4) 指令例句

```
1 Mov P1
2 Cmp G 0.0,0.0,1.0,1.0,,,,'——指定柔性控制度
3 Cmp Jnt,&B11'——指定 J1 轴、J2 轴进入柔性控制状态
4 Mov P2
5 HOpen 1
6 Mov P1
7 Cmp Off '——返回常规状态
```

5.3.7　Cmp Pos

(1) 功能：本指令以直角坐标系为基准，指定伺服轴（CBAZYX）进入"柔性控制状态"。

(2) 指令格式：Cmp　Pos，＜轴号＞。

(3) 指令格式说明　轴号用一组二进制编码指定，&B000000 对应 CBAZYX 轴。

(4) 指令例句

```
1 Mov P1
2 CmpG 0.5,0.5,1.0,0.5,0.5,,,
3 Cmp Pos, &B011011 '—— 设置 X,Y,A,B 轴进入柔性控制状态
4 Mvs P2
5 M_Out(10) =1
6 Dly 1.0
7 HOpen 1
8 Mvs, -100
9 Cmp Off '——返回常规状态
```

5.3.8　Cmp Tool

(1) 功能　以 TOOL 坐标系为基准，设定伺服轴（CBAZYX）进入柔性控制状态。

(2) 指令格式　Cmp　Tool，＜轴号＞。

(3) 指令格式说明　轴号用一组二进制编码指定，&B000000 对应 CBAZYX 轴。

(4) 指令例句

```
1 Mov P1
2 CmpG 0.5,0.5,1.0,0.5,0.5,,,
3 Cmp Tool,&B011011'—— 指定 TOOL 坐标系中的 X,Y,A,B 轴进入柔性控制状态
4 Mvs P2
5 M_Out(10110)=1
6 Dly 1.0
7 HOpen 1
8 Mvs,-100
9 Cmp Off'—— 返回常规状态
```

5.3.9　Cmp Off——关闭机器人柔性控制状态

（1）功能　本指令用于解除机器人柔性控制状态。

（2）指令格式　Cmp Off。

（3）指令例句

```
1 Mov P1
2 CmpG 0.5,0.5,1.0,0.5,0.5,,,
3 Cmp Pos,&B011011'—— X,Y,A,B 轴进入柔性控制状态
4 Mvs P2
5 M_Out(10110)=1
6 Dly 0.5
7 HOpen 1
8 Mvs,-100
9 Cmp Off'——机器人柔性控制状态=OFF
```

5.3.10　CmpG（Composition Gain）——设置柔性控制时各轴的增益

（1）功能　本指令用于设置柔性控制时，各轴的柔性度。

（2）指令格式

1）直角坐标系：CmpG　［＜X 轴增益＞］　　［＜Y 轴增益＞］　　［＜Z 轴增益＞］　［＜A 轴增益＞］　　［＜B 轴增益＞］　　［＜C 轴增益＞］。

2）关节型：CmpG　［＜J1 轴增益＞］　［＜J2 轴增益＞］　［＜J3 轴增益＞］　［＜J4 轴增益＞］　［＜J5 轴增益＞］　［＜J6 轴增益＞］。

（3）指令格式说明　［＜＊＊轴增益＞］：用于设置各轴的柔性度，常规状态＝1，以柔性度＝1 为基准进行设置。

（4）指令例句

CmpG ,,0.5,,,,,,'—— 设置 Z 轴的柔度=0.5，省略设置的轴用逗号分隔

（5）说明

1）以指令位置与实际位置为比例，像弹簧一样产生作用力（实际位置越接近指令位置，作用力越小）。CmpG 相当于弹性常数。

2）指令位置与实际位置之差可以由状态变量 M_CmpDst 读出，可用变量 M_CmpDst 判断动作（例如 PIN 插入）是否完成。

3）柔性度（增益）调低时，动作位置精度会降低，因此必须逐步调整确认。

4）部分型号机器人可以设置的最低柔性度（增益）见表5-1。

表 5-1　部分型号机器人可以设置的最低柔性度（增益）

机型	Cmp Pos、Cmp Tool 指令	Cmp Jnt 指令
RH – F 系列	0.20、0.20、0.20、0.20、0.20、0.20	0.01、0.01、0.20、0.01、1.00、1.00
RV – F 系列	0.01、0.01、0.01、0.01、0.01、0.01	

5.3.11　Cnt——连续轨迹运行

见 4.2.1 节 4. 连续轨迹运行。

5.3.12　ColChk（Col Check）——指令碰撞检测功能是否有效

（1）功能　本指令用于设置碰撞检测功能是否有效，碰撞检测功能指检测机器人机械臂及抓手与周边设备是否发生碰撞，发生碰撞时立即停止，减少损坏。

（2）指令格式　ColChk On [NOErr] /Off。

（3）指令格式说明

1）On：碰撞检测功能有效。检测到碰撞发生时，立即停机，并发出 1010 报警，同时伺服 = OFF。

2）Off：碰撞检测功能无效。

3）NOErr：检测到碰撞发生时，不报警。

（4）指令例句 1　检测到碰撞发生时，报警。

```
1 ColLvl 80,80,80,80,80,80,,'——设置碰撞检测量级
2 ColChk On '——碰撞检测功能有效
3 Mov P1
4 Mov P2
5 Dly 0.2 '——等待动作完成，也可以使用定位精度指令 Fine
6 ColChk Off '——碰撞检测功能无效
7 Mov P3
```

（5）指令例句 2　检测到碰撞发生时，使用中断处理

```
1 Def Act 1,M_ColSts(1) =1 GoTo *HOME,S '——如果检测到碰撞发生，则跳转到 HOME 行
2 Act 1 =1
3 ColChk On,NOErr '——碰撞检测功能 = ON
4 Mov P1
5 Mov P2
6 Mov P3
7 Mov P4
8 ColChk Off'——碰撞检测功能 = OFF
9 Act 1 =0
...
100 *HOME
101 ColChk Off'——碰撞检测功能 = OFF
102 Servo On
103 PESC = P_ColDir(1) *( -2)
104 PDST = P_Fbc(1) +PESC
105 Mvs PDST
106 Error 9100
```

（6）说明

1）碰撞检测是指在机器人移动过程中，如果实际转矩超出理论转矩达到一定量级，则

判断为碰撞，机器人紧急停止动作。在图5-4中，有理论转矩和实际检测到的转矩。如果实际检测到的转矩大于设置的转矩值，则报警。

2）碰撞检测功能可以用参数 Col 设置。

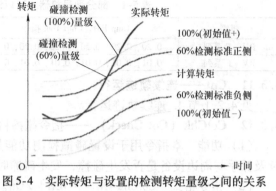

图5-4   实际转矩与设置的检测转矩量级之间的关系

5.3.13   ColLvl（ColLevel）——设置碰撞检测量级

（1）功能   本指令用于设置碰撞检测量级。

（2）指令格式   ColLvl ［<J1 轴>］ ［<J2 轴>］ ［<J3 轴>］ ［<J4 轴>］ ［<J5 轴>］ ［<J6 轴>］。

（3）指令格式说明   <J1~J6 轴>：设置各轴碰撞检测量级。

（4）指令例句

```
1 ColLvl 80,80,80,80,80,80,,'——设置各轴碰撞检测量级
2 ColChk On '——碰撞检测有效
3 Mov P1
4 ColLvl ,50,50,,,,,'——设置J2、J3 轴碰撞检测量级
5 Mov P2
6 Dly 0.2
7 ColChk Off '——碰撞检测无效
8 Mov P3
```

5.3.14   Com On/Com Off/Com Stop（Communication ON/OFF/STOP）

（1）功能   设置从外部通信口传送到机器人一侧的插入指令是否有效。

（2）指令格式

1）Com <文件号>   On：插入指令有效。

2）Com <文件号>   Off：插入指令无效。

3）Com <文件号>   Stop：插入指令暂停。

5.4   D 开头指令

5.4.1   Def Act——定义中断程序

（1）功能   本指令用于定义中断程序，定义执行中断程序的条件及中断程序的动作。

（2）指令格式   Def Act <中断程序级别> <条件> <执行动作> <类型>。

（3）指令格式说明

1）<中断程序级别>：设置中断程序的级别（中断程序号）。

2）<条件>：是否执行中断程序的判断条件。

3）<执行动作>：中断程序动作内容。

4）<类型>：中断程序的执行时间点，也就是主程序的停止类型。

①省略：停止类型1。以100% 速度倍率正常停止。

②S：停止类型2。以最短时间、最短距离减速停止。

③ L：停止类型 3。执行完当前程序行后才停止。

（4）指令例句

1 Def Act 1,M_In(17) =1 GoSub *L100 '——定义 Act 1 中断程序：如果输入信号 17 = ON，则跳转到子程序 * L100

2 Def Act 2,MFG1 And MFG2 GoTo *L200'——定义 Act 2 中断程序：如果 MFG1 与 MFG2 的逻辑 AND 运算 = 真，则跳转到子程序 * L200

3 Def Act 3,M_Timer(1) >10500 GoSub *LBL '——定义 Act 3 中断程序：如果计时器时间大于 10500ms，则跳转到子程序 * LBL

10 *L100:M_Timer(1) =0'——计时器 M_Timer(1)设置 =0

11 Act 3 =1 '——Act 3 动作区间有效

12 Return 0

…

20 *L200:Mov P_Safe

21 End

…

30 *LBL

31 M_Timer(1) =0 '——计时器 M_Timer(1)设置 =0

32 Act 3 =0 '—— Act 3 动作区间无效

32 Return 0

（5）说明

1）中断程序从跳转起始行到 Return 结束。

2）中断程序级别以号码 1～8 表示，数字越小越优先，如 Act 1 优先于 Act 2。

3）执行中断程序时，主程序的停止类型如图 5-5 和图 5-6 所示。

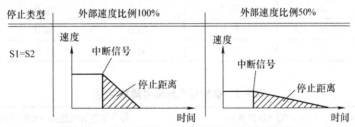

图 5-5　停止类型 1：停止过程中的行程相同

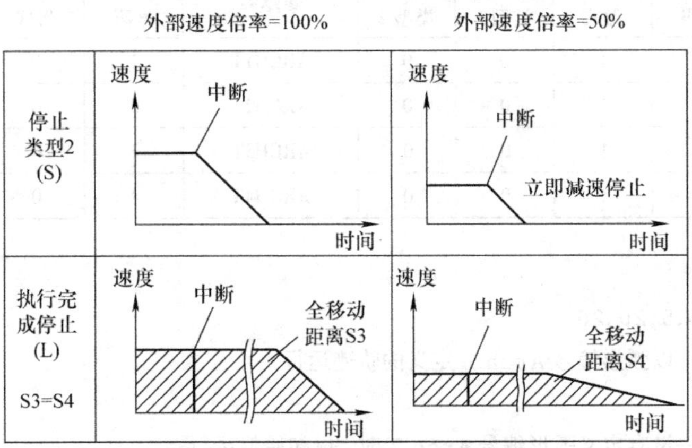

图 5-6　停止类型 2 及停止类型 3

4）停止类型 2：以最短时间、最短距离减速停止。

5）停止类型 3：执行完主程序当前行后，再执行中断程序。

5.4.2 Def Arch——定义在 Mva 指令下的弧形形状

（1）功能 本指令用于定义在 Mva 指令下的弧形形状，如图 5-7 所示。

（2）指令格式 Def Arch ＜弧形编号＞［＜上升移动量＞］［＜下降移动量＞］［＜上升待避量＞］［＜下降待避量＞］［＜插补形式＞］［＜插补类型 1＞ ＜插补类型 2＞］。

图 5-7 Mva 运行轨迹各步示意图

（3）指令格式说明

1）Mva 是部分圆弧过渡插补指令，其弧形形状可以由本指令定义，各参数定义见表 5-2。

2）插补形式：设置直线插补或关节插补。直线插补 =1，关节插补 =0。

3）插补类型 1：移动路径远路径/捷径选择，远路径 =1，捷径 =0。

4）插补类型 2：3 轴直交/等量旋转选择，3 轴直交 =1，等量旋转 =0。

如果未指定弧形编号，则使用初始值，初始值可以用参数设置，见表 5-3。

表 5-2 参数与弧形编号及数值

参数名	弧形号码	上升移动量 /mm	下降移动量 /mm	上升待避量 /mm	下降待避量 /mm
ARCH1S	1	0.0	0.0	30.0	30.0
ARCH2S	2	10.0	10.0	30.0	30.0
ARCH3S	3	20.0	20.0	30.0	30.0
ARCH4S	4	30.0	30.0	30.0	30.0

表 5-3 参数与弧形编号插补类型

垂直多关节机器人（RV – SQ/SD 系列）				水平多关节机器人（RH – SDH）系列				
参数名	弧形号码	插补形式	插补类型 1	插补类型 2	参数名	弧形号码	插补形式	插补类型 1	插补类型 2
ARCH1T	1	1	0	0	ARCH1T	1	0	0	0
ARCH2T	2	1	0	0	ARCH2T	2	0	0	0
ARCH3T	3	1	0	0	ARCH3T	3	0	0	0
ARCH4T	4	1	0	0	ARCH4T	4	0	0	0

（4）指令例句

```
1 Def Arch 1,5,5,20,20
2 Mva P1,1'——以弧形编号 Arch 1 定义的轨迹运行
3 Dly 0.3
4 Mva P2,2'——没有定义弧形编号 Arch 2 时，以初始值运行
5 Dly 0.3
```

5.4.3　Def Char（Define Character）——对字符串类型的变量进行定义

（1）功能　本指令用于定义不是 C 开头的字符串类型的变量，C 开头的字符串类型变量无需定义。

（2）指令格式　Def　Char　＜字符串＞　　［＜字符串＞］…＜字符串＞：需要定义为变量的字符串。

（3）指令例句

1 Def Char MESSAGE ' ——定义 MESSAGE 为字符串变量

2 MESSAGE = "WORKSET" '—— 将 "WORKSET"代入 MESSAGE

3 CMSG = "ABC" '——CMSG 也是字符串变量，但"CMSG"以"C"开头，所以无须定义

（4）说明

1）字符串变量最大 16 个字符。

2）本指令可定义多个字符串。

5.4.4　Def FN（Define Function）——定义任意函数

（1）功能　本指令用于定义任意函数。

（2）指令格式　Def　FN＜识别文字＞＜名称＞[（＜自变量＞[＜自变量＞]…）] = ＜函数计算式＞。

（3）指令格式说明

1）＜识别文字＞：用于识别函数分类的文字。M 代表数值型；C 代表字符串型；P 代表位置型；J 代表关节型。

2）＜名称＞：需要定义的函数名称。

3）＜自变量＞：函数中使用的自变量。

4）＜函数计算式＞：函数计算方法。

（4）指令例句

1 Def FNMAve(ma,mb) = (ma +mb)/2 ' ——定义一个数值型函数，函数名称为 Ave，有两个自变量，函数计算是求平均值

2 MDATA1 =20

3 MDATA2 =30

4 MAVE = FNMAve(MDATA1,MDATA2) '——将 20 和 30 的平均值 25 代入变量 MAVE

5 Def FNpAdd(PA,PB) = PA +PB '——定义一个位置型函数，函数名称为 Add，有两个自变量位置点，函数计算是位置点加法运算

6 P10 = FNpAdd(P1,P2) '——将运算后的位置点代入 P10

（5）说明　FN + ＜名称＞会成为函数名称，例如：

1）数值型函数 FNMMAX：以 M 为识别符。

2）字符串函数 FNCAME $:以 C 为识别符（在语句后面加 $）。

5.4.5　Def Float/Def Double/Def Inte/Def Long——定义变量的数值类型

（1）功能　定义变量为数值型变量并指定精度如单精度、双精度等。

（2）指令格式

1）Def　Inte　＜数值变量名＞　［＜数值变量名＞]…

2）Def　Long　＜数值变量名＞　［＜数值变量名＞]…

3）Def　Float　＜数值变量名＞　［＜数值变量名＞]…

4）Def　Double　＜数值变量名＞　［＜数值变量名＞］…

（3）指令例句1　定义整数型变量

```
1 Def Inte WORK1,WORK2 '——定义变量 WORK1、WORK2 为整数型变量
2 WORK1 = 100 '——WORK1 =100
3 WORK2 = 10.562 '——WORK2 =11
4 WORK2 = 10.12 '——WORK2 =10
```

（4）指令例句2　定义长精度整数型变量

```
1 Def Long WORK3
2 WORK3 = 12345
```

（5）指令例句3　定义单精度型实数变量

```
1 Def Float WORK4
2 WORK4 = 123.468'——WORK4 =123.468000
```

（6）指令例句4　定义双精度型实数变量

```
1 Def Double WORK5
2 WORK5 = 100/3'——WORK5 = 33.333332061767599
```

（7）说明

1）以 Inte 定义的变量为整数型范围：－32768 ～ ＋32767。

2）以 Long 定义的变量为长整数型范围：－2147483648 ～ ＋2147483647。

3）以 Float 定义的变量为单精度型实数范围：±3.40282347e＋38。

4）以 Double 定义的变量为双精度型实数范围：±1.7976931348623157e＋308。

5.4.6　Def IO（Define IO）——定义输入/输出变量

（1）功能　本指令用于定义特殊的输入/输出变量。常规的输入/输出变量用 M_In，M_Out/8；M_Inb，M_Outb/16；M_Inw，M_Outw 表示。除此之外，若还需要使用更特殊范围的输入/输出信号，则使用本指令。

（2）指令格式　Def IO ＜输入/输出变量名＞ = ＜指定信号类型＞ ＜输入/输出编号＞ ［＜Mask 信息＞］。

1）＜输入/输出变量名＞：设置变量名称。

2）＜指定信号类型＞：指定位（1bit）、字节（8bit）、字（16bit）中的一个。

3）＜输入/输出编号＞：指定输入/输出信号编号。

4）＜Mask 信息＞：特殊情况使用。

（3）指令例句1

```
1 Def IO PORT1 = Bit,6'——定义变量 PORT1 为 bit 型变量,对应输出地址编号 =6
…
10 PORT1 = 1 '——指令输出信号 6 =ON
20 PORT1 = 0 '——指令输出信号 6 =OFF
21 M1 = PORT1'——将输出信号 6 的状态赋予 M1
```

（4）指令例句2　将 PORT2 以字节的形式处理，Mask 信息指定为十六进制 0F。

```
1 Def IO PORT2 = Byte,5,&H0F '——定义 PORT2 为字节型变量,对应输出信号地址编号为 5
…
10 PORT2 = &HFF'——定义输出信号 5 ~12 =ON
20 M2 = PORT2'——将输出信号 PORT2 的状态赋予 M2
```

（5）指令例句 3

1 Def IO PORT3 = Word,8,&H0FFF '——定义 PORT3 为字型变量，对应输出信号地址编号为 8
…

10 PORT3 = 9'—— 输出信号 8～11 =ON

20 M3 = PORT3'—— 将输出信号 PORT3 的状态赋予 M3

5.4.7　Def Jnt（Define Joint）——定义关节型变量

（1）功能　常规的关节型变量以 J 开头，如果不是以 J 开头的关节型变量，则使用本指令定义。

（2）指令格式　Def Jnt　<关节变量名> ［<关节变量名>］…

（3）指令例句

1 Def Jnt 退避点 '——定义"退避点"为关节型变量

2 Mov J1

3 退避点 = (-50,120,30,300,0,0,0,0)'——设置退避点数据

4 Mov SAFE' ——移动到退避点

5.4.8　Def Plt（Define）——定义码垛

见 4.2.2 节 PALLET 指令。

5.4.9　Def Pos（Define Position）——定义直交型变量

（1）功能　本指令用于将变量定义为直交型。常规直交型变量以 P 开头，若定义非 P 开头的直交型变量则使用本指令。

（2）指令格式　Def Pos <位置变量名>，<位置变量名>。

（3）指令例句

1 Def Pos WORKSET '—— 定义 WORKSET 为直交型变量

2 Mov P1

3 WORKSET =(250,460,100,0,0,-90,0,0)(0,0)'—— 定义 WORKSET 具体数据

4 Mov WORKSET'—— 移动到 WORKSET 点

5.4.10　Dim——定义数组

（1）功能　本指令用于定义数据组，即一组同类型数据变量，可以到三维数组。

（2）指令格式　Dim <变量名> (<数据个数>，<数据个数>，<数据个数>)，<变量名> (<数据个数>，<数据个数>，<数据个数>)。

（3）指令例句

1 Dim PDATA(10)' ——定义 PDATA 为位置点变量数组，该数组内有 PDATA1～PDATA10 共 10 个位置点变量

2 Dim MDATA#(5) '——定义 MDATA#为双精度实数型变量组，该数组内有 MDATA#1～MDATA#5 共 5 个变量

3 Dim M1%(6) '——定义 M1% 为整数型变量组，该数组内有 M1%1～M1%6 共 6 个变量

4 Dim M2!(4) '——定义 M2! 为单精度实数型变量组，该数组内有 M2!1～M2!4 共 4 个变量

5 Dim M3&(5) '——定义 M3& 为长精度整数型变量组，该数组内有 M3&1～M3&5 共 5 个变量

6 Dim CMOJI(7) '——定义 CMOJI 为字符串变量数组，该数组内有 CMOJI1～CMOJI7 共 7 个字符串变量

5.4.11　Dly（Delay）——暂停指令（延时指令）

（1）功能　本指令用于程序中的暂停时间，也作为构成脉冲型输出的方法。

（2）指令格式

1）程序暂停型：Dly<暂停时间>；

2）设定输出信号=ON 的时间（构成脉冲输出）：M_Out(1)=1 Dly<时间>。

（3）指令例句1

1 Dly 30'——程序暂停时间30s

（4）指令例句2　设定输出信号=ON 的时间（构成脉冲输出）

1 M_Out(17)=1 Dly 0.5'——输出端子(17)=ON 时间为0.5s

2 M_Outb(18)=1 Dly 0.5'——输出端子(18)=ON 时间为0.5s

5.5　E 开头指令

5.5.1　End——程序段结束指令

（1）功能　End 指令在主程序段表示程序结束，在子程序段表示子程序结束返回主程序。

（2）指令格式　End。

（3）指令例句

1 Mov P1

2 GoSub *ABC

3 End '——主程序结束

…

10 *ABC

11 M1=1

12 Return

（4）说明

1）如果需要程序中途停止并处于中断状态，应该使用 Hlt 指令。

2）可以在程序中多处编制 End 指令，也可以在程序的结束处不编制 End 指令。

5.5.2　Error——发出报警信号的指令

（1）功能　本指令用于在程序中发出报警指令。

（2）指令格式　Error<报警编号>。

（3）指令例句1

1 Error 9000

（4）指令例句2

4 If M1 <> 0 Then *LERR '—— 如果 M1 不等于0，则跳转到 *LERR 行

…

14 *LERR

15 MERR=9000+M1*10 '——根据 M1 计算报警号

16 Error MERR '

17 End

5.6　F 开头指令

5.6.1　Fine——设置定位精度

设置定位精度的内容见4.2.1节6.定位精度。

5.6.2　Fine J——以关节轴的旋转精度设置定位精度

（1）功能　本指令以关节轴的旋转精度设置定位精度。

（2）指令格式　Fine　＜定位精度＞　J［＜轴号＞］。

（3）指令例句

1 Fine 1,J '——设置全轴定位精度 1 [deg]

2 Mov P1

3 Fine 0.5,J,2 '——设置 2 轴定位精度 0.5 [deg]

4 Mov P2

5 Fine 0,J,5 '——设置 5 轴定位精度无效

6 Mov P3

7 Fine 0,J'——设置全轴定位精度无效

8 Mov P4

5.6.3　Fine P——以直线距离设置定位精度

（1）功能　本指令以直线距离设置定位精度。

（2）指令格式　Fine　＜直线距离＞，P。

（3）指令例句

1 Fine 1,P '—— 设置定位精度为直线距离 1mm

2 Mov P1

3 Fine 0,P '—— 定位精度无效

4 Mov P2

5.6.4　For Next——循环指令

（1）功能　本指令为循环指令。

（2）指令格式

For＜计数器＞=＜初始值＞To＜结束值＞Step＜增量＞

Next　＜计数器＞

（3）指令格式说明

1）＜计数器＞：循环判断条件。

2）Step＜增量＞：每次循环增加的数值。

（4）指令例句（求 1~10 的和）

1 MSUM =0 ' ——设置 MSUM =0

2 For M1 =1 To 10'——设置 M1 从 1 到 10 为循环条件，单步增量 =1

3 MSUM =MSUM +M1 '——计算公式

4 Next M1

（5）说明

1）循环嵌套为 16 级。

2）跳出循环不能使用 GOTO 语句，使用 LOOP 语句。

5.6.5　FPrm——定义子程序中使用自变量

（1）功能　从主程序中调用子程序指令时，如果规定有自变量，则用本指令使主程序定义的局部变量在子程序中有效。

（2）指令格式　FPrm＜假设自变量＞＜假设自变量＞。

（3）指令例句

```
<主程序>
1 M1 =1
2 P2 =P_Curr
3 P3 =P100
4 CallP "100",M1,P2,P3 '—— 调用子程序100，同时指定了变量M1，P2，P3
子程序100
1 FPrm M1,P2,P3' ——指定从主程序中定义的变量有效
2 If M1 =1 Then GoTo *LBL
3 Mov P1
4 *LBL
5 Mvs P2
6 End
```

5.7 G 开头的指令

5.7.1 GetM（Get Mechanism）——指定取得机器人控制权

（1）功能 本指令用于指定机器人的控制权。在多任务控制时，在任务区（插槽）1以外的程序要执行对机器人控制，或对附加轴作为用户设备控制时，可使用本指令。

（2）指令格式 GetM <机器人编号>。

（3）指令例句

```
1 RelM '—— 解除机器人控制权，这样可以从任务区2对1号机器人的任务区1程序进行控制
2 XRun 2,"10" '—— 在任务区2选择并运行10号程序
3 Wait M_Run(2) =1'—— 等待任务区2的程序启动
```

（4）任务区2内的10号程序

```
1 GetM 1 '——取得1号机器人的控制权
2 Servo On '—— 1号机器人伺服ON
3 Mov P1
4 Mvs P2
5 P3 =P_Curr
6 Servo Off '—— 1号机器人伺服OFF
7 RelM ' —— 解除对1号机器人的控制权
End
```

（5）说明

1）一般执行单任务时在初始状态就获得对机器人1的控制权，所以不使用本指令。

2）不能使多个程序同时获得对机器人1的控制权，所以对于任务区1以外的程序，要对机器人1进行控制必须按以下步骤进行：

① 在任务区1的程序中，解除对机器人1的控制权；

② 在其他任务区的程序中，使用 GetM 1 获得对机器人1的控制权。

在已经获得对机器人1的控制权的程序中，再发 GetM 1 指令，系统会报警。

5.7.2　GoSub（Return）（Go Subrouine）——调用指定标记的子程序

（1）功能　本指令为调用子程序指令。子程序前有 * 标志，在子程序中必须要有返回 Return 指令。这种调用方法与 CallP 指令的区别是：GoSub 指令指定的子程序写在同一程序内，用标签标定起始行，以 Return 作为子程序结束并返回主程序。而 CallP 指令调用的程序可以是一个独立的程序。

（2）指令格式　GoSub < 子程序标签 >。

（3）指令例句

```
10 GoSub *LBL
11 End
…
100 *LBL
101 MovP1
102 Return'——务必写 Return 指令
```

（4）说明

1）子程序结束务必写 Return 指令，不能使用 GOTO 指令。

2）在子程序中还可使用 GoSub 指令，可以使用 800 段。

5.7.3　GoTo——无条件转移（分支）指令

见 4.2.3 节 1. 无条件跳转指令。

5.8　H 开头的指令

5.8.1　Hlt（Halt）——暂停程序指令

（1）功能　本指令为暂停执行程序，程序处于待机状态。如果发出再启动信号，则从程序的下一行启动。本指令在分段调试指令中常用。

（2）指令格式　Hlt。

（3）指令例句 1

```
1 Hlt '—— 无条件暂停执行程序
```

（4）指令例句 2　满足某一条件时，执行暂停。

```
100 If M_In(18) =1 Then Hlt ' ——如果输入信号18 =ON，则暂停
200 Mov P1 WthIf M_In(17) =1,Hlt '—— 在向 P1 点移动过程中，如果输入信号17 =ON，则暂停
```

（5）说明

1）在 Hlt 暂停后，重新发出启动信号，程序从下一行启动执行。

2）如果是在附随语句中发生的暂停，则重新发出启动信号后，程序从中断处启动执行。

5.8.2　HOpen/HClose（Open/Close）——抓手打开/关闭指令

（1）功能　本指令为抓手的 ON/OFF 指令，控制抓手的 ON/OFF，实质上是控制某一输出信号的 ON/OFF，所以在参数上要设置与抓手对应的输出信号。

（2）指令格式

1）HOpen　<抓手号码 >；

2）HClose 　＜抓手号码＞。

（3）指令例句

```
1 HOpen 1'——指令抓手1＝ON
2 Dly 0.2
3 HClose 1'——指令抓手1＝OFF
4 Dly 0.2
5 Mov PUP
```

5.9　I开头的指令

5.9.1　If…Then…Else…EndIf

见4.2.3节2.根据条件执行程序分支跳转的指令。

5.9.2　Input——文件输入指令

（1）功能　从指定的文件读取数据的指令，读取的数据为 ASCII 码。

（2）指令格式　Input　#＜文件编号＞＜输入数据存放变量＞［＜输入数据存放变量＞］…

（3）指令格式说明

1）＜文件编号＞：指定被读取数据的文件号。

2）＜输入数据存放变量＞：指定读取数据存放的变量名称。

（4）指令例句

```
1 Open "temp.txt" For Input As #1 ' —— 指定文件 temp.txt 为1#文件。
2 Input #1,CABC $ '—— 读取1#文件，读取时从开头到换行为止的数据被存放到变量"CABC $"
```
中(全部为 ASCII 码)

…

```
10 Close #1 '—— 关闭1#文件
```

（5）说明

如果1#文件的数据为 PRN MELFA，125.75，（130.5，－117.2，55.1，16.2，0，0）(1，0) CR

程序：1#文件　Input #1，C1 $,M1,P1

则　C1 $ ＝MELFA

　　M1＝125.75

　　P1＝(130.5,－117.2,55.1,16.2,0,0)(1,0)

5.10　J开头的指令

5.10.1　JOvrd——设置关节插补运行的速度倍率

（1）功能　本指令用于设置以关节插补运行时的速度倍率。

（2）指令格式　JOvrd　＜速度倍率＞。

（3）指令例句

```
1 JOvrd 50'——　设置关节插补运行的速度倍率＝50%
2 Mov P1
```

3 JOvrd M_NJOvrd'——　设置关节轴运行速度倍率为初始值

5.10.2　JRC（Joint Roll Change）——旋转轴坐标值转换指令

（1）功能　本指令功能是将指定旋转轴坐标值加/减 360°后转换为当前坐标值（用于原点设置或不希望当前轴受到形位标志 FLG2 的影响）。

（2）指令格式　JRC <［+］<数据>/-<数据>/0> ［<轴号>］。

（3）指令格式说明

1）［+］<数据>：以参数 JRCQTT 设定的值为单位增加或减少的倍数。如果未设置参数 JRCQTT，则以 360°为计算单位。例如 +2 就是增加 720°，-3 就是减少 1080°。如果 <数据> =0，则以参数 JRCORG 设置的值做原点设置（只能用于用户定义轴）。

2）<轴号>：指定轴号［如果省略轴号，则为 J4 轴（水平机器人 RH-F）或 J6 轴（垂直机器人 RVH-F）=。

（4）指令例句

1 Mov P1'——　移动到 P1 点，J6 轴向正向旋转

2 JRC +1'——　将 J6 轴当前值加 360°

3 Mov P1

4 JRC +1'——将 J6 轴当前值加 360°

5 Mov P1

6 JRC -2 '——将 J6 轴当前值减 720°

（5）说明

1）本指令只改变对象轴的坐标值，对象轴不运动（可以用于设置原点或其他用途）。

2）由于对象轴的坐标值改变，所以需要预先改变对象轴的动作范围，对象轴的动作范围可设置在 -2340° ~ +2340°。

3）优先轴为机器人前端的旋转轴。

4）未设置原点时系统会报警。

5）执行本指令时，机器人会停止。

6）使用 JRC 指令时务必设置下列参数：

① JRCEXE =1　JRC 指令生效；

② 用参数 MEJAR 设置对象轴动作范围；

③ 用参数 JRCQTT 设置 JRC 1/ -1（JRC n/ -n）的动作单位；

④ 用参数 JRCORG 设置 JRC 0 时的原点位置。

5.11　L 开头指令

LoadSet（Load Set）——设置抓手、工件的工作条件

（1）功能　在实用的机器人系统配置完毕后，抓手及工件的重量、大小和重心位置通过参数已经设置完毕，如图 5-8 所示。本指令用于选择不同的抓手编号及工件编号。

（2）指令格式　LoadSet　<抓手编号>　<工件编号>。

（3）指令格式说明

1）<抓手编号>：0 ~ 8，对应参数 HNDDAT0 ~ 8。

2）＜工件编号＞：0～8，对应参数 WRKDAT0～8。

（4）指令例句

1 Oadl ON

2 LoadSet 1,1 '——选择 1 号抓手 HNDDAT1 及 1 号工件 WRKDAT1

3 Mov P1

4 LoadSet 0,0 '——选择 0 号抓手 HNDDAT0 及 0 号工件 WRKDAT0

5 Mov P2

6 Oadl Off

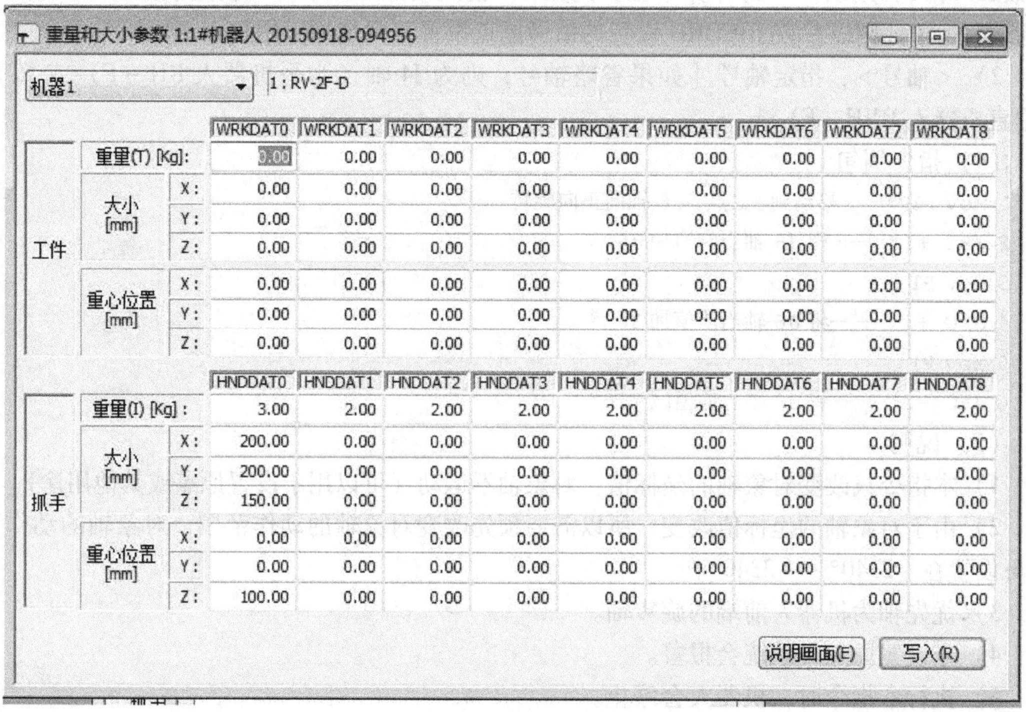

重量和大小参数 1:1#机器人 20150918-094956

机器1　　1：RV-2F-D

			WRKDAT0	WRKDAT1	WRKDAT2	WRKDAT3	WRKDAT4	WRKDAT5	WRKDAT6	WRKDAT7	WRKDAT8
工件	重量(T) [Kg]:		0.00	0.00	0.00	0.00	0.00	0.00	0.00	0.00	0.00
	大小 [mm]	X:	0.00	0.00	0.00	0.00	0.00	0.00	0.00	0.00	0.00
		Y:	0.00	0.00	0.00	0.00	0.00	0.00	0.00	0.00	0.00
		Z:	0.00	0.00	0.00	0.00	0.00	0.00	0.00	0.00	0.00
	重心位置 [mm]	X:	0.00	0.00	0.00	0.00	0.00	0.00	0.00	0.00	0.00
		Y:	0.00	0.00	0.00	0.00	0.00	0.00	0.00	0.00	0.00
		Z:	0.00	0.00	0.00	0.00	0.00	0.00	0.00	0.00	0.00
			HNDDAT0	HNDDAT1	HNDDAT2	HNDDAT3	HNDDAT4	HNDDAT5	HNDDAT6	HNDDAT7	HNDDAT8
抓手	重量(I) [Kg]:		3.00	2.00	2.00	2.00	2.00	2.00	2.00	2.00	2.00
	大小 [mm]	X:	200.00	0.00	0.00	0.00	0.00	0.00	0.00	0.00	0.00
		Y:	200.00	0.00	0.00	0.00	0.00	0.00	0.00	0.00	0.00
		Z:	150.00	0.00	0.00	0.00	0.00	0.00	0.00	0.00	0.00
	重心位置 [mm]	X:	0.00	0.00	0.00	0.00	0.00	0.00	0.00	0.00	0.00
		Y:	0.00	0.00	0.00	0.00	0.00	0.00	0.00	0.00	0.00
		Z:	100.00	0.00	0.00	0.00	0.00	0.00	0.00	0.00	0.00

说明画面(F)　　写入(R)

图 5-8　使用参数对抓手及工件重量及重心位置进行设置

5.12　M 开头指令

5.12.1　Mov（Move）——从当前点向目标点做关节插补运行

（1）功能　本指令以各轴联合旋转运动实现点对点插补运行，简称为关节插补。本指令是使用最多的指令。

（2）指令格式　Mov ＜目标点＞ ［，＜近点＞］ ［轨迹类型＜常数1＞，＜常数2＞］［＜附随语句＞］。

（3）指令例句

Mov(Plt 1,10),100.0Wth M_Out(17) =1

（4）指令格式说明

1）本指令从当前点到目标点，各轴联合旋转运动实现插补运行，其运行轨迹无法准确描述，如图 5-9 所示。

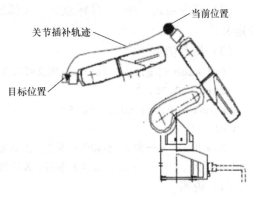

2）近点指接近目标点的一个点。在实际工作中，往往需要快进到目标点的附近（抓手动作），再运动到目标点。近点在目标点的 Z 轴方向位置，根据符号确定是上方或下方。使用近点设置是一种简易的快速编程方法。

3）类型常数用于设置运行轨迹。常数 1 = 1 绕行，常数 1 = 0 捷径运行。绕行是指按示教轨迹运行，可能会按大于 180°轨迹运行。捷径指按最短轨迹运行，即小于 180°轨迹运行。

4）类型常数 2 通常设置 = 0，在关节插补中没有意义。

图 5-9　关节插补轨迹

5）附随语句 Wth，WthIf 指在执行本指令时，同时执行其他的指令。

（5）程序样例

1）Mov P1 1,0　'——移动到 P1 点,"类型常数 1 = 1，类型常数 2 = 0"

2）Mov J1　'——移动到 J1 点

3）Mov(Plt 1,10),100.0 Wth M_Out(17) = 1　'——移动到托盘 1 的第 10 点，近点 = 100，同时指令输出信号 17 = ON

4）Mov P4 + P5,50.0　0,0 WthIf M_In(18) = 1,M_Out(20)'——　　移动到（P4 + P5）点，近点 = 50，同时判断如果输入信号 18 = ON，则指令输出信号 20 = ON

（6）说明　如果在 MOV 运行中发生了中断，则改用 JOG 操作，在 JOG 操作结束时，再恢复 MOV 运行，此时从中断点开始运行，相关参数为 RETPATH。

5.12.2　Mva（Move Arch）——从起点向终点做弧形插补运行

（1）功能　本指令也是关节插补型指令，只是插补的轨迹在起点和目标点附近为圆弧形，如图 5-10 所示。圆弧的形状可以由参数或 Def Arch 指令预先设置，使用本指令指定圆弧编号即可。

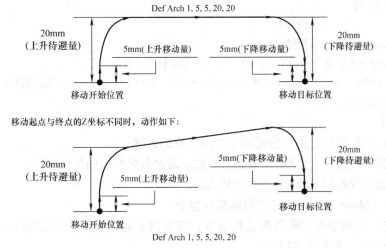

图 5-10　圆弧插补的轨迹

（2）指令格式　Mva＜目标点＞，＜弧形编号＞。＜弧形编号＞：1~4，由 Def Arch 指令定义。

（3）指令例句

```
1 Def Arch 1,5,5,20,20 '——定义弧形并编号
2 Ovrd 100,20,20
3 Accel 100,100,50,50,50,50
4 Mov P0
5 Mva P1,1 '——向 P1 点做弧形插补,弧形编号 =1
6 Mva P2,2 '——向 P2 点做弧形插补,弧形编号 =2
```

（4）说明

1）参看 Def Arch 指令。

2）本指令的轨迹是从起点沿 Z 轴弧形上升，到达目标点上方后，沿弧形下降到目标点，如果点位不当则无法运行。

3）如果没有使用 Def Arch 指令，则以参数预置的轨迹运行。

5.12.3　Mvc（Move C）——三维真圆插补指令

（1）功能　本指令的运动轨迹是一个完整的真圆，需要指定起点和圆弧中的两个点，运动轨迹如图 5-11 所示。

（2）指令格式　Mvc　＜起点＞，＜通过点 1＞，＜通过点 2＞　附随语句。

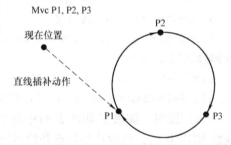

图 5-11　Mvc 指令的运动轨迹

（3）指令格式说明：

1）＜起点＞，＜通过点 1＞，＜通过点 2＞：起点、通过点 1、通过点 2 是圆弧上的三个点。

2）＜起点＞：起点是真圆的起点和终点。

从当前点开始到 P1 点是直线轨迹，真圆运动轨迹沿＜起点＞→＜通过点 1＞→＜通过点 2＞→＜起点＞。

（4）指令例句

```
1 Mvc P1,P2,P3'——真圆插补
2 Mvc P1,J2,P3'——真圆插补
3 Mvc P1,P2,P3 Wth M_Out(17) =1'—— 真圆插补同时输出信号 17 =ON
4 Mvc P3,(Plt 1,5),P4 WthIf M_In(20) =1,M_Out(21) =1'——真圆插补时如果输入信号
20 =ON,则输出信号 21 =ON
```

（5）说明

1）本指令的运动轨迹是由指定的三个点构成的真圆。

2）圆弧插补的形位（POSE）为起点形位，通过其余两点的形位不计。

3）从当前点开始到 P1 点是直线插补轨迹。

5.12.4　Mvr（Move R）——三维圆弧插补指令

（1）功能　本指令为三维圆弧插补指令，需要指定起点及圆弧中的通过点和终点。运动轨迹是一段圆弧，如图 5-12 所示。

（2）指令格式　Mvr　＜起点＞，＜通过点＞，＜终点＞　＜轨迹类型 1＞，＜插补类

型 >　附随语句。

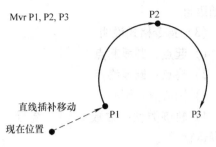

图 5-12　Mvr 指令的运动轨迹

（3）指令格式说明

1）< 起点 >：圆弧的起点。

2）< 通过点 >：圆弧中的一个点。

3）< 终点 >：圆弧的终点

4）< 插补类型 >：规定关节插补或直交插补或通过特异点。

① 关节插补 = 0；

② 直交插补 = 1；

③ 通过特异点 = 2。

（4）指令例句

2 Mvr P1,J2,P3'——圆弧插补

3 Mvr P1,P2,P3 Wth M_Out(17)=1'——圆弧插补，同时指令输出信号 17 = ON

4 Mvr P3,(Plt 1,5),P4 WthIf M_In(20)=1,M_Out(21)=1'——圆弧插补时如果输入信号 20 = 1，则输出信号 21 = ON

5.12.5　Mvr2（Move R2）——三维圆弧插补指令

（1）功能　本指令是三维圆弧插补指令，需要指定起点、终点和参考点，运动轨迹是一段只通过起点和终点的圆弧，不实际通过参考点（参考点的作用只用于构成圆弧轨迹），如图 5-13 所示。

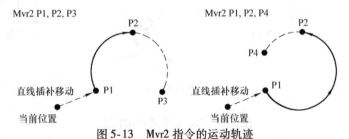

图 5-13　Mvr2 指令的运动轨迹

（2）指令格式　Mvr2 < 起点 >，< 终点 >，< 参考点 >< 轨迹类型 >，< 插补类型 > 附随语句。

（3）指令格式说明

1）轨迹类型：常数 1 = 1，绕行；常数 1 = 0，捷径运行。

2）插补类型：常数 = 0，关节插补；常数 = 1，直交插补；常数 = 2，通过特异点。

（4）指令例句

1 Mvr2 P1,P2,P3

2 Mvr2 P1,J2,P3

3 Mvr2 P1,P2,P3 Wth M_Out(17)=1

4 Mvr2 P3,(Plt 1,5),P4 WthIf M_In(20)=1,M_Out(21)=1

5.12.6　Mvr3（Move R3）——三维圆弧插补指令

（1）功能　本指令是三维圆弧插补指令，需要指定起点、终点和圆心点，运动轨迹是一段只通过起点和终点的圆弧，如图 5-14 所示。

（2）指令格式　Mvr3　< 起点 >，< 终点 >，< 圆心点 >< 轨迹类型 >，< 插补类型 >

附随语句。

（3）指令格式说明

1）起点：圆弧起点。

2）终点：圆弧终点。

3）圆心点：圆心

4）轨迹类型：常数 1 = 1，绕行；常数 1 = 0，捷径运行。

5）插补类型：常数 = 0，关节插补；常数 = 1，直交插补；常数 = 2，通过特异点。

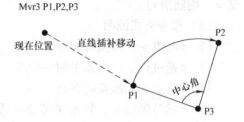

图 5-14   Mvr3   指令的运动轨迹

（4）指令例句

1 Mvr3 P1,P2,P3

2 Mvr3 P1,J2,P3

3 Mvr3 P1,P2,P3 Wth M_Out(17)=1

4 Mvr3 P3,(Plt 1,5),P4 WthIf M_In(20)=1,M_Out(21)=1

5.12.7   Mvs（Move S）——直线插补指令

（1）功能   本指令为直线插补指令，从起点向终点做插补运行，运行轨迹为直线，如图 5-15 所示。

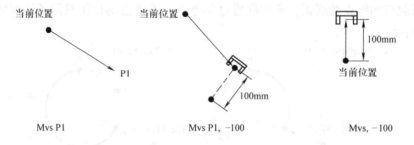

图 5-15   Mvs 指令的运动轨迹

（2）指令格式 1   Mvs   < 终点 >，< 近点距离 >，[< 轨迹类型常数 1 >，< 插补类型常数 2 >][< 附随语句 >]。

（3）指令格式 2   Mvs   < 离开距离 >   [< 轨迹类型常数 1 >，< 插补类型常数 2 >][< 附随语句 >]

（4）指令格式说明

1）< 终点 >：目标位置点。

2）< 近点距离 >：以 TOOL 坐标系的 Z 轴为基准，到终点的距离（实际是一个接近点）。往往用作快进、工进的分界点。

3）< 轨迹类型常数 1 >：常数 1 = 1，绕行；常数 1 = 0，捷径运行。

4）插补类型：常数 = 0，关节插补；常数 = 1，直交插补；常数 = 2，通过特异点。

5）< 离开距离 >：在指令格式 2 中的 < 离开距离 > 是便捷指令，是以 TOOL 坐标系的 Z 轴为基准，离开终点的距离。

（5）指令例句 1   向终点做直线运动。

```
1 Mvs P1
```

（6）指令例句2　向接近点做直线运动，实际到达接近点，同时指令输出信号（17）＝ON。

```
1 Mvs P1,100.0 Wth M_Out(17)=1
```

（7）指令例句3　向接近点做直线运动，终点＝P4＋P5，终点经过加运算，实际到达接近点，同时如果输入信号（18）＝ON，则指令输出信号（20）＝ON。

```
Mvs P4+P5,50.0 WthIf M_In(18)=1,M_Out(20)=1
```

（8）指令例句4　从当前点，沿TOOL坐标系Z轴方向移动50mm。

```
Mvs ,50
```

（9）关于特异点的说明　如图5-16所示，从形位A到形位C无法直接以直线插补到达，需要通过形位B到达。形位A的结构标志为NONFLIP（下），在形位C的结构标志为FLIP（上）。

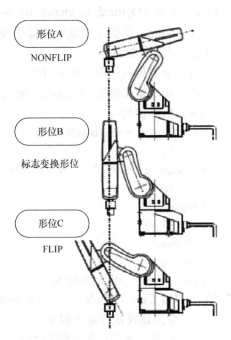

图5-16　关于特异点的说明

5.12.8　MvTune——最佳动作模式选择指令

（1）功能　在本指令下，可以选择初始模式、高速定位模式、轨迹优先模式和抑制振动模式。

（2）指令格式　MvTune＜工作模式＞。

（3）指令格式说明

＜工作模式＞＝1——初始模式。

＜工作模式＞＝2——高速定位模式。

＜工作模式＞＝3——轨迹优先模式。

＜工作模式＞＝4——抑制振动模式。

（4）指令例句

```
1 LoadSet 1,1
2 MvTune 2 '——设置高速定位模式
3 Mov P1
4 Mvs P1
5 MvTune 3 '——设置轨迹优先模式
6 Mvs P3
```

5.12.9　Mxt——（每隔规定标准时间）读取（以太网）连接的外部设备绝对位置数据进行直接移动的指令

（1）功能　本指令功能为（每隔规定标准时间）读取（以太网）连接的外部设备绝对位置数据进行直接移动。

（2）指令格式　Mxt＜文件编号＞＜位置点数据类型＞［＜滤波时间＞］。

（3）指令格式说明

1）＜文件编号＞：设置（等同于外部设备的）文件号。

2）＜位置点数据类型＞：0：直交坐标点；1：关节坐标点；2：脉冲数据。

3）＜滤波时间＞：设置滤波时间。

（4）指令例句

10 Open "ENET:192.168.0.2" AS #1'——指定 IP 地址为 192.168.0.2 的设备（传过来的数据）作为 1#文件

20 Mov P1

30 Mxt 1,1,50'——在实时控制中，从 1#文件读取数据，读取的数据为关节坐标，滤波时间为 50ms

40 Mov P1

50 Hlt

5.13　O 开头指令

5.13.1　Oadl（Optimal Acceleration）——对应抓手及工件条件，选择最佳加减速模式的指令

（1）功能　本指令根据对应抓手及工件条件，选择最佳加减速时间，所以也称为最佳加减速模式选择指令。

（2）指令格式　Oadl < On/Off >。

（3）指令格式说明　Oadl On：最佳加减速模式 = ON；Oadl OFF：最佳加减速模式 = OFF。

（4）指令例句

1 Oadl On '——最佳加减速模式 = ON

2 Mov P1

3 LoadSet 1'——设置抓手及工件类型

4 Mov P2

5 HOpen 1

6 Mov P3

7 HClose 1

8 Mov P4

9 Oadl Off'——最佳加减速模式 = OFF

5.13.2　On Com GoSub（On Communication Go Subroutine）——如果有来自通信口的指令则跳转执行某子程序

（1）功能　本指令的功能是如果有来自通信口的指令，则跳转执行某子程序。

（2）指令格式　On Com < 文件号 > GoSub < 程序行标签 >。

（3）指令例句

1 Open "COM1:" As #1 '——指令" COM1:" 作为 1# 文件

2 On Com(1)GoSub *RECV '——如果 1#文件有中断指令，则跳转到子程序 *RECV

3 Com(1)On'——指令 1#口插入指令生效（区间）

4 '

… （如果此区间有从 1#口发出的中断指令，则跳转到 Level RECV 行）

11 '

12 Mov P1

13 Com(1)Stop'——指令 1#口插入指令暂停

14 Mov P2

15 Com(1)On'——指令 1#口插入指令生效（区间）

16 '

… （如果此区间有从 1#口发出的中断指令，则跳转到 Level RECV 行）

26

27 Com(1)Off '——指令 1#口插入指令无效（区间）

28 Close #1'——关闭 1#文件

29 End

…

40 *RECV '——子程序起始行标签

41 Input #1,M0001

42 Input #1,P0001

50 Return 1 ' ——子程序结束

5.13.3　On GoSub（On Go Subroutine）——不同条件下调用不同子程序的指令

（1）功能　本指令是根据不同条件调用不同子程序的指令。判断条件是计算式，可能有不同的计算结果，根据不同的计算结果跳转到不同的子程序，本指令流程如图 5-17 所示。

（2）指令格式　On ＜条件计算式＞GoSub ＜子程序标签 1＞＜子程序标签 2＞。

（3）指令例句

1 M1 = M_Inb(16)And &H7' ——M1 计算式

2On M1 GoSub *ABC1,*Lsub,*LM1_345,*LM1_345,*LM1_345,*L67,*L67'

——如果 M1 =1，则跳转到 *ABC1 行

如果 M1 =2，则跳转到 *Lsub 行

如果 M1 =3, M1 =4, M1 =5，则跳转到 *LM1_345

如果 M1 =6, M1 =7，则跳转到 *L67 行

…

100 *ABC1

101 MOV P100

102 Return'——子程序结束返回

…

121 *Lsub

122 MOV P200

123 Return '——子程序结束返回

…

170 *L67

171 MOV P300

172 Return '——子程序结束返回

…

200 *LM1_345

201 MOV P500

202 Return'——子程序结束返回

（4）说明

1）判断条件的值与调用子程序标签相对应。

2）如果判断条件的值大于子程序标签数，则跳转到下一行。

5.13.4　On GoTo——不同条件下跳转到不同程序分支处的指令

（1）功能　本指令是根据不同条件跳

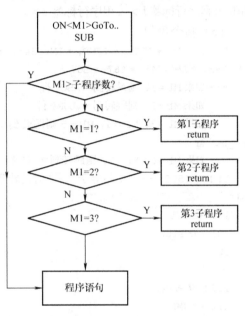

图 5-17　根据不同条件调用不同子程序的指令

转到不同程序分支处的指令。判断条件是计算式，可能有不同的计算结果，根据不同的计算结果跳转到不同程序分支处。本指令与 On GoSub 指令的区别是：On GoSub 指令是跳转到子程序，On GoTo 指令是跳转到某一程序行。本指令流程如图 5-18 所示。

（2）指令格式 On <条件计算式> GoTo <程序行标签 1> <程序行标签 2>。

（3）指令例句

On M1 GoTo *ABC1,*LJMP,*LM1_345, * LM1_345, *LM1_345,*L67,*L67 '

——如果 M1 =1，则跳转到 *ABC1 行

如果 M1 =2，则跳转到 *LJMP 行

如果 M1 =3，M1 =4，M1 =5 则跳转到 * LM1_345 行

如果 M1 =6，M1 =7，则跳转到 *L67 行

11 MOV P500 '——M1 不等于 1 ~ 7 时跳转到本行

100 *ABC1

101 MOV P100

102

...

110 MOV P200

111 *LJMP

112 MOV P300

113

...

170 *L67

171 MOV P600

172

...

200 *LM1_345

201 MOV P400

202

...

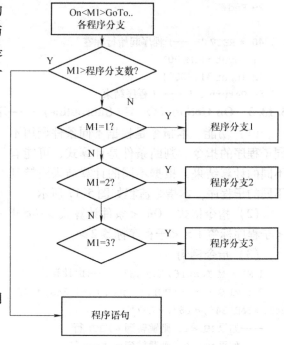

图 5-18 根据不同条件下跳转到不同程序分支处的指令

5.13.5 Open——打开文件指令

（1）功能 本指令为启用某一文件指令。

（2）指令格式 Open " <文件名>" ［For <模式>］ As ［#］<文件号码>。

（3）指令格式说明

1） <文件名>：记叙文件名，如果使用通信端口，则为通信端口名。

2） <模式>：

① INPUT 为输入模式（从指定的文件里读取数据）；

② OUPUT 为输出模式；

③ APPEND 为追加模式；

④ 如果省略模式指定，则为随机模式。

（4）指令例句 1（通信端口类型）

```
1 Open "COM1:" As #1 '——指定1#通信口 COMDEV 1(传送的文件)作为1#文件
2 Mov P_01
3 Print #1,P_Curr'——将当前值(100.00,200.00,300,00,400.00)(7,0)输出到#1 文件
4 Input #1,M1,M2,M3 '——读取#1 文件中的数据"101.00,202.00,303.00"到 M1,M2,M3
5 P_01.X = M1
6 P_01.Y = M2
7 P_01.C = Rad(M3)
8 Close '——关闭所有文件
End
```

（4）指令例句 2（文件类型）

```
1 Open "temp.txt" For Append As #1'——将名为"temp.txt"的文件定义为 Append 型的1#文件
2 Print #1, "abc"'——向#1 文件上写 "abc"
3 Close #1'——关闭#1 文件
```

5.13.6　Ovrd——速度倍率设置指令

（1）功能　本指令用于设置速度倍率，也就是设置速度的百分数，是调速最常用指令。

（2）指令格式 1　Ovrd　＜速度倍率＞。

（3）指令格式 2　Ovrd　＜速度倍率＞＜上升段速度倍率＞＜下降段速度倍率＞。对应 Mva 指令。

（4）指令例句 1

```
1 Ovrd 50'——设置速度倍率 =50%
2 Mov P1
3 Mvs P2
4 Ovrd M_NOvrd '——设置速度倍率为初始值（一般设置初始值 =100%）
5 Mov P1
6 Ovrd 30,10,10 '——设置速度倍率 =30%，上升段速度倍率 =10%，下降段速度倍率 =10%
7 Mva P3,3'—— 带弧形运动的定位
```

（5）说明

1）速度倍率与插补类型无关，速度倍率总是有效。

2）最大速度倍率为 100%，超出时报警。

3）初始值一般设置为 100%。

4）总的速度倍率 = 操作面板上倍率 × 程序中速度倍率。

5）程序结束 End 或程序复位后返回初始倍率。

5.14　P 开头指令

5.14.1　Plt——码垛指令

（1）功能　码垛指令的实质是建立一个 A 行乘 B 列（A×B）的矩阵（工业上称为托盘），自动计算出每一个格子中心的位置，同时规定行走轨迹。

（2）指令格式　Def Plt ＜托盘编号＞，＜起点＞，＜终点 A＞，＜终点 B＞，

<对角点>，<列数>，<行数>，<运行轨迹模式>。

（3）指令例句　Def Plt 1，P1，P2，P3，P4，3，4，1。

见 4.2.2 节 PALLET 指令。

5.14.2　Prec（Precision）——选择高精度模式有效或无效，用来提高轨迹精度

（1）功能　本指令选择高精度模式有效或无效，用来提高轨迹精度。

（2）指令格式　Prec　<On/Off>。

1）Prec On：高精度模式有效；

2）Prec Off：高精度模式无效。

（3）指令例句

1 Prec On '——高精度模式有效

2 Mvs P1

3 Mvs P2

4 Prec Off '——高精度模式无效

5 Mov P1

5.14.3　Print——输出数据指令

（1）功能　本指令为向指定的文件输出数据。

（2）指令格式　Print　# <文件号>，<数据式 1>，<数据式 2>，<数据式 3>；

<数据式>：可以是数值表达式，位置表达式，字符串表达式。

（3）指令例句 1

1 Open "temp.txt" For APPEND As #1 '——将 temp.txt 文件视作 1#文件开启

2 MDATA=150 '—— 设置 MDATA=150

3 Print #1,"＊＊Print TEST＊＊" '——向 1#文件输出字符串＊＊Print TEST＊＊

4 Print #1 '—— 输出换行符

5 Print #1,"MDATA=",MDATA '——输出字符串 MDATA=之后，接着输出 MDATA 的具体数据 150

6 Print #1 '——输出换行符

7 Print #1,"＊＊＊＊＊＊＊＊＊＊＊" ' 输出字符串 "＊＊＊＊＊＊＊＊＊＊＊＊＊＊＊＊"

8 End

输出结果如下：

＊＊＊Print TEST＊＊＊

MDATA=150

＊＊＊＊＊＊＊＊＊＊＊＊＊＊

（4）说明

1）Print 指令后为空白，即表示输出换行符，注意其应用。

2）字符串最大为 14 字符。

3）多个数据以逗号分隔时，输出结果的多个数据有空格。

4）多个数据以分号分割时，输出结果的多个数据之间无空格。

5）以双引号标记字符串。

6）必须输出换行符。

（5）指令例句 2

1 M1 = 123.5

2 P1 = (130.5, -117.2, 55.1, 16.2, 0.0, 0.0)(1, 0)

3 Print #1,"OUTPUT TEST" , M1 , P1 ' ——以逗号分隔

输出结果（数据之间有空格）：

OUTPUT TEST 123.5 (130.5, -117.2, 55.1, 16.2, 0.0, 0.0) (1, 0)

（6）指令例句 3

3 Print #1,"OUTPUT TEST"; M1 ; P1 ' ——以分号分隔

输出结果（数据之间无空格）：

OUTPUT TEST 123.5(130.5, -117.2, 55.1, 16.2, 0.0, 0.0)(1, 0)

（7）指令例句 4　在语句后面加逗号或分号，不会输出换行结果。

3 Print #1,"OUTPUT TEST", ' ——以逗号结束

4 Print #1,M1; ' ——以分号结束

5 Print #1,P1

输出结果：

OUTPUT TEST 123.5(130.5, -117.2, 55.1, 16.2, 0.0, 0.0)(1, 0)

5.14.4　Priority——多任务工作时，指定各任务区程序的执行行数

（1）功能　本指令在多任务时使用，指定各任务区（插槽）内程序的执行行数。

（2）指令格式　Priority　<执行行数>［<任务区号>］。

（3）指令格式说明

1）<执行行数>：设置执行程序的行数。

2）<任务区号>：设置任务区号。

（4）指令例句

任务区 1

10 Priority 3 ' ——指定执行任务区 1 内的程序 3 行（如果省略任务区号，就是指当前任务区）

任务区 2

10 Priority 4 ' ——指定执行任务区 2 内的程序 4 行（如果省略任务区号，就是指当前任务区）

动作：先执行任务区 1 内程序 3 行，再执行任务区 2 内程序 4 行，循环执行。

5.15　R 开头指令

5.15.1　RelM（Release Mechanism）——解除机器控制权，在多任务跨任务区时使用

（1）功能　在多任务工作时，为了从其他任务区（插槽）对任务区 1 进行控制，需要解除任务区 1 的控制权，本指令就是解除控制权指令。

（2）指令格式　Relm。

（3）指令例句　先在任务区 1 内解除控制权，再运行任务区 2 的程序，从任务区 2 对任务区 1 的程序进行控制。

1 RelM '——解除任务区 1 的控制权

2 XRun 2,"10" '——指令任务区 2 内运行 10 号程序

3 Wait M_Run(2) = 1 '——等待任务区 2 程序启动

任务区 2 内的 10 号程序

1 GetM 1 '——获取任务区 1 控制权

2 Servo On '——指令做相关动作

3 Mov P1

4 Mvs P2

5 Servo Off

6 RelM '——解除对任务区 1 的控制权

7 End

5.15.2　Rem（Remarks）——标记字符串

（1）功能　本指令用于使标记字符串成为指令。

（2）指令格式　Rem <指令>。

（3）指令例句

1 Rem * * * MAIN PROGRAM * * *

2 ' * * * MAIN PROGRAM * * *

3 Mov P1

5.15.3　Reset Err（Reset Error）——报警复位

（1）功能　本指令用于使报警复位。

（2）指令格式　Reset Err。

（3）指令例句　1 If M_Err = 1 Then Reset Err'如果有 M_Err 报警发生，则报警复位

5.15.4　Return——子程序/中断程序结束及返回

（1）功能　本指令是子程序结束及返回指令。

（2）指令格式

1）Return：子程序结束及返回。

2）Return <返回程序行指定方式>。

<返回程序行指定方式>：0 返回到中断发生的程序步，1 返回到中断发生的程序步的下一步。

（3）指令例句 1（子程序调用）

1 ' * * * MAIN PROGRAM * * *

2 GoSub * SUB_INIT '——跳转到子程序 * SUB_INIT 行

3 Mov P1

…

100 ' * * * SUB INIT * * * '

101 * SUB_INIT'——子程序标记

102 PSTART = P1

103 M100 = 123

104 Return 1 '——返回到"子程序调用指令"的下一行(即第 3 步)。

（4）指令例句 2（中断程序调用）

1 Def Act 1,M_In(17) =1 GoSub ＊Lact '——定义 Act 1 对应的中断程序。

2 Act 1 =1 '

…

10 ＊Lact '

11 Act 1 =0 '

12 M_Timer(1) =0 '

13 Mov P2 '

14 Wait M_In(17) =0 '

15 Act 1 =1 '

16 Return 0 '—— 返回到发生"中断"的单步。

（5）说明　以 GoSub 指令调用子程序，必须以 Return 作为子程序的结束。

5.16　S 开头的指令

5.16.1　Select Case——根据不同的状态选择执行不同的程序块

（1）功能　本指令用于根据不同的条件选择执行不同的程序块，指令流程如图 5-19 所示。

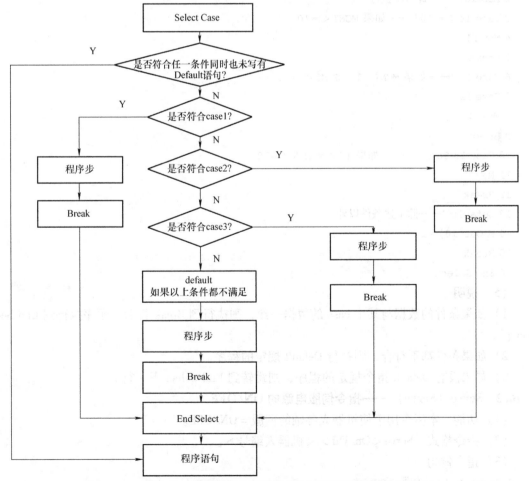

图 5-19　根据不同的条件选择执行不同的程序块

（2）指令格式

Select　　<条件>

Case　　<计算式>

[<处理>]

Break

Case　　<计算式>

[<处理>]

Break

Default

[<处理>]

Break

End　　Select

（3）指令格式说明　<条件>：数值表达式。

（4）指令例句

1 Select MCNT

2 M1 = 10 '—— 此行不执行

3 Case Is < = 10'—— 如果 MCNT < = 10

4 Mov P1

5 Break

6 Case 11 '——如果 MCNT = 11 OR MCNT = 12

7 Case 12

8 Mov P2

9 Break

10 Case 13 To 18 ' —— 如果 13 < = MCN < = 18

11 Mov P4

12 Break

13 Default '——除上述条件以外

14 M_Out(10) = 1

15 Break

16 End Select

（5）说明

1）如果条件的数据与某个 case 的数据一致，则执行到 Break 行后，顺序执行到 End Select 行。

2）如果条件都不符合，则执行 Default 规定的程序。

3）如果没有 Default 指令规定的程序，则跳转到 End Select 下一行。

5.16.2　Servo（Servo）——指令伺服电源的 ON/OFF

（1）功能　本指令用于使机器人各轴的伺服 = ON/OFF。

（2）指令格式　Servo < On/Off > < 机器人编号 >。

（3）指令例句

1 Servo On '——伺服 = ON

2 * L20:If M_Svo < >1 GoTo * L20 '——等待伺服 = ON

3 Spd M_NSpd

4 Mov P1

5 Servo Off'——伺服 = OFF

5.16.3　Skip（Skip）——跳转指令

（1）功能　本指令的功能是中断执行当前的程序行，跳转到下一程序行，如图 5-20 所示。

（2）指令格式　Skip。

（3）指令例句

1 Mov P1 WthIf M_In(17) = 1,Skip '——如果执行 Mov P1 的过程中 M_In(17) = 1，则中断 Mov P1 的执行，跳到下一程序行

2 If M_SkipCq = 1 Then Hlt'——如果发生了 skip 跳转，则程序暂停

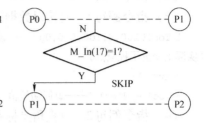

图 5-20　跳转指令示意图

5.16.4　Spd（Speed）——速度设置指令

（1）功能　本指令设置直线插补、圆弧插补时的速度，也可以设置最佳速度控制模式。

（2）指令格式

1）Spd　　<速度>；

2）Spd　　M_ NSpd（最佳速度控制模式）。

（3）指令例句

1 Spd 100'——设置速度 = 100mm/s

2 Mvs P1

3 Spd M_NSpd '——设置初始值（最佳速度控制模式）

4 Mov P2

5 Mov P3

6 Ovrd 80 '——速度倍率 = 80%

7 Mov P4

Ovrd 100'——速度倍率 = 100%

（4）说明

1）实际速度 = 操作面板倍率 × 程序速度倍率 × Spd 。

2）M_NSpd 为初始速度设定值（通常为 10000）。

5.17　T 开头的指令

5.17.1　Title（Title）——以文本形式显示程序内容的指令

（1）功能　本指令用于以文本形式显示程序内容，在其他计算机软件中的机器人栏目中显示程序内容。

（2）指令格式　Title　<文字>。

（3）指令例句

1 Title " 机器人 Loader Program"

2 Mvs P1

3 Mvs P2

5.17.2 Tool（Tool）——TOOL 数据的指令

（1）功能　本指令用于设置 TOOL 的数据，适用于双抓手的场合，TOOL 数据包括抓手长度，机械 I/F 位置，形位（pose）。

（2）指令格式　Tool　＜Tool 数据＞；＜Tool 数据＞：以位置点表达的 TOOL 数据。

（3）指令例句 1　直接以数据设置。

1 Tool(100,0,100,0,0,0)'——设置一个新的 Tool 坐标系，新坐标系原点 X＝100mm，Z＝100mm（实际上变更了控制点）

2 Mvs P1

3 Tool P_NTool '——返回初始值（机械 IF，法兰面）

（4）指令例句 2　以直角坐标系内的位置点设置

1 Tool PTL01

2 Mvs P1

如果 PTL01 位置坐标为（100，0，100，0，0，0，0，0），则与指令例句 1 相同。

（5）说明

1）本指令适用于双抓手的场合。每个抓手的控制点不同，单抓手的情况下一般使用参数 MEXTL 设置即可。

2）使用 TOOL 指令设置的数据存储在参数 MEXTL 中。

3）可以使用变量 M_Tool，将 METL1～4 设置到 TOOL 数据中。

5.17.3 Torq（Torque）——转矩限制指令

（1）功能　本指令用于设置各轴的转矩限制。

（2）指令格式　Torq　＜轴号＞　＜转矩限制率＞；＜转矩限制率＞：额定转矩的百分数。

（3）指令例句

1 Def Act 1,M_Fbd＞10 GoTo＊SUB1,S '——如果实际位置与指令位置差大于10mm，则跳转到子程序＊SUB1

2 Act 1＝1

3 Torq 3,10'——设置 J3 轴的转矩限制倍率＝10%

4 Mvs P1

5 Mov P2

…

100 ＊SUB1

101 Mov P_Fbc

102 M_Out(10)＝1

103 End

5.18　W 开头的指令

5.18.1 Wait（Wait）——等待指令

（1）功能　本指令功能为等待条件满足后执行下一段指令，这是常用指令。

（2）指令格式　Wait　＜数值变量＞＝＜常数＞。

（3）指令格式说明　＜数值变量＞：数值型变量；常用的有输入输出型变量。

（4）指令例句 1　信号状态。

```
1 Wait M_In(1) = 1'—— 与 *L10:If M_In(1) = 0 Then GoTo *L10 功能相同
2 Wait M_In(3) =0
```

（5）指令例句 2　多任务区状态。

```
3 Wait M_Run(2) =1'——等待任务区 2 程序启动
```

（6）指令例句 3　变量状态。

```
Wait M_01 =100 '——如果变量"M_01 =100"，则执行下一行
```

5.18.2　While　WEnd（While End）——循环条件指令

（1）功能　本指令为循环动作指令。如果满足循环条件，则循环执行 While ~ Wend 之间的动作；如果不满足，则跳出循环。

（2）指令格式

While　＜循环条件＞

处理动作

WEnd

（3）指令格式说明　＜循环条件＞：数据表达式。

（4）指令例句（如果 M1 在 -5~5 之间，则循环执行）

```
1 While(M1 > = -5)And(M1 < =5)'——如果 M1 在 -5 ~ 5 之间，则循环执行
2 M1 = -(M1 +1)'——循环条件处理
3 M_Out(8) =M1 '
4 WEnd '—— 循环结束指令
End '
```

5.18.3　Wth（With）——在插补动作时附加处理的指令

（1）功能　本指令为附加处理指令，附加在插补指令之后，不能单独使用。

（2）指令例句　Mov P1 Wth M_ Out (17) ＝1 Dly M1 +2'。

（3）指令格式说明

1）附加指令与插补指令同时动作。

2）附加指令动作的优先级如下：Com > Act > WthIf（Wth）。

5.18.4　WthIf（With If）——在插补动作带有附加条件的附加处理的指令

（1）功能　本指令也是附加处理指令，只是带有"判断条件"。

（2）指令格式　Mov P1 WthIf　＜判断 条件＞　＜处理＞。

（3）指令格式说明　＜处理＞——处理的内容有赋值、HLT、skip。

（4）指令例句

```
Mov P1 WthIf M_In(17) =1, Hlt
Mvs P2 WthIf M_RSpd >200, M_Out(17) =1 Dly M1 +2
Mvs P3 WthIf M_Ratio >15, M_Out(1) =1
```

5.19　X 开头的指令

5.19.1　XClr（X Clear）——多程序工作时，解除某任务区的程序选择状态

（1）功能　多程序工作时，解除某任务区（task slot）的程序选择状态。

（2）指令格式　XClr　＜任务区号＞。

（3）指令例句

1 XRun 2,"1" '——运行任务区 2 内的 1 号程序

...

10 XStp 2 '——停止任务区 2 运行

11 Wait M_Wai(2)=1 '——等待任务区 2 中断启动

12 XRst 2 '——解除任务区 2 程序中断状态

13 XClr 2 '——解除任务区 2 程序选择状态

End

5.19.2　XLoad（X Load）——加载程序

（1）功能　加载程序。多程序时，选择任务区（task slot）并选择程序号。

（2）指令格式　XLoad　＜任务区号＞　＜程序号＞。

（3）指令例句

1 If M_Psa(2)=0 Then *LblRun '

2 XLoad 2,"10" '——在任务区 2 选择载入 10 号程序

3 *L30:If C_Prg(2)<>"10" Then GoTo *L30'

4 XRun 2 '——任务区 2 启动运行

5 Wait M_Run(2)=1'

6 *LblRun

5.19.3　XRst（X Reset）——复位指令

（1）功能　程序复位指令，用于多任务工作时指定某一任务区程序的复位。

（2）指令格式　XRst　＜任务区号＞。

（3）指令例句

1 XRun 2 '——指令任务区 2 启动

2 Wait M_Run(2)=1 '——等待任务区 2 启动完成

...

10 XStp 2 '——指令任务区 2 停止

11 Wait M_Wai(2)=1 '——等待任务区 2 停止完成

...

15 XRst 2 '——指令任务区 2 内的程序复位

16 Wait M_Psa(2)=1 '——等待任务区 2 内的程序复位完成

...

20 XRun 2 '

21 Wait M_Run(2)=1'

本指令必须在程序暂停状态下执行，在其他状态下执行会报警。

5.19.4　XRun（X Run）——多任务工作时的程序启动指令

（1）功能　本指令用于在多任务工作时指定"任务区（task slot）号"和"程序号"及"运行模式"。

（2）指令格式　XRun　＜任务区号＞　"＜程序号＞"　＜运行模式＞。

（3）指令格式说明　<运行模式>：设置程序连续运行或单次运行

1）<运行模式>=0　连续运行；

2）<运行模式>=1　单次运行。

（4）指令例句 1

1 XRun 2,"1" '——指定运行任务区 2 内的 1 号程序，连续运行模式

2 Wait M_Run(2)=1 '——等待运行任务区 2 内的 1 号程序启动完成

（5）指令例句 2

1 XRun　3,"2",1 '——指定运行任务区 3 内的 2 号程序，单次运行模式

2 Wait M_Run(3)=1 '——等待运行任务区 3 内程序启动完成。

（6）指令例句 3

1 XLoad 2, "1" '—— 在任务区 2 内加载 1 号程序

2 *LBL: If C_Prg(2)<>"1" Then GoTo *LBL '—— 等待加载完毕

3 XRun 2 '—— 指令运行任务区 2 内程序

（7）指令例句 4

1 XLoad 3,"2"'——在任务区 3 内加载 2 号程序

2 *LBL:If C_Prg(3)<>"2" Then GoTo *LBL '——等待加载完毕

3 XRun 3,,1 '——指令运行任务区 3 内程序，单次运行模式

本指令中，程序名必须要用双引号。

5.19.5　XStp（X Stop）——多任务工作时的程序停止指令

（1）功能　本指令为多任务工作时的程序停止指令。需要指定任务区（task slot）号。

（2）指令格式　XStp　<任务区号>。

（3）指令例句

1 XRun 2 '

…

10 XStp 2 '——任务区 2 内的程序停止

11 Wait M_Wai(2)=1 '

…

20 XRun 2 '

5.20　赋值指令（代入指令）

（1）功能　本指令用于对变量赋值（代入运算）。

（2）指令格式 1　<变量名>=<计算式 1>。

（3）指令格式 2　脉冲输出型<变量名>=<计算式>Dly<计算式 2>。

（4）指令格式说明　<计算式 1>：数值表达式。

（5）指令例句

10 P100=P1+P2*2'——代入位置变量

20 M_Out(10)=1'——指令输出信号=ON

M_Out(17)=1 Dly 2.0 '——指令输出信号 17=ON 的时间为 2s

（6）说明

1）脉冲输出型指令，其输出＝ON 的时间与下一行指令同时执行。

2）如果下一行为 END 指令，则程序立即结束，但经过设定的时间后，输出信号＝OFF。

5.21　Label（标签、指针）

（1）功能　"标签"用于在程序的分支处做标记，属于程序结构流程用标记。

（2）指令例句

1 ＊SUB1'——＊SUB1 即是"标签"

2 If M1＝1 Then GoTo ＊SUB1

3 ＊LBL1:If M_In(19)＝0 Then GoTo ＊LBL1'——＊LBL1 即为标签

第6章 工业机器人工作状态变量

机器人的工作状态，如当前位置等是可以用变量的形式表示的。实际上每一种工业控制器都有表示自身工作状态的功能，如数控系统用 X 接口表示工作状态，所以机器人的状态变量就是表示机器人的工作状态的数据。本章将详细解释各机器人状态变量的定义、功能和使用方法。

6.1 C – J 状态变量

6.1.1 C_Date——当前日期（年月日）

（1）功能 变量 C_Date 表示当前时间，以年月日方式表示。

（2）格式 < 字符串变量 > = C_Date。

（3）例句 C1 $ = C_Date（假设当前日期是 2015/9/28），则 C1 $ = "2015/9/28"。

6.1.2 C_Maker——制造商信息

（1）功能 C_Maker 为制造商信息。

（2）格式 < 字符串变量 > = C_Date。

（3）例句 C1 $ = C_Maker（假设制造商信息为 COPYRIGHT2007......），则 C1 $ = " COPYRIGHT2007...... "。

6.1.3 C_Mecha——机器人型号

（1）功能 C_Mecha 为机器人型号。

（2）格式 < 字符串变量 > = C_Mecha < 机器人号码 >，< 机器人号码 >——设置机器人号码，设置范围为 1 ~ 3。

（3）例句 C1 $ = C_Mecha（1）（假设机器人型号为 RV – 12SQ），则 C1 $ = "RV – 12SQ"，即 1#机器人型号为 RV – 12SQ。

6.1.4 C_Prg——已经选择的程序号

（1）功能 C_Prg 为已经选择的程序号。

（2）格式 < 字符串变量 > = C_Prg < 任务区号 >，< 任务区号 >：设置任务区（插槽）号。

（3）例句 C1 $ = C_Prg（1）（假设任务区 1 内的程序号为 10），则 C1 $ = 10。

6.1.5 C_Time——当前时间（以 24 小时显示时/分/秒）

（1）功能 变量 C_ Time 为以时分秒方式表示的当前时间。

（2）格式 < 字符串变量 > = C_ Time。

（3）例句 C1 $ = C_ Time（假设当前时间是 01/05/20），则 C1 $ = "01/05/20"。

6.1.6 C_User——用户参数 USERMSG 所设置的数据

（1）功能 C_User 为在用户参数 USERMSG 所设置的数据。

（2）格式 < 字符串变量 > = C_User。

（3）例句　C1 $ = C_User（假设用户参数 USERMSG 所设置的数据为 HANJIE），则 C1 $ = HANJIE。

6.1.7　J_Curr——各关节轴的当前位置数据

（1）功能　J_Curr 是以各关节轴的旋转角度表示的当前位置数据，在编写程序是经常使用的重要数据。

（2）格式　<关节型变量> =J_Curr　<机器人编号>。

（3）格式说明

1）<关节型变量>：注意要使用关节型的位置变量，即 J 开头。

2）<机器人编号>：设置范围为 1~3。

（4）例句

```
J1 = J_Curr' ——设置 J1 为关节型当前位置点
```

6.1.8　J_ColMxl——碰撞检测中推测转矩与实际转矩之差的最大值

（1）功能　J_ColMxl 为碰撞检测中各轴的推测转矩与实际转矩之差的最大值，如图 6-1 所示。用来反映实际出现的最大转矩，从而对应保护措施。

（2）格式　<关节型变量> = J_ColMxl <机器人编号>。

（3）格式说明

1）<关节型变量>：注意要使用关节型的位置变量，即 J 开头。

2）<机器人编号>：设置范围为 1~3。

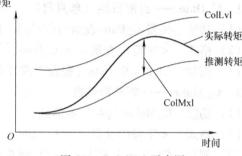

图 6-1　J_ColMxl 示意图

（4）例句

```
1 M1 = 100 '
2 M2 = 100
3 M3 = 100
4 M4 = 100
5 M5 = 100
6 M6 = 100
7 *LBL
8 ColLvl M1,M2,M3,M4,M5,M6,' ——设置各轴碰撞检测级别
9 ColChk On' ——碰撞检测开始
10 Mov P1
…
50 ColChk Off ' ——碰撞检测结束
51 M1 = J_ColMxl(1).J1 +10 ' ——将实际检测到的 J1 轴碰撞检测值 +10 赋予 M1
52 M2 = J_ColMxl(1).J2 +10 ' ——实际检测到的 J2 轴碰撞检测值 +10 赋予 M2
53 M3 = J_ColMxl(1).J3 +10
54 M4 = J_ColMxl(1).J4 +10
55 M5 = J_ColMxl(1).J5 +10
56 M6 = J_ColMxl(1).J6 +10
```

57 GoTo ＊LBL

（5）应用案例　从 P1 点到 P2 点移动过程中，自动设置碰撞检测级别的程序，如图 6-2 所示。

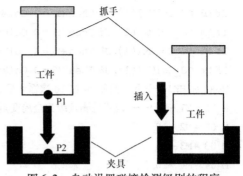

'＊＊＊＊＊＊＊＊＊＊调用自动设置检测 Level（量级）子程序＊＊＊＊＊＊＊＊＊＊

'GoSub ＊LEVEL ' 调用自动设置检测 Level（量级）子程序

'HLT

图 6-2　自动设置碰撞检测级别的程序

'＊＊＊＊＊＊＊＊＊＊＊＊＊＊＊＊＊＊＊＊＊＊＊＊＊＊＊＊＊＊＊

＊MAIN 主程序

Oadl ON'——最佳加减速度控制＝ON

LoadSet 2,2'——在任务区 2 中加载"2"号程序

Collvl M_01,M_02,M_03,M_04,M_05,M_06,'——设置各轴碰撞检测级别

Mov PHOME'——回工作基点

Mov P1

Dly 0.5

ColChk ON'——碰撞检测开始

Mvs P2

Dly 0.5

ColChk OFF'——碰撞检测结束

Mov PHOME

End

'＊ LEVEL FIX(碰撞检测量级自动设置子程序)＊＊

＊LEVEL

Mov PHOME

M1＝0'——J1 轴检测 量级初始设定

M2＝0'——J2 轴检测 量级初始设定

M3＝0'——J3 轴检测 量级初始设定

M4＝0'——J4 轴检测 量级初始设定

M5＝0'——J5 轴检测 量级初始设定

M6＝0'——J6 轴检测 量级初始设定

ColLvl 500,500,500,500,500,500,'——设置各轴碰撞检测量级 Level＝500%

For MCHK＝1 To 10'——循环处理(由于测量误差的偏差范围较大，所以做多次检测，取最大值)

Dly 0.3

Mov P1

Dly 0.3

Colhk ON '——碰撞检测开始

Mvs P2

Dly 0.3

ColChk OFF'——碰撞检测结束

If M1 ＜ J_ColMxl(1).J1 Then M1＝J_ColMxl(1).J1

If M2 ＜ J_ColMxl(1).J2 Then M2＝J_ColMxl(1).J2

```
If M3 < J_ColMxl(1).J3 Then M3 = J_ColMxl(1).J3
If M4 < J_ColMxl(1).J4 Then M4 = J_ColMxl(1).J4
If M5 < J_ColMxl(1).J5 Then M5 = J_ColMxl(1).J5
If M6 < J_ColMxl(1).J6 Then M6 = J_ColMxl(1).J6'——将实际检测到的数据赋予 M1 ~ M6
Next MCHK'——下一循环,经过 10 次循环后,实际检测到的最大数据赋予 M1 ~ M6
M_01 = M1 +10'——设置检测量级为全局变量
M_02 = M2 +10
M_03 = M3 +10
M_04 = M4 +10
M_05 = M5 +10
M_06 = M6 +10
ColLvl M_01,M_02,M_03,M_04,M_05,M_06,'——将实际检测量级经过处理后,设置为新的检测量级
Mvs P1
Mov PHOME
RETURN
```

'* *

6.1.9　J_ECurr——当前编码器脉冲数

（1）功能　J_ECurr 为各轴编码器发出的脉冲数。

（2）格式　<关节型变量> = J_ECurr　<机器人编号>。

（3）格式说明

1）<关节型变量>：注意要使用关节型的位置变量，即 J 开头。

2）<机器人编号>：设置范围为 1~3。

（4）例句

1 JA = J_ECurr(1)'——JA 为各轴脉冲值

2 MA = JA. J1 '——MA 为 J1 轴脉冲值

6.1.10　J_Fbc/J_AmpFbc——关节轴的当前位置/关节轴的当前电流值

（1）功能

1）J_Fbc 表示以编码器实际反馈脉冲表示的关节轴当前位置。

2）J_AmpFbc 表示关节轴的当前电流值。

（2）格式

1）<关节型变量> =J_Fbc <机器人编号>。

2）<关节型变量> = J_AmpFbc <机器人编号>。

（3）格式说明

1）<关节型变量>：注意要使用关节型的位置变量，即 J 开头。

2）<机器人编号>：设置范围为 1~3。

（4）例句

1 J1 = J_Fbc 'J1 = 以编码器实际反馈脉冲表示的关节轴当前位置

2 J2 = J_AmpFbc'J2 = 各轴当前电流值

6.1.11　J_Origin——原点位置数据

（1）功能　J_Origin 为原点的关节轴数据。多用于"回原点"功能。

（2）格式　<关节型变量> =J_Origin　<机器人编号>。

（3）格式说明

1）<关节型变量>：注意要使用关节型的位置变量，即 J 开头。

2）<机器人编号>：设置范围为 1~3。

（4）例句

J1 = J_Origin(1)'——J1 = 关节轴数据表示的原点位置

6.2 M 开头的状态变量

6.2.1 M_Acl/M_DAcl/M_NAcl/M_NDAcl/M_AclSts

（1）功能

1）M_Acl 表示当前加速时间比率（%）。

2）M_DAcl 表示当前减速时间比率（%）。

3）M_NAcl 表示加速时间初始值（100%）。

4）M_NDAcl 表示减速时间初始值（100%）。

5）M_AclSts 表示当前位置的加减速状态（0 = 停止，1 = 加速中，2 = 匀速中，3 = 减速中）。

（2）格式

1）<数值型变量> = M_ Acl <数式>。

2）<数值型变量> = M_ NAcl <数式>。

3）<数值型变量> = M_ NDAcl <数式>。

4）<数值型变量> = M_ AclSts <数式>。

（3）格式说明

1）<数值型变量>：必须使用数值型变量。

2）<数式>：表示任务区号，省略时为#1 任务区。

（4）例句

1 M1 = M_Acl'——M1 = 任务区 1 的当前加速时间比率

2 M1 = M_DAcl(2)'——M1 = 任务区 2 的当前减速时间比率

3 M1 = M_NAcl' —— M1 = 任务区 1 的初始加速时间比率

4 M1 = M_NDAcl(2)'—— M1 = 任务区 2 的初始减速时间比率

M1 = M_AclSts(3)'——M1 = 任务区 3 的当前加减速工作状态

（5）说明

1）加减速时间比率 =（初始加减速时间/实际加减速时间）×100%，以初始加减速时间 = 100%；实际加减速时间 = 初始加减速时间/加减速时间比率。

2）M_AclSts 表示当前位置的加减速状态

M_AclSts = 0 表示停止。

M_AclSts = 1 表示加速中。

M_AclSts = 2 表示匀速中。

M_AclSts = 3 表示减速中。

6.2.2　M_BsNo——当前使用的坐标系编号

（1）功能　M_BsNo 为当前使用的世界坐标系编号，机器人使用的是世界坐标系，工件坐标系是世界坐标系的一种，机器人系统可设置八个工件坐标系。M_BsNo 就是系统当前使用的坐标系编号，坐标系编号由参数 MEXBSNO 设置。

（2）格式　<数值型变量> = M_BsNo <机器人编号>。

（3）例句

```
1 M1 = M_BsNo '——M1 = 机器人 1 当前使用的坐标系编号
2 If M1 = 1 Then'——如果当前坐标系编号 =1，就执行 MOV P1
3 Mov P1
4 Else'——否则，就执行 MOV P2
5 Mov P2
6 EndIf
```

（4）说明

1）M_BsNo = 0 表示初始值，由 P_Nbase 确定的坐标系。

2）M_BsNo = 1 ~ 8 表示工件坐标系，由参数 WK1CORD ~ WK8CORD 设置的坐标系。

3）M_BsNo = -1，在这种状态下，表示由 base 指令或参数 MEXBS 设置坐标系。

6.2.3　M_BrkCq——检测是否执行了 break 指令

（1）功能

1）M_BrkCq 为是否执行了 break 指令的检测结果。

2）M_BrkCq = 1 表示执行了 break 指令。

3）M_BrkCq = 0 表示未执行 break 指令。

（2）格式　<数值型变量> = M_BrkCq <数式>。

（3）格式说明　<数式>：任务区号，省略时为任务区#1。

（4）例句

```
1 While M1 < >0 '——如果 M1 < >0 则做循环
2 If M2 = 0 Then Break '——如果 M2 = 0 则执行 Break 指令
3 Wend
4 If M_BrkCq = 1 Then Hlt '——如果已经执行了 Break 指令则暂停
```

6.2.4　M_BTime——电池可工作时间

（1）功能　M_BTime 为电池可工作时间。

（2）格式　<数值型变量> = M_BTime。

（3）例句

```
1 M1 = M_BTime '——M1 为电池可工作时间
```

6.2.5　M_CavSts——发生干涉的机器人 CPU 号

（1）功能

1）M_CavSts 为发生干涉的检测确认状态。

2）M_CavSts = 1 ~ 3 表示已经检测到干涉。

3）M_CavSts = 0 表示未检测到干涉。

（2）例句

Def Act 1,M_CavSts<机器人编号> < >0 GoTo ＊LCAV,S

（3）说明　<机器人编号>：1~3，省略时 =1。

如果机器人检测到干涉，则跳转到 ＊LCAV,S行。

6.2.6　M_CmpDst——伺服柔性控制状态下，指令值与实际值之差

（1）功能　M_CmpDst 为在伺服柔性控制状态下，指令值与实际值之差。

（2）格式　<数值型变量> = M_ CmpDst <机器人编号>。

（3）格式说明　<机器人编号>：1~3，省略时 =1。

（4）例句

1 Mov P1

2 CmpG 0.5,0.5,1.0,0.5,0.5,,, '——柔性控制设置

3 Cmp Pos,&B00011011 '

4 Mvs P2

5 M_Out(10)=1

6 Mvs P1

7 M1 =M_CmpDst(1)'——M1 =为伺服柔性控制状态下,指令值与实际值之差

8 Cmp Off '——柔性控制结束

6.2.7　M_CmpLmt——伺服柔性控制状态下，指令值是否超出限制

（1）功能

1）M_CmpLmt 表示在伺服柔性控制状态下，指令值是否超出限制。

2）M_CmpLmt =1 表示超出限制。

3）M_CmpLmt =0 表示没有超出限制。

（2）格式

1）M_CmpLmt （机器人编号） =1。

2）M_CmpLmt （机器人编号） =0。

（3）格式说明　<机器人编号>：1 ~3，省略时 =1。

（4）例句

1 Def Act 1,M_CmpLmt (1) =1 GoTo ＊LMT'——定义：如果1#机器人的指令值超出限制，则跳转到
＊LMT

2 '

3 '

…

10 Mov P1

11 CmpG 1, 1, 0, 1, 1, 1, 1, 1'——设置柔性控制

12 Cmp Pos, &B100'——柔性控制有效

13 Act 1 =1 '——中断程序有效区间

14 Mvs P2

15 '

…

100 ＊LMT '——中断程序

101 Mvs P1 '

102 Reset Err '——报警复位

103 Hlt '暂停

6.2.8　M_ColSts——碰撞检测结果

（1）功能

1）M_ColSts 表示碰撞检测结果。

2）M_ColSts = 1 表示检测到碰撞。

3）M_ColSts = 0 表示未检测出碰撞。

（2）格式

1）M_ColSts（机器人编号）= 1。

2）M_ColSts（机器人编号）= 0。

（3）格式说明　<机器人号码>：1~3，省略时 = 1。

（4）例句

```
1 Def Act 1,M_ColSts(1) =1 GoTo *HOME,S '—— 如果检测到碰撞,则跳转到 *HOME,S
2 Act 1 =1'——中断有效区间
3 ColChk On,NOErr' ——碰撞检测生效(非报警状态)
4 Mov P1
5 Mov P2 '
6 Mov P3
7 Mov P4
8 Act 1 =0 '——中断无效
...
100 *HOME '——中断程序标记
101 ColChk Off '——碰撞检测无效
102 Servo On '
103 PESC = P_ColDir(1) * ( -2)'
104 PDST = P_Fbc(1) + PESC '
105 Mvs PDST '——运行到待避点
106 Error 9100
```

6.2.9　M_Cstp——检测程序是否处于循环停止中

（1）功能

1）M_Cstp 表示程序的循环工作状态。

2）M_Cstp = 1 表示程序处于循环停止中。

3）M_Cstp = 0 表示其他状态。

（2）格式　<数值变量> = M_Cstp。

（3）例句

```
1 M1 = M_Cstp
```

（4）说明　在程序自动运行中，如果在操作面板上按下 END，则系统进入循环停止中状态，M_Cstp = 1。

6.2.10　M_Cys——检测程序是否处于循环中

（1）功能

1）M_Cys 表示程序的循环工作状态。

2）M_Cys = 1 表示程序处于循环中。

3）M_Cys = 0 表示其他状态。

（2）格式　　＜数值变量＞ = M_Cys。

（3）例句

```
1 M1 = M_Cys
```

6.2.11　M_DIn/M_DOut——读取 CCLINK 远程寄存器的数据

（1）功能　　M_DIn/M_DOut 用于向 CCLINK 定义的远程寄存器数据读取或写入数据。

（2）格式

1）＜数值变量＞ = M_ DIn＜数式 1＞。

2）＜数值变量＞ = M_ DOut＜数式 2＞。

3）＜数式 1＞：CCLINK 输入寄存器（6000 ~ ）。

4）＜数式 2＞：CCLINK 输入寄存器（6000 ~ ）。

（3）例句

```
1 M1 = M_DIn(6000)' ——M1 = CC - Link 输入寄存器 6000 的数值
2 M1 = M_DOut(6000)' ——M1 = CC - Link 输出寄存器 6000 的数值
3 M_DOut(6000) = 100 '——设定 CC - Link 输出寄存器 6000 = 100
```

6.2.12　M_Err/M_ErrLvl/M_ErrNo——报警信息

（1）功能　　M_Err/M_ErrLvl/M_ErrNo 用于表示是否有报警发生及报警等级。

1）M_Err 表示是否发生报警。

2）M_Err = 0 表示无报警。

3）M_Err = 1 表示有报警。

4）M_ErrLvl 表示报警等级，分为 0 ~ 6 级。

① M_ErrLvl = 0：无报警；

② M_ErrLvl = 1：警告；

③ M_ErrLvl = 2：低等级报警；

④ M_ErrLvl = 3：高等级报警；

⑤ M_ErrLvl = 4：警告 1；

⑥ M_ErrLvl = 5：低等级报警 1；

⑦ M_ErrLvl = 6：高等级报警 1。

5）M_ErrNo 表示报警代码。

（2）格式

1）＜数值变量＞ = M_Err。

2）＜数值变量＞ = M_ErrLvl。

3）＜数值变量＞ = M_ErrNo。

（3）例句

```
1 *LBL: If M_Err = 0 Then *LBL '——等待报警发生
2 M2 = M_ErrLvl '——M2 = 报警级别 Level
3 M3 = M_ErrNo'——M3 = 报警号
```

6.2.13　M_Exp——自然对数

（1）功能　　M_Exp = 自然对数的底（2.71828182845905）。

（2）例句

M1 = M_Exp '——M1 = 2.71828182845905

6.2.14 M_Fbd——指令位置与反馈位置之差

（1）功能 M_ Fbd 为指令位置与反馈位置之差。

（2）格式 <数值变量> = M_Fbd（机器人编号）。

（3）例句

1 Def Act 1,M_Fbd > 10 GoTo *SUB1,S '——如果偏差大于10mm, 则跳转到 *SUB1

2 Act 1 = 1 '——中断区间有效

3 Torq 3,10 '——设置 J 3 轴的转矩限制在10% 以下

4 Mvs P1

5 End

...

10 *SUB1

11 Mov P_Fbc '——使实际位置与指令位置相同

12 M_Out(10) = 1 '

13 End

（4）说明 误差值为 XYZ 的合成值。

6.2.15 M_G——重力常数（9.80665）

（1）功能 M_G = 重力常数（9.80665）。

（2）例句

M1 = M_G'——M1 = 重力常数（9.80665）

6.2.16 M_HndCq——抓手输入信号状态

（1）功能 M_HndCq 为抓手输入信号状态。

（2）格式 <数值变量> = M_HndCq <数式>。

（3）格式说明 <数式>：抓手输入信号编号 1 ~ 8，即输入信号 900 ~ 907。

（4）例句

1 M1 = M_HndCq (1)

（5）说明 M_HndCq（1）= 输入信号900。

6.2.17 M_In/M_Inb/M_In8/M_Inw/M_In16——输入信号状态

（1）功能 这是一类输入信号状态。是最常用的状态信号。

1）M_In 表示位信号。

2）M_Inb/M_In8 表示以字节为单位的输入信号。

3）M_Inw/M_In16 表示以字为单位的输入信号。

（2）格式

1）<数值变量> = M_In <数式>。

2）<数值变量> = M_Inb <数式> 或 M_In8 <数式>。

3）<数值变量> = M_Inw <数式> 或 M_In16 <数式>。

（3）格式说明 <数式>：输入信号地址，输入信号地址的范围定义如图6-3所示。

1）0 ~ 255 通用输入信号。

2）716 ~ 731 多抓手输入信号。

3）900 ~907 抓手输入信号。

4）2000 ~5071：PROFIBUS 用输入信号。

5）6000 ~8047：CC‐Link 用输入信号。

6）10000 ~18191：GOT 用输入信号。

图 6-3　输入信号地址分配

（4）例句

1 M1% = M_In (10010) '——M1 =输入信号 10010 的值（1 或 0）

2 M2% = M_ Inb (900) '——M2 =输入信号 900 ~907 的 8 位数值

3 M3% = M_ Inb (10300) And &H7 '—— M3 =10300 ~10307 与 H7 的逻辑和运算值

4 M4% = M_ Inw (15000'——M4 =输入 15000 ~15015 构成的数据值（相当于一个 16 位的数据寄存器）

6. 2. 18　M_In32——存储 32 位外部输入数据

（1）功能　M_In32 为外部 32 位输入数据的信号状态。

（2）格式　< 数值变量 > = M_In32 < 数式 >。

（3）格式说明　< 数式 >：输入信号地址，输入信号地址的范围定义如下：

1）0 ~255：通用输入信号。

2）716 ~731：多抓手输入信号。

3）900 ~907：抓手输入信号。

4）2000 ~5071：PROFIBUS 用输入信号。

5）6000 ~8047：CC‐Link 用输入信号。

（4）例句

1 * ack_wait

2 If M_In(7) =0 Then * ack_check '

3 M1& = M_ In32(10000'—— M1 =由输入信号 10000 ~10031 组成的 32 位数据

4 P1. Y = M_ In32(10100)/1000 '——P1. Y =从外部输入信号 10100 ~10131 组成的数据除以 1000 的值

（5）说明　这是将外部数据定义为“位置点”数据的一种方法。

6. 2. 19　M_JOvrd/M_NJOvrd/M_OPovrd/M_Ovrd/M_NOvrd——速度倍率值

（1）功能　表示当前速度倍率的状态变量。

1）M_JOvrd 为关节插补运动的速度倍率。

2）M_NJOvrd 为关节插补运动速度倍率的初始值（100%）。

3）M_OPovrd/为操作面板的速度倍率值。

4）M_Ovrd 为当前速度倍率值（以 OVERD 指令设置的值）。

5）M_NOvrd 为速度倍率的初始值（100%）。

（2）格式

1）<数值变量> = M_JOvrd <数式>。

2）<数值变量> = M_NJOvrd <数式>。

3）<数值变量> = M_OPovrd <数式>。

4）<数值变量> = M_Ovrd <数式>。

5）<数值变量> = M_NOvrd <数式>。

（3）格式说明　<数式>：任务区号，省略时为1。

（4）例句

```
1 M1 = M_Ovrd '
2 M2 = M_NOvrd '
3 M3 = M_JOvrd '
4 M4 = M_NJOvrd '
5 M5 = M_OPOvrd '
6 M6 = M_Ovrd(2)'——任务区2的当前速度倍率
```

6.2.20　M_ Line——当前执行的程序行号

（1）功能　M_Line 为当前执行的程序行号（会经常使用）。

（2）格式　<数值变量> = M_ Line <数式>。

（3）格式说明　<数式>：任务区号，省略时为1。

（4）例句

```
1 M1 = M_Line(2)'——M1 = 任务区2的当前执行程序行号
```

6.2.21　M_LdFact——各轴的负载率

（1）功能　负载率是指实际载荷与额定载荷之比（实际电流与额定电流之比）。

（2）格式　<数值变量> = M_ LdFact <轴号>。

（3）格式说明

1）<数值变量>：负载率（0~100%）。

2）<轴号>：各轴轴号。

（4）例句

```
1 Accel 100,100'——设置加减速时间 = 100%
2 *Label
3 Mov P1
4 Mov P2
5 If M_LdFact(2) > 90 Then'——如果J2轴的负载率大于90%，则
6 Accel 50,50 '——将加速度降低到原来的50%。
M_SetAdl(2) = 50
8 Else——否则
9 Accel 100,100'——将加速度调整到原来的100%。
10 EndIf
11 GoTo *Label
```

（5）说明　如果负载率过大，则必须延长加减速时间或改变机器人的工作状态。

6.2.22　M_Mode——操作面板的当前工作模式

（1）功能

1）M_Mode 表示操作面板的当前工作模式。

2）M_Mode =1 表示 MANUAL（手动）。

3）M_Mode =2 表示 AUTO（自动）。

（2）格式 <数值变量> = M_Mode。

（3）例句

1 M1 = M_Mode'——M1 =操作面板的当前工作模式

6.2.23 M_On/M_Off——ON/OFF 状态

（1）功能 M_On/M_Off 表示一种 ON/OFF 状态；M_On =1，M_Off =0。

（2）格式

1）<数值变量> = M_On。

2）<数值变量> = M_Off。

（3）例句

1 M1 = M_On '—— M1 =1

2 M2 = M_Off '—— M2 =0

6.2.24 M_Open ——被打开文件的状态

（1）功能

1）M_Open 表示被指定的文件已经开启或未被开启的状态。

2）M_Open =1 指定的文件已经开启。

3）M_Open = -1 未指定的文件。

（2）格式 <数值变量> = M_Open（文件号码）。

（3）格式说明 （文件编号）：设置范围为 1 ~ 8，省略时为 1。

（4）例句

1 Open "temp. txt" As #2' ——将 temp. txt 设置为#2 文件

2 *LBL:If M_Open(2) < >1 Then GoTo *LBL——如果 2#文件尚未打开，则在本行反复运行，也是等待 2#文件打开

6.2.25 M_Out/M_Outb/M_Out8/M_Outw/M_Out16——输出信号状态（指定输出或读取输出信号状态）

（1）功能 输出信号状态。

1）M_Out 表示以位为单位的输出信号状态。

2）M_Outb/M_Out8——以字节（8 位）为单位的输出信号数据。

3）M_Outw/M_Out16——以字（16 位）为单位的输出信号数据。

这是最常用的变量之一。

（2）格式

1）M_Out（<数式1>）= <数值2>。

2）M_Outb（<数式1>）或 M_Out8（<数式1>）= <数值3>。

3）M_Outw（<数式1>）或 M_Out16（<数式1>）= <数值4>。

4）M_Out（<数式1>）= <数值2>dly<时间>。

5）<数值变量> = M_Out（<数式1>）。

（3）格式说明 <数式1>：用于指定输出信号的地址，输出信号的地址范围分配如图 6-4所示。

1) 0 ~ 255：通用输出信号。

2) 716 ~ 731：多抓手输出信号。

3) 900 ~ 907：抓手输出信号。

4) 2000 ~ 5071：PROFIBUS 用输出信号。

5) 6000 ~ 8047：CC – Link 用输出信号。

6) 10000 ~ 18191：多 CPU 用输出信号。

图 6-4　输出信号的地址范围分配

7) ＜数值 2＞，＜数值 3＞，＜数值 4＞：输出信号输出值，可以是常数、变量、数值表达式。

8) ＜数值 2＞设置范围：0 或 1。

9) ＜数值 3＞设置范围：– 128 ~ + 127。

10) ＜数值 4＞设置范围：– 32768 ~ + 32767。

11) ＜时间＞：设置输出信号 = ON 的时间，单位：s。

（4）例句

1）M_Out(902) = 1 '——指令输出信号 902 = ON

2）M_Outb(10016) = &HFF '——指令输出信号 10016 ~ 10023 的 8 位 = ON

3）M_Outw(10032) = &HFFFF '——指令输出信号 10032 ~ 10047 的 16 位 = ON

4）M4 = M_Outb(10200)And &H0F'—— M4 =（输出信号 10200 ~ 10207）与 H0F 的逻辑和

（5）说明　输出信号与其他状态变量不同，输出信号是可以对其进行指令的变量而不仅仅是读取其状态的变量。实际上更多的是对输出信号进行设置，指令输出信号 = ON/OFF。

6.2.26　M_Out32——向外部输出或读取 32bit 的数据

（1）功能　M_Out32 用于指令外部输出信号状态（指定输出或读取输出信号状态）；M_Out32 是以 32 位为单位的输出信号数据。

（2）格式　M_Out32 ＜数式 1＞ = ＜数值＞。

（3）格式说明

1) ＜数值 变量＞ = M_Out32 ＜数式 1＞。

2) ＜数式 1＞：用于指定输出信号的地址，输出信号的地址范围分配如下：

① 0 ~ 255：外部 I/O 信号。

② 716 ~ 731：多抓手输出信号。

③ 900 ~ 907：抓手输出信号。

④ 2000 ~ 5071：PROFIBUS 用输出信号。

⑤ 6000 ~ 8047：CC – Link 用输出信号。

⑥ 10000～18191：多 CPU 共用软元件。

3）＜数值＞设置范围：−2147483648～+2147483647（&H80000000～&H7FFFFFFF）。

（4）例句

```
1 M_Out32(10000)=P1.X * 1000 '—— 将 P1.X * 1000 代入从 10000～10031 的 32 位中
2 *ack_wait
3 If M_In(7)=0 Then *ack_check '
4 P1.Y=M_In32(10100)/1000'—— 将 M_In32(10100)构成的 32 位数据除以 1000 后代入 P1.Y
```

6.2.27　M_PI——圆周率

（1）功能　M_PI 表示圆周率。

（2）格式　M_PI = 3.14159265358979。

（3）例句

```
M1=M_PI '—— M1=3.14159265358979
```

6.2.28　M_Psa——任务区是否处于程序可选择状态

（1）功能

1）M_Psa 表示任务区是否处于程序可选择状态。

2）M_Psa = 1 表示可选择程序。

3）M_Psa = 0 表示不可选择程序。

（2）格式　＜数值 变量＞= M_ Psa＜数式＞。

（3）格式说明　＜数式＞：任务区号为 1～32，省略时为 1。

（4）例句

```
1 M1=M_Psa(2)'——M1=任务区 2 的程序可选择状态
```

6.2.29　M_Ratio——（在插补移动过程中）当前位置与目标位置的比率

（1）功能　M_Ratio 为（在插补移动过程中）当前位置与目标位置的比率。

（2）格式　＜数值 变量＞= M_Ratio＜数式＞。

（3）格式说明　＜数式＞：任务区号：1～32，省略时为当前任务区号。

（4）例句

```
1 Mov P1 WthIf M_Ratio>80, M_Out(1)=1'—— 如果在向 P1 的移动过程中，当前位置与目标位置
```
的比率大于 80%，则指令输出信号(1)=ON

6.2.30　M_RDst——（在插补移动过程中）距离目标位置的剩余距离

（1）功能　M_RDst 为（在插补移动过程中）距离目标位置的剩余距离，M_RDst 多用于在特定位置需要动作时用。

（2）格式　＜数值 变量＞= M_RDst＜数式＞。

（3）格式说明　＜数式＞：任务区号：1～32，省略时为当前任务区号。

（4）例句

```
1 Mov P1 WthIf M_RDst<10, M_Out(10)=1 '——如果在向 P1 的移动过程中,剩余距离<10mm,则
```
指令输出信号(10)=ON

6.2.31　M_Run——任务区内程序执行状态

（1）功能

1）M_Run 为任务区内程序的执行状态。

2）M_Run＝1 表示程序在执行中。

3）M_Run＝0 表示其他状态。

（2）格式　＜数值 变量＞＝M_Run＜数式＞。

（3）格式说明　＜数式＞：任务区号为 1～32，省略时为当前任务区号。

（4）例句

1 M1 = M_Run(2)'——M1 =任务区 2 内的程序执行状态

6.2.32　M_SetAdl——设置指定轴的加减速时间比例

（1）功能　M_SetAdl 用于设置指定轴的加减速时间比例（注意不是状态值）。

（2）格式　M_SetAdl（轴号码）＝＜数值 变量＞。

（3）格式说明　＜数值 变量＞：以% 为单位，设置范围 1～100%，初始值为参数 JADL 值。

（4）例句

1 Accel 100,50 '——设置加减速比例

2 If M_LdFact(2) >90 Then '——J2 如果 J2 轴的负载率 >90% ,则

3 M_SetAdl(2) =70 '——设置 J2 轴加减速比率 =70%

4 EndIf '——加速为 70% (=100% ×70%),减速为 35% (=50% ×70%),因为在第 1 行设置了加减速比例"Accel 100,50"

5 Mov P1

6 Mov P2

7 M_SetAdl(2) =100 '——设置 J2 轴加减速比率 =100%

8 Mov P3 '——加速为 100% ,减速为 50%

9 Accel 100,100

10 Mov P4

6.2.33　M_SkipCq——SKIP 指令的执行状态

（1）功能

1）M_SkipCq 即在已执行的程序中，检测是否已经执行了 SKIP 指令。

2）M_SkipCq＝1 表示已经执行 SKIP 指令。

3）M_SkipCq＝0 表示未执行 SKIP 指令。

（2）格式　＜数值 变量＞＝M_SkipCq＜数式＞。

（3）格式说明　＜数式＞：任务区号为 1～32，省略时为当前任务区号。

（4）例句

1 Mov P1 WthIf M_In(10) =1,Skip '—— 在向 P1 移动过程中, 如果 M_In(10) =1, 则执行 Skip, 跳向下一行

2 If M_SkipCq=1 Then GoTo *Lskip '—— 如果 M_SkipCq=1, 则跳转到 *Lskip 行

…

10 *Lskip

6.2.34　M_Spd/M_NSpd/M_RSpd——插补速度

（1）功能

1）M_Spd 表示当前设定速度。

2）M_NSpd 表示初始速度（最佳速度控制）。

3）M_RSpd 表示当前指令速度。

（2）格式

1）<数值 变量> = M_ Spd <数式>。

2）<数值 变量> = M_ NSpd <数式>。

3）<数值 变量> = M_ RSpd <数式>。

（3）格式说明　<数式>：任务区号为1~32，省略时为当前任务区号。

（4）例句

1 M1 = M_Spd'—— M1 = 当前设定速度

2 Spd M_NSpd' —— 设置为最佳速度模式

（5）说明　M_RSpd 为当前指令速度，多用于多任务和 WITH，WITHIF 指令中。

6.2.35　M_Svo——伺服电源状态

（1）功能

1）M_Svo 为伺服电源状态。

2）M_Svo = 1 表示伺服电源 = ON。

3）M_Svo = 0 表示伺服电源 = OFF。

（2）格式　<数值 变量> = M_Svo <数式>。

（3）例句

1 M1 = M_Svo(1)'—— M1 = 伺服电源状态

6.2.36　M_Timer——计时器（以 ms 为单位）

（1）功能　M_Timer 为计时器（以 ms 为单位），可以计测机器人的动作时间。

（2）格式　<数值 变量> = M_Timer <数式>。

（3）格式说明　<数式>：计时器序号为1~8，不能省略括号。

（4）例句

1 M_Timer(1) = 0' —— 计时器清零（从当前点计时）

2 Mov P1

3 Mov P2

4 M1 = M_Timer(1)' ——从当前点 P1→P2 所经过的时间（假设计时时间 = 5.432s，则 M1 = 5432ms）

5 M_Timer(1) = 1.5 '—— 设置 M_Timer(1) = 1.5

（5）说明　M_Timer 可以作为状态型函数，对某一过程进行计时，计时以 ms 为单位，也可以被设置，设置时以 s 为单位。

6.2.37　M_Tool——设定或读取 TOOL 坐标系的编号

（1）功能　M_Tool 是双向型变量，既可以设置也可以读取，M_Tool 用于设定或读取 TOOL 坐标系的编号。

（2）格式

1）<数值　变量> = M_TOOL <机器人编号>。

2）M_TOOL <机器人编号> = <数式>。

（3）格式说明

1）<机器人编号>为1~3，省略时为1。

2）<数式>：TOOL 坐标系序号，1~4。

（5）例句1　设置 TOOL 坐标系。

1 Tool(0,0,100,0,0,0)'——设置 TOOL 坐标系原点(0,0,100,0,0,0)并写入参数 MEXTL

2 Mov P1。

3 M_Tool = 2 '—— 选择当前 TOOL 坐标系为 2# TOOL 坐标系(由 MEXTL2 设置的坐标系)

4 Mov P2。

(5) 例句 2　设置 TOOL 坐标系。

1 If M_In(900) = 1 Then '—— 如果 M_In(900) = 1,则

2 M_Tool = 1 '——选择 TOOL1 作为 TOOL 坐标系

3 Else

4 M_Tool = 2'——选择 TOOL1 作为 TOOL 坐标系

5 EndIf

6 Mov P1

(6) 说明　参数 MEXTL1,MEXTL2,MEXTL3,MEXTL4 用于设置 TOOL 坐标系 1 ~ 4,
M_Tool 可以选择这些坐标系,也表示了当前正在使用的坐标系。

6.2.38　M_Uar——机器人任务区域编号

(1) 功能　机器人系统可以定义 16 个用户任务区,M_Uar 为机器人当前任务区域编号,M_Uar 可以视作 16bit 数据寄存器。某一位 bit = ON,即表示进入对应的任务区。

(2) 格式　<数值 变量> = M_Uar<机器人编号>。

(3) 格式说明　<机器人编号>为 1 ~ 3,省略时为 1。

(4) 例句

1 M1 = M_Uar(1)AND &H0004 '—— 对用户任务区 3 的检测

2 If M1 < >0 Then M_Out(10) = 1'——如果 M1 不等于 0(进入了用户任务区 3),则指令 M_Out(10) = 1

6.2.39　M_Uar32——机器人任务区域状态

(1) 功能　机器人系统可以定义 32 个用户任务区,M_Uar32 为机器人当前任务区域编号。M_Uar32 可以视作 32bit 数据寄存器。某一位 bit = ON,即表示进入对应的任务区。

(2) 格式　<数值 变量> = M_Uar32<机器人编号>。

(3) 格式说明　<机器人编号>为 1 ~ 3,省略时为 1。

(4) 例句

1 Def Long M1

2 M1 & = M_Uar32(1)AND &H00080000'—— 检测机器人是否进入任务区 20

3 If M1 & < >0 Then M_Out(10) = 1'——如果 M1 & 不等于 0(进入了用户任务区 20),则指令 M_Out(10) = 1

6.2.40　M_UDevW/M_UDevD——多 CPU 之间的数据读取及写入指令

(1) 功能　M_UDevW/M_UDevD 为多 CPU 之间的数据读取及写入指令。在一个控制系统内有通用 CPU 和机器人控制 CPU 时,在多个 CPU 之间必须进行信息交换。在进行信息交换时,需要指定 CPU 号和公用软元件起始地址号。

1) M_UDevW 表示以字(16bit)为单位进行读写。

2) M_UDevD 表示以双字(32bit)为单位进行读写。

(2) 格式 1　读取格式。

1)　<数值 变量> = M_UDevW<起始输入输出地址><共有内存地址>。

　<数值 变量> = M_UDevD<起始输入输出地址><共有内存地址>。

（3）格式2 写入格式。

1）M_UDevW＜起始输入输出地址＞＜共有内存地址＞＝＜数值＞。

2）M_UDevD＜起始输入输出地址＞＜共有内存地址＞＝＜数值＞。

（4）格式说明

1）＜起始输入输出地址＞：指定CPU单元的输入输出地址号。

以十六进制表示CPU单元的起始输入输出地址号，以十六进制表示时为&H3E0～&H3E3，十进制时为992～995。

① 1#机：&H3E0（十进制为992）；

② 2#机：&H3E1（十进制为993）；

③ 3#机：&H3E2（十进制为994）；

④ 4#机：&H3E4（十进制为995）。

2）＜共有内存地址＞：指多个CPU之间可以共同使用的内存地址，范围如下（十进制）：

① M_UDevW：10000～24335；

② M_UDevD：10000～24334；

③ M_UDevW：－32768～＋32767（&H8000～&H7FFF）；

④ M_UDevD：－2147483648～＋2147483647（&H80000000～&H7FFFFFFF）。

（5）例句

1 M_UDevW(&H3E1,10010) = &HFFFF '——在2#CPU的10010内写入数据 &HFFFF(十六进制)。

2 M_UDevD(&H3E1,10011) = P1.X * 1000 '——在2 # CPU 的10011/10012 内写入数据 P1.X * 1000

3 M1% = M_UDevW(&H3E2,10001)And &H7 '——M1% = M_UDevW(&H3E2,10001)低3位值

6.2.41 M_Wai——任务区内的程序执行状态

（1）功能

1）M_Wai表示任务区内的程序执行状态。

2）M_Wai = 1表示程序为中断执行状态。

3）M_Wai = 0表示中断以外状态。

（2）格式 ＜数值 变量＞ = M_Wai＜机器人编号＞。

（3）格式说明 ＜机器人编号＞为1～3，省略时为1。

（4）例句

1 M1 = M_Wai(1)'

6.2.42 M_Wupov——预热运行速度倍率

（1）功能 M_Wupov为预热运行速度倍率。

（2）格式 ＜数值 变量＞ = M_Wupov＜机器人编号＞。

（3）格式说明 ＜机器人编号＞为1～3，省略时为1。

（4）例句

1 M1 = M_Wupov(1)'

6.2.43 M_Wuprt——（在预热运行模式时）距离预热模式结束的时间

（1）功能 （在预热运行模式时），距离预热模式结束的时间（s）。

（2）格式　＜数值 变量＞＝M_Wuprt＜机器人编号＞。

（3）格式说明　＜机器人编号＞为1~3，省略时为1。

（4）例句

```
1 M1 =M_Wuprt(1)'
```

6.2.44　M_Wupst——从解除预热模式到重新进入预热模式的时间

（1）功能　从解除预热模式到重新进入预热模式的时间。

（2）格式　＜数值 变量＞＝M_Wupst＜机器人编号＞。

（3）格式说明　＜机器人编号＞为1~3，省略时为1。

（4）例句

```
1 M1 =M_Wupst '
```

6.2.45　M_XDev/M_XDevB/M_XDevW/M_XDevD——PLC 输入信号数据

（1）功能　在多 CPU 工作时，读取 PLC 输入信号数据。

1）M_XDev 表示以位为单位的输入信号状态。

2）M_XDevB 表示以字节（8 位）为单位的输入信号数据。

3）M_XDevW 表示以字（16 位）为单位的输入信号数据。

4）M_XDevD 表示以双字（32 位）为单位的输入信号数据。

（2）格式

1）＜数值变量＞＝M_ XDev（PLC 输入信号地址）。

2）＜数值变量＞＝M_ XDevB（PLC 输入信号地址）。

3）＜数值变量＞＝M_ XDevW（PLC 输入信号地址）。

4）＜数值变量＞＝M_ XDevD（PLC 输入信号地址）。

（3）格式说明　PLC 输入信号地址，设置范围以十六进制表示如下：

1）M_XDev：&H0 ~ &HFFF（0 ~ 4095）。

2）M_XDevB：&H0 ~ &HFF8（0 ~ 4088）。

3）M_XDevW：&H0 ~ &HFF0（0 ~ 4080）。

4）M_XDevD：&H0 ~ &HFE0（0 ~ 4064）。

（4）例句

```
1 M1% =M_XDev(1)'—— M1 = PLC 输入信号 1(1~0)
2 M2% =M_XDevB(&H10)'—— M2 = PLC 输入信号  10 起 8 位的值
3 M3% =M_XDevW(&H20)And &H7 '—— M3 = PLC 输入信号20 起(十六进制)低 3 位值
4 M4% =M_XDevW(&H20)'—— M4 = PLC 输入信号  20 起 16 位数值
5 M5& =M_XDevD(&H100)'—— M5 = PLC 输入信号100 起 32 位数值
6 P1.Y =M_XDevD(&H100)/1000
```

6.2.46　M_YDev/M_YDevB/M_YDevW/M_YDevD——PLC 输出信号数据

（1）功能　在多 CPU 工作时，设置或读取 PLC 输出信号数据（可写可读）。

1）M_YDev 代表以位为单位的输出信号状态。

2）M_YDevB 代表以字节（8 位）为单位的输出信号数据。

3）M_YDevW 代表以字（16 位）为单位的输出信号数据。

4）M_YDevD 代表以双字（32 位）为单位的输出信号数据。

（2）格式 1　读取。

1）＜数值变量＞＝M_YDev（PLC 输出信号地址）。

2）＜数值变量＞＝M_YDevB（PLC 输出信号地址）。

3）＜数值变量＞＝M_YDevW（PLC 输出信号地址）。

4）＜数值变量＞＝M_YDevD（PLC 输出信号地址）。

（3）格式 2　设置。

1）M_YDev（PLC 输出信号地址）＝数值。

2）M_YDevB（PLC 输出信号地址）＝数值。

3）M_YDevW（PLC 输出信号地址）＝数值。

4）M_YDevD（PLC 输出信号地址）＝数值。

（4）格式说明

1）PLC 输出信号地址，设置范围以十六进制表示如下：

① M_YDev：&H0 ~ &HFFF（0 ~ 4095）。

② M_YDevB：&H0 ~ &HFF8（0 ~ 4088）。

③ M_YDevW：&H0 ~ &HFF0（0 ~ 4080）。

④ M_YDevD：&H0 ~ &HFE0（0 ~ 4064）。

2）＜数值＞：设置写入数据的范围：

① M_YDev：1 或 0。

② M_YDevB：-128 ~ +127。

③ M_YDevW：-32768 ~ +32767（&H8000 ~ &H7FFF）。

④ M_UDevD：-2147483648 ~ +2147483647（&H80000000 ~ &H7FFFFFFF）。

（5）例句

1 M_YDev(1) = 1' ——设置 PLC 输出信号 1 = ON

2 M_YDevB(&H10) = &HFF'——设置 PLC 输出信号 10 ~ 17 = ON

3 M_YDevW(&H20) = &HFFFF'——设置 PLC 输出信号 20 ~ 41 = ON

4 M_YDevD(&H100) = P1.X * 1000 '——设置 PLC 输出 100(H10 = P1.X * 1000

5 M1% = M_YDevW(&H20)And &H7'

6.3　P 开头状态变量

6.3.1　P_Base/P_NBase——基本坐标系偏置值

（1）功能

1）P_Base 表示当前基本坐标系偏置值，即从当前世界坐标系观察到的基本坐标系原点的数据。

2）P_NBase 表示基本坐标系初始值 =（0，0，0，0，0，0）（0，0）当世界坐标系与基本坐标系一致时，即为初始值。

（2）格式

1）＜位置 变量＞＝P_ Base＜机器人编号＞。

2）＜位置 变量＞＝P_ NBase。

（3）格式说明

1）＜位置 变量＞：以 P 开头，表示位置点的变量。

2）＜机器人编号＞：1~3，省略时为1。

（4）例句

1 P1 = P_Base '—— P1 = 当前基本坐标系在世界坐标系中的位置

2 Base P_NBase' ——以基本坐标系的初始位置为当前世界坐标系

6.3.2　P_CavDir——机器人发生干涉碰撞时的位置数据

（1）功能　P_CavDir 为机器人发生干涉碰撞时的位置数据，是读取专用型数据。P_CavDir 是检测到碰撞发生后，自动退避时确定方向所使用的位置点数据（应该回退以避免事故）。

（2）格式　＜位置 变量＞= P_ CavDir　＜机器人编号＞。

（3）格式说明

1）＜位置 变量＞：以 P 开头，表示位置点的变量。

2）＜机器人编号＞：1~3，省略时为1。

（4）例句

Def Act 1,M_CavSts < >0 GoTo * Home,S '—— 定义发生干涉后的中断程序，Act 1 =1'中断区间有效

CavChk On,0,NOErr ' ——设置干涉回避功能有效

Mov P1 '—— 移动到 P1 点

Mov P2 '——移动到 P2 点

Mov P3 '——移动到 P3 点

* Home '—— 程序分支标志

CavChk Off '—— 设置干涉回避功能无效

M_CavSts =0 ' ——干涉状态清零

MDist = Sqr(P_CavDir. X * P_CavDir. X + P_CavDir. Y * P_CavDir. Y + P_CavDir. Z * P_CavDir. Z) ' ——求出移动量的比例（求二次方根运算）

PESC = P_CavDir(1) * (-50) * (1/MDist)'——生成待避动作的移动量，从干涉位置回退50mm

PDST = P_Fbc(1) + PESC '——生成待避位置

Mvs PDST '——移动到 PDST 点

Mvs PHome '——回待避位置

6.3.3　P_ColDir——机器人发生干涉碰撞时的位置数据

本变量功能及使用方法与 P_CavDir 相同。

6.3.4　P_Curr——当前位置（X，Y，Z，A，B，C，L1，L2）（FL1，FL2）

（1）功能　P_Curr 为当前位置，这是最常用的变量。

（2）格式　＜位置 变量＞= P_Curr　＜机器人编号＞。

（3）格式说明

1）＜位置　变量＞：以 P 开头，表示位置点的变量。

2）＜机器人编号＞：1~3，省略时为1。

（4）例句

1 Def Act 1,M_In(10) =1 GoTo * LACT '

2 Act 1 =1

3 Mov P1

```
4 Mov P2
5 Act 1 = 0 '
...
100 * LACT
```

101 P100 = P_Curr '——读取当前位置, P100 = 当前位置

102 Mov P100, -100 '——移动到 P100 近点 -100 的位置

103 End

6. 3. 5　P_Fbc——以伺服反馈脉冲表示的当前位置（X, Y, Z, A, B, C, L1, L2）（FL1, FL2）

（1）功能　P_Fbc 是以伺服反馈脉冲表示的当前位置（X, Y, Z, A, B, C, L1, L2）（FL1, FL2）。

（2）格式　<位置 变量> = P_Fbc <机器人编号>。

（3）格式说明　<机器人编号>: 1 ~ 3, 省略时为 1。

（4）例句

1 P1 = P_Fbc

6. 3. 6　P_Safe——待避点位置

（1）功能　P_Safe 是由参数 JSAFE 设置的待避点位置。

（2）格式　<位置 变量> = P_Safe <机器人编号>。

（3）格式说明　<机器人编号>: 1 ~ 3, 省略时为 1。

（4）例句

1 P1 = P_Safe'——设置 P1 点为待避点位置

6. 3. 7　P_Tool/P_NTool——TOOL 坐标系数据

（1）功能

1）P_Tool 为 TOOL 坐标系数据。

2）P_NTool 为 TOOL 坐标系初始数据（0, 0, 0, 0, 0, 0, 0, 0）（0, 0）。

（2）格式

1）<位置　变量> = P_Tool <机器人编号>。

2）<位置　变量> = P_NTool。

（3）格式说明　<机器人编号>: 1 ~ 3, 省略时为 1。

（4）例句

1 P1 = P_Tool'——P1 = 当前使用的 TOOL 坐标系的偏置数据

6. 3. 8　P_WkCord——设置或读取当前工件坐标系数据

（1）功能　P_WkCord 用于设置或读取当前"工件坐标系"数据。是双向型变量。

（2）格式 1　读取: <位置　变量> = P_WkCord　<工件坐标系编号>。

（3）格式 2　设置: P_WkCord　<工件坐标系编号> = <工件坐标系数据>。

（4）格式说明

1）<工件坐标系编号>: 设置范围 1 ~ 8。

2）<工件坐标系数据>: 位置点类型数据, 为从基本坐标系观察到的工件坐标系原点的位置数据。

（5）例句

1 PW = P_WkCord(1)'——PW = 1 #工件坐标系原点（WK1CORD）数据

2 PW. X = PW. X +100

3 PW. Y = PW. Y +100

4 P_WkCord(2) = PW' —— 设置 2#工件坐标系(WK2CORD)

5 Base 2 ' —— 以 2#工件坐标系为基准运行

6 Mov P1

（6）说明　设定工件坐标系时，结构标志无意义。

6.3.9　P_Zero——零点 [（0, 0, 0, 0, 0, 0, 0, 0）（0, 0）]

（1）功能　P_Zero 为零点。

（2）格式　读取：＜位置　变量＞ = P_Zero ＞。

（3）例句

1 P1 = P_Zero '——P1 =(0,0,0,0,0,0,0,0)(0,0)

（4）说明　P_Zero 一般在将位置变量初始化时使用。

第7章 工业机器人编程语言的函数运算

在机器人的编程言语中，提供了大量的运算函数。这样就大大提高了编程的便利性，本章将详细介绍这些运算函数的用法，这些运算函数按英文字母顺序排列，以便于学习和查阅。在学习本章时，应该先通读一遍，然后根据编程需要，重点研读需要使用的指令。

7.1 A 开头

7.1.1 Abs——求绝对值

（1）功能　Abs 为求绝对值函数。

（2）格式　<数值　变量> = Abs <数式>。

（3）例句

```
1 P2.C=Abs(P1.C)'——将P1点C轴数据求绝对值后赋予P2点C轴
2 Mov P2
3 M2 = -100
M1=Abs(M2)'—— 将M2求绝对值后赋值到M1
```

7.1.2 Align——坐标数据变换

（1）功能　Align 为将当前位置形位（pose）轴（A，B，C）数据变换为最接近的直交轴数据（0，±90，±180）。注意只是坐标数据变换，不实际移动。

（2）格式　<位置 变量> = Align <位置>。

（3）例句

```
1 P1=P_Curr
2 P2=Align(P1)
3 Mov P2
```

将 B 轴数据转换成90°，如图 7-1 所示。

7.1.3 Asc——求字符串的 ASCII 码

（1）功能　Asc——用于求字符串的 ASCII 码。

（2）格式　<数值 变量> = Asc <字符串>。

（3）例句

```
M1=Asc("A")'——M1 = &H41
```

7.1.4 Atn/Atn2——（余切函数）计算余切

（1）功能：Atn/Atn2 为（余切函数）计算余切。

（2）格式

1）<数值 变量> = Atn <数式>。

2）<数值 变量> = Atn2 <数式1>，<数式2>。

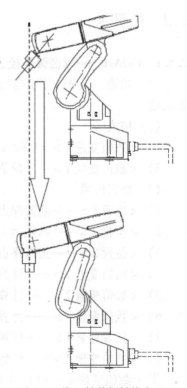

图 7-1 将 B 轴数据转换为90°

（3）格式说明

1）＜数式＞：ΔY/ΔX。

2）＜数式1＞：ΔY；＜数式2＞：ΔX。

（4）例句

```
1 M1 = Atn(100/100)'—— M1 = π/4 弧度
2 M2 = Atn2( -100,100)'——M1 = -π/4 弧度
```

（5）说明 根据数据计算余切，单位为弧度；Atn 范围在 -π/2 ~ π/2；Atn2 范围在 -π ~ π。

7.2 B 开头

Bin ＄——将数据变换为二进制字符串

（1）功能 Bin ＄将数据变换为二进制字符串。

（2）格式 ＜字符串 变量＞ = Bin ＄＜数式＞。

（3）例句

```
1 M1 = &B11111111
2 C1 ＄ = Bin ＄(M1)(C1 ＄ =11111111)
```

（4）说明 如果数据是小数，则四舍五入为整数后再转换。

7.3 C 开头

7.3.1 CalArc——求圆弧半径、中心角、圆弧长度

（1）功能 CalArc 用于当指定的三点构成一个圆弧时，求出圆弧的半径，中心角和圆弧长度。

（2）格式

1）＜数值变量4＞ = CalArc（＜位置1＞，＜位置2＞，＜位置2＞。

2）＜数值变量1＞，＜数值变量2＞，＜数值变量3＞，＜位置变量1＞）。

（3）格式说明

1）＜位置1＞——圆弧起点。

2）＜位置2＞——圆弧通过点。

3）＜位置3＞——圆弧终点。

4）＜数值变量1＞——计算得到的圆弧半径（mm）。

5）＜数值变量2＞——计算得到的圆弧中心角（deg）。

6）＜数值变量3＞——计算得到的圆弧长度（mm）。

7）＜位置变量1＞——计算得到的圆弧中心坐标（位置型，ABC =0）。

8）＜数值变量4＞——函数计算值。

① ＜数值变量4＞ =1：可正常计算。

② ＜数值变量4＞ = -1：给定的两点为同一点，或三点在一直线上。

③ ＜数值变量4＞ = -2：给定的三点为同一点。

（4）例句

```
1 M1 = CalArc(P1,P2,P3,M10,M20,M30,P10)
2 If M1 < >1 Then End '—— 如果各设定条件不对，就结束程序
3 MR = M10 ' ——将圆弧半径代入 MR
4 MRD = M20 '——将圆弧中心角代入 MRD
5 MARCLEN = M30 '——将圆弧长度代入 MARCLEN
PC = P10'——将圆弧中心坐标代入 PC
```

7.3.2　Chr $ ——将 ASCII 码变换为字符

（1）功能　Chr $ 用于将 ASCII 码变换为字符。

（2）格式　 <字符串变量> = Chr $（<数式>）。

（3）例句

```
1 M1 = &H40
2 C1 $ = Chr $ (M1 +1)' ——C1 $ = "A"
```

7.3.3　CInt——将数据四舍五入后取整

（1）功能　CInt 用于将数据四舍五入后取整。

（2）格式　 <数值变量> = CInt（<数据>）。

（3）例句

```
1 M1 = CInt(1.5)'—— M1 = 2
2 M2 = CInt(1.4)'—— M2 = 1
3 M3 = CInt( -1.4)'—— M3 = -1
4 M4 = CInt( -1.5)'——  M4 = -2
```

7.3.4　CkSum——进行字符串的和校验计算

（1）功能　CkSum 的功能为进行字符串的和校验计算。

（2）格式　 <数值变量> = *CkSum（<字符串>，<数式1>，<数式2>）。

（3）格式说明

1） <字符串>：指定进行和校验的字符串。

2） <数式1>：指定进行和校验的字符串的起始字符。

3） <数式2>：指定进行和校验的字符串的结束字符。

（4）例句

```
1 M1 = CkSum("ABCDEFG",1,3)'——对本字符串的第 1～3 字符进行和校验计算
```

M1 的计算结果为 &H41("A") + &H42("B") + &H43("C") = &HC6。

7.3.5　Cos——余弦函数（求余弦）

（1）功能　Cos 为余弦函数。

（2）格式　 <数值变量> = Cos（<数据>）。

（3）例句

```
1 M1 = Cos(Rad(60))
```

（4）说明　角度单位为弧度；计算结果范围为 -1～1。

7.3.6　Cvi——将字符串的起始2个字符的 ASCII 码转换为整数

（1）功能　对字符串的起始2个字符进行 ASCII 码，转换为整数。

（2）格式　 <数值变量> = Cvi（<字符串>）。

（3）例句

1 M1 = Cvi("10ABC")'——M1 = &H3031

（4）说明　主要用于简化外部数据的处理。

7.3.7　Cvs——将字符串的起始 4 个字符的 ASCII 码转换为单精度实数

（1）功能　将字符串的起始 4 个字符的 ASCII 码转换为单精度实数。

（2）格式　<数值变量> = Cvs（字符串）。

（3）例句

M1 = Cvs("FFFF")'——M1 = 12689.6

7.3.8　Cvd——将字符串的起始 8 个字符的 ASCII 码转换为双精度实数

（1）功能　将字符串的起始 8 个字符的 ASCII 码转换为双精度实数。

（2）格式　<数值变量> = Cvd（字符串）。

（3）例句

1 M1 = Cvd("FFFFFFFF")'——M1 = +3.52954E+30

7.4　D 开头

7.4.1　Deg——将角度单位从弧度 rad 变换为度 deg

（1）功能　将角度单位从弧度 rad 变换为度 deg。

（2）格式　<数值变量> = Deg（<数式>）。

（3）例句

1 P1 = P_Curr

2 If Deg(P1.C) < 170 Or Deg(P1.C) > -150 Then *NOErr1 '——如果 P1.C 的度数（deg）小于
170°或大于 -150°（deg），则跳转到 *NOErr1

3 Error 9100

4 *NOErr1

7.4.2　Dist——求两点之间的距离

（1）功能　求两点之间的距离（mm）。

（2）格式　<数值变量> = Dist（<位置1>，<位置2>）。

（3）例句

1 M1 = Dist(P1,P2)'——M1 为 P1 与 P2 点之间的距离

（4）说明　J 关节点无法使用本功能。

7.5　E 开头

7.5.1　Exp——计算 e 为底的指数函数

（1）功能　计算 e 为底的指数函数。

（2）格式　<数值变量> = Exp（<数式>）。

（3）例句

1 M1 = Exp(2)'—— M1 = e2

7.5.2　Fix——计算数据的整数部分

（1）功能　计算数据的整数部分。

（2）格式　<数值变量> = Fix（<数式>）

（3）例句

1 M1 = Fix(5.5)'—— M1 = 5

7.5.3　Fram——建立坐标系

（1）功能　由给定的三个点，构建一个坐标系标准点，常用于建立新的工件坐标系。

（2）格式　<位置变量4> = Fram（<位置变量1>，<位置变量2>，<位置变量3>）。

1）<位置变量1>：新平面上的原点。

2）<位置变量2>：新平面上的 X 轴上的一点。

3）<位置变量3>：新平面上的 Y 轴上的一点。

4）<位置变量4>：新坐标系基准点。

（3）例句

1 Base P_NBase'——初始坐标系

2 P10 = Fram(P1,P2,P3)'——求新建坐标系（P1,P2,P3）原点 P10 在世界坐标系中的位置

3 P10 = Inv(P10)'——转换

4 Base P10 ' ——Base P10 为新建世界坐标系

7.6　H 开头

Hex $——将十六进制数据转换为字符串

（1）功能　Hex $用于将数据（-32768～32767）转换为十六进制字符串格式。

（2）格式　<字符串变量> = Hex $（<数式>，<输出字符数>）。

（3）例句

10 C1 $ = Hex $(&H41FF)'—— C1 $ = "41FF"

20 C2 $ = Hex $(&H41FF,2)' ——C2 $ = "FF"

（4）说明　<输出字符数>指从右边计数的字符。

7.7　I 开头

7.7.1　Int——计算数据最大值的整数

（1）功能　Int 用于计算数据最大值的整数。

（2）格式　<数值变量> = Int（<数式>）。

（3）例句

1 M1 = Int(3.3)'—— M1 = 3

7.7.2　Inv——对位置数据进行反向变换

（1）功能　Inv 对位置数据进行反向变换，即原数据 P10（100，20，30，50，100，150），经过"反向变换"后，就变成（-100，-20，-30，-50，-100，-150），I. V 指令可用于根据当前点建立新的"工件坐标系"，如图 7-2 所示。在视觉功能中，也可以用于计算偏差量。

（2）格式　＜位置变量＞＝Inv＜位置变量＞。

（3）例句

```
1 P1 = Inv( P1)
```

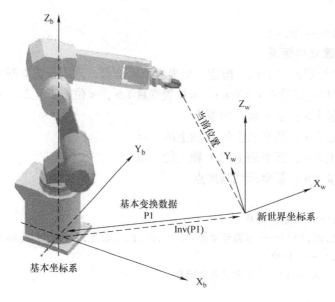

图 7-2　Inv 转换的意义

（4）说明

1）在原坐标系中确定一点 P1。

2）如果希望以 P1 点作为新坐标系的原点，则使用指令 INV 进行变换，即 P1 = INV P1，则以 P1 为原点建立了新的坐标系，注意图中 INV（P1）的效果。

7.8　J 开头

JtoP——将关节位置数据转成直角坐标系数据

（1）功能　JtoP 用于将关节位置数据转成直角坐标系数据。

（2）格式　＜位置变量＞＝JtoP＜关节变量＞。

（3）例句

```
1 P1 = JtoP(J1)
```

（4）说明　注意 J1 为关节变量，P1 为位置型变量。

7.9　L 开头

7.9.1　Left $——按指定长度截取字符串

（1）功能　Left $ 用于按指定长度截取字符串。

（2）格式　＜字符串变量＞＝Left $＜字符串＞，＜数式＞。＜数式＞：用于指定截取的长度。

（3）格式说明

（4）例句

`1 C1$=Left$("ABC",2)'—— C1$=AB`

（5）说明　从左边截取＜数式＞指定的长度。

7.9.2　Len——计算字符串的长度（字符个数）

（1）功能　Len 用于计算字符串的长度（字符个数）。

（2）格式　＜数值变量＞＝Len＜字符串＞。

（3）例句

`1 M1=Len("ABCDEFG")'—— M1=7`

7.9.3　Ln——计算自然对数（以 e 为底的对数）

（1）功能　Ln 用于计算自然对数（以 e 为底的对数）。

（2）格式　＜数值变量＞＝Ln＜数式＞。

（3）例句

`1 M1=Ln(2)'—— M1=0.693147`

7.9.4　Log——计算常用对数（以 10 为底的对数）

（1）功能　Log 用于计算常用对数（以 10 为底的对数）。

（2）格式　＜数值变量＞＝Log＜数式＞。

（3）例句

`1 M1=Log(2)'—— M1=0.301030`

7.10　M 开头

7.10.1　Max——求最大值

（1）功能　Max 用于求出一组数据中最大值。

（2）格式　＜数值变量＞＝Max（＜数式 1＞，＜数式 2＞，＜数式 3＞）。

（3）例句

`1 M1=Max(2,1,3,4,10,100)'——M1=100`，这一组数据中最大的数是100

7.10.2　Mid$——根据设定求字符串的部分长度的字符

（1）功能　根据设定求字符串的部分长度的字符。

（2）格式　＜字符串变量＞＝Mid$＜字符串＞，＜数式 2＞，＜数式，3＞。

（3）格式说明

1）＜数式 2＞：用于指定被截取字符串长度的起始位置。

2）＜数式 3＞：用于指定截取的长度。

（4）例句

`1 C1$=Mid$("ABCDEFG",3,2)'`——C1$="CD"，从指定字符串"ABCDEFG"的第 3 位起，截取 2 位字符

7.10.3　Min ——求最小值

（1）功能　Min 用于求出一组数据中最小值。

（2）格式　＜数值变量＞＝Max（＜数式 1＞，＜数式 2＞，＜数式 3＞）。

（3）例句

1 M1 = Min(2,1,3,4,10,100)'——M1 =1，这一组数据中最小的数是1

7.10.4　Mirror $——字符串计算

（1）功能　Mirror $的计算过程如下：

1）将指定的字符串转换成ASCII码。

2）将ASCII码转换成二进制数。

3）将二进制数取反。

4）将取反后的二进制数转换为ASCII码；

5）将ASCII码转换为字符。

（2）格式　<字符串变量> = Mirror $<字符串>。

（3）例句

1 C1 $ = Mirror $("BJ")

（4）说明

1）"BJ" = &H42，&H4A为将指定的字符串转换成ASCII码。

2）= &B01000010，&B01001010为将ASCII码转换成二进制数。

3）= &H52，&H42 = &B01010010，&B01000010为将各二进制数的 big string 反转后转换成ASCII码。

4）C1 $ = "RB"ʹ为将ASCII码转换为字符。

7.10.5　Mki $——字符串计算

（1）功能　Mki $用于将整数的值转换为两个字符的字符串。

（2）格式　<字符串变量> = Mki $<数式>。

（3）例句

1 C1 $ = Mki $(20299)'——C1 $ = "OK"

2 M1 = Cvi(C1 $)'——M1 = 20299

7.10.6　Mks $——字符串计算

（1）功能　Mks $用于将单精度数转换为四个字符的字符串。

（2）格式　<字符串变量> = Mks $<数式>。

（3）例句

1 C1 $ = Mks $(100.1)

2 M1 = Cvs(C1 $)'——M1 = 100.1

7.10.7　Mkd $——字符串计算

（1）功能　Mkd $用于将双精度数转换为八个字符的字符串。

（2）格式　<字符串变量> = Mkd $<数式>。

（3）例句

1 C1 $ = Mkd $(10000.1)

2 M1 = Cvs(C1 $)'——M1 = 10000.1

7. 11 P 开头

7. 11. 1 PosCq——检查给出的位置点是否在限制动作区域内

（1）功能 PosCq 用于检查给出的位置点是否在动作范围区域内。

（2）格式 ＜数值变量＞＝PosCq＜位置变量＞。

（3）格式说明 ＜位置变量＞：可以是直交型也可以是关节型位置变量。

（4）例句

```
1 M1 = PosCq( P1 )
```

（5）说明 如果 P1 点在动作范围以内，则 M1 = 1；如果 P1 点在动作范围以外，则 M1 = 0。

7. 11. 2 PosMid——求出两点之间做直线插补的中间位置点

（1）功能 PosMid 用于求出两点之间做直线插补的中间位置点。

（2）格式 ＜位置变量＞＝PosCq＜位置变量 1＞，＜位置变量 1＞，＜数式 1＞，＜数式 1＞。

（3）格式说明

1）＜位置变量 1＞：直线插补起点。

2）＜位置变量 2＞：直线插补终点。

（4）例句

```
1 P1 = PosMid( P2,P3,0,0 )' —— P1 点为 P2、P3 点的中间位置点
```

7. 11. 3 PtoJ——将直角型位置数据转换为关节型数据

（1）功能 PtoJ 用于将直角型位置数据转换为关节型数据。

（2）格式 ＜关节位置变量＞＝PtoJ＜直交位置变量＞。

（3）例句

```
1 J1 = PtoJ( P1 )
```

（4）说明 J1 为关节型位置变量，P1 为直交型位置变量。

7. 12 R 开头

7. 12. 1 Rad——将角度单位转换为弧度单位

（1）功能 Rad 用于将角度（deg）单位转换为弧度单位（rad）。

（2）格式 ＜数值变量＞＝PtoJ＜数式＞。

（3）例句

```
1 P1 = P_Curr
2 P1.C = Rad( 90 )
3 Mov P1
```

（4）说明 常常用于对位置变量中形位（pose）（A/B/C）的计算和三角函数的计算。

7. 12. 2 Rdfl1——将形位结构标志用字符、R/L、A/B、N/F 表示

（1）功能 Rdfl1 用于将形位（pose）结构标志用字符、R/L、A/B、N/F 表示。

（2）格式　＜字符串变量＞=Rdfl1（＜位置变量＞，＜数式＞）。

（3）格式说明

1）＜数式＞：指定取出的结构标志。

2）＜数式＞=0，取出 R/L；＜数式＞=1，取出 A/B；＜数式＞=2，取出 N/F。

（4）例句

```
1 P1=(100,0,100,180,0,180)(7,0)'——P1 的结构 flag7(&B111)=RAN
2 C1$=Rdfl1(P1,1)'—— C1$=A
```

7.12.3　Rdfl2——求指定关节轴的旋转圈数

（1）功能　Rdfl2 用于求指定关节轴的旋转圈数，即求结构标志 FL2 的数据。

（2）格式　＜设置变量＞=Rdfl2（＜位置变量＞，＜数式＞）。

（3）格式说明　＜数式＞：指定关节轴。

（4）例句

```
1 P1=(100,0,100,180,0,180)(7,&H00100000)
2 M1=Rdfl2(P1,6)'—— M1=1
```

（5）说明

1）取得的数据范围为 -8~7。

2）结构标志 FL2 由 32bit 构成，旋转圈数为 -1 ~ -8 时，显示形式为 F~8。

3）在 FL2 标志中，FL2=00000000，bit 对应轴号 87654321，每 1bit 的数值代表旋转的圈数，正数表示正向旋转的圈数，旋转圈数为 -1 ~ -8 时，显示形式为 F~8。例如，J6 轴旋转圈数 = +1 圈，则 FL2=00100000（旋转圈数：- 2 - 1 0 +1 +2）；J6 轴旋转圈数 = -1 圈，则 FL2=00F00000（旋转圈数：E，F0 +1 +2）。

7.12.4　Rnd——产生一个随机数

（1）功能　Rnd 用于产生一个随机数。

（2）格式　＜数值变量＞=Rnd（＜数式＞）。

（3）格式说明

1）＜数式＞：指定随机数的初始值。

2）＜数值变量＞：数据范围为 0.0~1.0。

（4）例句

```
1 Dim MRND(10)
2 C1=Right$(C_Time,2)'—— C1="me"
3 MRNDBS=Cvi(C1)
4 MRND(1)=Rnd(MRNDBS)
5 For M1=2 To 10
6 MRND(M1)=Rnd(0)
7 Next M1
```

7.12.5　Right$——从字符串右端截取指定长度的字符串

（1）功能　Right$ 用于从字符串右端截取指定长度的字符串。

（2）格式　＜字符串变量＞=Right$＜字符串＞，＜数式＞。

（3）格式说明　＜数式＞：用于指定截取的长度。

（4）例句

```
1 C1 $ = Right $ ( "ABCDEFG",3)'——C1 $ = "EFG"
```

（5）说明　从右边截取＜数式＞指定长度的字符串。

7.13　S 开头

7.13.1　Setfl1——变更指定位置点的形位结构标志 FL1

（1）功能　Setfl1 用于变更指定位置点的形位（pose）结构标志 FL1。

（2）格式　＜位置变量＞＝Setfl1＜位置变量＞，＜字符串＞。

（3）格式说明　＜字符串＞：设置变更后的 FL1 标志。

① R/L 设置 Right/Left。

② A/B 设置 Above/Below。

③ N/F 设置 Nonflip/Flip。

（4）例句

```
10 Mov P1
20 P2 = Setfl1(P1,"LBF")'—— 将 P1 点的结构标志 FL1 改为 LBF
```

30 Mov P2——这一功能可以用于改变坐标系后，要求用原来的形位（pose）结构工作时，保留形位（pose）结构 FL1 的场合

FL1 标志以数字表示的样例如图 7-3 所示。

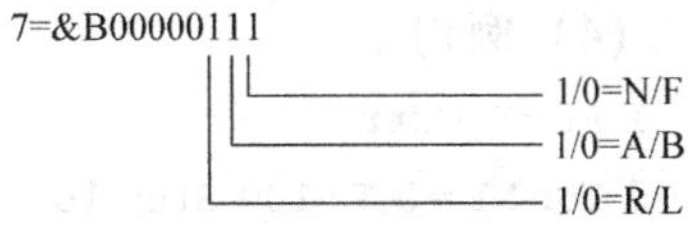

7.13.2　Setfl2——变更指定位置点的形位结构标志 FL2

（1）功能　Setfl2 用于变更指定位置点的形位（pose）结构标志 FL2，即旋转圈数。

```
7 = & B00000111
              │ │ │
              │ │ └─ 1/0 = N/F
              │ └─── 1/0 = A/B
              └───── 1/0 = R/L
```

图 7-3　形位标志结构

（2）格式　＜位置变量＞＝Setfl1＜位置变量＞，＜数式 1＞，＜数式 2＞。

（3）格式说明

1）＜数式 1＞：设置轴号 1 – 8。

2）＜数式 2＞：设置旋转圈数 – 8 ~ 7。

（4）例句

```
10 Mov P1
20 P2 = Setfl2(P1,6,1)'—— 设置 P1 点 J6 轴旋转圈数 = 1
30 Mov P2
```

（5）说明　各轴实际旋转角度与 FL2 标志的对应关系见表 7-1。

表 7-1　各轴实际旋转角度与 FL2 标志的对应关系

各轴角度	– 900° ~ – 540°	– 540° ~ – 180°	– 180° ~ 0°	0° ~ 180°	180° ~ 540°	540° ~ 900°
FL2 数据	– 2（E）	– 1（F）	0	0	1	2

7.13.3　SetJnt——设置各关节变量的值

（1）功能　SetJnt 用于设置关节型位置变量。

（2）格式　＜关节型位置变量＞＝SetJnt＜J1 轴＞，＜J2 轴＞，＜J3 轴＞，＜J4 轴＞，＜J5 轴＞，＜J6 轴＞，＜J7 轴＞，＜J8 轴＞。

（3）格式说明　＜J1 轴＞ ~ ＜J2 轴＞：单位为弧度（rad）。

（4）例句

```
1 J1 = J_Curr
2 For M1 = 0 To 60 Step 10
3 M2 = J1. J3 + Rad(M1)
4 J2 = SetJnt(J1. J1, J1. J2, M2)'—— 只使 J3 轴每次增加 10°, J4 轴以后为相同的值
5 Mov J2
6 Next M1
7 M0 = Rad(0)
8 M90 = Rad(90)
9 J3 = SetJnt(M0,M0,M90,M0,M90,M0)
10 Mov J3
```

7.13.4 SetPos——设置直交型位置变量数值

（1）功能　设置直交型位置变量数值。

（2）格式　＜位置变量＞ = SetPos ＜ X 轴＞，＜ Y 轴＞，＜ Z 轴＞，＜ A 轴＞，
＜ B 轴＞，＜ C 轴＞，＜ L1 轴＞，＜ L2 轴＞。

（3）格式说明

1）＜X 轴＞~＜Z 轴＞：单位为 mm。

2）＜A 轴＞~＜C 轴＞：单位为弧度（rad）。

（4）例句

```
1 P1 = P_Curr
2 For M1 = 0 To 100 Step 10
3 M2 = P1. Z + M1
4 P2 = SetPos(P1. X, P1. Y, M2)'—— Z 轴数值每次增加 10mm, A 轴以后各轴数值不变
5 Mov P2
6 Next M1——可以用于以函数方式表示运动轨迹的场合
```

7.13.5 Sgn——求数据的符号

（1）功能　求数据的符号。

（2）格式　＜数值变量＞ = Sgn ＜数式＞。

（3）格式说明

＜数式＞ = 正数，＜数值变量＞ = 1。

＜数式＞ = 0，＜数值变量＞ = 0。

＜数式＞ = 负数，＜数值变量＞ = -1。

（4）例句

```
1 M1 = -12
2 M2 = Sgn(M1)'—— M2 = -1
```

7.13.6 Sin——求正弦值

（1）功能　求正弦值。

（2）格式　＜数值变量＞ = Sin ＜数式＞。

（3）例句

```
1 M1 = Sin(Rad(60))'—— M1 = 0.86603
```

（4）说明　＜数式＞的单位为弧度。

7.13.7　Sqr——求二次方根

（1）功能　求二次方根。

（2）格式　<数值变量> = Sqr <数式>。

（3）例句

```
1 M1 = Sqr(2)'—— M1 =1.41421
```

7.13.8　Strpos——在字符串里检索指定的字符串的位置

（1）功能　Strpos 用于在字符串里检索指定的字符串的位置。

（2）格式　<数值变量> = Strpos <字符串 1>，<字符串 2>。

（3）格式说明

1）<字符串 1>：基本字符串。

2）<字符串 2>：被检索的字符串。

（4）例句

```
1 M1 = Strpos( "ABCDEFG","DEF")'—— M1 =4,"DEF"在字符串 1 中出现的位置是 4
```

7.13.9　Str $——将数据转换为十进制字符串

（1）功能　Str $ 用于将数据转换为十进制形式的字符串。

（2）格式　<字符串变量> = Str $ <数式>。

（3）例句

```
1 C1 $ = Str $(123)'—— C1 $ = "123"
```

7.14　T 开头

Tan——求正切

（1）功能　求正切。

（2）格式　<数值变量> = Tan <数式>。

（3）例句

```
1 M1 = Tan(Rad(60))' ——M1 =1.73205
```

（4）说明　<数式>的单位为弧度。

7.15　V 开头

Val——将字符串转换为数值

（1）功能　将字符串转换为数值。

（2）格式　<数值变量> = Val <字符串>。

（3）格式说明　<字符串>：字符串形式可以是十进制、二进制（&B）、十六进制（&H）。

（4）例句

```
1 M1 = Val("15")。
2 M2 = Val("&B1111")。
3 M3 = Val("&HF")。
```

在上例中，M1，M2，M3 的数值相同。

7.16　Z 开头

7.16.1　Zone——检查指定的位置点是否进入指定的区域

（1）功能　Zone 用于检查指定的位置点是否进入指定的区域，如图 7-4 所示。

（2）格式　<数值变量> = Zone <位置1>，<位置2>，<位置3>。

（3）格式说明

1）<位置1>为检测点。

2）<位置2>，<位置3>为构成指定区域的空间对角点。

3）<位置1>，<位置2>，<位置3>为直交型位置点 P。

4）<数值变量> =1，<位置1>点进入指定的区域。

5）<数值变量> =0，<位置1>点没有进入指定的区域。

（4）例句

```
1 M1 = Zone(P1,P2,P3)
2 If M1 =1 Then Mov P_Safe Else End
```

7.16.2　Zone2——检查指定的位置点是否进入指定的区域（圆筒型）

（1）功能　Zone2 用于检查指定的位置点是否进入指定的（圆筒型）区域，如图 7-5 所示。

（2）格式　<数值变量> = Zone2 <位置1>，<位置2>，<位置3>，<数式>。

（3）格式说明

1）<位置1>为被检测点。

2）<位置2>，<位置3>构成指定圆筒区域的空间点。

3）<数式>为两端半球的半径。

4）<位置1>，<位置2>，<位置3>为直交型位置点 P。

5）<数值变量> =1，<位置1>点进入指定的区域。

6）<数值变量> =0，<位置1>点没有进入指定的区域。

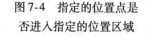

图 7-4　指定的位置点是否进入指定的位置区域

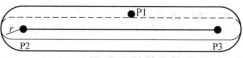

图 7-5　指定的位置点是否进入指定的位置区域

Zone2 只用于检查指定的位置点是否进入指定的（圆筒型）区域，不考虑形位（pose）。

（4）例句

```
1 M1 = Zone2(P1,P2,P3,50)
2 If M1 =1 Then Mov P_Safe Else End
```

7.16.3　Zone3——检查指定的位置点是否进入指定的区域（长方体）

（1）功能　检查指定的位置点是否进入指定的区域（长方体），如图 7-6 所示。

（2）格式　<数值变量> = Zone <位置1>，<位置2>，<位置3>，<位置4>，

<数式 W >，<数式 H >，<数式 L >。

（3）格式说明

1）<位置 1 >为检测点。

2）<位置 2 >，<位置 3 >构成指定区域的空间点。

3）<位置 4 >与<位置 2 >，<位置 3 >共同构成指定平面的点。

4）<位置 1 >，<位置 2 >，<位置 3 >为直交型位置点 P。

5）<数式 W >：指定区域宽。

6）<数式 H >：指定区域高。

7）<数式 L >：（以<位置 2 >，<位置 3 >为基准）指定区域长。

8）<数值变量 > =1 <位置 1 >点进入指定的区域。

9）<数值变量 > =0 <位置 1 >点没有进入指定的区域。

（4）例句

1 M1 = Zone3(P1,P2,P3,P4,100,100,50)

2 If M1 =1 Then Mov P_Safe Else End

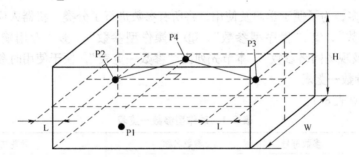

图 7-6   指定的位置点是否进入指定的位置区域

第8章 工业机器人常用参数详说

在机器人的实际应用中，控制系统提供了大量的参数。为了赋予机器人以不同的性能，就要设置不同的参数，或者对同一参数设置不同的数值。参数设置是实际应用机器人的主要工作。因此，必须对参数的功能，设置范围，设置方法有明确的认识，参数设置可以通过软件进行，也可以用示教单元设置参数，因此本章在介绍参数的功能和设置方法时，结合RTToolBox软件的画面进行说明，简单明了。读者也可以结合第11章　11.3节进行阅读。读者可先通读本章，然后重点研读要使用的参数。

8.1　参数一览表

由于参数很多，为了便于学习及使用，将所有参数进行了分类。机器人应用的参数可分为①"动作型参数"，②"程序型参数"，③"操作型参数"，④"专用输入输出信号参数"，⑤"通信及现场网络参数"。本节先列出"参数一览表"，便于使用时参阅。

8.1.1　动作型参数一览表

动作型参数见表8-1。

表8-1　动作型参数一览表

序号	参数类型	参数符号	参数名称	参数功能
1	动作	MEJAR	动作范围	用于设置各关节轴旋转范围
2	动作	MEPAR	各轴在直角坐标系行程范围	设置各轴在直角坐标系内的行程范围
3	动作	Useprog	用户设置的原点	用户自行设置的原点
4	动作	MELTEXS	机械手前端行程限制	用于限制机械手前端对基座的干涉
5	动作	JOGJSP	JOG 步进行程和速度倍率	设置关节轴的 JOG 的步进行程和速度倍率
6	动作	JOGPSP	JOG 步进行程和速度倍率	设置以直角坐标系表示的 JOG 的步进行程和速度倍率
7	动作	MEXBS	基本坐标系偏置	设置基本坐标系原点在"世界坐标系"中的位置（偏置）
8	动作	MEXTL	标准工具坐标系偏置（TOOL 坐标系也称为抓手坐标系）	设置抓手坐标系原点在机械 IF 坐标系中的位置（偏置）
9	动作	MEXTL1 ~ 16	TOOL 坐标系偏置	设置 TOOL 坐标系，可设置 16 个，互相切换
10	动作	MEXBSNO	世界坐标系编号	设置世界坐标系编号
11	动作	AREA * AT	报警类型	设置报警类型
12	动作	USRAREA	报警输出信号	设置输出信号
13	动作	AREASP *	空间的一个对角点	设置用户定义区的一个对角点
14	动作	AREA * CS	基准坐标系	设置用户定义区的基准坐标系

（续）

序号	参数类型	参数符号	参数名称	参数功能
15	动作	AREA＊ME	机器人编号	设置机器人编号
16	动作	SFC＊AT	平面限制区有效无效选择	设置平面限制区有效无效
17	动作	SFC＊P1 SFC＊P2 SFC＊P3	构成平面的三点	设置构成平面的三点
18	动作	SFC＊ME	机器人编号	设置机器人编号
19	动作	JSAFE	退避点	设置一个应对紧急状态的退避点
20	动作	MORG	机械限位器原点	设置机械限位器原点
21	动作	MESNGLSW	接近特异点是否报警	设置接近特异点是否报警
22	动作	JOGSPMX	示教模式下 JOG 速度限制值	设置示教模式下 JOG 速度限制值
23	动作	WKnCORD n：1~8	工件坐标系	设置工件坐标系
		WKnWO	工件坐标系原点	
		WKnWX	工件坐标系 X 轴位置点	
		WKnWY	工件坐标系 Y 轴位置点	
24	动作	RETPATH	程序中断执行 JOG 动作后的返回形式	设置程序中断执行 JOG 动作后的返回形式
25	动作	MEGDIR	重力在各轴方向上的投影值	设置重力在各轴方向上的投影值
26	动作	ACCMODE	最佳加减速模式	设置上电后是否选择最佳加减速模式
27	动作	JADL	最佳加减速倍率	设置最佳加减速倍率
28	动作	CMPERR	伺服柔性控制报警选择	设置伺服柔性控制报警选择
29	动作	COL	碰撞检测	设置碰撞检测功能
		COLLVL	碰撞检测级别	1%～500%
		COLLVLJG	JOG 运行时的碰撞检测级别	1%～500%
30	动作	WUPENA	预热运行模式	
		WUPAXIS	预热运行对象轴	
		设置	bit ON 对象轴 bit OFF 非对象轴	
		WUPTIME	预热运行时间	
		设置	单位：分（1~60）	
		WUPOVRD	预热运行速度倍率	
31	动作	HIOTYPE	抓手用电磁阀输入信号源型/漏型选择	
32	动作	HANDTYPE	设置电磁阀单线圈/双线圈及对应的外部信号	
33	动作	HANDINIT	气动抓手的初始界面状态	
34	动作	HNDHOLD1	抓手开状态与夹持工件关系	

8.1.2 程序型参数一览表

程序型参数见表 8-2。

表 8-2 程序型参数一览表

序号	参数类型	参数符号	参数名称	参数功能
1	程序	SLT *	任务区内的程序名、运行模式、启动条件、执行程序行数	用于设置每一任务区内的程序名、运行模式、启动条件、执行程序行数
2	程序	TASKMAX	多任务个数	设置同时执行程序的个数
3	程序	SLOTON	程序选择记忆	设置已经选择的程序是否保持
4	程序	CTN	继续工作功能	
5	程序	PRGMDEG	程序内位置数据旋转部分的单位	
6	程序	PRGGBL	程序保存区域大小	
7	程序	PRGUSR	用户基本程序名称	
8	程序	ALWENA	特殊指令允许执行选择	选择一些特殊指令是否允许执行
9	程序	JRCEXE	JRC 指令执行选择	设置 JRC 指令是否可以执行
	程序	JRCQTT	JRC 指令的单位	设置 JRC 指令的单位
		JRCORG	JRC 指令后的原点	设置 JRC0 时的原点位置
10	程序	AXUNT	选择附加轴使用单位	设置附加轴的使用单位
11	程序	UER1 ~ UER20	用户报警信息	编写用户报警信息
12	程序	RLNG	机器人使用的语言	设置机器人使用的语言
13	程序	LNG	显示语言	设置显示用语言
14	程序	PST	程序号选择方式 是用外部信号选择程序的方法	在 START 信号输入的同时，使外部信号选择的程序号有效
15	程序	INB	STOP 信号改 B 触点	可以对 STOP、STOP1、SKIP 信号进行修改
16	程序	ROBOTERR	EMGOUT 报警接口对应的报警类型和级别	设置 EMGOUT 报警接口对应的报警类型和级别
17	程序	E7730	CCLINK 报警解除	
18	程序	ORST0	输出信号的复位模式	设置当 CLR 或 OUTRESET 信号时，输出信号如何动作
19	程序	SLRSTIO	程序复位时是否执行输出信号的复位	

8.1.3 专用输入/输出信号参数一览表

专用输入/输出信号参数见表 8-3。

表 8-3　专用输入/输出信号参数一览表

序号	参数类型	参数符号	参数名称	参数功能
1	输入信号	AUTOENA	可自动运行	自动使能信号
		START	启动	程序启动信号；在多任务时，启动全部任务区内的程序
		STOP	停止	停止程序执行；在多任务时，停止全部任务区内的程序；STOP 信号地址是固定的
		STOP2	停止	功能与 STOP 信号相同。但输入信号地址可改变
		SIOTINIT	程序复位	解除程序中断状态，返回程序起始行；对于多任务区，指令所有任务区内的程序复位；但对以 ALWAYS 或 ERROR 为启动条件的程序除外
		ERRRSET	报错复位	解除报警状态
		CYCLE	单（循环）运行	选择停止程序连续循环运行
		SRVOFF	伺服 OFF	指令全部机器人伺服电源 = OFF
		SRVON	伺服 ON	指令全部机器人伺服电源 = ON
		IOENA	操作权	外部信号操作有效
2	输入信号	SAFEPOS	回退避点	回退避点启动信号；退避点由参数设置
		OUTRESET	输出信号复位	输出信号复位指令信号；复位方式由参数设置
		MELOCK	机械锁定	程序运动，机器人机械不动作
3	输入信号	PRGSEL	选择程序号	用于确认已经选择的程序号
		OVRDSEL	选择速度倍率	用于确认已经选择的程序倍率
		PRGOUT	请求输出程序号	请求输出程序号
		LINEOUT	请求输出程序行号	请求输出程序行号
		ERROUT	请求输出报警号	请求输出报警号
		TMPOUT	请求输出控制柜内温度	请求输出控制柜内温度
		IODATA	数据输入信号端地址	用一组输入信号端子表示选择的程序号或速度倍率（8421 码）；表示输出状态也是同样方法
4	输入信号	JOGENA	选择 JOG 运行模式	JOGENA = 0 无效，JOGENA = 1 有效
		JOGM	选择 JOG 运行的坐标系	JOGM = 0 /1/2/3/4 关节/直交 . /圆筒/3 轴直交/工具
		JOG +	JOG + 指令信号	设置指令信号的起始/结束地址信号（8 轴）

（续）

序号	参数类型	参数符号	参数名称	参数功能
4	输入信号	JOG –	JOG – 指令信号	设置指令信号的起始/结束地址信号（8轴）
		JOGNER	JOG 运行时不报警	在 JOG 运行时即使有故障也不发报警信号
5	信号	SnSTART	各任务区程序启动信号（共32区）	设置各任务区程序启动信号地址
6	信号	SnSTOP	各任务区停止信号（共32区）	设置各任务区程序停止信号地址
7	信号	SnSRVON	各机器人伺服 ON	设置各机器人伺服 ON
		SnSRVOFF	各机器人伺服 OFF	设置各机器人伺服 OFF
8	信号	SnMELOCK	各机器人机械锁定	设置（各机器人）机械锁定信号
9	信号	MnWUPENA	各机器人预热运行模式选择	设置各机器人预热运行模式

8.1.4 操作参数一览表

操作型参数见表8-4。

表8-4 操作型参数一览表

序号	参数类型	参数符号	参数名称及功能	出厂值
1	操作	BZR	设置报警时蜂鸣器音响 OFF/ON	1（ON）
2	操作	PRSTENA	程序复位操作权 设置程序复位操作是否需要操作权	0（必要）
3	操作	MDRST	随模式转换进行程序复位	0（无效）
4	操作	OPDISP	模式切换时操作面板的显示内容	
5	操作	OPPSL	操作面板为 AUTO 模式时的程序选择操作权	1（OP）
6	操作	RMTPSL	AUTO 模式时的程序选择操作权	0（外部）
7	操作	OVRDTB	示教单元上改变速度倍率的操作权选择（不必要 =0，必要 =1）	1（必要）
8	操作	OVRDMD	模式变更时的速度设定	
9	操作	OVRDENA	改变速度倍率的操作权（必要 =0，不必要 =1）	0（必要）
10	操作	ROMDRV	切换程序的存取区域	
11	操作	BACKUP	将 RAM 区域的程序复制到 ROM 区	
12	操作	RESTORE	将 ROM 区域的程序复制到 RAM 区	
13	操作	MFINTVL	维修预报数据的时间间隔	
14	操作	MFREPO	维修预报数据的通知方法	
15	操作	MFGRST	维修预报数据的复位	
16	操作	MFBRST	维修预报数据的复位	
17	操作	TBOP	通过示教单元进行程序启动	

8.1.5　通信及现场网络参数一览表

通信及现场网络参数见表 8-5。

表 8-5　通信及现场网络参数一览表

序号	参数符号	参数名称	参数功能
1	COMSPEC	RT TOOL BOX2 通信方式	选择控制器与 RT TOOL BOX2 软件的通信模式
2	COMDEV	通信端口分配设置	
3	NETIP	控制器的 IP 地址	192.168.0.20
4	NETMSK	子网掩码	255.255.255.0
5	NETPORT	端口号码	
6	CPRCE11 CPRCE12 CPRCE13 CPRCE14 CPRCE15 CPRCE16 CPRCE17 CPRCE18 CPRCE19		
7	NETMODE		
8	NETHSTIP		
9	MXTTOUT		

8.2　动作参数详解

为了使读者更清楚参数的意义和设置，本章结合 RT TOOL BOX 软件的使用进一步解释各参数的功能。

1. MEJAR

类型	参数符号	参数名称	功能
动作	MEJAR	动作范围	用于设置各轴行程范围（关节轴旋转范围）

参见图 8-1

2. MEPAR

类型	参数符号	参数名称	功能
动作	MEPAR	各轴在直角坐标系行程范围	设置各轴在直角坐标系内的行程范围

参见图 8-1

3. Useprog

类型	参数符号	参数名称	功能
动作	Useprog	用户设置的原点	用户自行设置的原点

用户设置的关节轴原点，以初始原点为基准，参见图 8-1

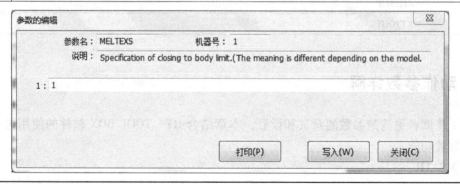

图 8-1　行程范围及原点的设置

4. MELTEXS

类型	参数符号	参数名称	功　能
动作	MELTEXS	机械手前端行程限制	用于限制机械手前端对基座的干涉
设置	MELTEXS = 0，限制无效；MELTEXS = 1 限制有效		

5. JOGJSP

类型	参数符号	参数名称	功能
动作	JOGJSP	JOG 步进行程和速度倍率	设置关节轴的 JOG 的步进行程和速度倍率

在关节型 JOG 模式下，每按一次 JOG 按键，（轴）移动一个微小固定角度，称为步进，参见图 8-2

6. JOGPSP

类型	参数符号	参数名称	功能
动作	JOGPSP	JOG 步进行程和速度倍率	设置以直角坐标系表示的 JOG 的步进行程和速度倍率

参数 JOGPSP 与 JOGJSP 可用于示教时的精确动作，步进行程越小，调整越精确，参见图 8-2

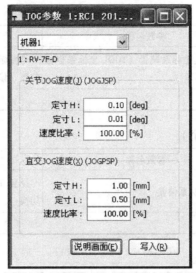

图 8-2　参数 JOGPSP 与 JOGJSP 的设置

7. MEXBS

类型	参数符号	参数名称	功能
动作	MEXBS	基本坐标系偏置	设置基本坐标系原点在世界坐标系中的位置（偏置）
设置	参见图 8-3		

TOOL　参数 1:RC1 20150815-083427

机器1　　1:RV-7F-D

	BASE坐标系(B)		TOOL坐标系(T)		TOOL数据1~4(C)				
					TOOL　1-4				
	(MEXBS) [mm, deg]		(MEXTL) [mm, deg]		MEXTL1 [mm, deg]	MEXTL2 [mm, deg]	MEXTL3 [mm, deg]	MEXTL4 [mm, deg]	
X:	0.00	X:	0.00	X:	0.00	0.00	0.00	0.00	
Y:	0.00	Y:	0.00	Y:	0.00	0.00	0.00	0.00	
Z:	0.00	Z:	0.00	Z:	0.00	0.00	0.00	0.00	
A:	0.00	A:	0.00	A:	0.00	0.00	0.00	0.00	
B:	0.00	B:	0.00	B:	0.00	0.00	0.00	0.00	
C:	0.00	C:	0.00	C:	0.00	0.00	0.00	0.00	

位置恢复支持工具专用(参照用)

	BASE坐标系		TOOL坐标系		TOOL数据1~4				
	(MEXDBS) [mm, deg]		(MEXDTL) [mm, deg]		MEXDTL1 [mm, deg]	MEXDT [mm, deg]	MEXDTL3 [mm, deg]	MEXDTL4 [mm, deg]	
X:	0.0000	X:	0.0000	X:	0.0000	0.0000	0.0000	0.0000	
Y:	0.0000	Y:	0.0000	Y:	0.0000	0.0000	0.0000	0.0000	
Z:	0.0000	Z:	0.0000	Z:	0.0000	0.0000	0.0000	0.0000	
A:	0.0000	A:	0.0000	A:	0.0000	0.0000	0.0000	0.0000	
B:	0.0000	B:	0.0000	B:	0.0000	0.0000	0.0000	0.0000	
C:	0.0000	C:	0.0000	C:	0.0000	0.0000	0.0000	0.0000	

图 8-3　基本坐标系偏置和 TOOL 坐标系偏置的设置

8. MEXTL

类型	参数符号	参数名称	功能
动作	MEXTL	标准工具坐标系偏置（TOOL 坐标系也称为抓手坐标系）	设置抓手坐标系原点在机械 IF 坐标系中的位置（偏置）
设置	参见图 8-3		

9. 工具坐标系偏置（16 个）

类型	参数符号	参数名称	功能
动作	MEXTL1 ~ 16	TOOL 坐标系偏置	设置 TOOL 坐标系，可设置 16 个，互相切换

参见图 8-3

10. 世界坐标系编号

类型	参数符号	参数名称	功能
动作	MEXBSNO	世界坐标系编号	设置世界坐标系编号
设置	MEXBSNO = 0 初始设置；MEXBSNO = 1 – 8 工件坐标系 当由 base 指令设置世界坐标系或直接设置为标准世界坐标系时，在读取状态下 MEXBSNO = – 1		

这样工件坐标系也可以理解为世界坐标系

　　用户定义区是用户自行设定的空间区域。如果机器人控制点进入设定的区域后，系统会做相关动作。

　　设置方法：以两个对角点设置一个空间区域，如图 8-4 所示。

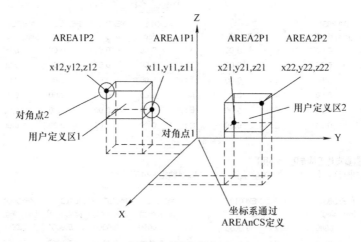

图 8-4　用户定义区

　　设置动作方法：机器人控制点进入设定的区域后，系统如何动作，可设置为无动作/有输出信号/有报警输出。

　　0：无动作；

1（输出专用信号）：进入区域 1 ， ＊＊＊信号 = ON；

进入区域 2 ， ＊＊＊信号 = ON；

进入区域 3 ， ＊＊＊信号 = ON。

11. AREA ∗ AT

类型	参数符号	参数名称	功能
动作	AREA ∗ AT	报警类型	设置报警类型
设置	AREA ∗ AT = 0，无报警；AREA ∗ AT = 1，信号输出；AREA ∗ AT = 2，报警输出		

参见图 8-5

12. USRAREA

类型	参数符号	参数名称	功能
动作	USRAREA	报警输出信号	设置输出信号
设置	最低位和最高位的输出信号（如 27 ~ 30）		

参见图 8-5

13. AREASP ∗

类型	参数符号	参数名称	功能
动作	AREASP ∗	空间的一个对角点	设置用户定义区的一个对角点
设置			

参见图 8-5

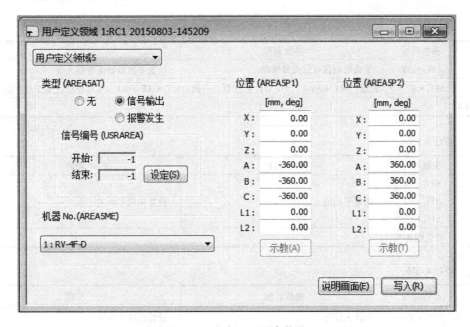

图 8-5　用户定义区的参数设置

14. AREA ∗ CS

类型	参数符号	参数名称	功能
动作	AREA * CS	基准坐标系	设置用户定义区的基准坐标系
设置	AREA * CS = 0 世界坐标系；AREA * CS = 1 基本坐标系		

本参数用于选择设置用户定义区的坐标系，可以选择世界坐标系、基本坐标系

15. AREA * ME

类型	参数符号	参数名称	功能
动作	AREA * ME	机器人编号	设置机器人编号
设置	AREA * ME = 0，无效；AREA * ME = 1，机器人 1（常设）；AREA * ME = 2，机器人 2；AREA * ME = 3 机器人 3		

自由平面限制 SFCNP1 是设置行程范围的一种方法，以任意设置的平面为界设置限制范围（在平面的前面或后面），如图 8-6 所示，由参数 SFCnAT 设置。

由三点构成一个任意平面，以这个任意平面为界限，限制机器人的动作范围，可以设置八个任意平面。可以规定机器人的动作范围是在原点一侧还是不在原点一侧，如图 8-6 所示。

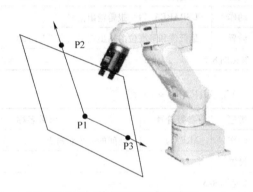

图 8-6　自由平面限制的定义

16. SFC * AT

类型	参数符号	参数名称	功能
动作	SFC * AT	平面限制区有效无效选择	设置平面限制区有效无效
设置	SFC * AT = 0，无效；SFC * AT = 1，可动作区在原点一侧；SFC * AT = -1，可动作区在无原点一侧		

参见图 8-7

17. SFC * P1

类型	参数符号	参数名称	功能
动作	SFC * P1 SFC * P2 SFC * P3	构成平面的三点	设置构成平面的三点
设置	参见图 8-7		

18. SFC * ME

类型	参数符号	参数名称	功能
动作	SFC * ME	机器人编号	设置机器人编号
设置	SFC * ME = 1，机器人 1；SFC * ME = 2，机器人 2；SFC * ME = 3，机器人 3		

参见图 8-7

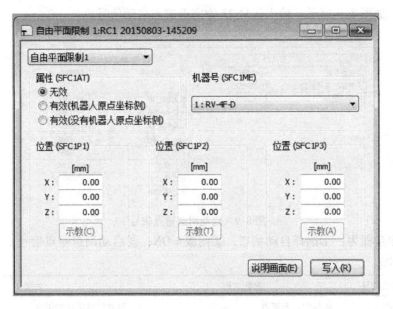

图 8-7　自由平面限制的参数设置

19. JSAFE

类型	参数符号	参数名称	功能
动作	JSAFE	退避点	设置一个应对紧急状态的退避点
设置	以关节轴的度数为单位（deg）进行设置		

参见图 8-8

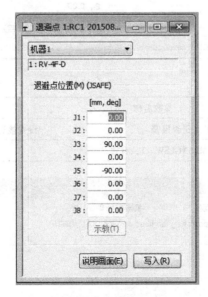

图 8-8　退避点的设置

操作时，可用示教单元定好退避点位置。如果通过外部信号操作，则必须分配好回退避点启动信号，如图 8-9 所示。输入信号 23 为回退避点启动信号。

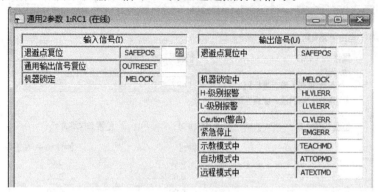

图 8-9　启动回退避点信号

具体操作步骤为：①选择自动状态；②伺服 = ON；③启动回退避点信号。

20. MORG

类型	参数符号	参数名称	功能
动作	MORG	机械限位器原点	设置机械限位器原点
设置	(J1，J2，J3，J4，J5，J6，J7，J8)		

参数的编辑

参数名：MORG　　　机器号：1

说明：Mechanical stopper origin (Joint coordinate)

1: 243.00　　　　　5: 121.00

2: -116.00　　　　6: 0.00

3: 158.00　　　　　7: 0.00

4: 203.00　　　　　8: 0.00

打印(P)　　写入(W)　　关闭(C)

21. MESNGLSW

类型	参数符号	参数名称	功能
动作	MESNGLSW	接近特异点是否报警	设置接近特异点是否报警
设置	MESNGLSW = 0，无效；MESNGLSW = 1，有效		

参数的编辑

参数名：MESNGLSW　　　机器号：0

说明：Singular point neighborhood warning ON(1)/OFF(0)

1: 1

打印(P)　　写入(W)　　关闭(C)

22. JOGSPMX

类型	参数符号	参数名称	功能
动作	JOGSPMX	示教模式下 JOG 速度限制值	设置示教模式下 JOG 速度限制值
设置	最大 250mm/s		

23. WKnCORD　n：1～8

类型	参数符号	参数名称	功能
动作	WKnCORD n：1～8	工件坐标系	设置工件坐标系
	WKnWO	工件坐标系原点	
	WKnWX	工件坐标系 X 轴位置点	
	WKnWY	工件坐标系 Y 轴位置点	
设置	可设置 8 个工件坐标系，参见图 8-10		

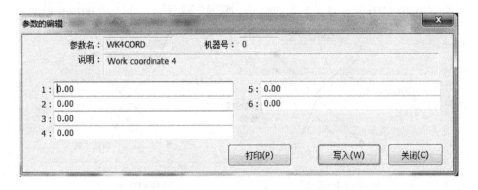

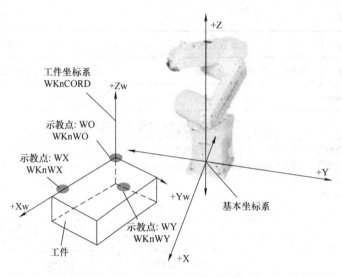

图 8-10　　工件坐标系设置示意图

设置工件坐标系要注意：

1）工件坐标系的 X 轴、Y 轴方向最好要与基本坐标系一致。

2）工件坐标系原点只保证（X/Y/Z 轴坐标），不能满足 ABC 角度。

24. RETPATH

类型	参数符号	参数名称	功能
动作	RETPATH	程序中断执行 JOG 动作后的返回形式	设置程序中断执行 JOG 动作后的返回形式
设置	RETPATH = 0，无效；RETPATH = 1，以关节插补返回；RETPATH = 2，以直交插补返回		

在程序执行过程中，可能遇到无法满足工作要求的程序段，需要在线修改，系统提供了在中断后用 JOG 方式修改的功能。本参数设置在 JOG 修改完成后返回原自动程序的形式。

图 8-11 所示为一般形式。图 8-12 所示为在连续轨迹运行 CNT 模式下的返回轨迹。

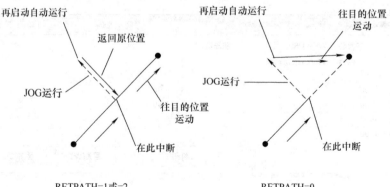

图 8-11　　在自动程序中断进行 JOG 修正后返回的轨迹

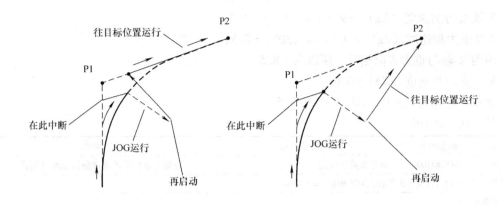

RETPATH=1或=2　　　　　　　　　　　RETPATH=0

图 8-12　工件在连续轨迹运行 CNT 模式下的返回轨迹

25. MEGDIR

类型	参数符号	参数名称	功能
动作	MEGDIR	重力在各轴方向上的投影值	设置重力在各轴方向上的投影值
设置	参见图 8-13		

由于受安装方位的影响，重力加速度在各轴的投影值不同，所以要分别设置，如图 8-13 所示。

安装姿势	设定值（安装姿势，X 轴的重力加速度，Y 轴的重力加速度，Z 轴的重力加速度）
放置地板（标准）	(0.0, 0.0, 0.0, 0.0)
壁挂	(1.0, 0.0, 0.0, 0.0)
垂吊	(2.0, 0.0, 0.0, 0.0)
任意的姿势*1	(3.0, ***, ***, ***)

以图 8-13 倾斜 30°为例：

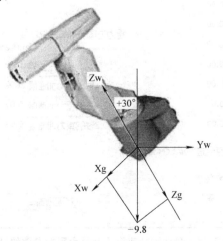

图 8-13　重力在各轴方向上的投影

X 轴重力加速度（Xg）＝ 9.8×sin（30°）＝ 4.9；

Z 轴重力加速度（Zg）＝ 9.8×cos（30°）＝ 8.5；

因为 Z 轴与重力方向相反，所以为 −8.5。

Y 轴重力加速度（Yg）＝ 0.0；

所以设定值为（3.0，4.9，0.0，−8.5）

26. ACCMODE

类型	参数符号	参数名称	功能
动作	ACCMODE	最佳加减速模式	设置上电后是否选择最佳加减速模式
设置	ACCMODE = 0 无效，ACCMODE = 1 有效		
参见图 8-14			

27. JADL

类型	参数符号	参数名称	功能
动作	JADL	最佳加减速倍率	设置最佳加减速倍率
设置			
参见图 8-14			

28. CMPERR——伺服柔性控制报警选择

类型	参数符号	参数名称	功能
动作	CMPERR	伺服柔性控制报警选择	设置伺服柔性控制报警选择
设置	CMPERR = 0 不报警，CMPERR = 1 报警		
参见图 8-14			

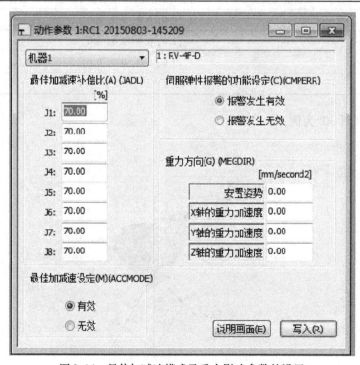

图 8-14 最佳加减速模式及重力影响参数的设置

29. COL

类型	参数符号	参数名称	功能
动作	COL	碰撞检测	设置碰撞检测功能
	COLLVL	碰撞检测级别	1% ~ 500%
	COLLVLJG	JOG 运行时的碰撞检测级别	1% ~ 500%
设置	数值越小，灵敏度越高		
参见图 8-15			

需要做以下设置：

1）设置碰撞检测功能 COL 功能的有效无效；

2）上电后的初始状态下碰撞检测功能 COL 功能的有效无效；

3）JOG 操作中，碰撞检测功能 COL 功能的有效无效。

（可选择无报警状态）

COLLVL 自动运行时的碰撞检测的量级；

COLLVLJG JOG 运行时的碰撞检测的量级。

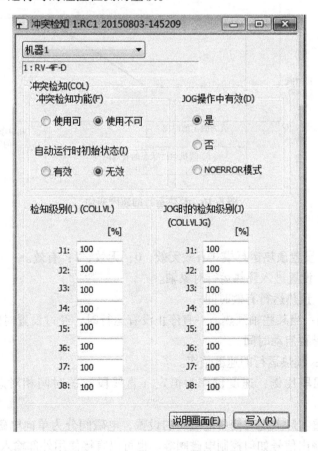

图 8-15　碰撞检测相关参数的设置

30. WUPENA

类型	参数符号	参数名称	功能
动作	WUPENA	预热运行模式	
	设置	WUPENA = 0，无效；WUPENA = 1，有效	
	WUPAXIS	预热运行对象轴	
	设置	bit ON 对象轴，bit OFF 非对象轴	
	WUPTIME	预热运行有效时间	
	设置	单位：分（1~60）	
	WUPOVRD	预热运行速度倍率	
设置	参见图 8-16、图 8-17		

在低温或长期停机后启动，需要进行预热运行（否则可能导致精度误差）。预热运行的本质是降低速度。实际通过降低速度倍率来实现。

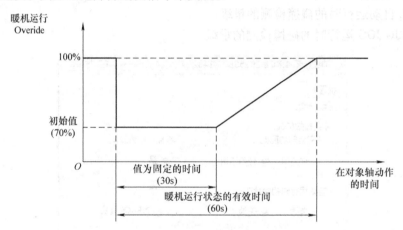

图 8-16　预热运行的速度变化

设置参数如下：

1）WUPENA：设置预热运行模式有效无效，0：无效，1：有效。

2）WUPAXIS：设置进入预热运行对象轴。

3）WUPTIME：预热运行有效时间。

4）再启动时间：当某些轴预热后一直停止没有运行时，经过设置时间后再次启动预热运行，这段时间就是再启动时间。

5）WUPOVRD：预热运行的速度倍率。

6）恒定值时间段比例：速度倍率为恒定（直线段）的时间相对总预热有效时间的比例。

抓手参数的设置实际上是对使用电磁阀的设置，电磁阀分为单向电磁阀、双向电磁阀；以及设置外部输入输出信号如何控制电磁阀等。也可以直接使用外部输入输出信号控制电磁阀，在程序中直接发输入输出指令即可。

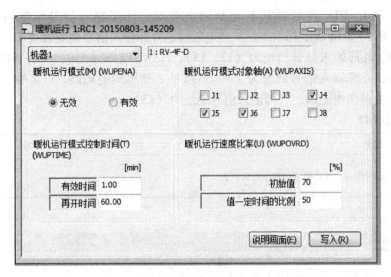

图 8-17　预热模式的相关参数设置

31. HIOTYPE

类型	参数符号	参数名称	功能
动作	HIOTYPE	抓手用电磁阀输入信号源型/漏型选择	
设置	HIOTYPE = 0，源型；HIOTYPE = 1，漏型		

参数的编辑

参数名：HIOTYPE　　　机器号：0

说明：I/O type of HAND I/F.(0:SOURCE / 1:SINK)

1：1

32. HANDTYPE

类型	参数符号	参数名称	功能
动作	HANDTYPE	设置电磁阀单线圈/双线圈及对应的外部信号	
设置	HANDTYPE = s＊＊，单线圈；HANDTYPE = D＊＊，双线圈；HANDTYPE = UMAC，特殊规格		

参数的编辑

参数名：HANDTYPE　　　机器号：1

说明：Control type for HAND1-8 (single/double/special=S***/D***/UMAC*)

1：D900　　　　　　5：

2：D902　　　　　　6：

3：D904　　　　　　7：

4：D906　　　　　　8：

参数 HANDTYPE 用于设置电磁阀的类型（单向、双向）和连接外部信号的地址号。

HANDTYPE = D10，D11 表示抓手 1 是双向电磁阀，外部输入信号地址为（10，11）。HANDTYPE = D10，D12 表示抓手 1 是双向电磁阀，外部输入信号地址为（10，11）；抓手 2 是双向电磁阀，外部输入信号地址为（12，13）。HANDTYPE = S10，S11，S12 表示抓手 1 是单向电磁阀，外部输入信号地址为（10）；抓手 2 是单向电磁阀，外部输入信号地址为（11）；抓手 3 是单向电磁阀，外部输入信号地址为（13）。

33. HANDINIT

类型	参数符号	参数名称	功能
动作	HANDINIT	气动抓手的初始界面状态	
设置			

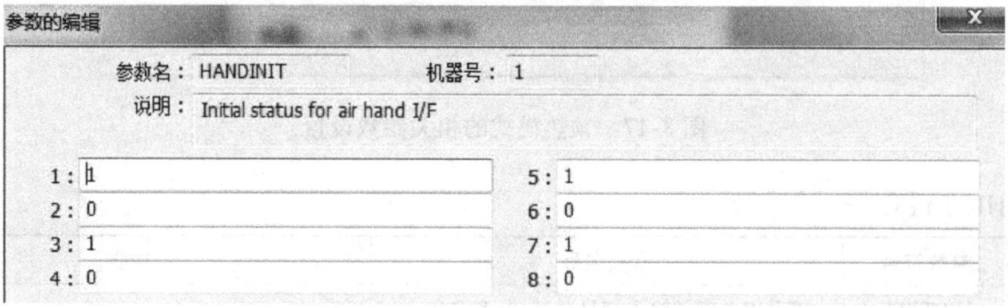

HANDINIT 表示上电时，各抓手的开或关状态。

出厂设置如下：

抓手的种类	状态	输出信号号码的状态		
		机器1	机器2	机器3
安装气动抓手I/F时 （假设为双线螺管）	抓手1=开	900=1 901=0	910=1 911=0	920=1 921=0
	抓手2=开	902=1 903=0	912=1 913=0	922=1 923=0
	抓手3=开	904=1 905=0	914=1 915=0	924=1 925=0
	抓手4=开	906=1 907=0	916=1 917=0	926=1 927=0

图 8-18 中设置为上电后，各抓手全部为开状态。

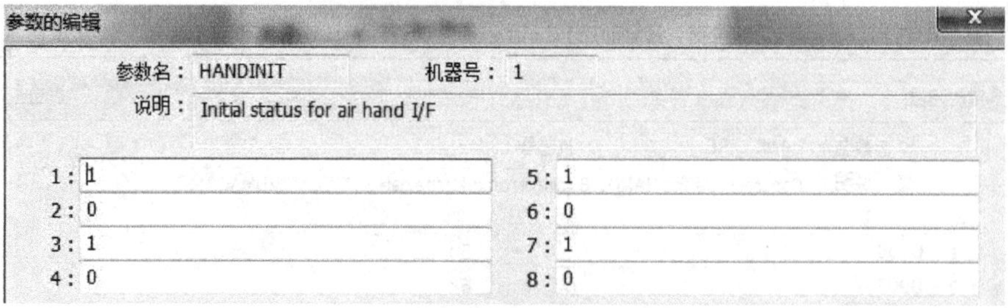

图 8-18 参数 HANDINIT 的设置

图 8-19 中设置为上电后，1 号抓手为关状态。上电以后的初始状态关系到安全性，如果上电后抓手打开，则可能会造成原来夹持的工件掉落，使用设置时必须特别注意。

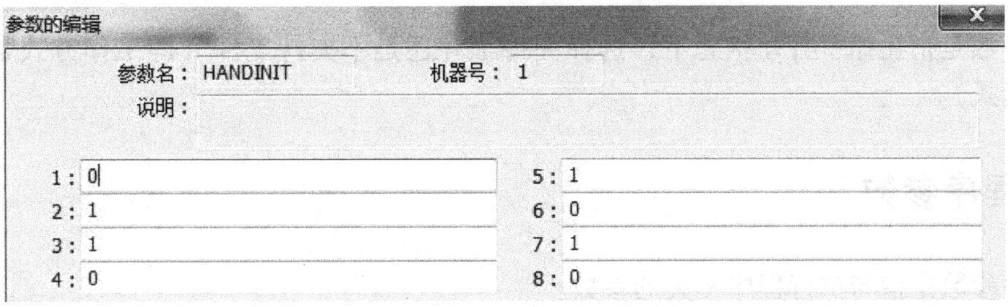

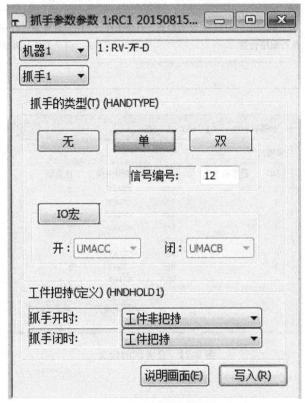

图 8-19 参数 HANDINIT 的设置

抓手信号地址的设置如图 8-20 所示。控制电磁阀的信号，即外部 I/O 卡上的输出信号地址是 12。在自动程序中使用 HOpen 1/HClose 1 指令就可以直接控制抓手动作。

图 8-20 抓手信号地址的设置

34. HNDHOLD1

类型	参数符号	参数名称	功能
动作	HNDHOLD1	抓手开状态与夹持工件关系	
设置	HNDHOLD1 =0 不夹持工件，HNDHOLD1 =1 夹持工件		

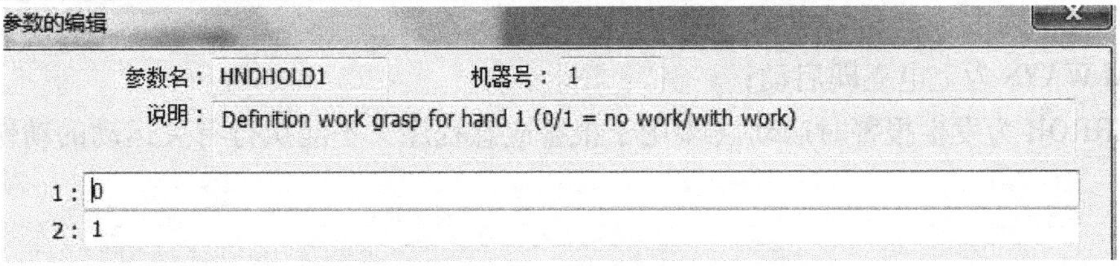

参数的编辑

参数名：HNDHOLD1   机器号：1
说明：Definition work grasp for hand 1 (0/1 = no work/with work)

1：0
2：1

本参数是指在抓手打开状态下，选择夹持工件还是不夹持工件（即工作方式是外涨式还是抓紧式）。

8.3　程序参数

程序参数是指与执行程序相关的参数。

1. SLT*

本参数用于设置每一任务区内的程序名、运行模式、启动条件、执行程序行数。

类型	参数符号	参数名称	功能
程序	SLT *	任务区内的程序名、运行模式、启动条件、执行程序行数	用于设置每一任务区内的程序名、运行模式、启动条件、执行程序行数
设置	参见图8-21		

图8-21　任务区的设置

设置内容：

1）程序名：只能用大写字母，小写不识别。

2）运行模式：REP/CYC。

① REP 为程序连续循环执行；

② CYC 为程序单次执行。

3）启动条件：START/ALWAYS/ERROR。

① START 为由 start 信号启动；

② ALWAYS 为上电立即启动；

③ ERROR 为发生报警时启动（多用于报警应急程序，不能执行有关运动的动作）。

2. TASKMAX

类型	参数符号	参数名称	功能
程序	TASKMAX	多任务个数	设置同时执行程序的个数
设置	初始值：8		

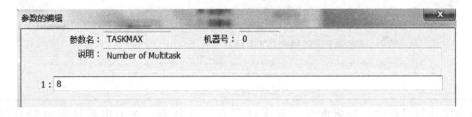

同时执行程序只可能一个是动作程序，其余为数据信息处理程序，这样就不会出现混乱动作的情况。

3. SLOTON

类型	参数符号	参数名称	功能
程序	SLOTON	程序选择记忆	设置已经选择的程序是否保持
设置	SLOTON = 0，记忆无效，非保持 SLOTON = 1，记忆有效，非保持 SLOTON = 2，记忆无效，保持 SLOTON = 3，记忆有效，保持		

参见图 8-22

本参数用于设置选择程序在断电 – 上电后是否保持原来的选择状态，设置方式如图 8-22所示。记忆：断电 – 上电后保持原来选择程序（在任务区 1 内）；保持：程序循环执行结束后是否保持原程序名，0：不保持，1：保持。

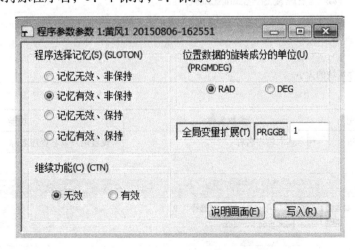

图 8-22　参数 SLOTON 设置图

4. CTN

类型	参数符号	参数名称	功能
程序	CTN	继续工作功能	
设置	CTN=0，无效；CTN=1，有效		

在程序执行过程中，如果断电，则保存所有工作状态，在上电后从断电处开始执行（因此必须特别注意安全）视觉指令不支持这一功能。

5. PRGMDEG

类型	参数符号	参数名称	功能
程序	PRGMDEG	程序内位置数据旋转部分的单位	
设置	PRGMDEG=0　RAD（弧度）；PRGMDEG=1　DEG（度）		

位置数据（X，Y，Z，A，B，C)，其中A/B/C为旋转轴部分。本参数用于设置A/B/C旋转轴的单位是弧度还是度，初始设置为DEG。

6. PRGGBL

类型	参数符号	参数名称	功能
程序	PRGGBL	程序保存区域大小	
设置	PRGGBL=0，标准型；PRGGBL=1，扩展型		

数用于设置程序保存区域的大小

7. PRGUSR

类型	参数符号	参数名称	功能
程序	PRGUSR	用户基本程序名称	设置用户基本程序名称
设置	字符		

用户基本程序是定义全局变量的程序，内容仅仅为 Def Inte 或 Dim

8. ALWENA

类型	参数符号	参数名称	功能
程序	ALWENA	特殊指令允许执行选择	选择一些特殊指令是否允许执行
设置	ALWENA = 0，不可执行；ALWENA = 1，可执行 对于上电就启动执行的程序简称为上电执行程序，在上电执行程序中，某些特殊指令 Xrun，Xload，Xstp，Servo，Xrst，Reset Error 是否能够执行需要通过本参数设置		

9. JRCEXE

JRC 指令参照 4.5.10 节 2. JRC（Joint Roll Change）——旋转轴坐标值转换指令。

类型	参数符号	参数名称	功能
程序	JRCEXE	JRC 指令执行选择	设置 JRC 指令是否可以执行 JRCEXE = 0 不可执行 JRCEXE = 1 可执行
	JRCQTT	JRC 指令的单位	设置 JRC 指令的单位
	JRCORG	JRC 指令后的原点	设置 JRC 0 时的原点位置
设置			

10. AXUNT

类型	参数符号	参数名称	功能
程序	AXUNT	选择附加轴使用单位	设置附加轴的使用单位
设置	AXUNT = 0，角度（deg）；AXUNT = 1，长度（mm）		

参数的编辑　　　参数名：AXUNT　　机器号：1　　说明：

1：0	5：0	9：0	13：0
2：0	6：0	10：0	14：0
3：0	7：0	11：0	15：0
4：0	8：0	12：0	16：0

11. UER1 ~ UER20

类型	参数符号	参数名称	功能
程序	UER1 ~ UER20	用户报警信息	编写用户报警信息
设置	用户自行编制的报警信息		

12. RLNG

类型	参数符号	参数名称	功能
程序	RLNG	机器人使用的语言	设置机器人使用的语言
设置	RLNG = 2，MELFA – BASIC V RLNG = 1，MELFA – BASIC IV		

13. LNG

类型	参数符号	参数名称	功能
程序	LNG	显示语言	设置显示用语言
设置	LNG = JPN，日语；LNG = ENG，英语		

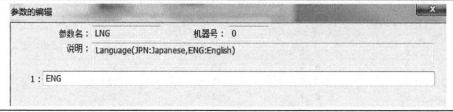

14. PST

类型	参数符号	参数名称	功能
程序	PST	程序号选择方式是用外部信号选择程序的方法	在 START 信号输入的同时，使外部信号选择的程序号有效
设置	PST = 0，无效；PST = 1，有效		

参数的编辑　　　　　　　　　　　　　　　　　　　　　　　　　　　X

参数名：PST　　　　　机器号：0

说明：Prog. No. read starting (1:Enable,0:Disable)

1 : 0

15. INB

类型	参数符号	参数名称	功能
程序	INB	STOP 信号改 B 触点	可以对 STOP、STOP1、SKIP 信号进行修改
设置	INB = 0，A 触点；NB = 1，B 触点		

参数的编辑　　　　　　　　　　　　　　　　　　　　　　　　　　　X

参数名：INB　　　　　机器号：0

说明：Stop input signal normaly open(0)/close(1)

1 : 0

16. ROBOTERR

类型	参数符号	参数名称	功能
程序	ROBOTERR	EMGOUT 报警接口对应的报警类型和级别	设置 EMGOUT 报警接口对应的报警类型和级别
设置	通常设置为 7		

参数名：ROBOTERR　　　　　机器号：0

说明：Bit pattern of robot error output signal setting (0-7:C/L/H)

1 : 7

17. E7730

类型	参数符号	参数名称	功能
程序	E7730	CCLINK 报警解除	
设置	E7730 = 0，不可解除；E7730 = 1，可解除		

参数名：E7730　　　　　机器号：0

说明：CC-Link error is canceled temporarily(1:Enable,0:Disable)

1 : 0

18. ORST0——输出信号的复位模式

类型	参数符号	参数名称	功能
程序	ORST0	输出信号的复位模式	设置当 CLR 指令或 OUTRESET 信号时，输出信号如何动作
设置	参见图 8-23		

图 8-23　ORST0 参数的设置

保持的含义是保持输出信号原来的状态，即复位前 = ON，则 ON；复位前 = OFF，则 OFF。

19. SLRSTIO——程序复位时输出信号的状态

类型	参数符号	参数名称	功能
程序	SLRSTIO	程序复位时是否执行输出信号的复位	
设置	SLRSTIO = 0，不执行；SLRSTIO = 1，执行		

8.4 专用输入/输出信号

本节叙述机器人系统所具备的输入、输出功能，通过参数可将这些功能设置到输入/输出端子。在没有进行参数设置前，I/O 卡上的输入/输出端子是没有功能定义的，就像一台空白的 PLC 控制器。

8.4.1 通用输入/输出 1

为了便于阅读和使用，将输入/输出信号单独列出。在机器人系统中，专用输入/输出的（功能）名称（英文）是一样的，即同一名称（英文）可能表示输入也可能表示输出，开始阅读指令手册时会感到困惑，本书将输入/输出信号单独列出，便于读者阅读和使用。表 8-6 是输入信号功能一览表 1，这一部分信号是经常使用的。

表 8-6 输入信号功能一览表 1

类型	参数符号	参数名称	功能
输入信号	AUTOENA	可自动运行	自动使能信号
	START	启动	程序启动信号，在多任务时，启动全部任务区内的程序
	STOP	停止	停止程序执行，在多任务时，停止全部任务区内的程序，STOP 信号地址是固定的
	STOP2	停止	功能与 STOP 信号相同，但输入信号地址可改变
	SLOTINIT	程序复位	解除程序中断状态，返回程序起始行；对于多任务区，指令所有任务区内的程序复位；但对以 ALWAYS 或 ERROR 为启动条件的程序除外
	ERRRSET	报错复位	解除报警状态
	CYCLE	单（循环）运行	选择停止程序连续循环运行
	SRVOFF	伺服 OFF	指令全部机器人伺服电源 = OFF
	SRVON	伺服 ON	指令全部机器人伺服电源 = ON
	IOENA	操作权	外部信号操作有效
设置	参见图 8-24		

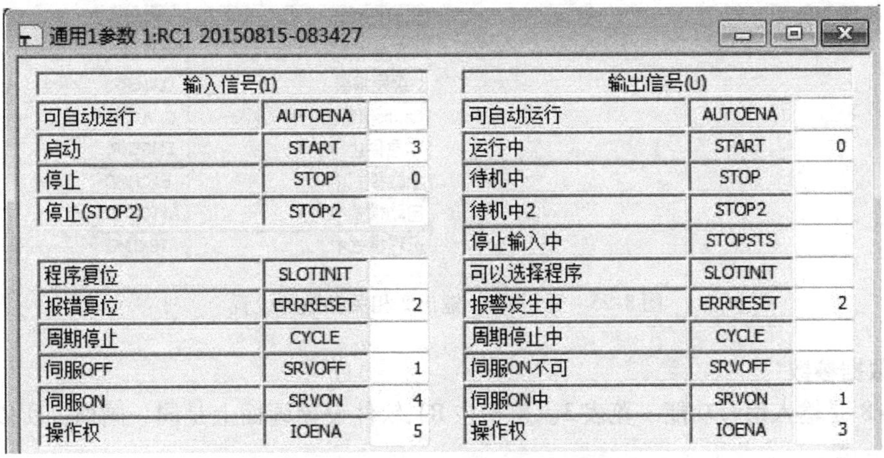

图 8-24 通用输入/输出 1 相关参数的设置

1. AUTOENA

自动使能信号，AUTOENA = 1 允许选择自动模式，AUTOENA = 0 不允许选择自动模式，选择自动模式则报警（L5010）。如果不分配输入端子信号，则不报警，所以一般不设置 AUTOENA 信号。

2. CYCLE

CYCLE = ON，程序只执行一次（执行到 END 即停止）。

3. 伺服 ON

伺服 ON 信号在自动模式下才有效，选择手动模式时无效。

4. STOP

暂停信号 STOP = ON，程序停止。重新发 START 信号，程序从断点启动。STOP 信号固定分配到输入信号端子 0。除了 STOP 信号，其他输入信号地址可以任意设置修改，例如 START 信号可以从出厂值 3 改为 31。

8.4.2　通用输入/输出 2

表 8-7 是输入信号功能一览表 2。由于在 RT 软件设置画面上是同一画面，所以将这些信号归作一类。

表 8-7　输入信号功能一览表 2

类型	参数符号	参数名称	功能
输入信号	SAFEPOS	回退避点	回退避点启动信号，退避点由参数设置
	OUTRESET	输出信号复位	输出信号复位指令信号，复位方式由参数设置
	MELOCK	机械锁定	程序运动，机器人机械不动作
设置	参见图 8-25		

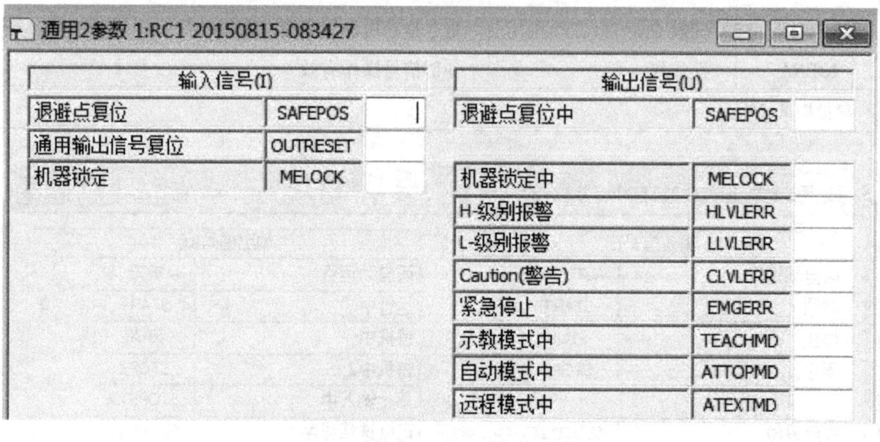

图 8-25　通用输入/输出 2 相关参数的设置

8.4.3　数据参数

表 8-8 是输入信号功能一览表 3。由于在 RT 软件设置画面上是同一画面，所以将这些信号归作一类。

表 8-8　输入信号功能一览表 3

类型	参数符号	参数名称	功能
输入信号	PRGSEL	选择程序号	用于确认输入的数据为程序号
	OVRDSEL	选择速度倍率	用于确认输入的数据为程序倍率
	PRGOUT	请求输出程序号	请求输出程序号
	LINEOUT	请求输出程序行号	请求输出程序行号
	ERROUT	请求输出报警号	请求输出报警号
	TMPOUT	请求输出控制柜内温度	请求输出控制柜内温度
	IODATA	数据输入信号端地址	用一组输入信号端子（8421 码）作为输入数据用 表示输出数据也是同样方法
设置	参见图 8-26		

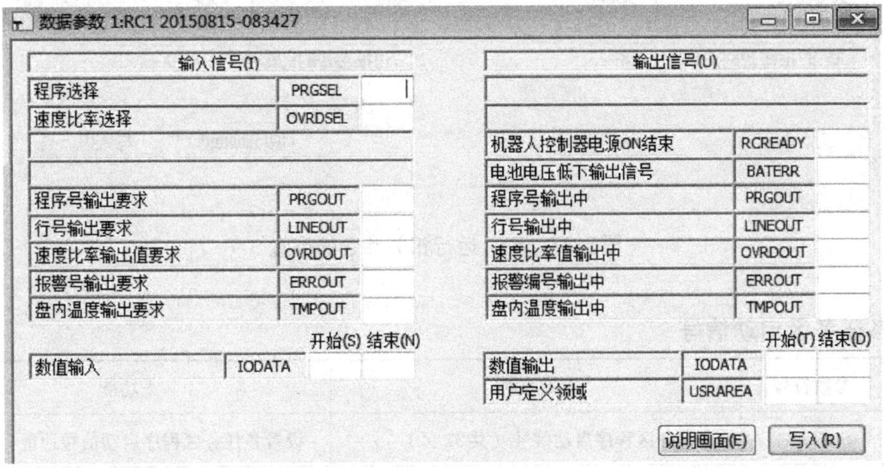

图 8-26　数据参数的设置

PRGSEL 为程序选择确认信号，当通过 IODATA 指定的输入端子（构成 8421 码）选择程序号后，将 PRGSEL = ON，即确认了输入的数据为程序号。

8.4.4　JOG 运行信号

这是不用示教单元而用外部信号实现 JOG 运行的输入输出端子。

表 8-9 是 JOG 运行输入信号功能一览表 4。由于在 RT 软件设置画面上是同一画面，所以将这些信号归作一类。

表 8-9　JOG 运行输入信号功能一览表 4

类型	参数符号	参数名称	功能
输入信号	JOGENA	选择 JOG 运行模式	JOGENA = 0，无效；JOGENA = 1，有效
	JOGM	选择 JOG 运行的坐标系	JOGM = 0 /1/2/3/4，关节/直交/圆筒/3 轴直交/工具
	JOG +	JOG + 指令信号	设置指令信号的起始/结束地址信号（8 轴）
	JOG −	JOG − 指令信号	设置指令信号的起始/结束地址信号（8 轴）
	JOGNER	JOG 运行时不报警	在 JOG 运行时即使有报警也不发报警信号
设置			

执行外部信号做 JOG 运动的方法如下：

1）选择自动模式（只有在自动模式下，伺服 ON 才有效）；

2）发伺服 ON = 1 信号；

3）使 JOGENA = 1（在图 8-27 中为输入端子 16，在图 8-27 中输入端子 24 ~ 29 为 J1 ~ J6 的 JOG + 信号），发出各轴 JOG + 信号，各轴做 JOG 动作。

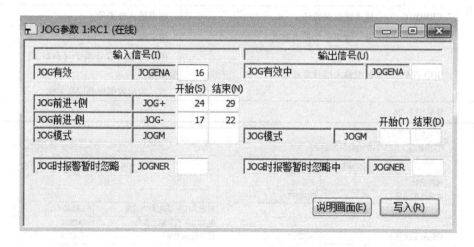

图 8-27　JOG 运行相关参数的设置

8.4.5　各任务区启动信号

类型	参数符号	参数名称	功能
信号	SnSTART	各任务区程序启动信号（共 32 区）	设置各任务区程序启动信号地址
设置	参见下图		

插槽启动(各插槽)参数 1:RC1 20150815-083427

输入信号(I)	输出信号	输入信号(N)	输出信号	输入信号(U)	输出信号
1: S1START		12: S12START		23: S23START	
2: S2START		13: S13START		24: S24START	
3: S3START		14: S14START		25: S25START	
4: S4START		15: S15START		26: S26START	
5: S5START		16: S16START		27: S27START	
6: S6START		17: S17START		28: S28START	
7: S7START		18: S18START		29: S29START	
8: S8START		19: S19START		30: S30START	
9: S9START		20: S20START		31: S31START	
10: S10START		21: S21START		32: S32START	
11: S11START		22: S22START			

说明画面(E)　写入(R)

8.4.6　各任务区停止信号

类型	参数符号	参数名称	功能
信号	SnSTOP	各任务区停止信号（共 32 区）	设置各任务区程序停止信号地址
设置	参见下图		

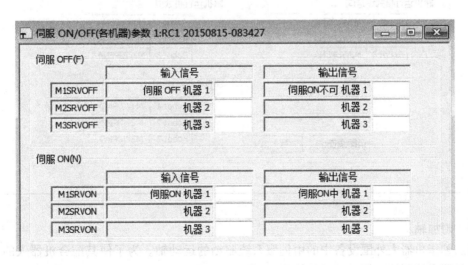

8.4.7　各机器人伺服 ON/OFF

类型	参数符号	参数名称	功能
信号	SnSRVON	各机器人伺服 ON	设置各机器人伺服 ON
	SnSRVOFF	各机器人伺服 OFF	设置各机器人伺服 OFF
设置	参见下图，N = 1 ~ 3		

8.4.8 各机器人机械锁定

类型	参数符号	参数名称	功能
信号	SnMELOCK	各机器人机械锁定	设置各机器人机械锁定信号
设置	参见下图，N = 1~3		

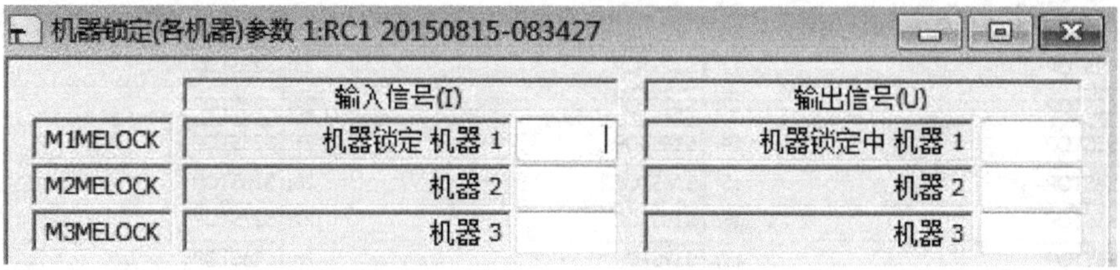

8.4.9 选择各机器人预热运行模式

类型	参数符号	参数名称	功能
信号	MnWUPENA	选择各机器人预热运行模式	设置各机器人预热运行模式
设置	必须预先设置参数 WUPENA，选择预热模式有效，本参数只是对各机器人的选择，参见下图		

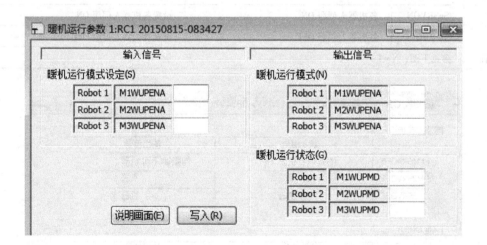

8.4.10 附加轴

附加轴指机器人外围设备中的由伺服系统驱动的运动轴。为了使其配合机器人的动作，可以从机器人控制器一侧对其进行控制。

对附加轴参数进行设置的画面如图 8-28 所示。

图 8-28　附加轴相关参数设置画面

1. AXMENO——控制附加轴的机器人号

类型	参数符号	参数名称	功能
	AXMENO	控制附加轴的机器人号	设置控制附加轴的机器人编号
设置	参见下图		

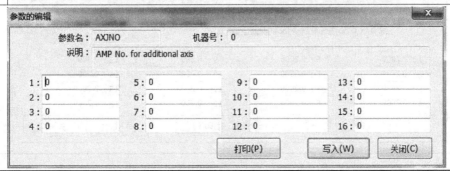

2. AXJNO——附加轴的驱动器站号

类型	参数符号	参数名称	功能
	AXJNO	附加轴的驱动器站号	设置附加轴的驱动器站号。
设置	参见下图，在附加轴连接完毕后，要设置每一驱动器的站号，在通用伺服系统中也是要设置站号的		

3. AXUNT——附加轴使用的单位（度/mm）

类型	参数符号	参数名称	功能
	AXUNT	附加轴使用的单位（度/mm）	设置附加轴使用单位（度/mm）
设置	参见下图，设置附加轴使用单位，AXUNT = 0deg，AXUNT = 1mm		

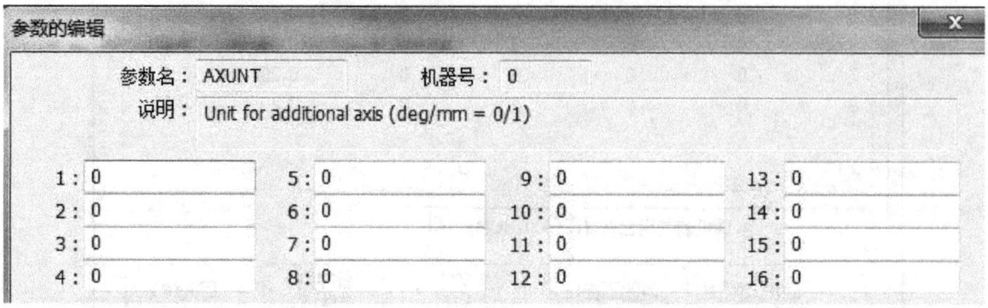

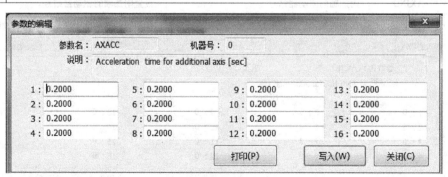

4. AXSPOL——附加轴旋转方向

类型	参数符号	参数名称	功能
	AXSPOL	附加轴旋转方向	确定附加轴旋转方向
设置	参见下图，AXSPOL = 0，CCW；AXSPOL = 0，CW		

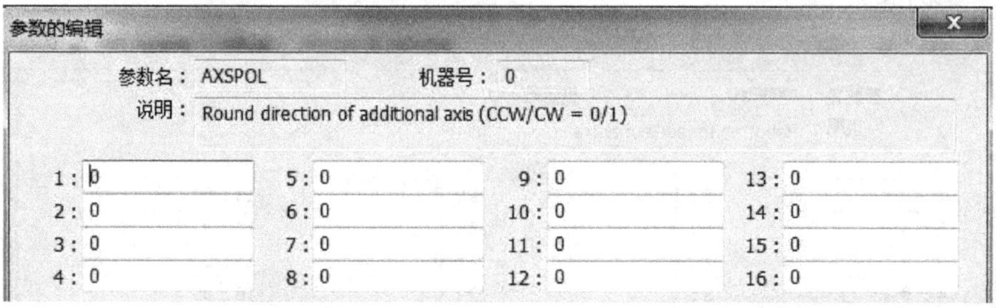

5. AXACC——附加轴加速时间

类型	参数符号	参数名称	功能
	AXACC	附加轴加速时间	设置附加轴加速时间
设置	参见下图，设置单位 = sec		

6. AXDEC——附加轴减速时间

类型	参数符号	参数名称		功能
	AXDEC	附加轴减速时间		设置附加轴减速时间
设置	参见下图，设置单位 = sec			

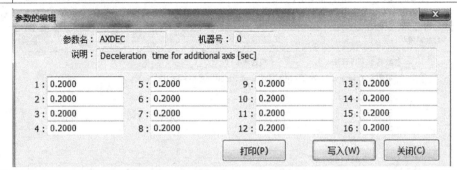

7. AXGRTN——附加轴齿轮比分子

类型	参数符号	参数名称		功能
	AXGRTN	附加轴齿轮比分子		设置附加轴齿轮比分子
设置	参见下图			

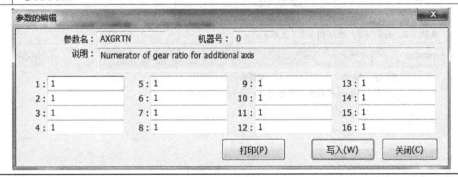

8.5　操作参数详解

1. BZR

类型	参数符号	参数名称		功能
操作	BZR	报警时蜂鸣器音响 OFF/ON		设置报警时蜂鸣器音响
设置	OFF = 0，ON = 1			

2. PRSTENA

类型	参数符号	参数名称	功能
操作	PRSTENA	程序复位操作权	设置程序复位操作是否需要操作权
设置	必要 =0，不要 =1，出厂值 =0（必要） 如果设置为不要操作权，则可在任何位置使程序复位，有危险，特别是不能在示教单元上使程序复位		

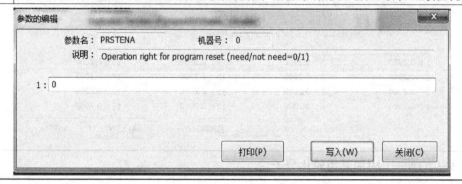

3. MDRST

类型	参数符号	参数名称	功能
操作	MDRST	随模式转换进行程序复位	随模式转换进行程序复位
设置	无效 =0，有效 =1，出厂值 =0（无效）		

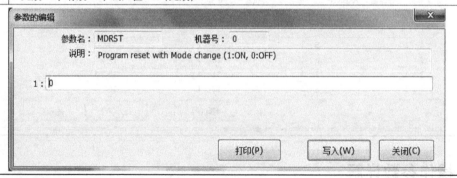

4. OPDISP

类型	参数符号	参数名称	功能
操作	OPDISP	模式切换时操作面板的显示内容	设置模式切换时的显示内容
设置	OPDISP =0，显示速度倍率；OPDISP =1，显示原内容		

5. OPPSL

类型	参数符号	参数名称	功能
操作	OPPSL	操作面板上已经选择 AUTO 模式时的程序选择操作权	操作面板为 AUTO 模式时的程序选择操作权
设置	OPPSL = 0, 外部信号（指来自外部 I/O 的信号）; OPPSL = 1, OP 操作面板		

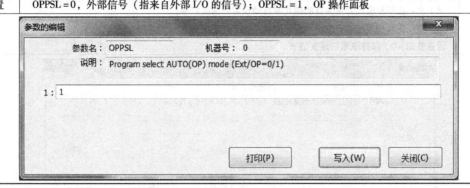

6. RMTPSL

序号	参数符号	参数名称	功能
操作	RMTPSL	AUTO 模式时的程序选择操作权	由外部信号选择 AUTO 模式时的程序选择操作权
设置	外部 = 0, OP = 1, 出厂值 = 0（外部）		

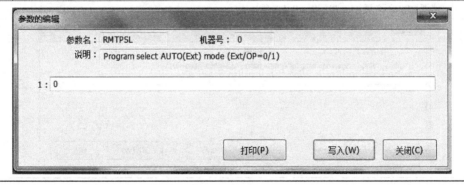

7. OVRDTB

类型	参数符号	参数名称	功能
操作	OVRDTB	示教单元上改变速度倍率的操作权选择	设置示教单元上改变速度倍率的操作权选择
设置	不必要 = 0, 必要 = 1, 出厂值 = 1		

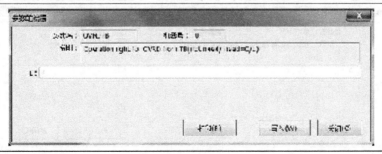

8. OVRDMD

类型	参数符号	参数名称	功能
操作	OVRDMD	模式变更时的速度设定	在示教模式变更为自动模式、自动模式变更为示教模式时自动设置的速度倍率
设置	第1栏：在示教模式变更为自动模式时自动设置的速度倍率； 第2栏：在自动模式变更为示教模式时自动设置的速度倍率； 设置数据=0，保持原来的速度倍率		

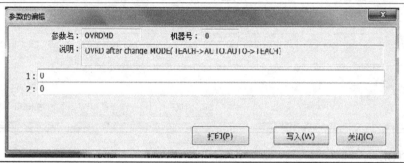

9. OVRDENA

类型	参数符号	参数名称	功能
操作	OVRDENA	改变速度倍率的操作权	设置改变速度倍率是否需要操作权
设置	必要=0，不必要=1，出厂值=0（必要）		

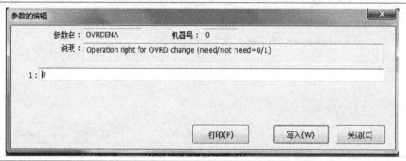

10. ROMDRV

类型	参数符号	参数名称	功能
操作	ROMDRV	切换程序的存取区域	将程序的存取区域在 RAM/ROM 之间切换
设置	0=RAM 模式（初始值使用 SRAM），1=ROM 模式，2=高速 RAM 模式（使用 DRAM），出厂值=2		

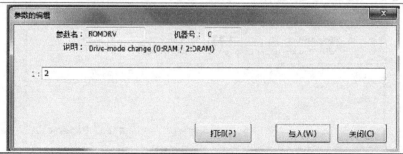

11. BACKUP——将 RAM 区域的程序复制到 ROM 区

类型	参数符号	参数名称	功能
操作	BACKUP	将 RAM 区域的程序复制到 ROM 区	将程序、参数、共变量从 RAM 区域复制到 ROM 区
设置	参见下图		

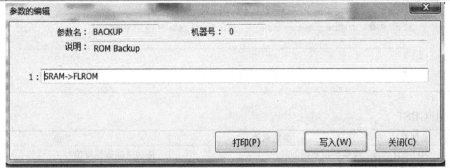

12. RESTORE——将 ROM 区域的程序复制到 RAM 区

类型	参数符号	参数名称	功能
操作	RESTORE	将 ROM 区域的程序复制到 RAM 区	将程序、参数、共变量从 ROM 区域复制到 RAM 区
设置	参见下图		

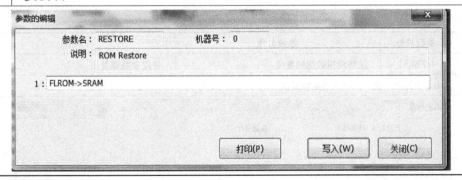

13. MFINTVL

类型	参数符号	参数名称	功能
操作	MFINTVL	维修预报数据的时间间隔	设置维修预报数据的时间间隔
设置	第 1 栏：采样量级（1~5 小时） 第 2 栏：维修预报数据的时间间隔（1~24 小时）		

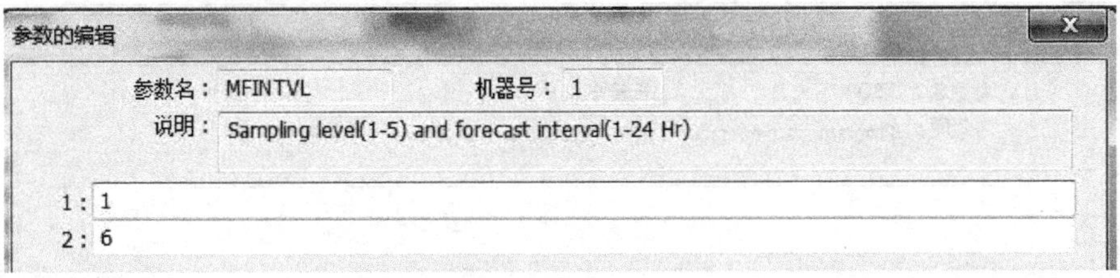

参数的编辑

参数名：　MFINTVL　　　机器号：　1

说明：　Sampling level(1-5) and forecast interval(1-24 Hr)

1：1
2：6

14. MFREPO

类型	参数符号	参数名称	功能
操作	MFREPO	维修预报数据的通知方法	
设置	第1栏：发出报警 = 1，不发出报警 = 0		
	第2栏：专用信号输出 = 1，专用信号不输出 = 0		

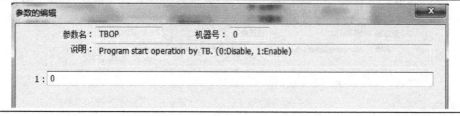

15. MFGRST

类型	参数符号	参数名称	功能
操作	MFGRST	维修预报数据的复位	将润滑油数据复位
设置	0 = 全部轴复位，1~8 = 指定轴复位		

16. MFBRST

类型	参数符号	参数名称	功能
操作	MFBRST	维修预报数据的复位	将皮带数据复位
设置	0 = 全部轴复位，1~8 = 指定轴复位		

17. TBOP

类型	参数符号	参数名称	功能
操作	TBOP	通过示教单元进行程序启动	设置是否可以通过示教单元进行程序启动
设置	0 = 不可以，1 = 可以		

8.6　通信及网络参数详解

1. RS232 通信参数

类型	参数符号	参数名称	功能
		RS232 通信参数	
设置	参见下图		

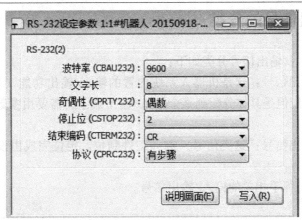

2. 以太网参数

类型	参数符号	参数名称	功能
		以太网参数	
设置	参见下图		

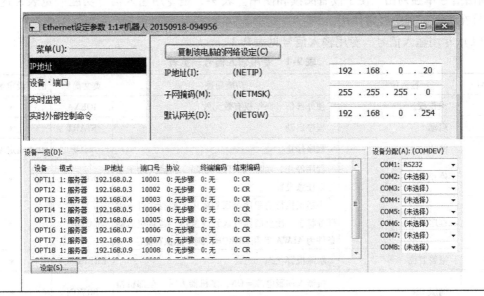

第9章 工业机器人使用的输入/输出信号

由于外部输入/输出信号是每一套机器人系统都必须使用的信号，是每一套机器人系统的基本设置，所以本章将详细介绍输入/输出信号的功能及设置。

9.1 输入/输出信号的分类

机器人使用的输入/输出信号分类如下：

1）专用输入/输出信号：这是机器人系统内置的输入/输出功能（信号），这类信号功能已经由系统内部规定但是具体分配到某个输入/输出端子还需要由参数设置。这是使用最多的信号。

2）通用输入/输出信号：这类信号，例如工件到位、定位完成由设计者自行定义，只与工程要求相关。

3）抓手信号：与抓手相关的输入/输出信号。

9.2 专用输入/输出信号详解

9.2.1 专用输入/输出信号一览表

在机器人系统中，专用输入/输出（某一功能）的名称（英文）是一样的，即同一名称（英文）可能表示输入也可能表示输出，读者开始阅读指令手册时会感到困惑，本章将输入/输出信号单独列出，便于读者阅读和使用。表9-1是专用输入信号功能一览表，这一部分信号在实际工程中经常使用。

（1）专用输入信号　专用输入信号见表9-1。

表9-1 专用输入信号一览表

序号	输入信号	功能简述	英文简称	出厂设定端子号
1	操作权	使外部信号操作权有效无效	IOENA	*
2	启动	程序启动	START	*
3	停止	程序停止	STOP	0（固定不变）
4	停止2	程序停止，功能与STOP相同，但输入端子号可以任意设置	STOP2	*
5	程序复位	中断正执行的程序，回到程序起始行，对应多任务状态，使全部任务区程序复位，若对应启动条件为ALWAYS和ERROR，则不能执行复位	SLOTINIT	*
6	报警复位	解除报警状态	ERRRESET	*
7	伺服ON	机器人伺服电源=ON，多机器人时，全部机器人伺服电源=ON	SRVON	*

（续）

序号	输入信号	功能简述	英文简称	出厂设定端子号
8	伺服 OFF	机器人伺服电源 = OFF，多机器人时，全部机器人伺服电源 = OFF	SRVOFF	*
9	自动模式使能	使自动程序生效，禁止在非自动模式下做自动运行	AUTOENA	*
10	停止循环运行	停止循环运行的程序	CYCLE	*
11	机械锁定	使机器人进入机械锁定状态	MELOCK	*
12	回待避点	回到预设置的待避点	SAFEPOS	*
13	通用输出信号复位	指令全部通用输出信号复位	OUTRESET	*
14	第 N 任务区内程序启动	指令第 N 任务区内程序启动，N = 1 ~ 32	SnSTART	*
15	第 N 任务区内程序停止	指令第 N 任务区内程序停止，N = 1 ~ 32	SnSTOP	*
16	第 N 台机器人伺服电源 OFF	指令第 N 台机器人伺服电源 OFF，N = 1 ~ 3	SnSRVOFF	*
17	第 N 台机器人伺服电源 ON	指令第 N 台机器人伺服电源 ON，N = 1 ~ 3	SnSRVON	*
18	第 N 台机器人机械锁定	指令第 N 台机器人机械锁定，N = 1 ~ 3	SnMELOCK	*
19	选定程序生效	本信号用于使选定的程序号生效	PRGSEL	*
20	选定速度比例生效	本信号用于使选定的速度比例生效	OVRDSEL	*
21	数据输入	指定在选择程序号和速度比例等数据量时使用的输入信号，即起始号和结束号	IODATA	*
22	程序号输出请求	指令输出当前执行的程序号	PRGOUT	*
23	程序行号输出请求	指令输出当前执行的程序行号	LINEOUT	*
24	速度比例输出请求	指令输出当前速度比例	OVRDOUT	*
25	报警号输出请求	指令输出当前报警号	ERROUT	*
26	JOG 使能信号	使 JOG 功能生效（通过外部端子使用 JOG 功能）	JOGENA	*
27	用数据设置 JOG 运行模式	设置在选择 JOG 模式时使用的端子起始号和结束号 0/1/2/3/4 = 关节/直交/圆筒/3 轴直交/TOOL	JOGM	*
28	JOG +	指定各轴的 JOG + 信号	JOG +	*
29	JOG −	指定各轴的 JOG − 信号	JOG −	*
30	工件坐标系编号	通过数据起始位与结束位设置工件坐标系编号	JOGWKND	*
31	JOG 报警暂时无效	本信号 = ON，JOG 报警暂时无效	JOGNER	*
32	是否允许外部信号控制抓手	本信号 = ON/OFF，允许/不允许外部信号控制抓手	HANDENA	*
33	控制抓手的输入信号范围	设置控制抓手的输入信号范围	HANDOUT	*

（续）

序号	输入信号	功能简述	英文简称	出厂设定端子号
34	第 N 机器人的抓手报警（N = 1 ~ 3）	发出第 N 机器人抓手报警信号	HNDERRn	*
35	第 N 机器人的气压报警（N = 1 ~ 5）	发出第 N 机器人的气压报警信号	AIRERRn	*
36	第 N 机器人预热运行模式有效	发出第 N 机器人预热运行模式有效信号	MnWUPENA（N = 1 ~ 3）	*
37	指定需要输出位置数据的任务区号	指定需要输出位置数据的任务区号	PSSLOT	*
38	位置数据类型	指定位置数据类型 1/0 = 关节型变量/直交型变量	PSTYPE	*
39	指定用一组数据表示位置变量号	指定用一组数据表示位置变量号	PSNUM	*
40	输出位置数据指令	指令输出当前位置数据	PSOUT	*
41	输出控制柜温度	指令输出控制柜实际温度	TMPOUT	*

注：* 表示可以由用户自行设置输入端子号。

（2）专用输出信号　在机器人系统中，对于同一功能，输入/输出信号的英文简称是相同的，但是输入信号是使得这一功能起作用。输出信号是表示这一功能已经起作用，专用输出信号大多是表示机器人系统的工作状态，专用输出信号见表 9-2。

表 9-2　专用输出信号一览表

序号	输出信号	功能	英文简称	出厂设置
1	控制器电源 ON	表示控制器电源 ON，可以正常工作	RCREADY	*
2	远程模式	表示操作面板选择自动模式，外部 I/O 信号操作有效	ATEXTMD	*
3	示教模式	表示当前工作模式为示教模式	TEACHMD	*
4	自动模式	表示当前工作模式为自动模式	ATTOPMD	*
5	外部信号操作权有效	表示外部信号操作权有效	IOENA	*
6	程序已启动	表示机器人进入程序已启动状态	START	*
7	程序停止	表示机器人进入程序暂停状态	STOP	*
8	程序停止	表示当前为程序暂停状态	STOP2	*
9	STOP 信号输入	表示正在输入 STOP 信号	STOPSTS	*
10	任务区中的程序可选择状态	表示任务区处于程序可选择状态	SLOTINIT	*
11	报警发生中	表示系统处于报警发生状态	ERRRESET	*
12	伺服 ON	表示系统当前处于伺服 ON 状态	SRVON	1
13	伺服 OFF	表示系统当前处于伺服 OFF 状态	SRVOFF	*

（续）

序号	输出信号	功能	英文简称	出厂设置
14	可自动运行	表示系统当前处于可自动运行状态	AUTOENA	*
15	循环停止信号	表示循环停止信号正输入中	CYCLE	*
16	机械锁定状态	表示机器人处于机械锁定状态	MELOCK	*
17	回归待避点状态	表示机器人处于回归待避点状态	SAFEPOS	*
18	电池电压过低	表示机器人电池电压过低	BATERR	*
19	严重级报警	表示机器人出现严重级故障报警	HLVLERR	*
20	轻量级故障报警	表示机器人出现轻量级故障报警	LLVLERR	*
21	警告型故障	表示机器人出现警告型故障	CLVLERR	*
22	机器人急停	表示机器人处于急停状态	EMGERR	*
23	第 N 任务区程序在运行中	表示第 N 任务区程序在运行中	SnSTART	*
24	第 N 任务区程序在暂停中	表示第 N 任务区程序在暂停中	SnSTOP	*
25	第 N 机器人伺服 OFF	表示第 N 机器人伺服 OFF	SnSRVOFF	*
26	第 N 机器人伺服 ON	表示第 N 机器人伺服 ON	SnSRVON	*
27	第 N 机器人机械锁定	表示第 N 机器人处于机械锁定状态	SnMELOCK	*
28	数据输出区域	对数据输出，指定输出信号的起始位、结束位	IODATA	*
29	程序号数据输出中	表示当前正在输出程序号	PRGOUT	*
30	程序行号数据输出中	表示当前正在输出程序行号	LINEOUT	*
31	速度比例数据输出中	表示当前正在输出速度比例	OVRDOUT	*
32	报警号输出中	表示当前正在输出报警号	ERROUT	*
33	JOG 有效状态	表示当前处于 JOG 有效状态	JOGENA	*
34	JOG 模式	表示当前的 JOG 模式	JOGM	*
35	JOG 报警无效状态	表示当前处于 JOG 报警无效状态	JOGNER	*
36	抓手工作状态	输出抓手工作状态（输出信号部分）	HNDCNTLn	*
37	抓手工作状态	输出抓手工作状态（输入信号部分）	HNDSTSn	*
38	外部信号对抓手控制的有效无效状态	表示外部信号对抓手控制的有效无效状态	HANDENA	*
39	第 N 机器人抓手报警	表示第 N 机器人抓手报警	HNDERRn	*
40	第 N 机器人气压报警	表示第 N 机器人气压报警	AIRERRn	*
41	用户定义区编号	用输出端子起始位、结束位表示用户定义区编号	USRAREA	*
42	易损件维修时间	表示易损件到达维修时间	MnPTEXC	*
43	机器人处于预热工作模式	表示机器人处于预热工作模式	MnWUPENA	*

注：* 表示可以用户自行设置输入端子号。

（续）

序号	输出信号	功能	英文简称	出厂设置
44	输出位置数据的任务区编号	用输出端子起始位、结束位表示输出位置数据的任务区编号	PSSLOT	*
45	输出的位置数据类型	表示输出的位置数据类型是关节型还是直交型	PSTYPE	*
46	输出的位置数据编号	用输出端子起始位、结束位表示输出位置数据的编号	PSNUM	*
47	位置数据的输出状态	表示当前是否处于位置数据的输出状态	PSOUT	*
48	控制柜温度输出状态	表示当前处于控制柜温度输出状态	TMPOUT	*

9.2.2 专用输入信号详解

本节将解释专用输入信号以及这些信号对应的参数。出厂值是指出厂时预分配的输入端子编号。机器人系统本身已经内置了专用的功能，本节将对这些功能进行解释。使用时通过参数将这些功能赋予指定的输入端子，有些功能特别重要，所以出厂时已经预先设定了输入端子编号。即该输入端被指定了功能，不得更改（例如 STOP 功能）。如果出厂值 = -1，则表示可以任意设置输入端子编号。设置参数通过软件 RT TOOL BOX 或示教单元进行，所以本节使用了软件 RT TOOL BOX 的参数设置画面，这样更有助于理解专用功能。

序号	名称	功能	对应参数	出厂值（端子号）
1	操作权	使外部信号操作权有效无效	IOENA	

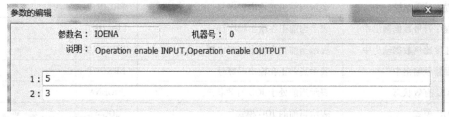

图中，设置对应本功能的输入端子号 = 5，输入端子 5 = ON/OFF，对应外部信号操作权有效/无效；输入端子 5 = ON，从 I/O 卡输入的信号生效；输入端子 5 = OFF，从 I/O 卡输入的信号无效

序号	名称	功能	对应参数	出厂值（端子号）
2	启动	程序启动	START	

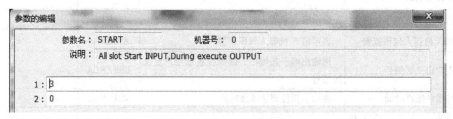

图中，设置对应本功能的输入端子号 = 3，如输入端子 3 = ON，则所有任务区内程序启动

序号	名称	功能	对应参数	出厂值（端子号）
3	停止	程序停止	STOP	0（固定不变）

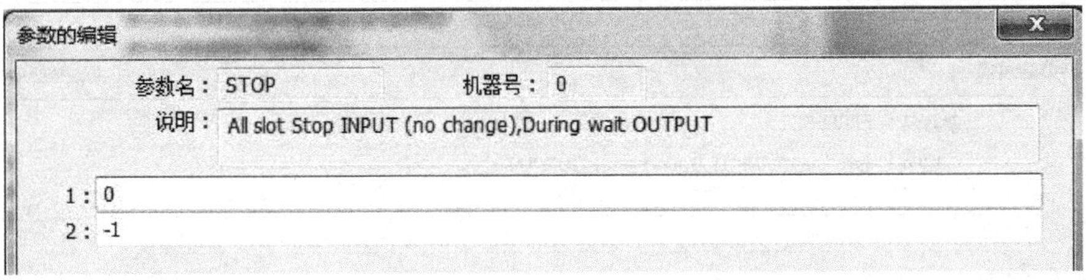
参数的编辑
参数名：STOP
机器号：0
说明：All slot Stop INPUT (no change),During wait OUTPUT
1：0
2：-1

图中，设置对应本功能的输入端子号 =0，如输入端子 0 = ON，则所有任务区内程序停止，STOP 功能对应的输入端子号固定设置 =0

序号	名称	功能	对应参数	出厂值（端子号）
4	停止 2	程序停止，功能与 STOP 相同，但输入端子号可以任意设置	STOP2	

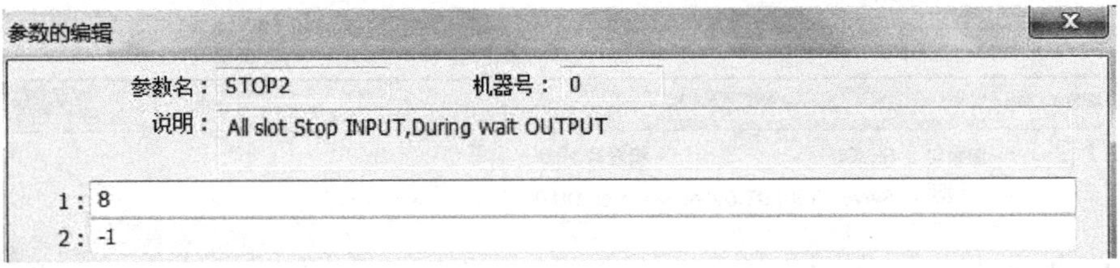
参数的编辑
参数名：STOP2
机器号：0
说明：All slot Stop INPUT,During wait OUTPUT
1：8
2：-1

图中，设置对应本功能的输入端子号 =8，如输入端子 8 = ON，则所有任务区内程序停止，STOP2 功能对应的输入端子号可以由用户设置

序号	名称	功能	对应参数	出厂值（端子号）
5	程序复位	中断正执行的程序，回到程序起始行，对应多任务状态，使全部任务区程序复位，若对应启动条件为 ALWAYS 和 ERROR，则不能够执行复位	SLOTINIT	

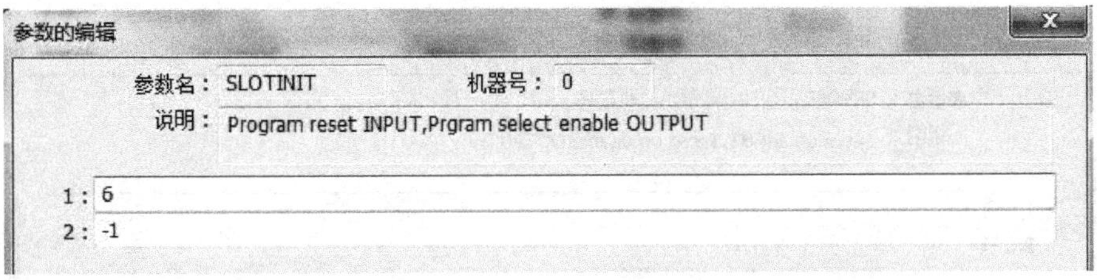
参数的编辑
参数名：SLOTINIT
机器号：0
说明：Program reset INPUT,Prgram select enable OUTPUT
1：6
2：-1

图中，设置对应本功能的输入端子号 =6，如输入端子 6 = ON，则所有任务区内程序复位

序号	名称	功能	对应参数	出厂值（端子号）
6	报警复位	解除报警状态	ERRRESET	

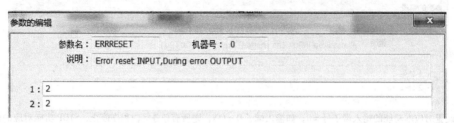

参数的编辑

参数名：ERRRESET　　　机器号：0

说明：Error reset INPUT,During error OUTPUT

1：2

2：2

图中，设置对应本功能的输入端子号 = 2，如输入端子 2 = ON，则解除报警状态

序号	名称	功能	对应参数	出厂值（端子号）
7	伺服 ON	机器人伺服电源 = ON 多机器人时，全部机器人伺服电源 = ON	SRVON	

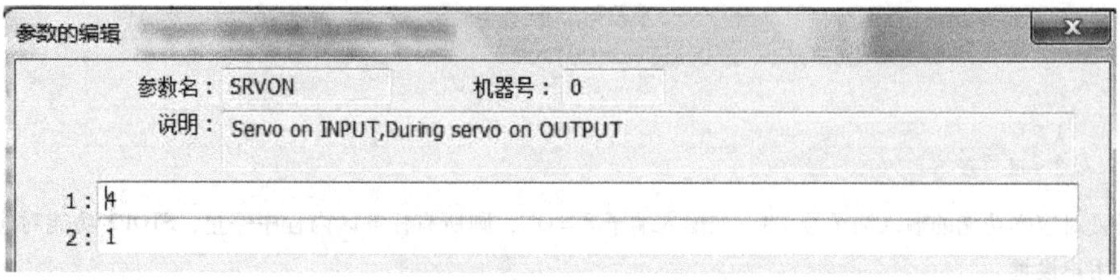

参数的编辑

参数名：SRVON　　　机器号：0

说明：Servo on INPUT,During servo on OUTPUT

1：4

2：1

图中，设置对应本功能的输入端子号 = 4，如输入端子 4 = ON，则机器人伺服电源 = OFF

序号	名称	功能	对应参数	出厂值（端子号）
8	伺服 OFF	机器人伺服电源 = OFF 多机器人时，全部机器人伺服电源 = OFF	SRVOFF	

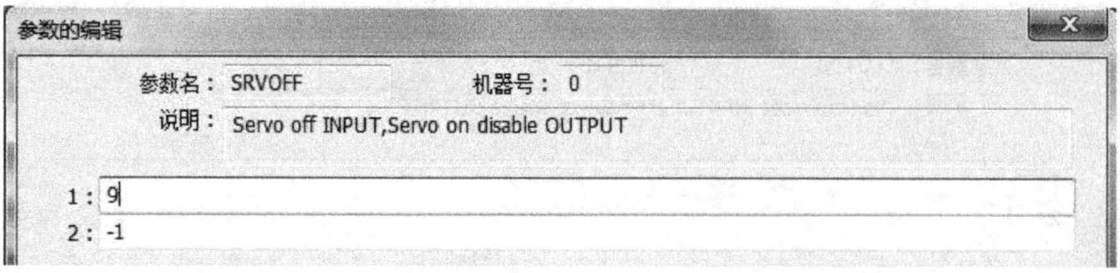

参数的编辑

参数名：SRVOFF　　　机器号：0

说明：Servo off INPUT,Servo on disable OUTPUT

1：9

2：-1

图中，设置对应本功能的输入端子号 = 9，如输入端子 9 = ON，则机器人伺服电源 = OFF

序号	名称	功能	对应参数	出厂值（端子号）
9	自动模式使能	使自动程序生效，禁止在非自动模式下做自动运行	AUTOENA	

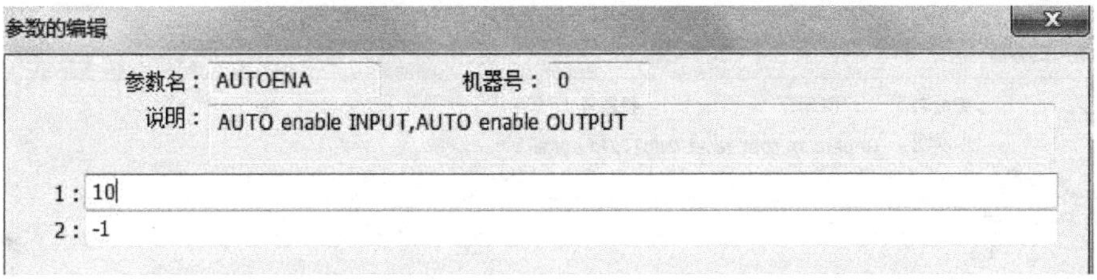

参数的编辑

参数名：AUTOENA　　　机器号：0
说明：AUTO enable INPUT,AUTO enable OUTPUT

1：10
2：-1

图中，设置对应本功能的输入端子号=10，如输入端子10=ON，则机器人进入自动使能模式

序号	名称	功能	对应参数	出厂值（端子号）
10	停止循环运行	停止循环运行的程序	CYCLE	

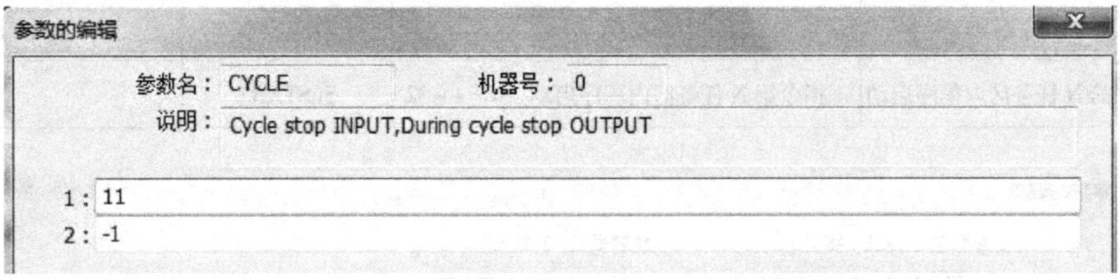

参数的编辑

参数名：CYCLE　　　机器号：0
说明：Cycle stop INPUT,During cycle stop OUTPUT

1：11
2：-1

图中，设置对应本功能的输入端子号=11，如输入端子11=ON，则停止循环运行的程序

序号	名称	功能	对应参数	出厂值（端子号）
11	机械锁定	使机器人进入机械锁定状态 机械锁定状态，即程序运行，机械不动	MELOCK	

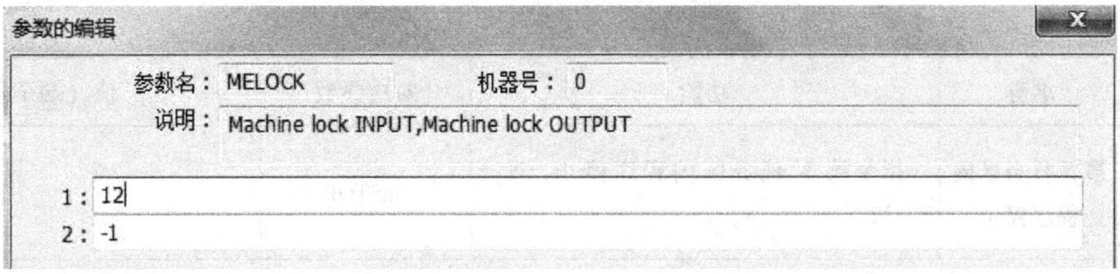

参数的编辑

参数名：MELOCK　　　机器号：0
说明：Machine lock INPUT,Machine lock OUTPUT

1：12
2：-1

图中，设置对应本功能的输入端子号=12，如输入端子12=ON，则机械锁定功能生效

序号	名称	功能	对应参数	出厂值（端子号）
12	回待避点	回到预设置的待避点	SAFEPOS	

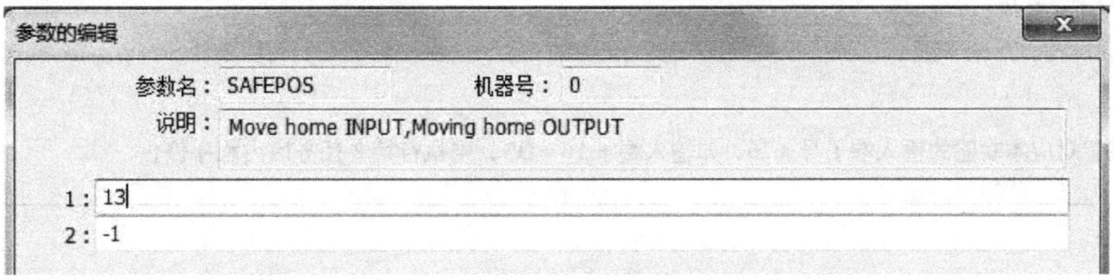

参数的编辑

参数名：SAFEPOS　　　机器号：0
说明：Move home INPUT,Moving home OUTPUT

1：13
2：-1

图中，设置对应本功能的输入端子号=13，如输入端子13=ON，则执行回待避点动作

序号	名称	功能	对应参数	出厂值（端子号）
13	通用输出信号复位	指令全部通用输出信号复位	OUTRESET	

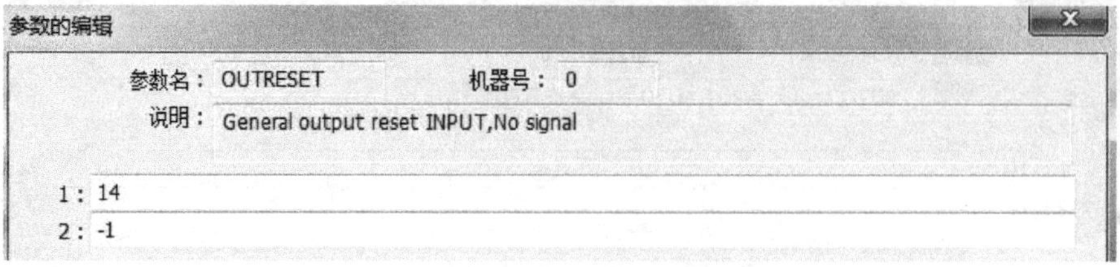

参数的编辑

参数名：OUTRESET　　　机器号：0

说明：General output reset INPUT,No signal

1：14
2：-1

图中，设置对应本功能的输入端子号 = 14，如输入端子 14 = ON，则执行通用输出信号复位动作

序号	名称	功能	对应参数	出厂值（端子号）
14	第 N 任务区内程序启动	指令第 N 任务区内程序启动，N = 1 ~ 32	SnSTART	

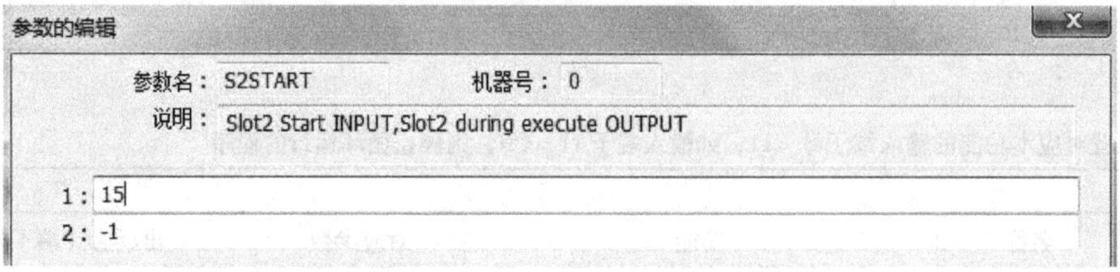

参数的编辑

参数名：S2START　　　机器号：0

说明：Slot2 Start INPUT,Slot2 during execute OUTPUT

1：15
2：-1

图中，设置对应本功能的输入端子号 = 15，如输入端子 15 = ON，则执行第 2 任务区内程序启动

序号	名称	功能	对应参数	出厂值（端子号）
15	第 N 任务区内程序停止	指令第 N 任务区内程序停止，N = 1 ~ 32	SnSTOP	

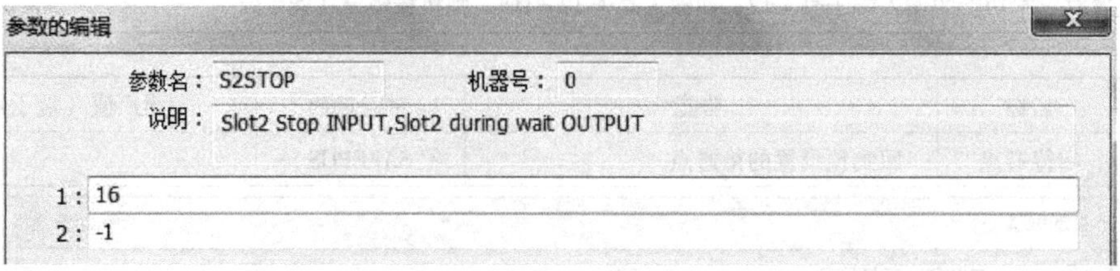

参数的编辑

参数名：S2STOP　　　机器号：0

说明：Slot2 Stop INPUT,Slot2 during wait OUTPUT

1：16
2：-1

图中，设置对应本功能的输入端子号 = 16，如输入端子 16 = ON，则执行第 2 任务区内程序停止

序号	名称	功能	对应参数	出厂值 （端子号）
16	第 N 台机器人伺服电源 OFF	指令第 N 台机器人伺服电源 OFF，N = 1 ~ 3	SnSRVOFF	
17	第 N 台机器人伺服电源 ON	指令第 N 台机器人伺服电源 ON，N = 1 ~ 3	SnSRVON	
18	第 N 台机器人机械锁定	指令第 N 台机器人机械锁定，N = 1 ~ 3	SnMELOCK	

序号	名称	功能	对应参数	出厂值 （端子号）
19	选定程序生效	本信号用于使选定的程序号生效	PRGSEL	

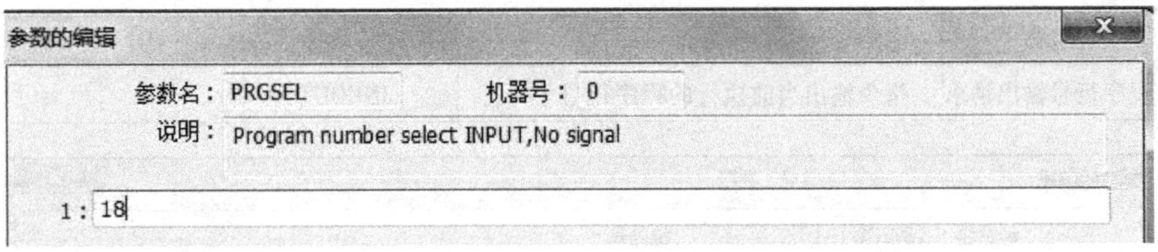

参数的编辑

参数名：PRGSEL　　　机器号：0

说明：Program number select INPUT,No signal

1：18

图中，设置对应本功能的输入端子号 = 18，如输入端子 18 = ON，则选定的程序号生效

序号	名称	功能	对应参数	出厂值（端子号）
20	选定速度比例生效	本信号用于使选定的速度比例生效	OVRDSEL	

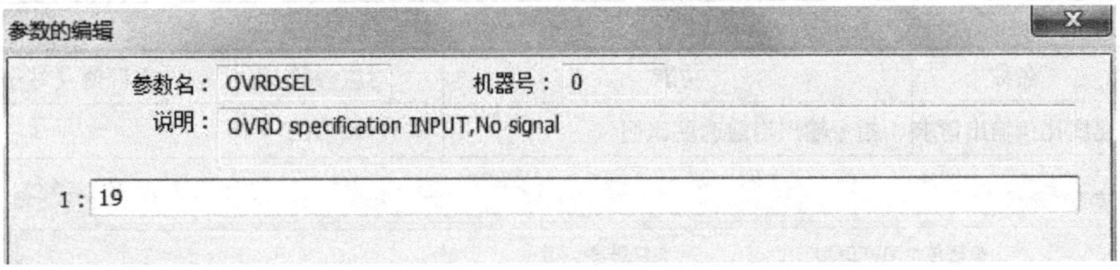

参数的编辑

参数名：OVRDSEL　　　机器号：0

说明：OVRD specification INPUT,No signal

1：19

图中，设置对应本功能的输入端子号 = 19，如输入端子 19 = ON，则选定速度比例生效

序号	名称	功能	对应参数	出厂值（端子号）
21	数据输入	指定在选择程序号和速度比例等数据量时使用的输入信号，即起始号和结束号	IODATA	

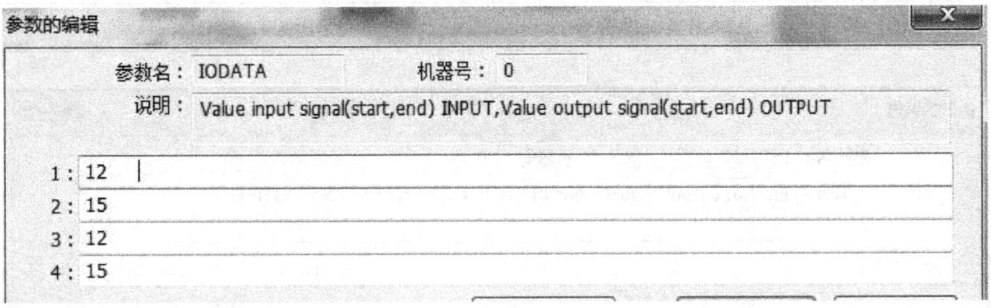

参数的编辑

参数名：IODATA　　　机器号：0

说明：Value input signal(start,end) INPUT,Value output signal(start,end) OUTPUT

1：12
2：15
3：12
4：15

图中，设置对应本功能的输入端子号 = 12 ~ 15，输入端子号 = 12 ~ 15 组成的（二进制）数据可以为程序号、速度比例等数据输入量

序号	名称	功能	对应参数	出厂值（端子号）
22	程序号输出请求	指令输出当前执行的程序号	PRGOUT	

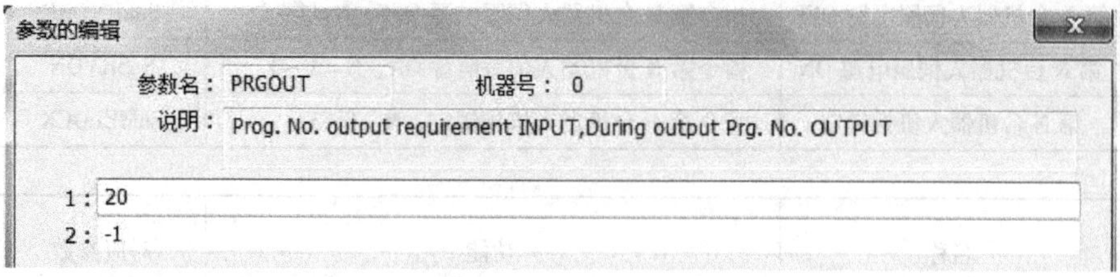

参数的编辑   ✕

参数名：PRGOUT   机器号：0

说明：Prog. No. output requirement INPUT,During output Prg. No. OUTPUT

1：20

2：-1

图中，设置对应本功能的输入端子号 = 20，如输入端子 20 = ON，则指令输出当前执行的程序号

序号	名称	功能	对应参数	出厂值（端子号）
23	程序行号输出请求	指令输出当前执行的程序行号	LINEOUT	

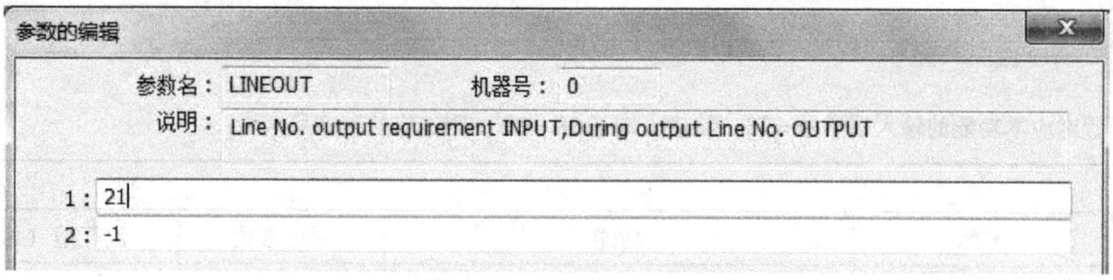

参数的编辑   ✕

参数名：LINEOUT   机器号：0

说明：Line No. output requirement INPUT,During output Line No. OUTPUT

1：21

2：-1

图中，设置对应本功能的输入端子号 = 21，如输入端子 21 = ON，则指令输出当前执行的程序行号

序号	名称	功能	对应参数	出厂值（端子号）
24	速度比例输出请求	指令输出当前速度比例	OVRDOUT	

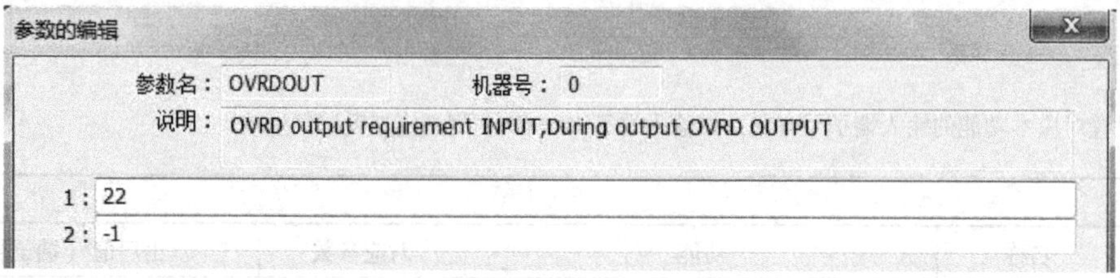

参数的编辑   ✕

参数名：OVRDOUT   机器号：0

说明：OVRD output requirement INPUT,During output OVRD OUTPUT

1：22

2：-1

图中，设置对应本功能的输入端子号 = 22，如输入端子 22 = ON，则指令输出当前执行的速度比例

序号	名称	功能	对应参数	出厂值（端子号）
25	报警号输出请求	指令输出当前报警号	ERROUT	

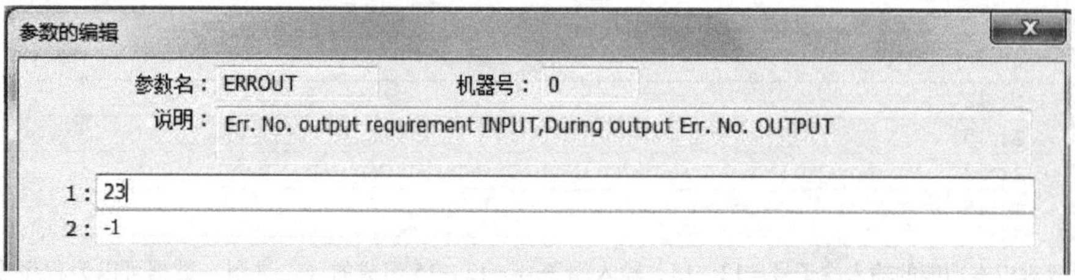

参数的编辑   ✕

参数名：ERROUT   机器号：0

说明：Err. No. output requirement INPUT,During output Err. No. OUTPUT

1：23

2：-1

图中，设置对应本功能的输入端子号 = 23，如输入端子 23 = ON，则指令输出当前的报警号

序号	名称	功能	对应参数	出厂值（端子号）
26	JOG 使能信号	使 JOG 功能生效（通过外部端子使用 JOG 功能）	JOGENA	

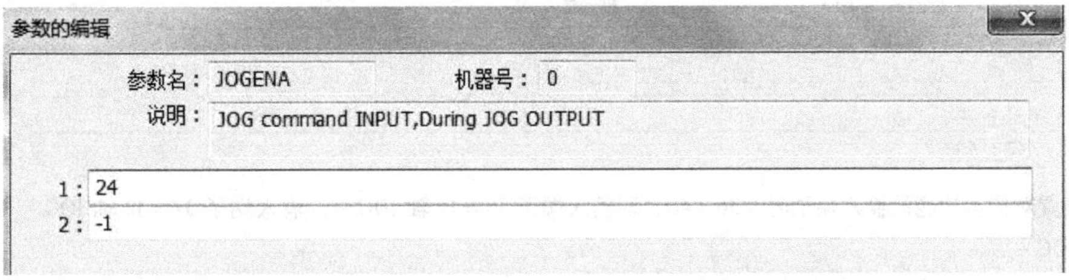

参数的编辑

参数名：JOGENA　　　　机器号：0
说明：JOG command INPUT,During JOG OUTPUT

1：24
2：-1

图中，设置对应本功能的输入端子号 = 24，如输入端子 24 = ON，则 JOG 功能生效（通过外部端子使用 JOG 功能）

序号	名称	功能	对应参数	出厂值（端子号）
27	用数据设置 JOG 运行模式	设置在选择 JOG 模式时使用的端子起始号和结束号 0/1/2/3/4 = 关节/直交/圆筒/3 轴直交 /TOOL	JOGM	

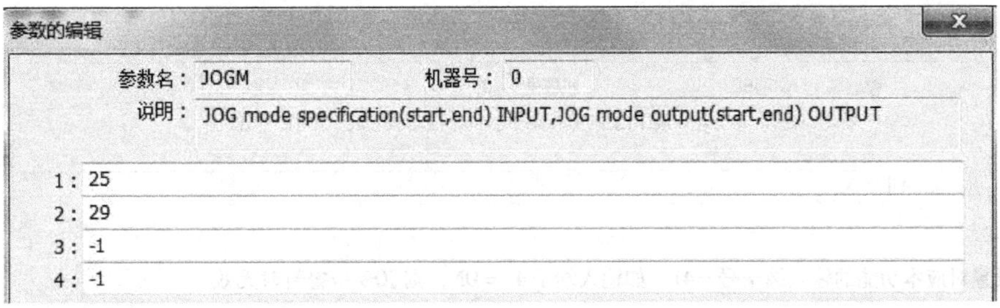

参数的编辑

参数名：JOGM　　　　机器号：0
说明：JOG mode specification(start,end) INPUT,JOG mode output(start,end) OUTPUT

1：25
2：29
3：-1
4：-1

图中，设置对应本功能的输入端子号 = 25 ~ 29，输入端子号 = 25 ~ 29 组成的数据为 JOG 运行的工作模式，0/1/2/3/4 = 关节/直交/圆筒/3 轴直交/TOOL，如输入端子号 = 25 ~ 29 组成的数据 = 1，则选择直交模式

序号	名称	功能	对应参数	出厂值（端子号）
28	JOG +	指定各轴的 JOG + 信号	JOG +	

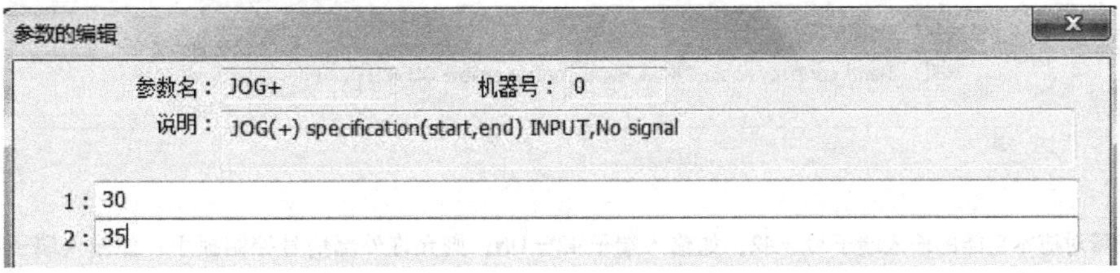

参数的编辑

参数名：JOG+　　　　机器号：0
说明：JOG(+) specification(start,end) INPUT,No signal

1：30
2：35

图中，设置对应本功能的输入端子号 = 30 ~ 35，即输入端子 30 = J1 轴 JOG + ，输入端子 31 = J2 轴 JOG + …输入端子 35 = J6 轴 JOG +

序号	名称	功能	对应参数	出厂值（端子号）
29	JOG－	指定各轴的 JOG－信号	JOG－	

参数的编辑
参数名： JOG-
机器号： 0
说明： JOG(-) specification(start,end) INPUT,No signal
1： 36
2： 40

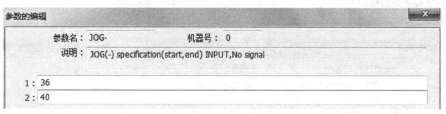

图中，设置对应本功能的输入端子号＝36～40，即输入端子 36＝J1 轴 JOG－，输入端子 37＝J2 轴 JOG－…输入端子 40＝J6 轴 JOG－

序号	名称	功能	对应参数	出厂值（端子号）
30	工件坐标系编号	通过数据起始位与结束位设置工件坐标系编号	JOGWKND	

序号	名称	功能	对应参数	出厂值（端子号）
31	JOG 报警暂时无效	本信号＝ON，JOG 报警暂时无效	JOGNER	

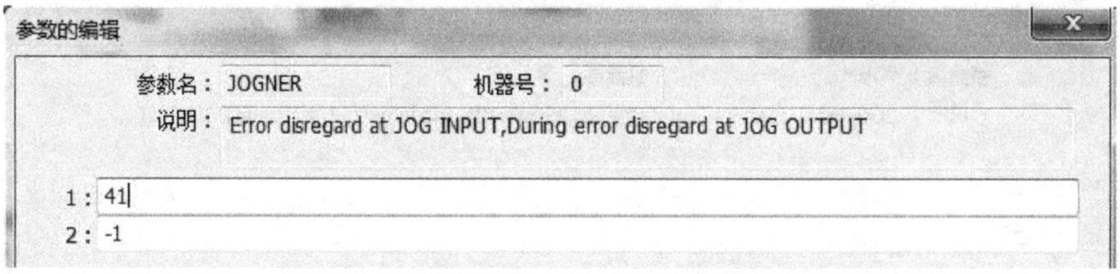

参数的编辑
参数名： JOGNER
机器号： 0
说明： Error disregard at JOG INPUT,During error disregard at JOG OUTPUT
1： 41
2： -1

图中，设置对应本功能的输入端子号＝41，如输入端子 41＝ON，则 JOG 报警暂时无效

序号	名称	功能	对应参数	出厂值（端子号）
32	是否允许外部信号控制抓手	本信号＝ON/OFF，允许/不允许外部信号控制抓手	HANDENA	

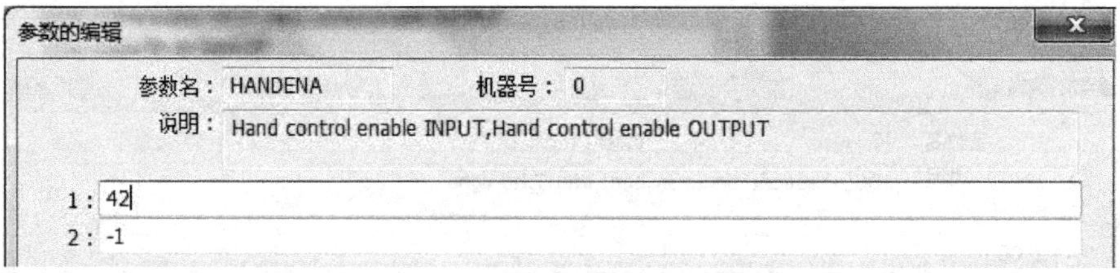

参数的编辑
参数名： HANDENA
机器号： 0
说明： Hand control enable INPUT,Hand control enable OUTPUT
1： 42
2： -1

图中，设置对应本功能的输入端子号＝42，如输入端子 42＝ON，则允许外部信号控制抓手；如输入端子 42＝OFF，则不允许外部信号控制抓手

序号	名称	功能	对应参数	出厂值（端子号）
33	控制抓手的输入信号范围	设置控制抓手的输入信号范围	HANDOUT	

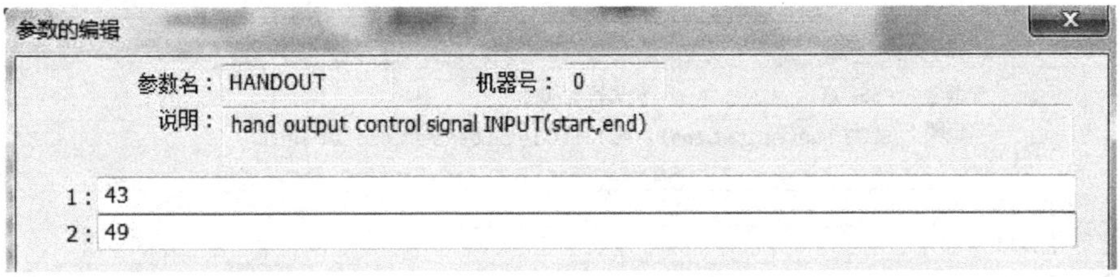

参数的编辑　✕

参数名：HANDOUT　　　机器号：0

说明：hand output control signal INPUT(start,end)

1：43

2：49

图中，设置对应本功能的输入端子号 = 43 ~ 49，即输入端子 43 ~ 49 为控制抓手的输入信号范围

序号	名称	功能	对应参数	出厂值（端子号）
34	第 N 机器人的抓手报警（N = 1 ~ 3）	发出第 N 机器人抓手报警信号	HNDERRn	

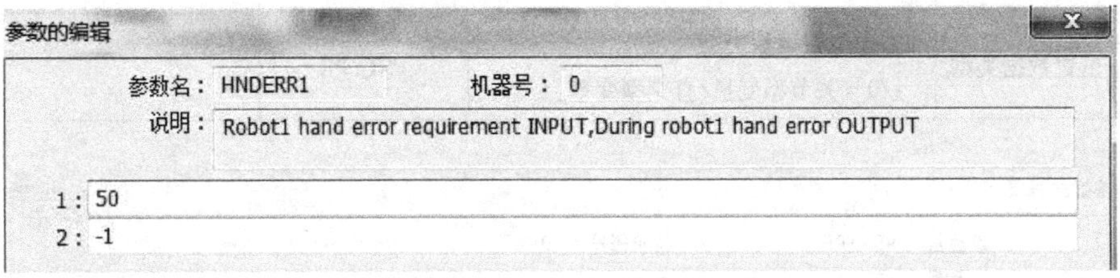

参数的编辑　✕

参数名：HNDERR1　　　机器号：0

说明：Robot1 hand error requirement INPUT,During robot1 hand error OUTPUT

1：50

2：-1

图中，设置对应本功能的输入端子号 = 50，如输入端子 50 = ON，则发出第 N 机器人抓手报警信号

序号	名称	功能	对应参数	出厂值（端子号）
35	第 N 机器人的气压报警（N = 1 ~ 5）	发出第 N 机器人的气压报警信号	AIRERRn	

序号	名称	功能	对应参数	出厂值（端子号）
36	第 N 机器人预热运行模式有效	发出第 N 机器人预热运行模式有效信号	MnWUPENA（n = 1 ~ 3）	

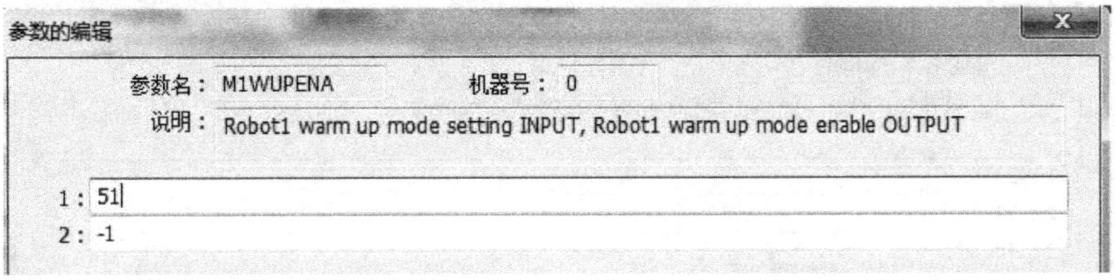

参数的编辑　✕

参数名：M1WUPENA　　　机器号：0

说明：Robot1 warm up mode setting INPUT, Robot1 warm up mode enable OUTPUT

1：51

2：-1

图中，设置对应本功能的输入端子号 = 51，如输入端子 51 = ON，则发出第 N 机器人预热运行模式有效信号

序号	名称	功能	对应参数	出厂值（端子号）
37	指定需要输出位置数据的任务区号	指定需要输出位置数据的任务区号	PSSLOT	

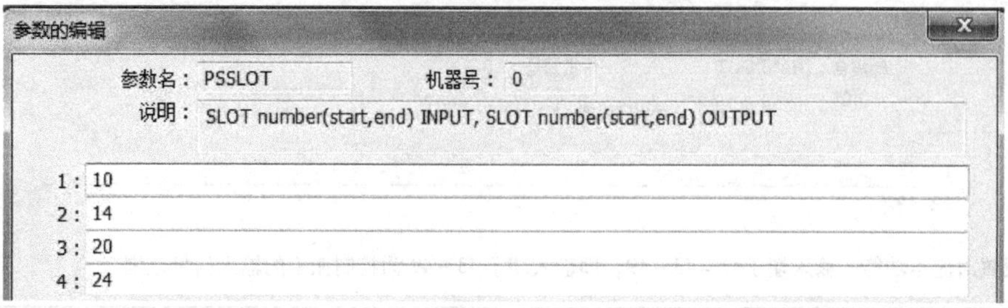

参数的编辑

参数名：PSSLOT　　　机器号：0

说明：SLOT number(start,end) INPUT, SLOT number(start,end) OUTPUT

1：10
2：14
3：20
4：24

图中，设置对应本功能的输入端子号 = 10 ~ 14，即输入端子 10 ~ 14 构成的数据为需要输出位置数据的任务区号

序号	名称	功能	对应参数	出厂值（端子号）
38	位置数据类型	指定位置数据类型 1/0 = 关节型变量/直交型变量	PSTYPE	

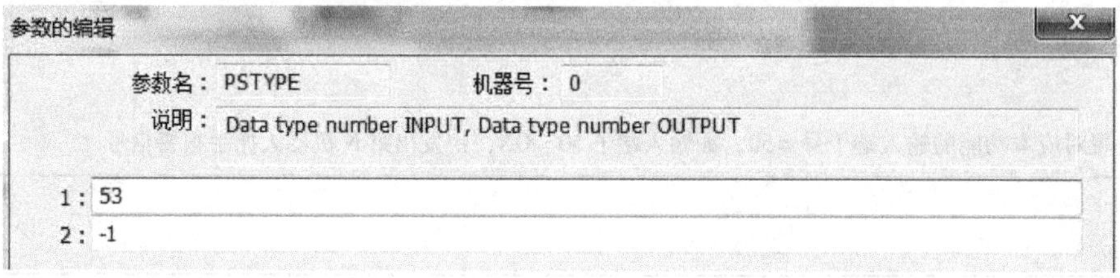

参数的编辑

参数名：PSTYPE　　　机器号：0

说明：Data type number INPUT, Data type number OUTPUT

1：53
2：-1

图中，设置对应本功能的输入端子号 = 53，输入端子 53 = 1/0，对应关节型变量/直交型变量

序号	名称	功能	对应参数	出厂值（端子号）
39	指定用一组数据表示位置变量号	指定用一组数据表示位置变量号	PSNUM	

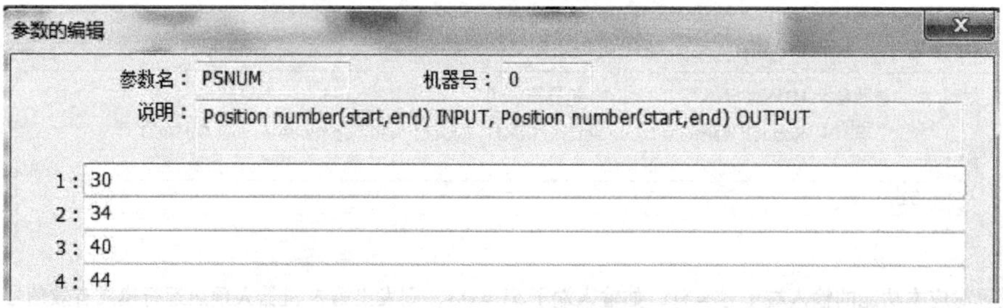

参数的编辑

参数名：PSNUM　　　机器号：0

说明：Position number(start,end) INPUT, Position number(start,end) OUTPUT

1：30
2：34
3：40
4：44

图中，设置对应本功能的输入端子号 = 30 ~ 34，即输入端子 30 ~ 34 构成的数据表示位置变量号

序号	名称	功能	对应参数	出厂值（端子号）
40	输出位置数据指令	指令输出当前位置数据	PSOUT	

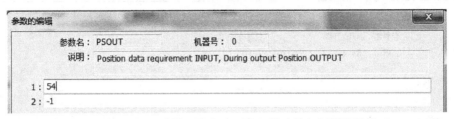

图中，设置对应本功能的输入端子号 = 54，如输入端子 54 = ON，则指令输出当前位置数据

序号	名称	功能	对应参数	出厂值（端子号）
41	输出控制柜温度	指令输出控制柜实际温度	TMPOUT	

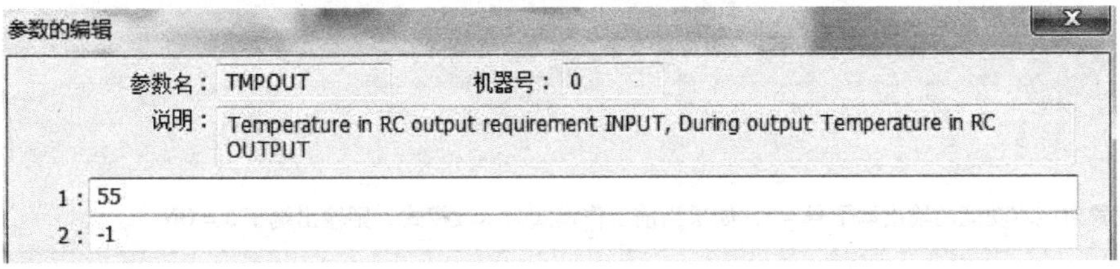

图中，设置对应本功能的输入端子号 = 55，如输入端子 55 = ON，则指令输出控制柜温度

9.2.3　专用输出信号详解

本节将解释专用输出信号以及这些信号对应的参数。出厂值是指出厂时预分配的输出端子序号。由于同一参数包含了输入信号与输出信号的内容，因此必须理解：参数只是表示某一功能，输入信号是驱动这一功能生效，输出信号是表示这一功能已经生效。

序号	名称	功能	对应参数	出厂值（端子号）
1	控制器电源 ON	表示控制器电源 ON，可以正常工作	RCREADY	

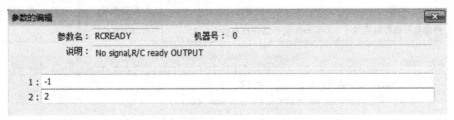

图中，设置对应本功能的输出端子号 = 2，如果控制器电源 ON，则输出端子 2 = ON

序号	名称	功能	对应参数	出厂值（端子号）
2	远程模式	表示操作面板选择自动模式，外部 I/O 信号操作有效	ATEXTMD	

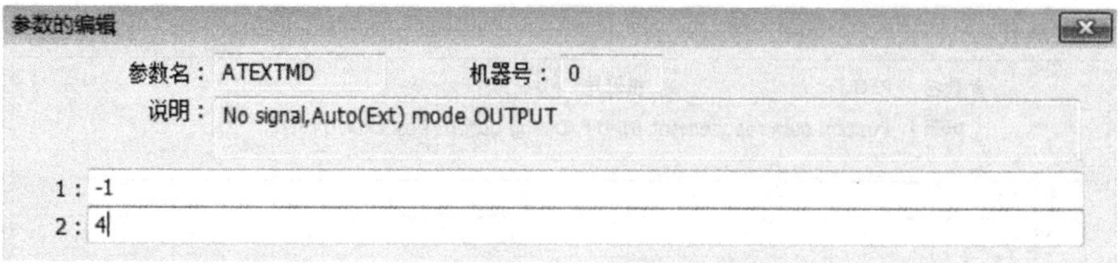

参数的编辑   ✖

参数名：ATEXTMD   机器号：0

说明：No signal,Auto(Ext) mode OUTPUT

1：-1

2：4

图中，设置对应本功能的输出端子号 = 4，如果本功能生效，则输出端子 4 = ON

序号	名称	功能	对应参数	出厂值（端子号）
3	示教模式	表示当前工作模式为示教模式	TEACHMD	

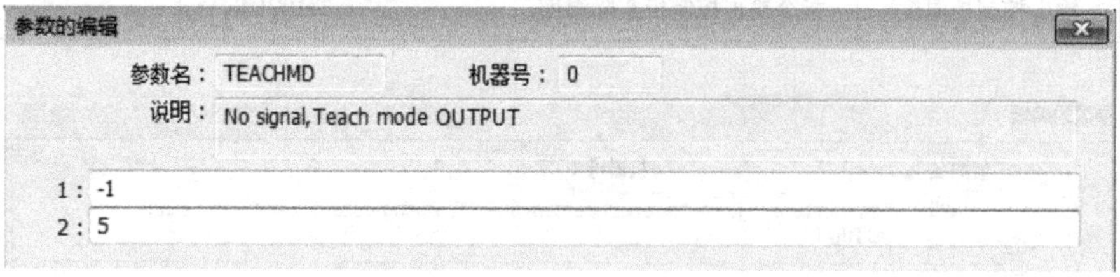

参数的编辑   ✖

参数名：TEACHMD   机器号：0

说明：No signal,Teach mode OUTPUT

1：-1

2：5

图中，设置对应本功能的输出端子号 = 5，如果当前工作模式为示教模式，则输出端子 5 = ON

序号	名称	功能	对应参数	出厂值（端子号）
4	自动模式	表示当前工作模式为自动模式	ATTOPMD	

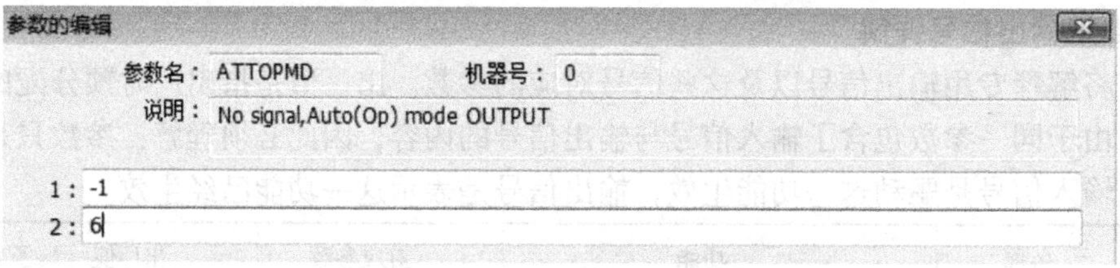

参数的编辑   ✖

参数名：ATTOPMD   机器号：0

说明：No signal,Auto(Op) mode OUTPUT

1：-1

2：6

图中，设置对应本功能的输出端子号 = 6，如果当前工作模式为自动模式，则输出端子 6 = ON

序号	名称	功能	对应参数	出厂值（端子号）
5	外部信号操作权有效	表示外部信号操作权有效	IOENA	

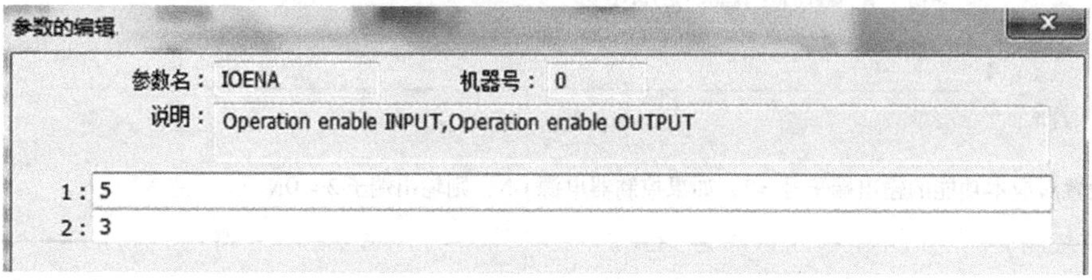

参数的编辑   ✖

参数名：IOENA   机器号：0

说明：Operation enable INPUT,Operation enable OUTPUT

1：5

2：3

图中，设置对应本功能的输出端子号 = 3，如果外部操作权已经有效，则输出端子 3 = ON

序号	名称	功能	对应参数	出厂值（端子号）
6	程序已启动	表示机器人进入程序已启动状态	START	

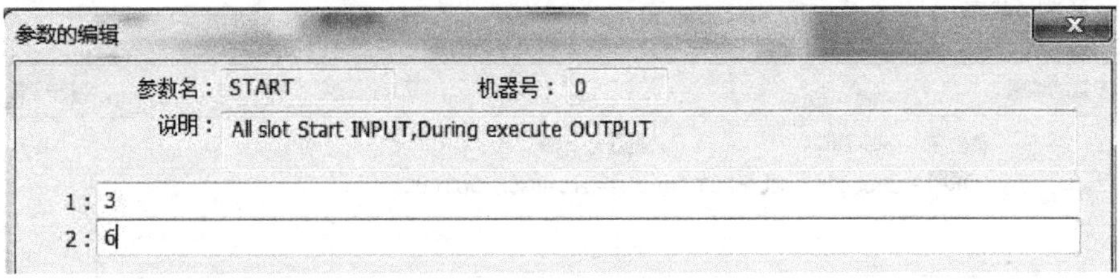

参数的编辑 ☒

参数名：START　　　机器号：0

说明：All slot Start INPUT,During execute OUTPUT

1：3

2：6

图中，设置对应本功能的输出端子号 = 6，如果机器人进入程序已启动状态，则输出端子 6 = ON

序号	名称	功能	对应参数	出厂值（端子号）
7	程序停止	表示机器人进入程序暂停状态	STOP	

参数的编辑 ☒

参数名：STOP　　　机器号：0

说明：All slot Stop INPUT (no change),During wait OUTPUT

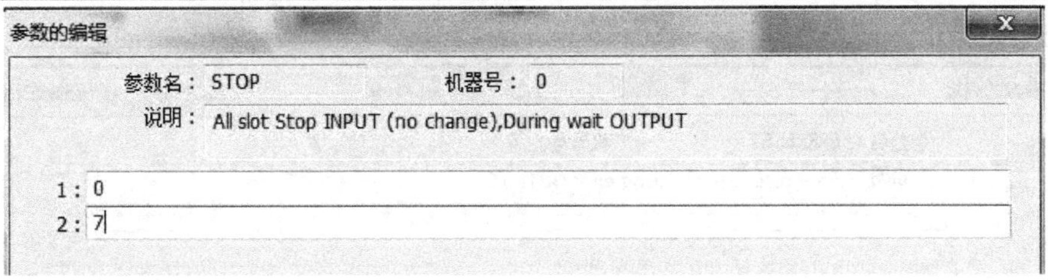

1：0

2：7

图中，设置对应本功能的输出端子号 = 7，如果机器人进入程序暂停状态，则输出端子 7 = ON

序号	名称	功能	对应参数	出厂值（端子号）
8	程序停止	表示当前为程序暂停状态	STOP2	

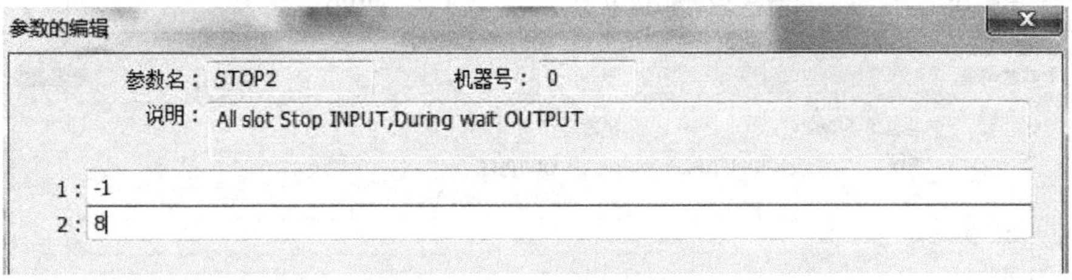

参数的编辑 ☒

参数名：STOP2　　　机器号：0

说明：All slot Stop INPUT,During wait OUTPUT

1：-1

2：8

图中，设置对应本功能的输出端子号 = 8，如果机器人进入程序暂停 2 状态，则输出端子 8 = ON

序号	名称	功能	对应参数	出厂值（端子号）
9	STOP 信号输入	表示正在输入 STOP 信号	STOPSTS	

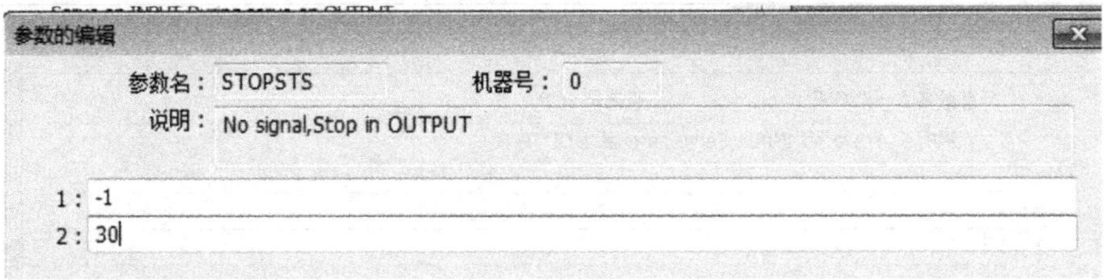

参数的编辑 ☒

参数名：STOPSTS　　　机器号：0

说明：No signal,Stop in OUTPUT

1：-1

2：30

图中，设置对应本功能的输出端子号 = 30，如果正在输入 STOP 信号，则输出端子 30 = ON

序号	名称	功能	对应参数	出厂值（端子号）
10	任务区中的程序可选择状态	表示任务区处于程序可选择状态	SLOTINIT	

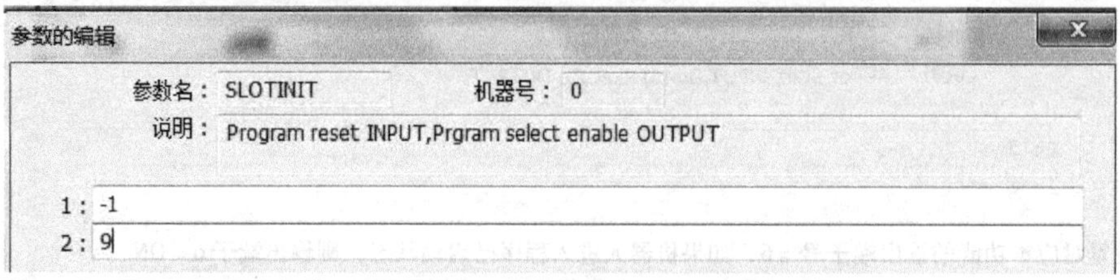
参数的编辑
参数名： SLOTINIT
机器号： 0
说明： Program reset INPUT,Prgram select enable OUTPUT
1 : -1
2 : 9

图中，设置对应本功能的输出端子号 =9，如果正在输入 STOP 信号，则输出端子 9 = ON

序号	名称	功能	对应参数	出厂值（端子号）
11	报警发生中	表示系统处于报警发生中	ERRRESET	

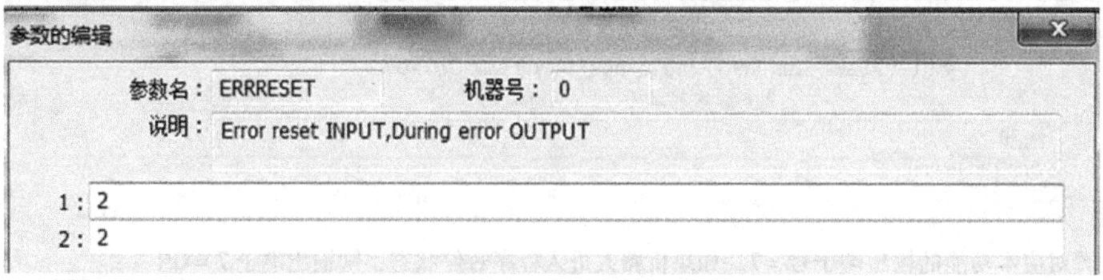
参数的编辑
参数名： ERRRESET
机器号： 0
说明： Error reset INPUT,During error OUTPUT
1 : 2
2 : 2

图中设置的输出端子号 =2，如果系统处于报警发生中，则输出端子 2 = ON

序号	名称	功能	对应参数	出厂值（端子号）
12	伺服 ON	表示当前处于伺服 ON 状态	SRVON	1

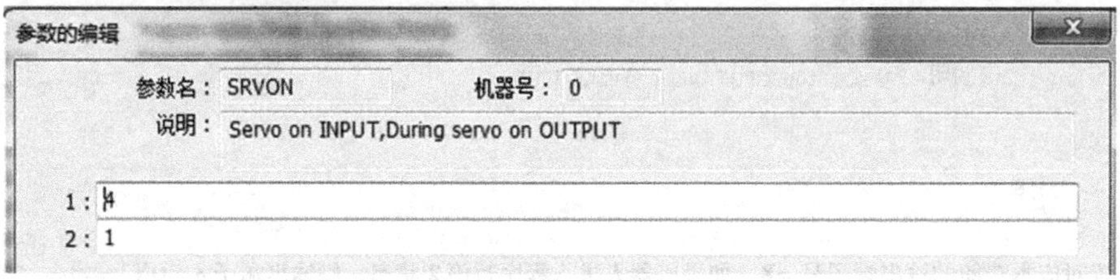
参数的编辑
参数名： SRVON
机器号： 0
说明： Servo on INPUT,During servo on OUTPUT
1 : 4
2 : 1

图中设置的输出端子号 =1，如果当前为伺服 ON 状态，则输出端子 1 = ON

序号	名称	功能	对应参数	出厂值（端子号）
13	伺服 OFF	表示当前处于伺服 OFF 状态	SRVOFF	

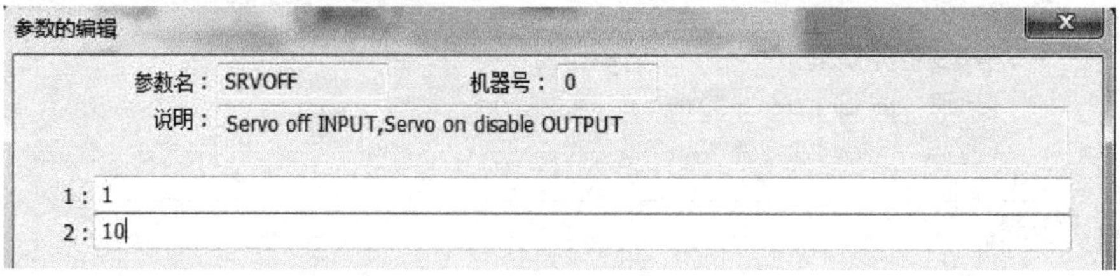
参数的编辑
参数名： SRVOFF
机器号： 0
说明： Servo off INPUT,Servo on disable OUTPUT
1 : 1
2 : 10

图中设置的输出端子号 =10，如果当前处于伺服 OFF 状态，则输出端子 10 = ON

序号	名称	功能	对应参数	出厂值（端子号）
14	可自动运行	表示系统当前处于可自动运行状态	AUTOENA	

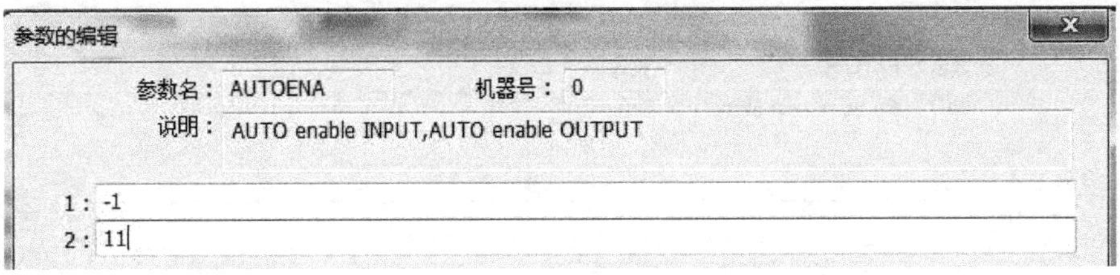

图中，设置对应本功能的输出端子号 = 11，如果当前处于可自动运行状态，则输出端子 11 = ON

序号	名称	功能	对应参数	出厂值（端子号）
15	循环停止信号	表示循环停止信号正输入中	CYCLE	

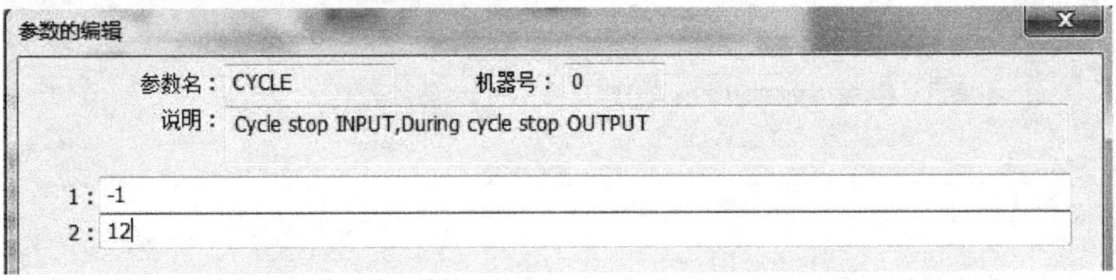

图中，设置对应本功能的输出端子号 = 12，如果循环停止信号正输入中，则输出端子 12 = ON

序号	名称	功能	对应参数	出厂值（端子号）
16	机械锁定状态	表示机器人处于机械锁定状态	MELOCK	

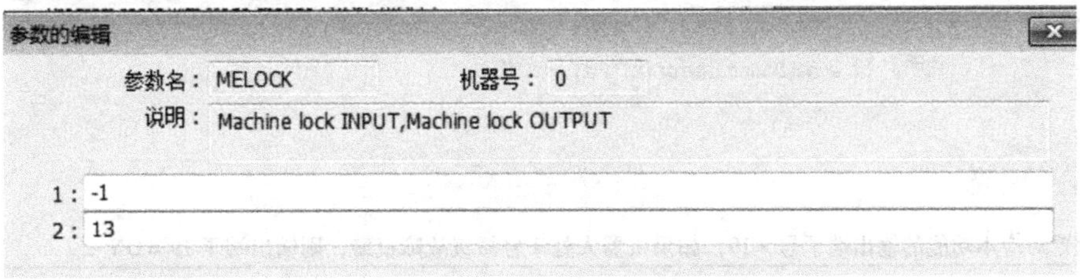

图中，设置对应本功能的输出端子号 = 13，如果机器人处于机械锁定状态，则输出端子 13 = ON

序号	名称	功能	对应参数	出厂值（端子号）
17	回归待避点状态	表示机器人处于回归待避点状态	SAFEPOS	

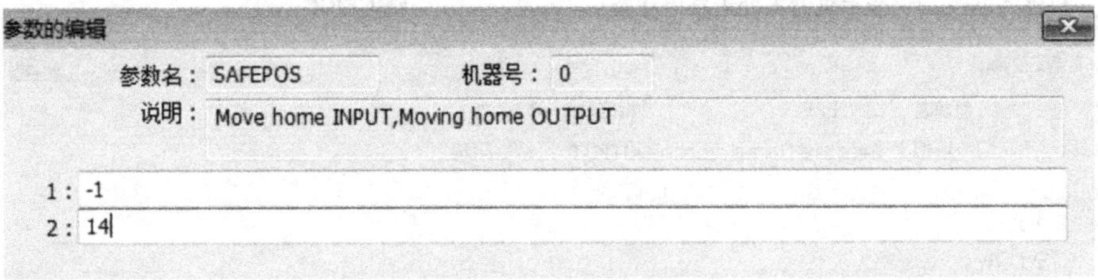

图中，设置对应本功能的输出端子号 = 14，如果机器人处于回归待避点状态，则输出端子 14 = ON

序号	名称	功能	对应参数	出厂值（端子号）
18	电池电压过低	表示机器人电池电压过低	BATERR	

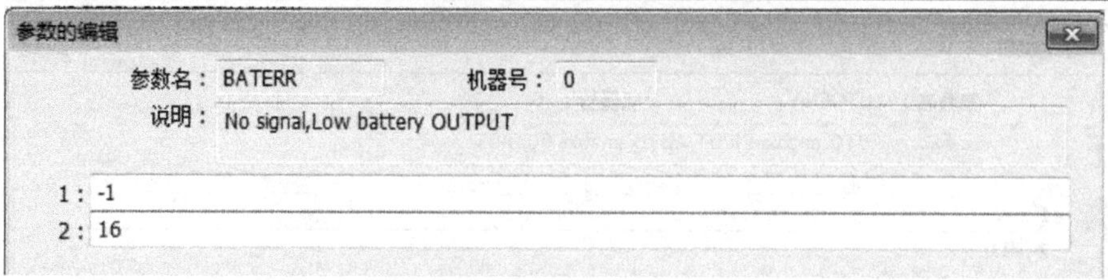

参数的编辑   ☒

参数名：BATERR   机器号：0
说明：No signal,Low battery OUTPUT

1: -1
2: 16

图中，设置对应本功能的输出端子号=16，如果机器人处于电池电压过低状态，则输出端子16=ON

序号	名称	功能	对应参数	出厂值（端子号）
19	严重级报警	表示机器人出现严重级故障报警	HLVLERR	

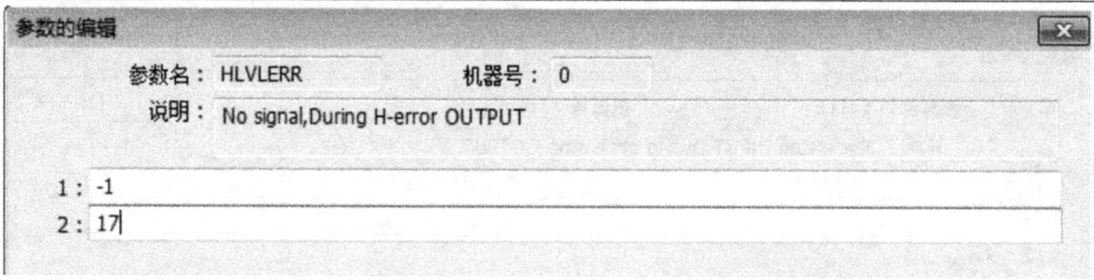

参数的编辑   ☒

参数名：HLVLERR   机器号：0
说明：No signal,During H-error OUTPUT

1: -1
2: 17

图中，设置对应本功能的输出端子号=17，如果机器人处于严重级故障报警，则输出端子17=ON

序号	名称	功能	对应参数	出厂值（端子号）
20	轻微级故障报警	表示机器人出现轻微级故障报警	LLVLERR	

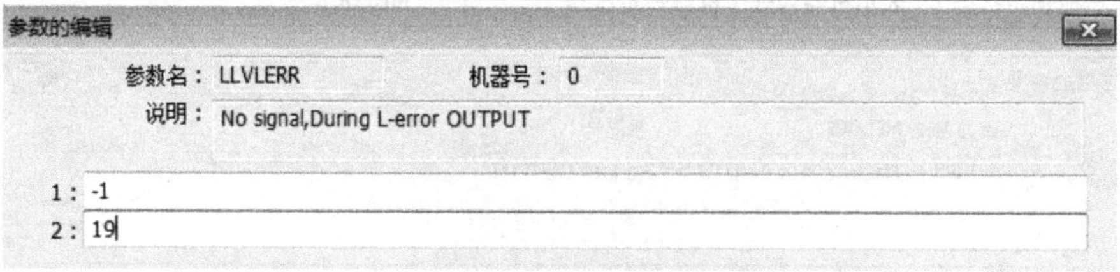

参数的编辑   ☒

参数名：LLVLERR   机器号：0
说明：No signal,During L-error OUTPUT

1: -1
2: 19

图中，设置对应本功能的输出端子号=19，如果机器人处于轻微级故障报警，则输出端子19=ON

序号	名称	功能	对应参数	出厂值（端子号）
21	警告型故障	表示机器人出现警告型故障	CLVLERR	

序号	名称	功能	对应参数	出厂值（端子号）
22	机器人急停	表示机器人处于急停状态	EMGERR	

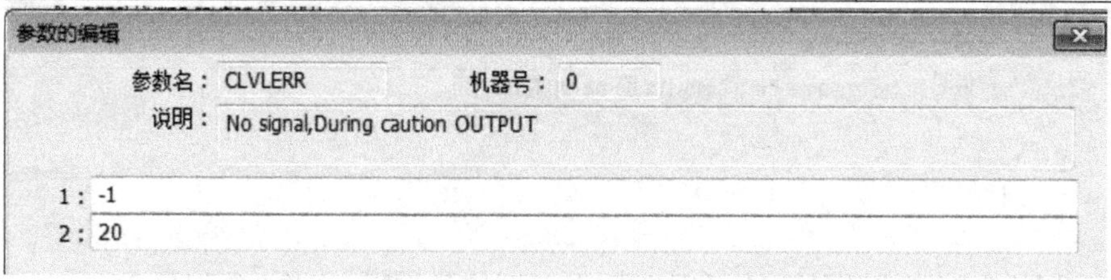

参数的编辑   ☒

参数名：CLVLERR   机器号：0
说明：No signal,During caution OUTPUT

1: -1
2: 20

图中，设置对应本功能的输出端子号=20，如果机器人处于急停状态，则输出端子20=ON

序号	名称	功能	对应参数	出厂值（端子号）
23	第 N 任务区程序在运行中	表示第 N 任务区程序在运行中	SnSTART	

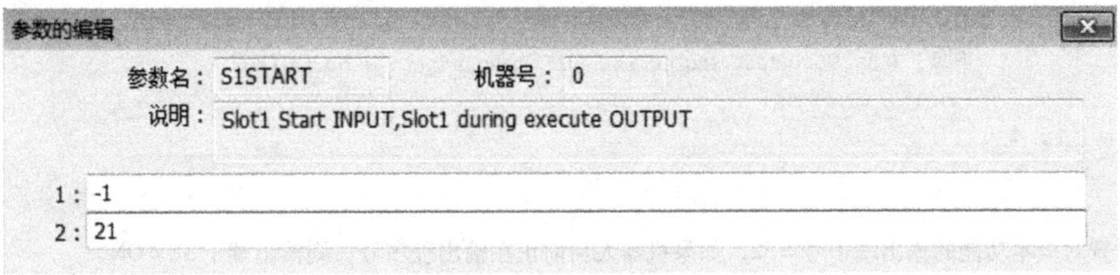
参数的编辑
参数名：S1START
机器号：0
说明：Slot1 Start INPUT,Slot1 during execute OUTPUT
1：-1
2：21

图中，设置对应本功能的输出端子号 =21，如果机器人处于第 1 任务区程序运行状态，则输出端子 21 = ON

序号	名称	功能	对应参数	出厂值（端子号）
24	第 N 任务区程序在暂停中	表示第 N 任务区程序在暂停中	SnSTOP	

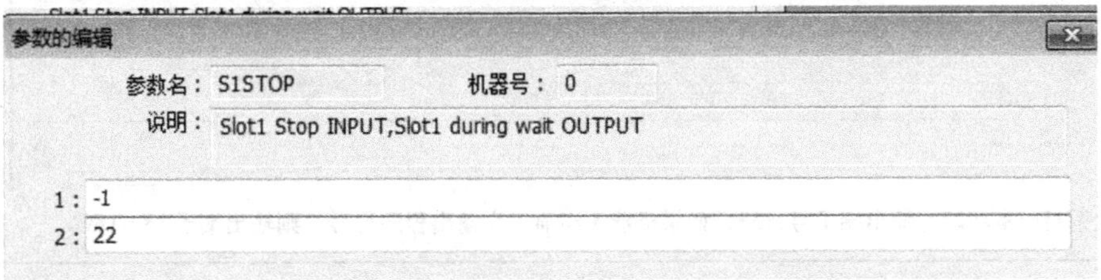
参数的编辑
参数名：S1STOP
机器号：0
说明：Slot1 Stop INPUT,Slot1 during wait OUTPUT
1：-1
2：22

图中，设置对应本功能的输出端子号 =22，如果机器人处于第 1 任务区程序暂停中状态，则输出端子 22 = ON

序号	名称	功能	对应参数	出厂值（端子号）
25	第 N 机器人伺服 OFF	表示第 N 机器人伺服 OFF	SnSRVOFF	
26	第 N 机器人伺服 ON	表示第 N 机器人伺服 ON	SnSRVON	
27	第 N 机器人机械锁定	表示第 N 机器人处于机械锁定状态	SnMELOCK	

序号	名称	功能	对应参数	出厂值（端子号）
28	数据输出区域	对数据输出，指定输出信号的起始位、结束位	IODATA	

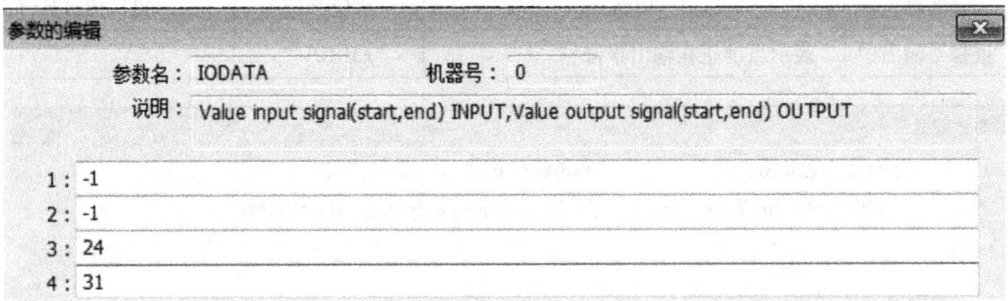
参数的编辑
参数名：IODATA
机器号：0
说明：Value input signal(start,end) INPUT,Value output signal(start,end) OUTPUT
1：-1
2：-1
3：24
4：31

图中，设置对应本功能的输出端子号 =24 ~31，则输出端子 24 ~31 的 ON/OFF 状态构成了一组数据

序号	名称	功能	对应参数	出厂值（端子号）
29	程序号数据输出中	表示当前正在输出程序号	PRGOUT	

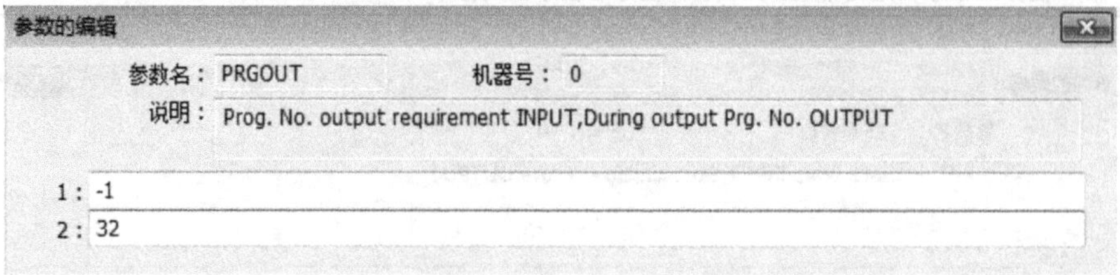

参数的编辑

参数名：PRGOUT　　　机器号：0

说明：Prog. No. output requirement INPUT,During output Prg. No. OUTPUT

1：-1

2：32

图中，设置对应本功能的输出端子号 =32，如果机器人当前正在输出程序号，则输出端子 32 = ON

序号	名称	功能	对应参数	出厂值（端子号）
30	程序行号数据输出中	表示当前正在输出程序行号	LINEOUT	

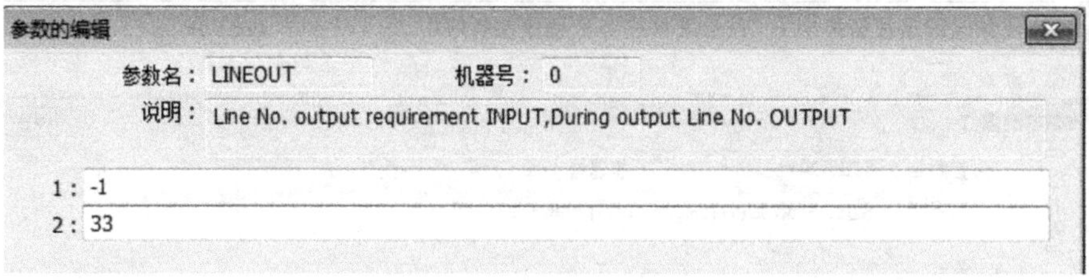

参数的编辑

参数名：LINEOUT　　　机器号：0

说明：Line No. output requirement INPUT,During output Line No. OUTPUT

1：-1

2：33

图中，设置对应本功能的输出端子号 =33，如果机器人当前正在输出程序行号，则输出端子 33 = ON

序号	名称	功能	对应参数	出厂值（端子号）
31	速度比例数据输出中	表示当前正在输出速度比例	OVRDOUT	

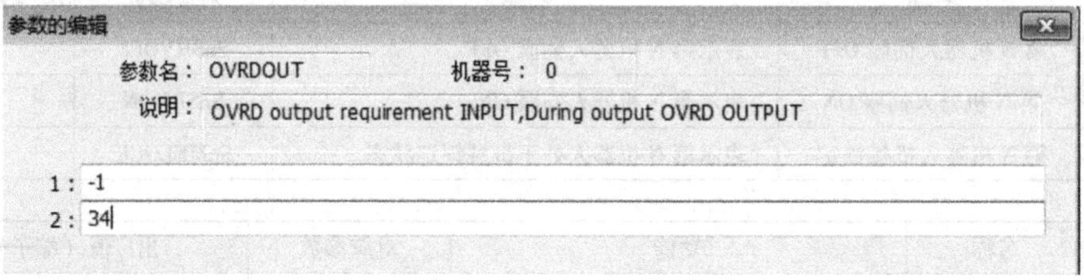

参数的编辑

参数名：OVRDOUT　　　机器号：0

说明：OVRD output requirement INPUT,During output OVRD OUTPUT

1：-1

2：34

图中，设置对应本功能的输出端子号 =34，如果机器人当前正在输出速度比例，则输出端子 34 = ON

序号	名称	功能	对应参数	出厂值（端子号）
32	报警号输出中	表示当前正在输出报警号	ERROUT	

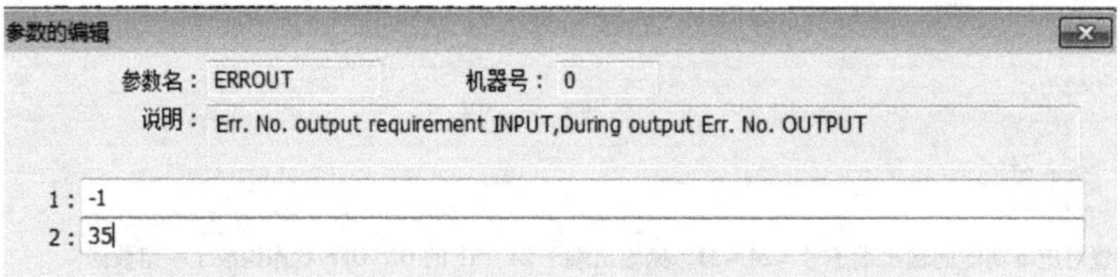

参数的编辑

参数名：ERROUT　　　机器号：0

说明：Err. No. output requirement INPUT,During output Err. No. OUTPUT

1：-1

2：35

图中，设置对应本功能的输出端子号 =35，如果机器人当前正在输出报警号，则输出端子 35 = ON

序号	名称	功能	对应参数	出厂值（端子号）
33	JOG 有效状态	表示当前处于 JOG 有效状态	JOGENA	

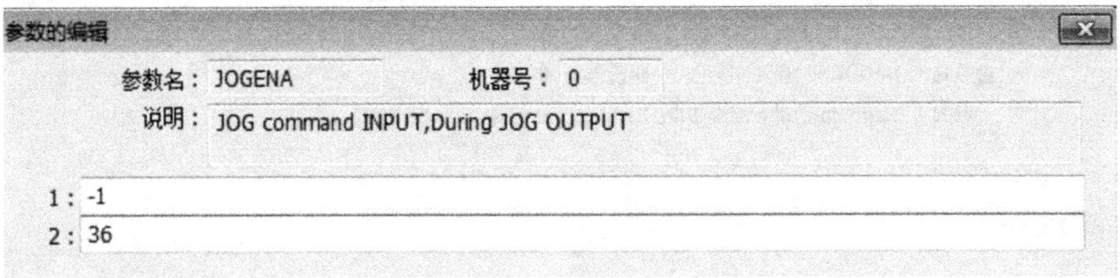

参数的编辑　　　　　　　　　　　　　　　　　　　　　　　✕

　　　参数名：JOGENA　　　　机器号：0

　　　　说明：JOG command INPUT,During JOG OUTPUT

　　1：-1

　　2：36

图中，设置对应本功能的输出端子号 = 36，如果机器人当前处于 JOG 有效状态，则输出端子 36 = ON

序号	名称	功能	对应参数	出厂值（端子号）
34	JOG 模式	表示当前的 JOG 模式	JOGM	

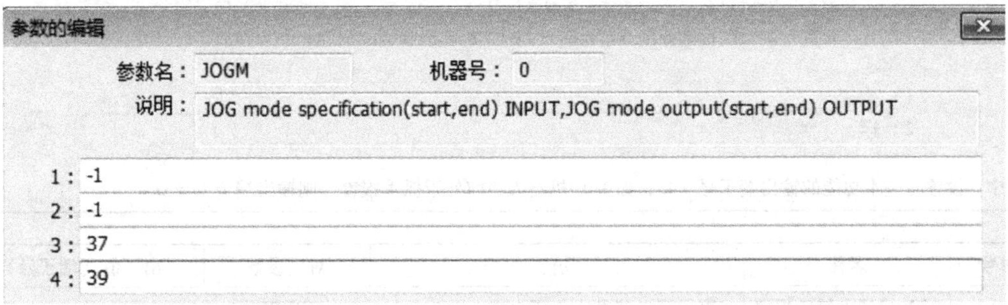

参数的编辑　　　　　　　　　　　　　　　　　　　　　　　✕

　　　参数名：JOGM　　　　机器号：0

　　　　说明：JOG mode specification(start,end) INPUT,JOG mode output(start,end) OUTPUT

　　1：-1

　　2：-1

　　3：37

　　4：39

图中，设置对应本功能的输出端子号 = 37 ~ 39，输出端子 37 ~ 39 构成的数据表示了 JOG 的工作模式

序号	名称	功能	对应参数	出厂值（端子号）
35	JOG 报警无效状态	表示当前处于 JOG 报警无效状态	JOGNER	

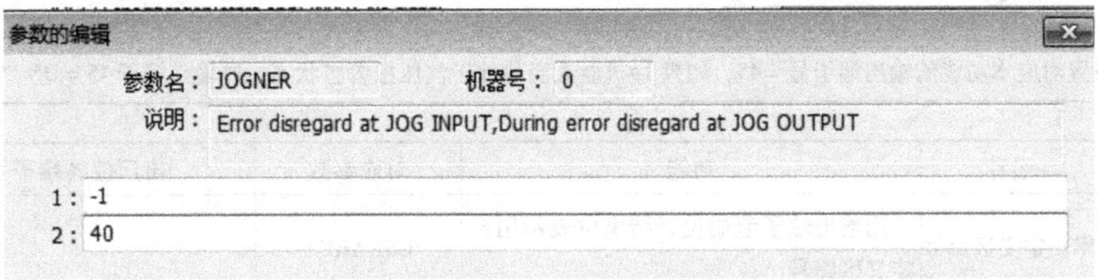

参数的编辑　　　　　　　　　　　　　　　　　　　　　　　✕

　　　参数名：JOGNER　　　　机器号：0

　　　　说明：Error disregard at JOG INPUT,During error disregard at JOG OUTPUT

　　1：-1

　　2：40

图中，设置对应本功能的输出端子号 = 40，如果机器人当前处于 JOG 报警无效状态，则输出端子 40 = ON

序号	名称	功能	对应参数	出厂值（端子号）
36	抓手工作状态	输出抓手工作状态（输出信号部分）	HNDCNTLn	
37	抓手工作状态	输出抓手工作状态（输入信号部分）	HNDSTSn	

序号	名称	功能	对应参数	出厂值（端子号）
38	外部信号对抓手控制的有效无效状态	表示外部信号对抓手控制的有效无效状态	HANDENA	

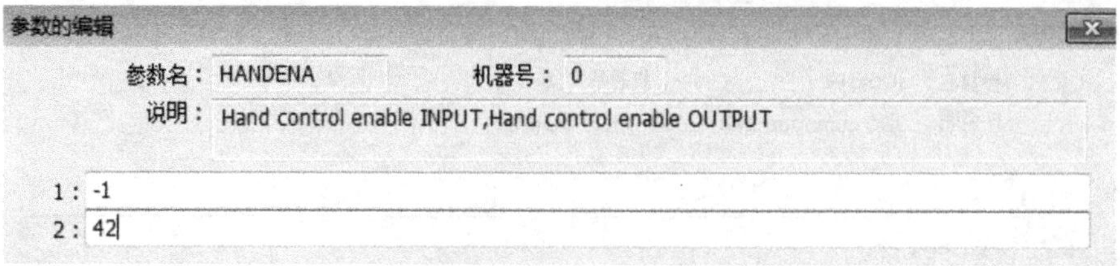

参数的编辑

参数名：HANDENA　　机器号：0

说明：Hand control enable INPUT,Hand control enable OUTPUT

1：-1

2：42

图中，设置对应本功能的输出端子号 = 42，如果机器人当前处于外部信号对抓手控制有效状态，则输出端子 42 = ON

序号	名称	功能	对应参数	出厂值（端子号）
39	第 N 机器人抓手报警	表示第 N 机器人抓手报警	HNDERRn	

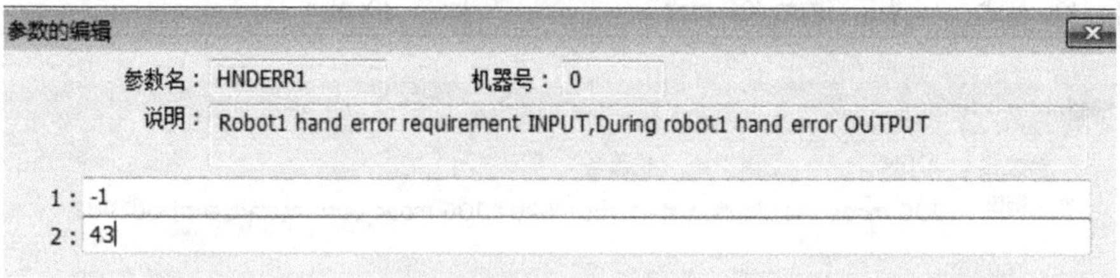

参数的编辑

参数名：HNDERR1　　机器号：0

说明：Robot1 hand error requirement INPUT,During robot1 hand error OUTPUT

1：-1

2：43

图中，设置对应本功能的输出端子号 = 43，如果 1#机器人当前处于抓手报警，则输出端子 43 = ON

序号	名称	功能	对应参数	出厂值（端子号）
40	第 N 机器人气压报警	表示第 N 机器人气压报警	AIRERRn	

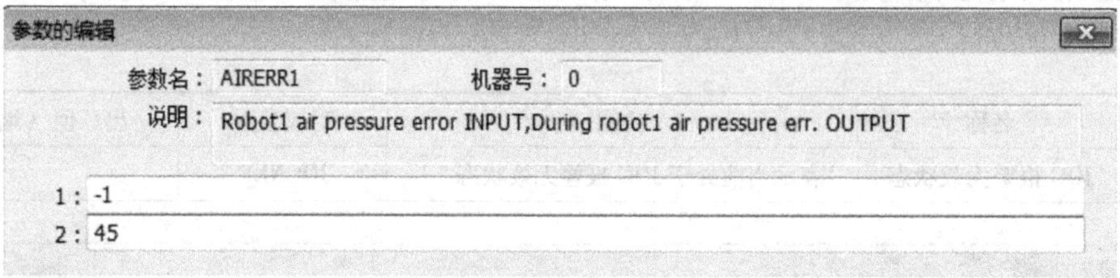

参数的编辑

参数名：AIRERR1　　机器号：0

说明：Robot1 air pressure error INPUT,During robot1 air pressure err. OUTPUT

1：-1

2：45

图中，设置对应本功能的输出端子号 = 45，如果 1#机器人当前处于气压报警警状态，则输出端子 45 = ON

序号	名称	功能	对应参数	出厂值（端子号）
41	用户定义区编号	用输出端子起始位、结束位表示用户定义区编号	USRAREA	

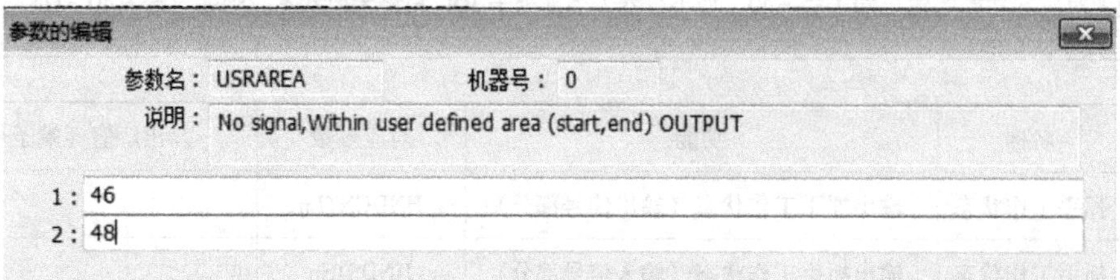

参数的编辑

参数名：USRAREA　　机器号：0

说明：No signal,Within user defined area (start,end) OUTPUT

1：46

2：48

图中，设置对应本功能的输出端子号 = 46 ~ 48，输出端子 46 ~ 48 构成的数据表示了用户定义区编号

序号	名称	功能	对应参数	出厂值（端子号）
42	易损件维修时间	表示易损件到达维修时间	MnPTEXC	

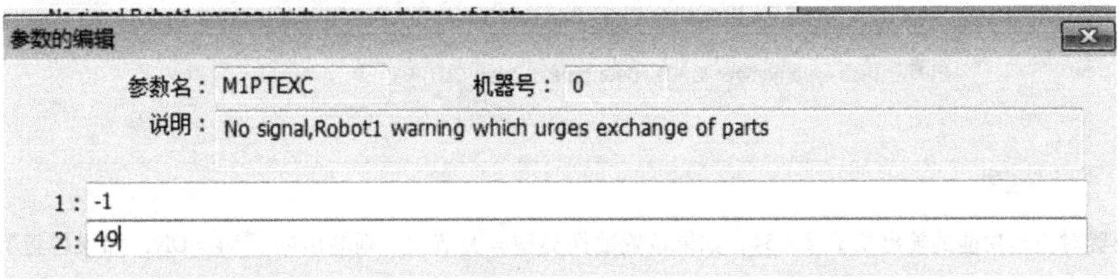
参数的编辑
参数名： M1PTEXC
机器号： 0
说明： No signal,Robot1 warning which urges exchange of parts
1： -1
2： 49

图中，设置对应本功能的输出端子号 =49，如果机器人易损件到达维修时间，则输出端子 49 = ON

序号	名　称	功　能	对应参数	出厂值（端子号）
43	机器人处于预热工作模式	表示机器人处于预热工作模式	MnWUPENA	

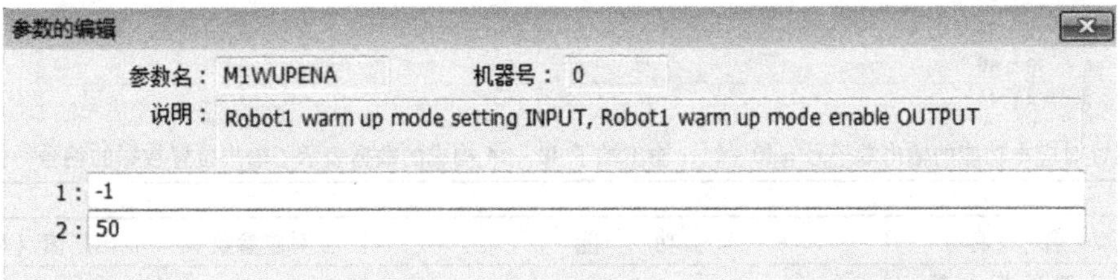
参数的编辑
参数名： M1WUPENA
机器号： 0
说明： Robot1 warm up mode setting INPUT, Robot1 warm up mode enable OUTPUT
1： -1
2： 50

图中，设置对应本功能的输出端子号 =50，如果机器人处于预热工作模式，则输出端子 50 = ON

序号	名　称	功　能	对应参数	出厂值（端子号）
44	输出位置数据的任务区编号	用输出端子起始位、结束位表示输出位置数据的任务区编号	PSSLOT	

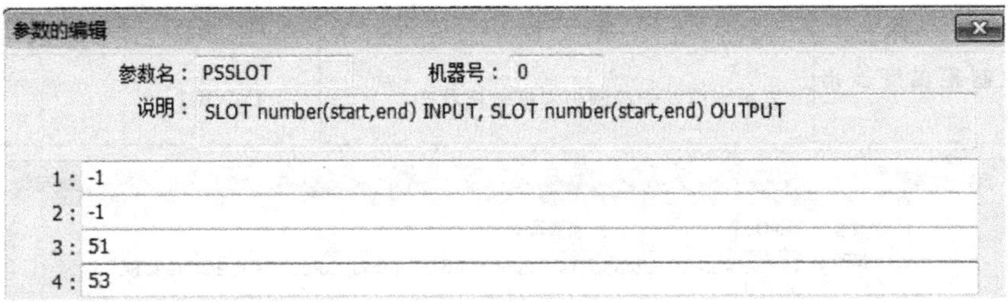
参数的编辑
参数名： PSSLOT
机器号： 0
说明： SLOT number(start,end) INPUT, SLOT number(start,end) OUTPUT
1： -1
2： -1
3： 51
4： 53

图中，设置对应本功能的输出端子号 =51 ~ 53，输出端子 51 ~ 53 构成的数据表示了输出位置数据的任务区编号

序号	名 称	功 能	对应参数	出厂值（端子号）
45	输出的位置数据类型	表示输出的位置数据类型是关节型还是直交型	PSTYPE	

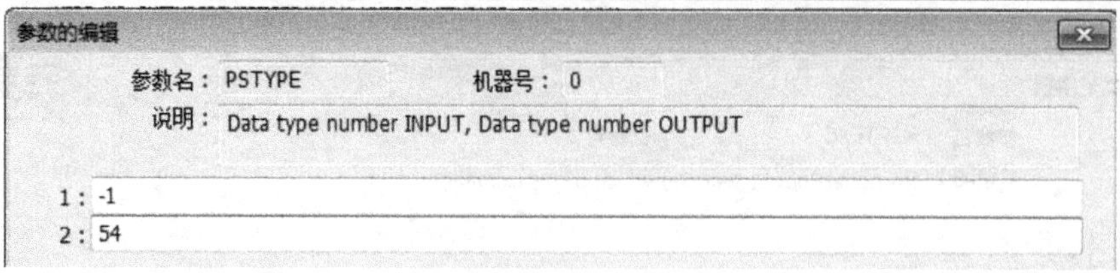

参数的编辑

参数名：PSTYPE 机器号：0

说明：Data type number INPUT, Data type number OUTPUT

1：-1

2：54

图中，设置对应本功能的输出端子号 = 54，如果位置数据类型 = 关节型，则输出端子 54 = ON；如果位置数据类型 = 直交型，则输出端子 54 = OFF

序号	名 称	功 能	对应参数	出厂值（端子号）
46	输出的位置数据编号	用输出端子起始位、结束位表示输出位置数据的编号	PSNUM	

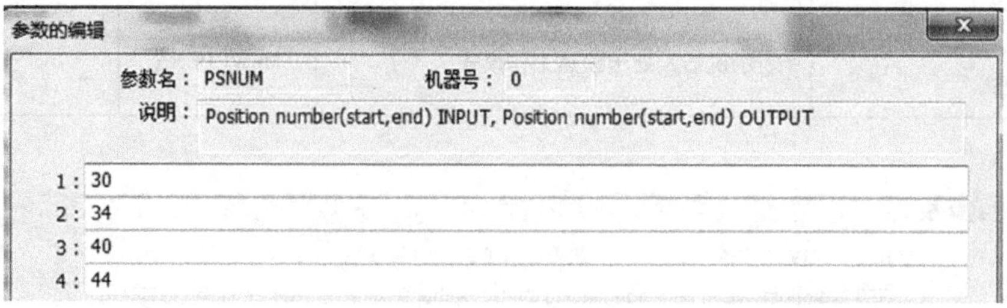

参数的编辑

参数名：PSNUM 机器号：0

说明：Position number(start,end) INPUT, Position number(start,end) OUTPUT

1：30

2：34

3：40

4：44

图中，设置对应本功能的输出端子号 = 40 ~ 44，输出端子 40 ~ 44 构成的数据表示了输出位置数据的编号

序号	名 称	功 能	对应参数	出厂值（端子号）
47	位置数据的输出状态	表示当前是否处于位置数据的输出状态	PSOUT	

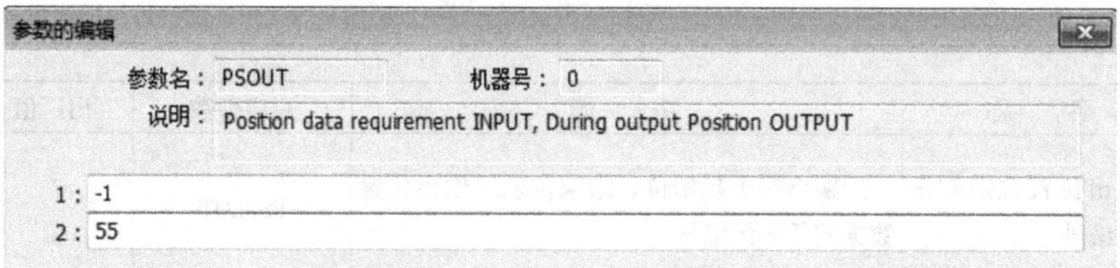

参数的编辑

参数名：PSOUT 机器号：0

说明：Position data requirement INPUT, During output Position OUTPUT

1：-1

2：55

图中，设置对应本功能的输出端子号 = 55，如果机器人当前处于位置数据的输出状态，则输出端子 55 = ON

序号	名 称	功 能	对应参数	出厂值（端子号）
48	控制柜温度输出状态	表示当前处于控制柜温度输出状态	TMPOUT	

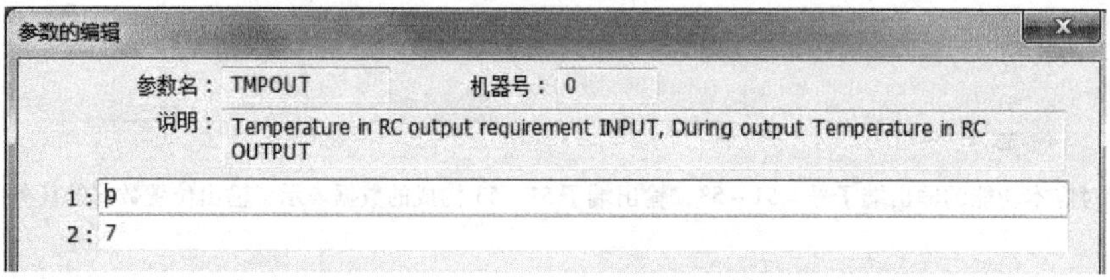

参数的编辑

参数名：TMPOUT 机器号：0

说明：Temperature in RC output requirement INPUT, During output Temperature in RC OUTPUT

1：9

2：7

图中，设置对应本功能的输出端子号 = 7，如果机器人当前处于控制柜温度输出状态，则输出端子 7 = ON

9.3　使用外部信号选择程序的方法

在实际使用机器人时，可能对于不同的加工要求，预先编制有多个程序，在不同的情况下调用不同的程序。最简单的调用程序的方法是在操作屏上输入程序号，然后发出启动指令，本节将介绍这一方法。

选择及启动程序有先选择程序再启动和同时发出选择程序与程序启动信号两种方法。

9.3.1　先选择程序再启动

操作步骤如下：

（1）相关参数设置

1）设置参数 PST = 0，如图 9-1 所示。在图 9-1 中，PST 是程序选择模式，PST = 0 先选择程序再启动，PST = 1 同时发出选择程序与程序启动信号。

图 9-1　设置参数 PST

2）需要处理分配下列输入输出信号，将输入输出功能分配到下列端子，见表 9-3。

表 9-3　需要使用的输入输出功能及端子分配

参数	对应输入输出信号	功能	输入端子	输出端子
IOENA	操作权	设置外部 IO 信号有效	5	3
PRGOUT	输出	将任务区内的程序号输出到外部端子，用于检查是否与选择的程序号相符	7	
IODATA	数据输入端子范围	设置用以输入数据的端子起始号及结束号这些端子构成的 8421 码，即选择的程序号	8 ~ 11	8 ~ 11
PRGSEL	用于确定已经选择的程序号		6	
START	启动		3	

将以上参数功能分配到对应的输入信号端子。

3）在 RT　TOOL BOX 软件上的具体设置，如图 9-2 所示。

（2）操作

1）指令 IOENA = 1（输入信号 5 = ON）：使外部操作信号有效。

2）选择程序号：以端子 8 ~ 11 构成的 8421 码选择程序号。

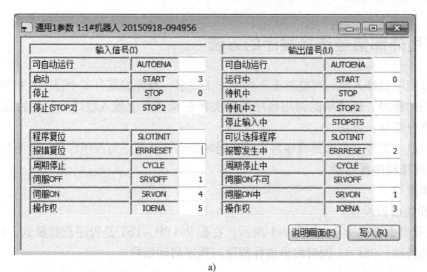

图 9-2　设置输入输出信号端子

例：①选择 3 号程序。

端子 11	端子 10	端子 9	端子 8
0	0	1	1

② 选择 7 号程序。

端子 11	端子 10	端子 9	端子 8
0	1	1	1

③ 选择 12 号程序。

端子 11	端子 10	端子 9	端子 8
1	1	0	0

（3）确认已经选择的程序号有效

1）操作 PRGSEL 端子（输入端子 6）= ON，其功能是确认已经选择的程序号生效。

2）操作 PRGOUT 端子（输入端子 7）= ON，观察输出端子 8 ~ 11 构成的程序号是否与选定的程序号相同, 如果相同则可以执行启动。

（4）发出启动信号　启动已经选择的程序, 操作信号时序图如图9-3所示。

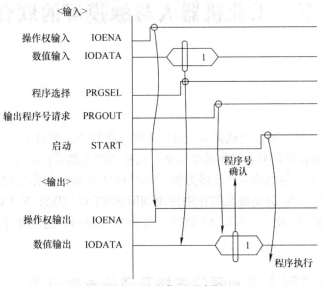

图 9-3　操作信号时序图

9.3.2　选择程序号与启动信号同时生效

操作步骤如下:

（1）设置相关参数

1）设置参数 PST = 1: PST = 1 "选择程序"与"程序启动"同时生效。

2）操作: 指令 IOENA = 1（输入信号 5 = ON）使外部操作信号有效。

3）选择程序: 以端子 8 ~ 11 构成的 8421 码选择程序号。

例: 选择 12 号程序。

端子 11	端子 10	端子 9	端子 8
1	1	0	0

（2）发出启动信号　启动已经选择的程序, 操作信号时序图如图9-4所示。

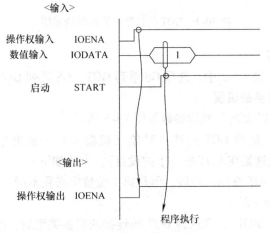

图 9-4　操作信号时序图

第 10 章　工业机器人与触摸屏的联合使用

10.1　概说

触摸屏（简称 GOT）可以与机器人通过以太网直接相连。通过 GOT 可以直接控制机器人的启动、停止，选择程序号，设置速度倍率，监视机器人的工作状态，执行 JOG 操作等。

本章将以三菱 GOT 与机器人的连接为例，介绍 GOT 画面的制作过程以及与之相应的机器人一侧的参数设置。在 GOT 画面制作中使用 MELSOFT GT DESIGN 3 软件（简称 GT3 软件），在机器人一侧使用 RT TOOLBOX2 软件（简称 RT 软件），这些软件在三菱公司官网上都可下载。

10.2　GOT 与机器人控制器的连接及通信参数设置

10.2.1　GOT 与机器人控制器的连接

GOT 与机器人控制器可以通过以太网直接连接，如图 10-1 所示。

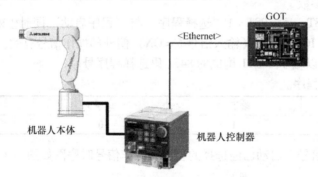

图 10-1　GOT 与机器人控制器的连接

10.2.2　GOT 机种选择

使用 GT 3 软件，在图 10-2 中，选择 GS 系列 GOT，GS 系列 GOT 是经济型的 GOT。

10.2.3　GOT 一侧通信参数设置

GOT 自动默认的"以太网"通信参数如图 10-3 所示。

在图 10-4 的下方，是对 GOT 所连接对象（机器人）一侧通信参数的设置。请按照图 10-4 进行设置（注意这是在 GOT 软件上的设置），方法如下：

1）IP 地址必须与 GOT 在同一网段，但是第 4 位数字必须不同。

2）必须设置"站号 =2"。

3）设置"端口号 =5001"，在选择 GOT 所连接的机器类型后，端口号自动改变。

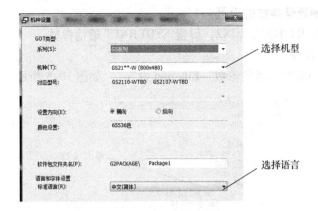

图 10-2　GOT 类型型号及语言设置

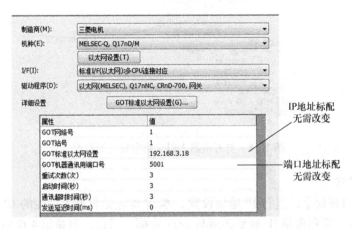

图 10-3　GOT 自动默认的"以太网"通信参数

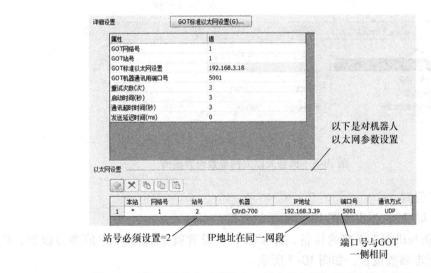

图 10-4　从 GOT 软件对机器人一侧"以太网"通信参数的设置

10.2.4 机器人一侧通信参数的设置

打开机器人软件 RT TOOL BOX2，设置 ETHERNET 通信参数。

1. ETHERNET 设置

单击"任务区→参数→通信参数→Ethernet 设定"，如图 10-5 所示。

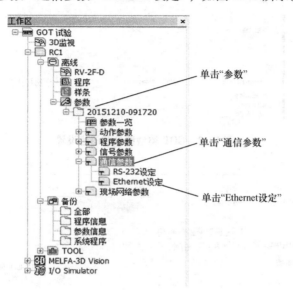

图 10-5 打开机器人以太网参数设置画面

2. IP 地址设置

在弹出的窗口画面上，进行 IP 地址设置，本 IP 地址是机器人一侧的 IP。本设置必须与图 10-6 相同。设置原则也是 IP 地址必须与 GOT 在同一网段，但是第 4 位数字必须不同。

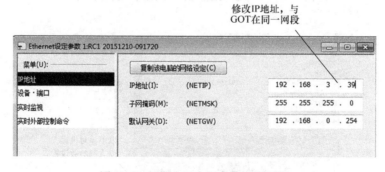

图 10-6 机器人以太网参数设置画面

3. 设备端口设置

单击"设备端口"，弹出如图 10-7 所示的窗口。

"设备"是指与机器人连接的设备，即 GOT，其设置就是对 GOT 通信参数设置，应该按 GOT 一侧的标准参数设置，如图 10-7 所示。

设置方法如下：

1）设备名称：OPT11。

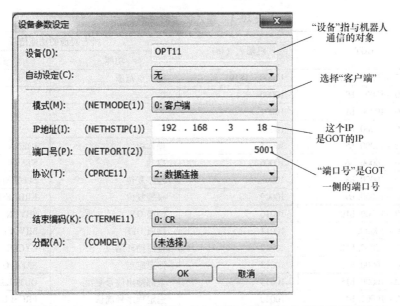

图 10-7 在机器人一侧对 GOT 以太网参数的设置画面（设备参数设定）

2）模式（NETMODE（1））：选择"客户端"。

3）IP 地址：GOT 一侧 IP。

4）端口号：GOT 一侧使用的端口。

在 GOT 一侧及机器人一侧对通信参数进行设置，连以太网线后，就可以进行通信了。

10.3 输入/输出信号画面制作

图 10-8 所示为在 GOT 上制作的操作屏画面，该画面上的各按键都是开关型按键，对应机器人内部的输入/输出信号。

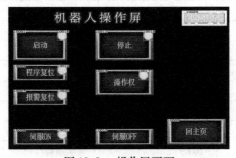

图 10-8 操作屏画面

10.3.1 GOT 器件与机器人 I/O 地址的对应关系

在机器人一侧，其输入信号 10000 ~ 18191 和输出信号 10000 ~ 18191 用于与 GOT 通信。

在 GOT 一侧，器件 U3E0 – 10000 ~ 10511 用作输入器件，器件 U3E1 – 10000 ~ 10511 用作输出器件，其对应关系见表 10-1。

在表 10-1 和表 10-2 中，机器人输入输出信号对应的功能是推荐使用（用户可自行设置），这些功能还需要在机器人一侧通过参数进行设置。

表 10-1　输入信号对应表

序号	GOT	机器人（in）	推荐对应的功能信号	
			功能	参数名称
	U3E0 – 10000 ~ 10511	10000 ~ 18191	输入点范围	
1	U3E0 – 10000. b0	10000		
2	U3E0 – 10000. b1	10001		
3	U3E0 – 10000. b2	10002		
4	U3E0 – 10000. b5	10005	操作权	IOENA
5	U3E0 – 10000. b6	10006	启动	START
6	U3E0 – 10000. b8	10008	程序复位	SLOTINIT
7	U3E0 – 10000. b9	10009	报警复位	ERRRESET
8	U3E0 – 10000. b10	10010	伺服 ON	SRVON
9	U3E0 – 10000. b11	10011	伺服 OFF	SRVOFF
10	U3E0 – 10000. b12	10012	程序循环结束	CYCLE
11	U3E0 – 10000. b13	10013	回退避点	SAFEPOS
12	U3E0 – 10000. b15	10015	全部输出信号复位	OUTRESET
13	U3E0 – 10001. b4	10020	选定程序号确认	PRGSEL
14	U3E0 – 10001. b5	10021	选定速度倍率确认	OVRDSEL
15	U3E0 – 10001. b6	10022	指令输出程序号	PRGOUT
16	U3E0 – 10001. b7	10023	指令输出程序行号	LINEOUT
17	U3E0 – 10001. b8	10024	指令输出速度倍率	OVRDOUT
18	U3E0 – 10001. b9	10025	指令输出报警号	ERROUT
19	U3E0 – 10002	10032 ~ 10047	数据输入区	IODATA

表 10-2　输出信号对应表

序号	GOT	机器人（out）	推荐对应的功能信号	
	U3E1 – 10000 ~ 10511	10000 ~ 18191	功能	参数名称
1	U3E1 – 10000. b0	10000	暂停状态	STOP2
2	U3E1 – 10000. b1	10001	控制器上电 ON	RCREADY
3	U3E1 – 10000. b2	10002	远程模式状态	ATEXTMD
4	U3E1 – 10000. b3	10003	示教模式状态	TEACHMD
5	U3E1 – 10000. b4	10004	示教模式状态	ATTOPMD
6	U3E1 – 10000. b5	10005	操作权 = ON	IOENA
7	U3E1 – 10000. b6	10006	自动启动 = ON	START
8	U3E1 – 10000. b7	10007	STOP = ON	STOPSTS
9	U3E1 – 10000. b8	10008	可重新选择程序	SLOTINIT
10	U3E1 – 10000. b9	10009	发生报警	Error occurring output
11	U3E1 – 10000. b10	10010	伺服 ON 状态	SRVON
12	U3E1 – 10000. b11	10011	伺服 OFF 状态	SRVOFF
13	U3E1 – 10000. b12	10012	循环停止状态	CYCLE
14	U3E1 – 10000. b13	10013	退避点返回状态	SAFEPOS
15	U3E1 – 10000. b14	10014	电池电压过低状态	BATERR
16	U3E1 – 10001. b1	10016	H 级报警状态	HLVLERR
17	U3E1 – 10001. b2	10017	L 级报警状态	LLVLERR

(续)

序号	GOT	机器人（out）	推荐对应的功能信号	
	U3E1－10000～10511	10000～18191	功能	参数名称
18	U3E1－10001.b6	10022	程序号输出状态	PRGOUT
19	U3E1－10001.b7	10023	程序行号输出状态	LINEOUT
20	U3E1－10001.b8	10024	倍率输出状态	OVRDOUT
21	U3E1－10001.b9	10025	报警号输出状态	ERROUT
22	U3E1－10002	10032～10047	数据输出地址	

10.3.2　输入/输出点器件制作方法

以自动启动按键为例，说明输入输出点制作方法：

制作位开关型按键—启动按键。

1）在 GOT 画面上制作按键，如图 10-9 所示。

2）设置启动按键的器件号为"U3E0－10000.b6"，该按键如图 10-10 所示，对应到机器人中的输入信号地址为"10006"，见表 10-1。

图 10-9　GOT 画面制作按键

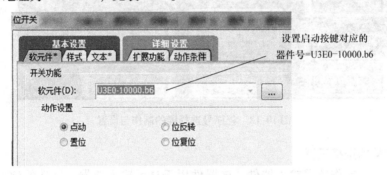

图 10-10　启动按键器件号的设置

3）在机器人软件 RT Tool BOX 中设置启动功能（START）对应的输入地址号为"10006"，如图 10-11 所示。

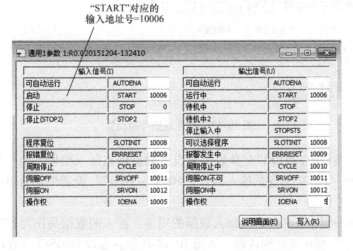

图 10-11　启动功能对应的输入地址号为"10006"

　　经过以上编写设置，触摸屏上的启动按键就对应了机器人的启动功能。

10.4　程序号的设置与显示

　　程序号的设置与显示是客户最基本的要求之一，程序号选择屏的制作方法如图 10-12 所示。

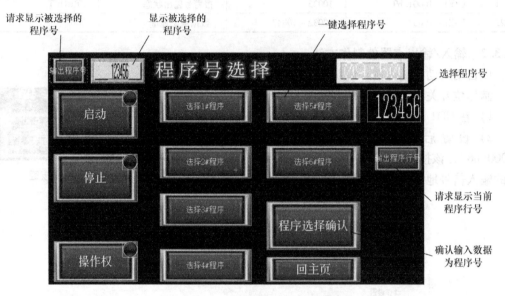

图 10-12　程序号选择屏的制作与设置

10.4.1　程序号的选择设置

　　1）在 GOT 上制作数据输入器件，该器件用于显示输入数据。器件的软元件号（地址号）根据表 10-1 设置为"U3E0 - 10002"，如图 10-13 所示。

图 10-13　器件地址号的设置

　　2）在机器人参数中，IODATA 参数用于设置数据输入的一组输入信号的起始地址。将与 GOT 器件 U3E0 - 10002 对应的输入地址"10032 ~ 10047"设置到参数 IODATA 中，如图 10-14 所示。

　　3）在机器人一侧，还必须定义输入数据的用途，输入的数据是作为程序号还是速度倍率，因此还有一个数据用途的确认键，如图 10-14 所示。参数 PRGSEL（程序选择）就是将

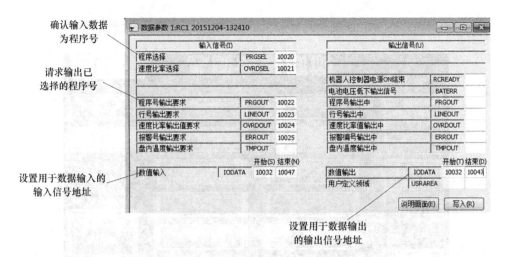

图 10-14　机器人软件一侧的设置

输入的数据确认为程序号。

10.4.2　程序号输出

当选择程序号完成后，必须在 GOT 上进行显示，以确保所选择程序号的正确性，制作方法如图 10-12 和图 10-15 所示。

1）在 GOT 上制作数据输出器件，该器件用于显示输出数据。器件的地址号根据表 10-2 设置为"U3E1 – 10002"。

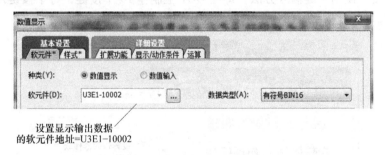

图 10-15　输出器件号的设置

2）在机器人参数中，IODATA 参数用于设置数据输出的一组输出信号的起始地址。将与 GOT 器件 U3E2 – 10002 对应的输入地址"10032 ~ 10047"设置到参数 IODATA 中，如图 10-14 所示。

3）在机器人一侧，还必须定义输出数据的用途，以确认输出数据是作为程序号还是速度倍率，因此还要有请求输出数据的确认键，如图 10-12 所示。参数 PRGOUT（请求输出程序号）就是将输出数据确认为程序号，如图 10-14 所示。

10.5　速度倍率的设置和显示

在 GOT 上设置和修改速度倍率也是客户最基本的要求。下面介绍在 GOT 上设置和修改速度倍率的方法，在 GOT 上制作的速度倍率设置画面如图 10-16 所示。

图 10-16　GOT 上制作的速度倍率设置画面

10.5.1　速度倍率的设置

1）在 GOT 上制作数据输入器件，该器件用于输入速度倍率。器件的地址号根据表 10-1设置为"U3E0 – 10002"。

为使用方便，使用一键输入方法，即在 GOT 上制作 10 个按键，每个按键用于输入不同的速度倍率值。"速度倍率 = 60%"的按键制作如图 10-17 所示。

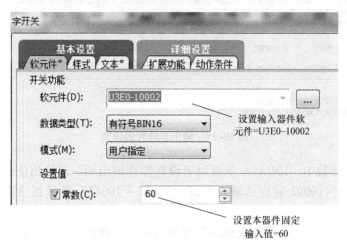

图 10-17　"速度倍率 = 60%"的按键制作

2）在机器人参数中，IODATA 参数是用于设置数据输入的一组输入信号的起始地址。将与 GOT 器件 U3E0 – 10002 对应的输入地址"10032 ~ 10047"设置到参数 IODATA 中，如图 10-18 所示。

这种设置方法可以设置任意的速度倍率。

3）在机器人一侧，还必须定义输入数据的用途，输入的数据是作为程序号还是速度倍

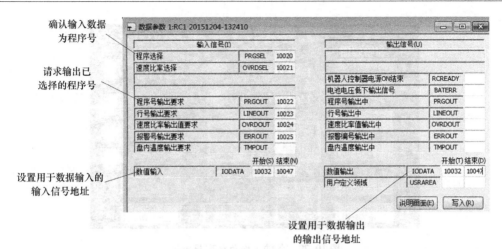

图 10-18　在机器人软件一侧的设置

率，因此还有一个数据用途的确认键，如图 10-16 所示。参数 OVRDSEL（速度倍率选择）就是将输入的数据确认为速度倍率。

10.5.2　速度倍率输出

当选择速度倍率完成后，必须在 GOT 上进行显示，以确保所选择速度倍率的正确性。制作方法如图 10-16 所示。

1）在 GOT 上制作数据输出器件，该器件用于显示输出数据。器件的地址号根据表 10-2 设置为 "U3E1 – 10002"，如图 10-19 所示。

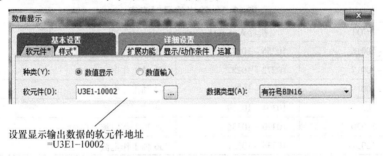

图 10-19　数据输出器件的设置

2）在机器人参数中，IODATA 用于设置数据输出的一组输出信号的起始地址。将与 GOT 器件 U3E2 – 10002 对应的输入地址 "10032 ~ 10047" 设置到参数 IODATA 中，如图 10-18所示。

3）在机器人一侧，还必须定义输出数据的用途，输出数据是作为程序号还是速度倍率，因此还有请求输出数据的确认键，如图 10-16 所示。参数 OVRDOUT（请求输出速度倍率）就是将输出数据确认为速度倍率，如图 10-18 所示。

10.6　机器人工作状态读出及显示

如第 6 章所述，有大量表示机器人工作状态的变量，这些数字型变量也可以经过处理后在 GOT 上显示。图 10-20 所示为各轴工作负载率（工作电流）显示屏。

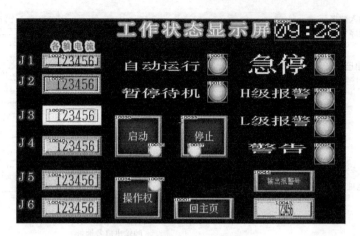

图 10-20　各轴工作负载率显示屏

从表 10-2 可知，可以使用的输出信号范围为 10000～18191，这些输出信号对应在 GOT 上为字器件 U3E1 – 10000～10511，即有 512 个字器件可供使用。

只要在机器人程序中编制某一状态变量与输出信号的关系，就可以将状态变量显示在 GOT 上。

显示各轴工作负载率（工作电流）的制作方法如下：

1）在 GOT 上使用 U3E1 – 10016～10021 作为 J1～J6 轴的工作电流显示部件，见表 10-3。

表 10-3　输出信号对应表

序号	GOT	机器人（out）	功能
1	U3E1 – 10016	10256 – 10271	J1 轴工作电流
2	U3E1 – 10017	10272 – 10287	J2 轴工作电流
3	U3E1 – 10018	10288 – 10303	J3 轴工作电流
4	U3E1 – 10019	10304～10319	J4 轴工作电流
5	U3E1 – 10020	10320～10335	J5 轴工作电流
6	U3E1 – 10021	10336～10351	J6 轴工作电流

2）在机器人程序中编制子程序，专门用于显示工作电流，在需要时调用该程序。

程序号 60

```
M_OUTw(10256)=M_LdFact(1)'——第 1 轴工作电流
M_OUTw(10272)=M_LdFact(2)'——第 2 轴工作电流
M_OUTw(10288)=M_LdFact(3)'——第 3 轴工作电流
M_OUTw(10304)=M_LdFact(4)'——第 4 轴工作电流
M_OUTw(10320)=M_LdFact(5)'——第 5 轴工作电流
M_OUTw(10336)=M_LdFact(6)'——第 6 轴工作电流
```

运行该程序后就在 GOT 上显示了各轴的工作电流。

10.7　JOG 画面制作

JOG 是机器人的一种工作模式，在没有示教单元的场合，可以使用 GOT 进行 JOG 操作。

制作 JOG 画面，关键在于机器人一侧的参数设置。有关 JOG 操作的输入信号地址是固定的，不可随意设置，如果随意设置，那么机器人系统会报警，必须按图 10-21 和表 10-4 设置分配给 JOG 的输入输出信号。

图 10-21　分配给 JOG 的输入输出信号

由于在机器人一侧已经规定了输入输出信号地址，所以在 GOT 一侧的器件号也就被规定了。

表 10-4　输入信号对应表

序号	GOT	机器人（被固定分配）	规定对应的功能信号	
			功能	参数名称
1	U3E0－10005.b12	10092	JOG 有效	JOGENA
2	U3E0－10006.b0	10096	J1＋	
3	U3E0－10006.b1	10097	J2＋	
4	U3E0－10006.b2	10098	J3＋	
5	U3E0－10006.b3	10099	J4＋	
6	U3E0－10006.b4	10100	J5＋	
7	U3E0－10006.b5	10101	J6＋	
8	U3E0－10006.b6	10102	J7＋	
9	U3E0－10006.b7	10103	J8＋	
10	U3E0－10007.b0	10112	J1－	
11	U3E0－10007.b1	10113	J2－	
12	U3E0－10007.b2	10114	J3－	
13	U3E0－10007.b3	10115	J4－	
14	U3E0－10007.b4	10116	J5－	
15	U3E0－10007.b5	10117	J6－	
16	U3E0－10007.b6	10117	J7－	
17	U3E0－10007.b7	10117	J8－	
18	U3E0－10005.b13	10093	JOG 直交模式	
19	U3E0－10005.b14	10094	JOG 关节模式	
20	U3E0－10005.b15	10095	JOG TOOL 模式	

根据表 10-4 制定 GOT 画面中的各按键，如图 10-22 所示。

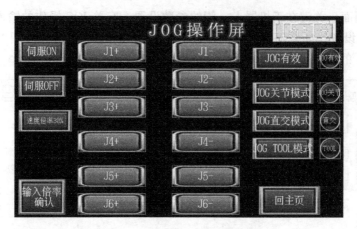

图 10-22　JOG 操作屏的制作与设置

第11章 机器人编程软件 RT Tool Box2 的使用

RT Tool Box2 软件（简称 RT）是一款专门用于三菱机器人编程、参数设置、程序调试、工作状态监视的软件。其功能强大、编程方便，本章将对 RT 软件的使用进行简明的介绍。

11.1 RT 软件的基本功能

11.1.1 RT 软件的功能概述

（1）RT 软件具备的五大功能 编程及程序调试功能、参数设置功能、备份还原功能、工作状态监视功能和维护功能。

（2）RT 软件具备的三种工作模式 离线模式、在线模式和模拟模式。

11.1.2 RT 软件的功能一览

RT 软件的功能见表 11-1。

表 11-1 RT 软件的基本功能

功　　能	说　　明
离线——以电脑中的工程作为对象（不连接机器人控制器）	
机器人机型名称	显示要使用的机器人机型名称
程序	编制程序
样条	编制样条曲线
参数	设置参数，在与机器人连接后传入机器人控制器
在线——以机器人控制器中的工程作为对象（连接机器人控制器）	
程序	编制程序
样条	编制样条曲线
参数	设置参数
在线——监视（监视机器人工作状态）	
动作监视	可以监视任务区状态、运行的程序、动作状态、当前发生报警
信号监视	监视机器人的输入输出信号状态
运行监视	监视机器人运行时间、各个机器人程序的生产信息
在线——维护	
原点数据	设定机器人的原点数据
初始化	时间设定、删除全部程序、电池剩余时间的初始化、机器人的序列号的设定
位置恢复支持	进行原点位置偏差的恢复
TOOL 长自动计算	自动计算 TOOL 长度，设定 TOOL 参数
伺服监视	进行伺服电机工作状态的监视
密码设定	密码的登录/变更/删除
文件管理	对机器人遥控器内的文件进行复制、删除、变更名称
2D Vision Calibration	2D 视觉标定

（续）

功　　能	说　　明
在线——选项卡	
在线——TOOL	
力觉控制	
用户定义画面编辑	
示波器	
模拟	
模拟	完全模拟在线状态
节拍时间测定	
备份 – 还原	
备份	从机器人控制器传送工程文件到电脑
还原	从电脑传送工程文件到机器人控制器
MELFA 3D – Vision	能够进行 MELFA – 3D Vision 的设定和调整

11.2　程序的编制调试管理

11.2.1　编制程序

由于使用本软件有离线和在线模式，大多数编程是在离线模式下完成的，在需要调试和验证程序时则使用在线模式。在离线模式下编制完成的程序首先要保存在电脑里，在调试阶段，连接到机器人控制器后再选择在线模式，将编制完成的程序写入机器人控制器，所以以下叙述的程序编制等内容全部为离线模式。

1. 工作区的建立

"工作区"就是一个总项目。

"工程"就是总项目中每一台机器人的工作内容（程序、参数）。一个工作区内可以设置 32 个工程，也就是管理 32 台机器人。新建一个工作区的方法如下：

1）打开 RT 软件。

2）单击"工作区"→"新建"，弹出如图 11-1 所示的"新建工作区"对话框，如图 11-1 所示，设置"工作区名""标题"，单击"OK"。这样，一个新工作区设置完成，同时弹出如图 11-2 所示的"工程＊＊设置框"。

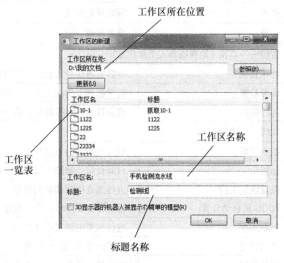

图 11-1　"新建工作区"对话框

2. 工程设置

"工程"就是总项目中每一台机器人的工作内容（程序、参数），所以需要设置的内容有工程名称、机器人控制器型号、与计算机的通信方式（如 USB 、以太网）、机器人型号、机器人语言、行走台工作参数设置，如图 11-2 所示。

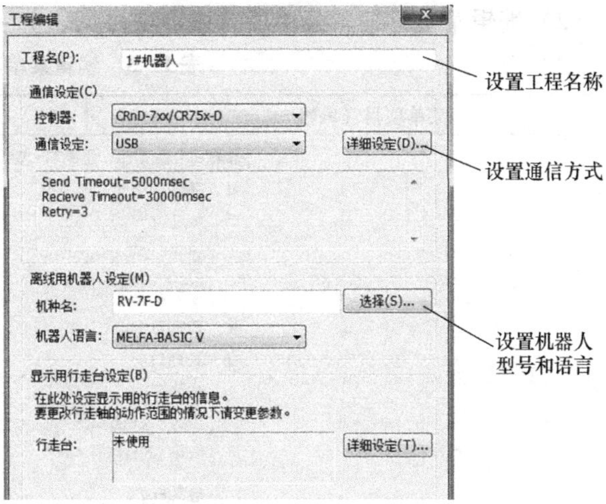

在一个工作区内可以设置 32 个工程，如图 11-3 所示，在一个工作区内设置了 4 个工程。

3. 程序的编辑

程序编辑时，菜单栏中会追加"文件（F）""编辑（E）""调试（D)""工具（T）"项目，各项目所含的内容如下：

图 11-2　工程编辑设置框

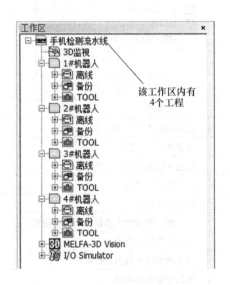

图 11-3　一个工作区内设置了 4 个工程

（1）文件菜单　文件菜单所含项目见表11-2。

表 11-2　文件菜单项目

菜单项目（文件）	项目	说明
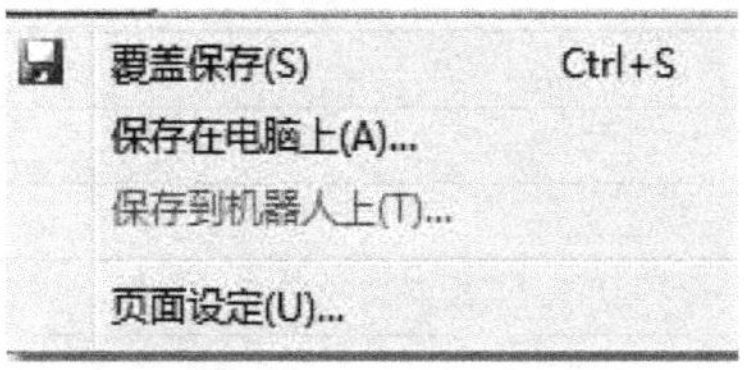 覆盖保存(S)　　Ctrl+S 保存在电脑上(A)... 保存到机器人上(T)... 页面设定(U)...	覆盖保存	以现程序覆盖原程序
	保存到电脑	将编辑中的程序保存在电脑
	保存到机器人	将编辑中程序保存到机器人控制器
	页面设定	设置打印参数

（2）编辑菜单　编辑菜单所含以下项目见表11-3。

表 11-3　编辑菜单项目

菜单项目（编辑）	项目	说明
编辑(E) 调试(D) 工具(T) 窗口(W) 帮助(　还原(U)　　　　　　Ctrl+Z 　Redo(R)　　　　　　Ctrl+Y 　还原 - 位置数据(B) 　Redo - 位置数据(-) 　剪切(T)　　　　　　Ctrl+X 　复制(C)　　　　　　Ctrl+C 　粘贴(P)　　　　　　Ctrl+V 　复制 - 位置数据(Y) 　粘贴 - 位置数据(A) 　检索(F)...　　　　　Ctrl+F 　从文件检索(N)... 　替换(E)...　　　　　Ctrl+H 　跳转到指定行(J)... 　全写入(H) 　部分写入(S) 　选择行的注释(M) 　选择行的注释解除(I) 　注释内容的统一删除(V) 　命令行编辑 - 在线(D) 　命令行插入 - 在线(O) 　命令行删除 - 在线(L)		
还原	撤销本操作	
Redo	恢复原操作（前进一步）	
还原 - 位置数据	撤销本位置数据	
Redo - 位置数据	恢复 - 位置数据（前进一步）	
剪切	剪切选中的内容	
复制	复制选中的内容	
粘贴	把复制、剪切的内容粘贴到指定位置	
复制 - 位置数据	对位置数据进行复制	
粘贴 - 位置数据	对复制的位置数据进行粘贴	
检索	查找指定的字符串	
从文件检索	在指定的文件中进行查找	
替换	执行替换操作	
跳转到指定行	跳转到指定的程序行号	
全写入	将编辑的程序全部写入机器人控制器	
部分写入	将编辑程序的选定部分写入机器人控制器	
选择行的注释	将选择的程序行变为注释行	
选择行的注释解除	将注释行转为程序指令行	
注释内容的统一删除	删除全部注释	
命令行编辑 - 在线	调试状态下编辑指令	
命令行插入 - 在线	调试状态下插入指令	
命令行删除 - 在线	调试状态下删除指令	

（3）调试菜单 调试菜单所含项目见表11-4。

表11-4 调试菜单

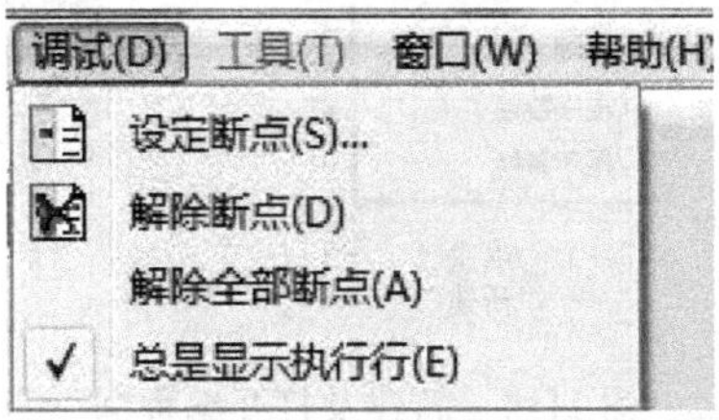

项目	说明
设定断点	设定单步执行时的停止行
解除断点	解除对断点的设置
解除全部断点	解除对全部断点的设置
总是显示执行行	在执行行显示光标

（4）工具菜单 工具菜单所含以下项目见表11-5。

表11-5 工具菜单

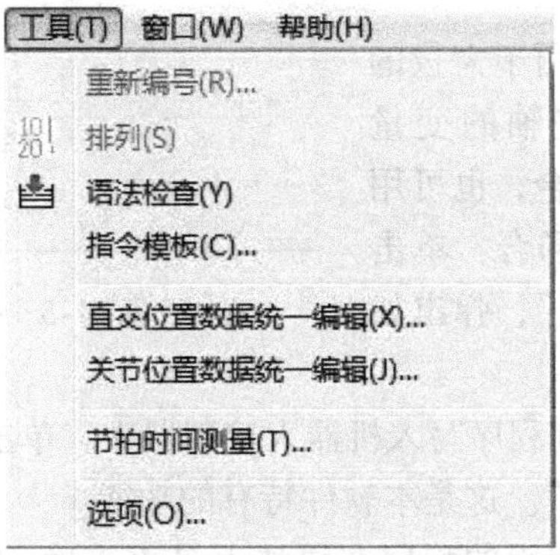

项目	说明
语法检查	对编辑的程序进行语法检查
指令模板	提供标准指令格式供编程使用
直交位置数据统一编辑	对直交位置数据进行统一编辑
关节位置数据统一编辑	对关节位置数据进行统一编辑
节拍时间测量	在模拟状态下，对选择的程序进行运行时间测量
选项	设置编辑的其他功能

4. 新建和打开程序

（1）新建程序 在工程树单击"程序"→"新建"，弹出程序名设置框。设置程序名后，弹出编程框，如图11-4所示。

（2）打开 在工程树单击"程序"，弹出原有排列程序框。选择程序名后，单击"打开"，弹出编程框，如图11-4所示。

5. 编程注意事项

1）无需输入程序行号，软件自动生成程序行号。

2）输入指令不区分大小写字母，软件自动转换。

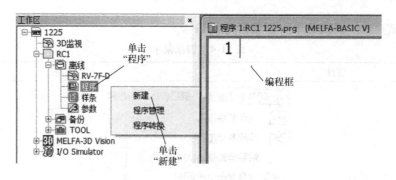

图 11-4　新建及打开编程框

3）直交位置变量、关节位置变量在各自编辑框内编辑；位置变量的名称不区分大小写字母。位置变量在编辑时，有"追加""变更""删除"等按键。

4）编辑中的辅助功能，如剪切、复制、粘贴、检索（查找）、替换与一般软件的使用方法相同。

5）位置变量的统一编辑用于大量的位置变量需要统一修改某些轴的变量（可以加减或直接修改）的场合，也可用于机械位置发生相对移动的场合。单击"工具"→"位置变量统一变更"，弹出如图 11-5 所示。

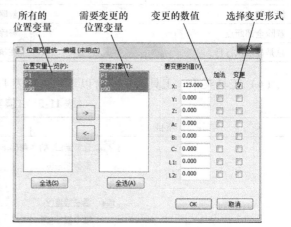

图 11-5　位置变量的统一编辑

6）全写入本功能是将当前程序写入机器人控制器中。单击菜单的"编辑"→"全写入"。在确认信息显示后，单击"是"。这是本软件特有的功能。

7）语法检查用于检查所编辑的程序在语法上是否正确，在向控制器写入程序前执行。单击菜单栏的"工具"→"语法检查"。语法有错误的情况下，会显示发生错误的程序行和错误内容，如图 11-6 所示。语法检查功能是经常使用的。

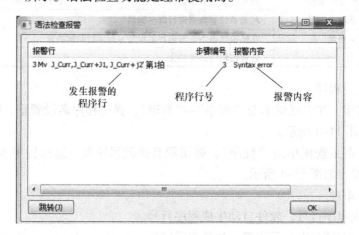

图 11-6　"语法检查报警"对话框

8）指令模板就是标准的指令格式，如果用户记不清楚程序指令，则可以使用本功能。本功能可以显示全部的指令格式，只要选中该指令双击后就可以插入到程序指令编辑位置处。

使用方法：单击菜单栏的"工具"→"指令模板"，弹出如图 11-7 所示"指令模板"对话框。

9）选择行的注释/选择行的注释解除功能是将某一程序行变为注释文字或解除这一操作。在实际编程中，特别是对于使用中文进行程序注释时，可能会一行一行先写中文注释，最后再写程序指令。因此，可以先写中文注释，然后使用本功能将其全部变为注释信息。这是简便的方法之一。

在指令编辑区域中，选中要转为注释的程序行，单击菜单栏的"编

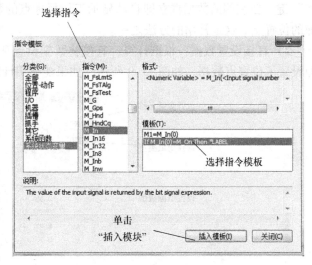

图 11-7　"指令模板"对话框

辑"→"选择行的注释"。选中的行的开头会加上注释文字标志（单引号'），变为注释信息。另外，选中需要解除注释的行后，再单击菜单栏的"编辑"→"选择行的注释解除"，就可以解除选择行的注释。

6. 位置变量的编辑

位置变量的编辑是最重要的工作之一，位置变量分为直交型变量、关节型变量。在进行位置变量编辑时首先要分清是直交型变量还是关节型变量。

首先区分是位置变量还是关节变量，如果要增加一个新的位置点，则单击追加键，弹出"位置变量编辑"对话框，如图 11-8 所示。在"位置变量编辑"对话框，需要设置以下项目：

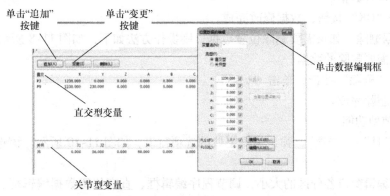

图 11-8　"位置变量编辑"对话框

（1）设置变量名称　直交型变量设置为 P＊＊＊，注意以 P 开头，如 P1，P2，P10；关节型变量设置为 J＊＊＊，注意以 J 开头，如 J1，J2，J10。

（2）选择变量类型　选择是直交型变量还是关节型变量。

（3）设置位置变量的数据　设置位置变量的数据有两种方法。

1）读取当前位置数据：当使用示教单元移动到工作目标点后，直接单击"当前位置读取"键，在左侧的数据框立即自动显示工作目标点的数据，单击"OK"按钮，即设置了当前的位置点。这是常用的方法之一。

2）直接设置数据：根据计算，直接将数据设置到对应的数据框中，单击"OK"按钮，即设置了位置点数据，如图11-9所示。如果能够用计算方法计算运行轨迹，则用这种方法。

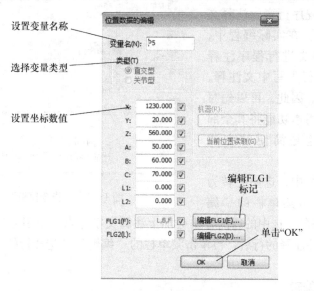

图11-9　直接设置数据

（4）数据修改　如果需要修改位置数据，则操作方法如下，如图11-8所示。

1）选定需要修改的数据。

2）单击"变更"按键，弹出"位置数据编辑"对话框。

3）修改位置数据。

4）单击"OK"按钮，数据修改完成。

（5）数据删除　如果需要删除位置数据，则操作方法如下，如图11-8所示。

1）选定需要删除的数据。

2）单击"删除"按键，单击"YES"。

3）数据删除完成。

7. 编辑辅助功能

单击"工具"→"选项"，弹出编辑窗口的选项窗口，如图11-10所示。该选项窗口有以下功能：

1）调节编辑窗口各分区的大小：调节程序编辑框、直交位置数据编辑框、关节位置数据编辑框的大小。

2）对编辑指令语法检查的设置：对编辑指令的正确与否进行自动检查，可在写入机器人控制器之前，自动进行语法检查并提示。

3）对自动获得当前位置的设置。

4）返回初始值的设置：如果设置混乱了，则可以回到初始值重新设置。

5）对指令颜色的设置：为视觉方便，对不同的指令类型、系统函数、系统状态变量标以不同的颜色。

6）对字体及大小的设置。

7）对背景颜色的设置：为视觉方便可以对屏幕设置不同的背景颜色。

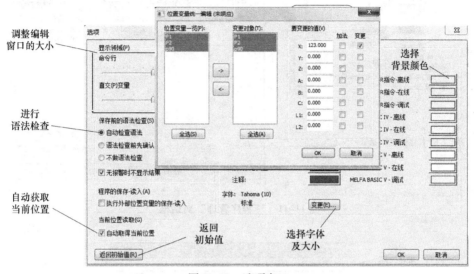

图 11-10　选项窗口

8. 程序的保存

1）覆盖保存：用当前程序覆盖原来的（同名）程序并保存。单击菜单栏的"文件"→"覆盖保存"后，进行覆盖保存。

2）保存到电脑：将当前程序保存到电脑上。应该将程序及时保存到电脑上，以免丢失。单击菜单栏的"文件"→"保存在电脑上"。

3）保存到机器人控制器：在电脑与机器人连线后，将当前编辑的程序保存到机器人控制器。调试完一个要执行的程序后要将程序保存到机器人控制器。单击菜单栏的"文件"→"保存在机器人上"。

11.2.2　程序的管理

1. 程序管理

程序管理是指以程序为对象，对程序进行复制、移动、删除、重新命名、比较等操作。操作方法如下：

选择程序管理框：单击"程序"→"程序管理"，弹出"程序管理"对话框，如图 11-11 所示。

程序管理框分为左右两部分，如图 11-12 所示。左图为传送源区域，右图为传送目标区域。每一区域又可以分为：①工程区域，该区域的程序在电脑上；②机器人控制器区域；③存储在电脑其他文件夹的程序。

选择某个区域，某个区域内的程序就以一览表的形式显示出来。对程序的复制、移动、删除、重新命名、比较等操作就可以在以上三个区域内互相进行。

如果左右区域相同则可以进行复制、删除、更名、比较操作，但无法进行移动操作。程

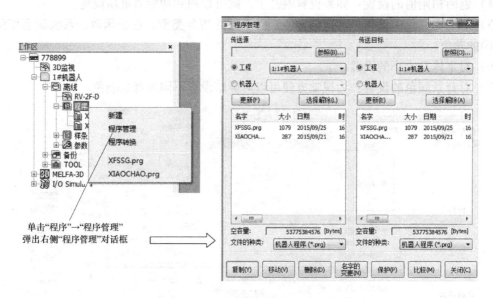

图 11-11　"程序管理"对话框

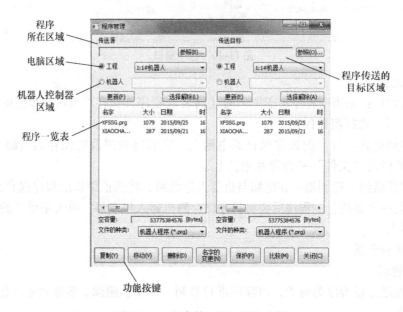

图 11-12　程序管理的区域及功能

序的复制、移动、删除、重新命名、比较等操作与一般软件相同，根据提示框就可以操作。

2. 保护的设定

保护功能是指对于被保护的文件，不允许进行移动、删除、名字变更等操作。保护功能仅仅对机器人控制器内的程序有效。

操作方法：选择要进行保护操作的程序。能够同时选择多个程序，左右两边的列表都能选择。单击"保护"按钮，在"保护设定"对话框中设定后，执行保护操作。

11.2.3　样条曲线的编制和保存

1. 编制样条曲线

单击工程树中"在线"→"样条"，弹出一小窗口，选择"新建"，弹出窗口如图 11-13 所示。

由于样条曲线是由密集的点构成的，所以在图 11-13 所示的窗口中，各点按表格排列，通过单击"追加"键可以追加新的点。在图 11-13 的右侧是对位置点的编辑框，可以使用示教单元移动机器人通过读取当前位置获得新的位置点，也可以通过计算直接编辑位置点。

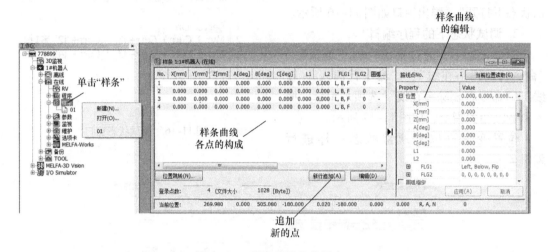

图 11-13　样条曲线的编辑窗口

2. 保存

当样条曲线编制完成后，需要保存该文件，操作方法是单击"文件"→"保存"。该样条曲线文件就被保存，样条曲线保存窗口如图 11-14 所示。图 11-15 所示为已经制作保存的样条曲线名称数量。

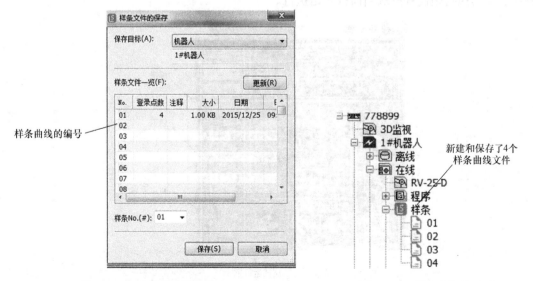

图 11-14　样条曲线保存窗口　　　　图 11-15　样条曲线的显示

在加工程序中使用 MVSPL 指令可以直接调用＊＊号样条曲线，这对于特殊运行轨迹的处理是很有帮助的。

11.2.4 程序的调试

1. 进入调试状态

从工程树的"在线"→"程序"中选择程序，单击鼠标右键，从弹出窗口中单击"调试状态下打开"，弹出窗口如图 11-16 所示。

2. 调试状态下的程序编辑

调试状态下，通过菜单栏的"编辑"→"命令行编辑→在线"、"命令行插入→ 在线"、"命令行删除→在线"选项来编辑、插入和删除相关指令，如图 11-17 所示。

位置变量可以和通常状态一样进行编辑。

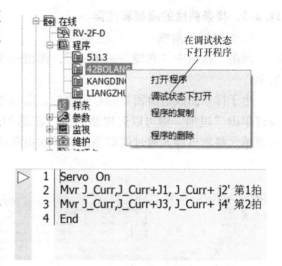

图 11-16　调试状态窗口

图 11-17　调试状态下的程序编辑

3. 单步执行

如图 11-18 所示，单击"操作面板"上的"前进""后退"按键，可以一行一行地执行程序。继续执行是使程序从当前行开始执行。

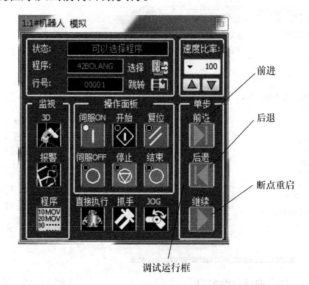

图 11-18　软操作面板的各调试按键功能

4. 操作面板上各按键和显示器上的功能

1）状态：显示控制器任务区的状态，显示"待机中""可选择程序状态"。

2）OVRD：显示和设定速度比率。

3）跳转：可跳转到指定的程序行号。

4）停止：停止程序。

5）单步执行：一行一行执行指定的程序。单击"前进"按钮，执行当前行。单击"后退"按钮，执行上一行程序。

6）继续执行：程序从当前行开始继续执行。

7）伺服 ON/OFF：伺服开或关。

8）复位：复位当前程序及报警状态。可选择新的程序。

9）直接执行：和机器人程序无关，可以执行任意的指令。

10）3D 监视：显示机器人的 3D 监视。

5. 断点设置

在调试状态下可以对程序设定断点。所谓断点功能是指设置一个停止位置，即程序运行到此位置就停止。

在调试状态下单步执行以及连续执行时，会在设定的断点程序行停止执行程序。停止后，再启动又可以继续单步执行。断点最多可设定 128 个，程序关闭后全部解除。断点有以下两 种：

1）继续断点：即使停止以后，断点仍被保存。

2）临时断点：停止后，断点会在停止的同时被自动解除。

断点的设置如图 11-19 所示。

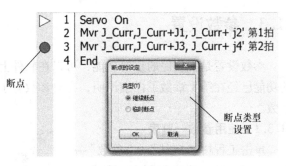

图 11-19　断点的设置

6. 直接位置跳转

位置跳转功能是指选择某个位置点后直接运动到该位置点。

位置跳转的操作方法如图 11-20 所示。

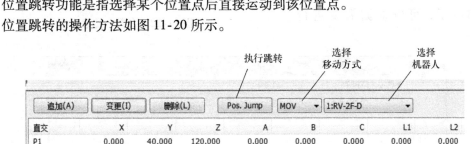

图 11-20　位置跳转的操作方法

1）（在有多个机器人的情况下）选择需要使其动作的机器人。

2）选择移动方法（MOV：关节插补移动，MVS：直线插补移动）。

3）选择要移动的位置点。

4）单击"位置 跳转 Pos Jump"按钮。

在实际使机器人动作的情况下，会显示提醒注意的警告。

7. 退出调试状态

要结束调试状态，单击程序框中的"关闭"图标即可，如图 11-21 所示。

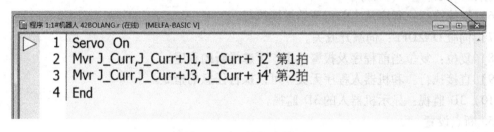

图 11-21　关闭调试状态

11.3　参数设置

参数设置是本软件的重要功能，可以在软件上或示教单元上对机器人设置参数。各参数的功能已经在第 8 章做了详细说明，在对参数有了正确理解后用本软件可以快速方便地设置参数。

11.3.1　使用参数一览表

单击工程树"离线"→"参数"→"参数一览表"，弹出如图 11-22 所示的参数一览表。参数一览表按参数的英文字母顺序排列，双击需要设置的参数后，弹出该参数的设置框，如图 11-23 所示，可以根据需要进行设置。

图 11-22　参数一览表

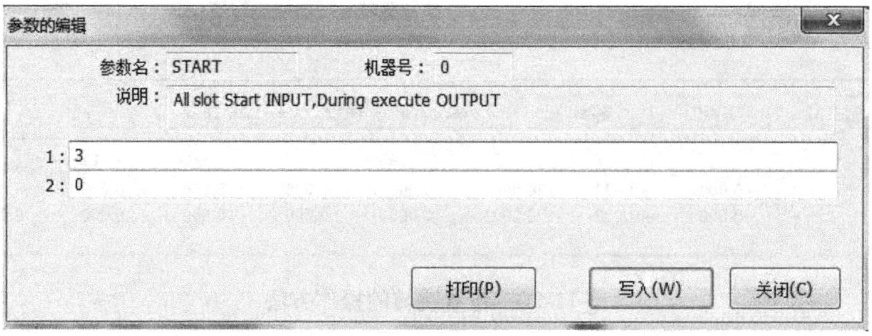

图 11-23　参数设置框

使用参数一览表的好处是可以快速地查找和设置参数，特别是知道参数的英文名称时可以快速设置。

11.3.2　按功能分类设置参数

1. 参数分类

为了按同一类功能设置参数，本软件还提供了按参数功能分块设置的方法。这种方法很实用，在实际调试设备时通常使用这一方法。本软件将参数分为动作参数、程序参数、信号参数、通信参数和现场网络参数，每一大类又分为若干小类。

2. 动作参数

（1）动作参数分类　单击"动作参数"，展开如图 11-24 所示窗口，这是动作参数内的各小分类，可根据需要选择。

（2）设置具体参数　操作方法如下：单击"离线"→"参数"→"动作参数"→"动作范围"，弹出如图 11-25 所示的"动作范围设置"对话框，在这一对话框内，可以设置各轴的关节动作范围及在直角坐标系内的动作范围等内容，既明确又快捷方便。

图 11-24　动作参数分类

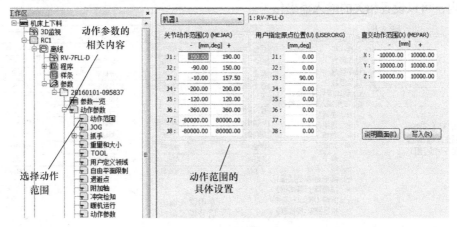

图 11-25　设置具体参数

3. 程序参数

（1）程序参数分类　单击"程序参数"，展开如图 11-26 所示窗口，这是程序参数内的各小分类，可根据需要选择。

（2）设置具体参数　操作方法如下：单击"离线"→"参数"→"程序参数"→"插槽表"，弹出如图 11-27 所示的插槽表，在插槽表设置框内，可以设置需要预运行的程序。

4. 信号参数

（1）信号参数分类　单击"信号参数"，展开如图 11-28 所示窗口，这是信号参数内的各小分类，可根据需要选择。

图 11-26　程序参数分类

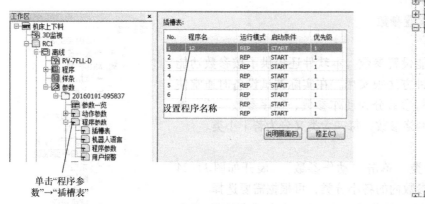

图 11-27　设置具体参数　　　　　　　　　　　　　　　图 11-28　信号参数分类

（2）设置具体参数　操作方法如下：单击"离线"→"参数"→"信号参数"→"专用输入输出信号分配"→"通用1"，弹出如图 11-29 所示的"专用输入输出信号设置"对话框，在对话框内，可以设置相关的输入输出信号。

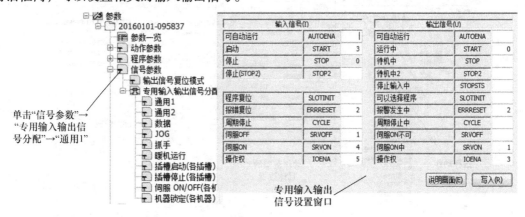

图 11-29　设置具体参数

5. 通信参数

（1）通信参数分类　单击"通信参数"，展开如图 11-30 所示窗口，这是通信参数内的各小分类，可根据需要选择。

（2）设置具体参数　操作方法如下：单击"离线"→"参数"→"通信参数"→"Ethernet"，弹出如图 11-31 所示的"以太网通信参数设置"对话框，在对话框内，可以设置相关的通信参数。

6. 现场网络参数

单击"现场网络参数"，展开如图 11-32 所示窗口，这是现场网络参数内的各小分类，可根据需要选择设置。现场网络参数分类如图 11-32 所示。

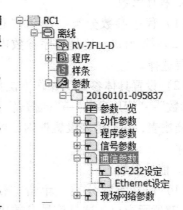

图 11-30　通信参数分类

图 11-31　设置具体通信参数

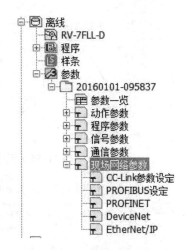

图 11-32　现场网络参数分类

11.4　机器人工作状态监视

11.4.1　动作监视

1. 任务区状态监视

监视对象为任务区的工作状态，即显示任务区（SLOT）是否可以写入新的程序。如果该任务区内的程序正在运行，则不可写入新的程序。

单击"监视"→"动作监视"→"插槽状态"，弹出插槽状态监视框，插槽（SLOT）就是任务区，如图 11-33 所示。

2. 程序监视

监视对象为任务区内正在运行程序的工作状态，即正在运行的程序行。

单击"监视"→"动作监视"→"程序监视"，弹出程序监视框，如图 11-34 所示。

3. 动作状态监视

监视对象如下：

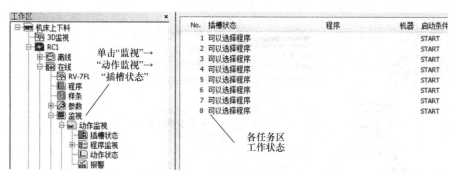

图 11-33　插槽状态监视框

1）直角坐标系中的当前位置；

2）关节坐标系中的当前位置；

3）抓手 ON/OFF 状态；

4）当前速度；

5）伺服 ON/OFF 状态。

单击"监视"→"动作监视"→"动作状态"，弹出动作状态框，如图 11-35 所示。

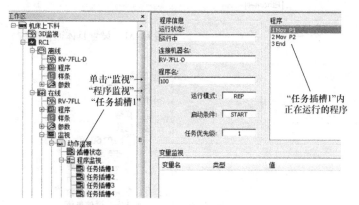

图 11-34　程序监视框

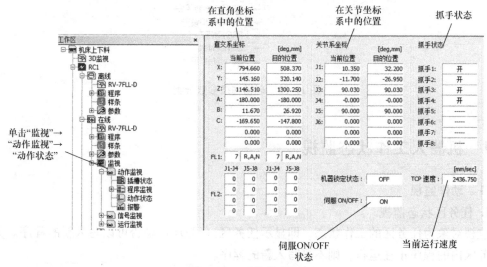

图 11-35　动作状态框

4. 报警内容监视

单击"监视"→"动作监视"→"报警"，弹出报警框，如图 11-36 所示。在报警框内显示报警号、报警信息、报警时间等内容。

11.4.2　信号监视

1. 通用信号的监视和强制输入输出

功能：用于监视输入输出信号的 ON/OFF 状态。

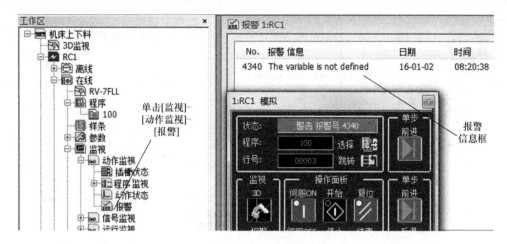

图 11-36 报警框

单击"监视"→"信号监视"→"通用信号",弹出通用信号框,如图 11-37 所示。在通用信号框内除了监视当前输入输出信号的 ON/OFF 状态以外,还可以监视模拟输入信号,设置监视信号的范围,以及强制输出信号 ON/OFF。

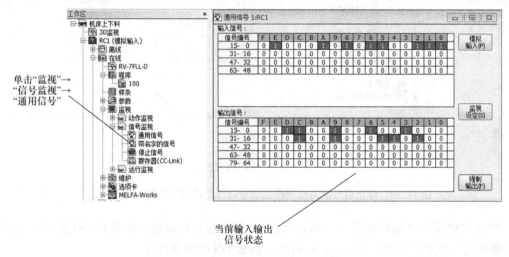

图 11-37 通用信号框的监视状态

2. 对已经命名的输入输出信号监视

功能:用于监视已经命名的输入输出信号的 ON/OFF 状态。

单击"监视"→"信号监视"→"带名字的信号",弹出带名字的信号框,如图 11-38 所示。在带名字的信号框内可以监视已经命名的输入输出信号的 ON/OFF 状态。

3. 对停止信号以及急停信号监视

功能:用于监视停止信号以及急停信号的 ON/OFF 状态。

单击"监视"→"信号监视"→"停止信号",弹出停止信号框,如图 11-39 所示。在停止信号框内可以监视停止信号以及急停信号的 ON/OFF 状态。

11.4.3 运行监视

监视运行时间的功能是用于监视机器人系统的运行时间。

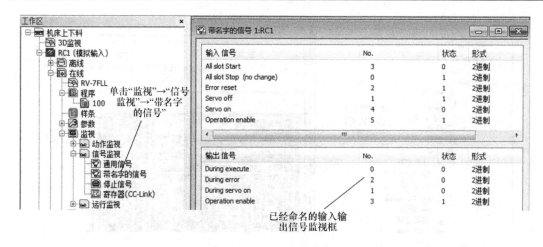

图 11-38 带名字的信号框内监视已经命名的输入输出信号的 ON/OFF 状态

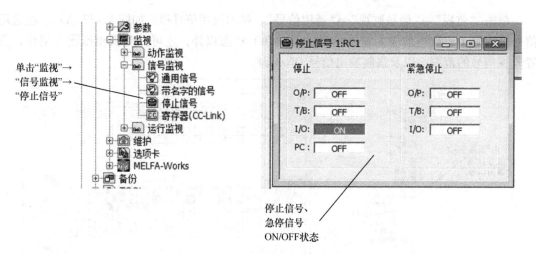

图 11-39 停止信号框内监视停止信号以及急停信号的 ON/OFF 状态

单击"监视"→"运行监视"→"运行时间",弹出运行时间框,如图 11-40 所示。在运行时间框内可以监视电源 ON 时间、运行时间、伺服 ON 时间等内容。

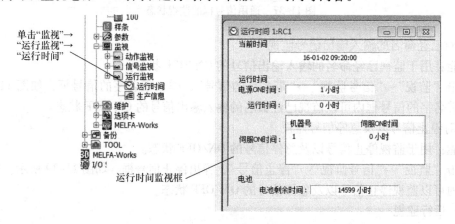

图 11-40 运行时间框

11.5　维护

11.5.1　原点设置

功能：进行原点设置和恢复。设置原点有六种方式，即原点数据输入方式、机械限位器方式、工具校准棒方式、ABS 原点方式、用户原点方式和原点参数备份方式。

单击"维护"→"原点数据"，弹出如图 11-41 所示原点数据设置框。

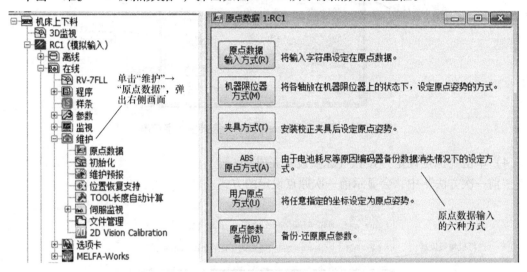

图 11-41　原点数据设置框

1. 原点数据输入方式

原点数据输入方式——直接输入字符串是将出厂时厂家标定的原点写入控制器。出厂时，厂家已经标定了各轴的原点，并且作为随机文件提供给使用者。一方面使用者在使用前应该输入原点文件，原点文件中每一轴的原点是一个字符串，使用者应该妥善保存原点文件。另一方面，如果原点数据丢失后，则可以直接输入原点文件的字符串，以恢复原点。

本操作需要在联机状态下操作，单击"原点数据输入方式"，弹出如图 11-42 所示原点数据设定框，各按键作用如下：

1）写入：将设置完毕的数据写入控制器。

2）保存文件：将当前原点数据保存到电脑中。

3）文件读出：从电脑中读出原点数据文件。

4）更新：从控制器内读出原点数据，显示最新的原点数据。

2. 机械限位器方式

（1）功能　以各轴机械限位器位置为原点位置。

（2）操作方法

1）单击原点数据画面的"机器限位器方式"按钮，显示画面如图 11-43 所示。

2）将机器人移动到机器限位器位置。

3）选中需要做原点设定的轴的复选框。

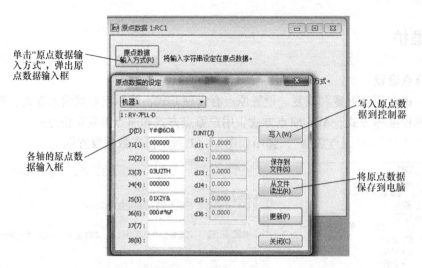

图 11-42　原点数据输入方式——直接输入字符串

4）单击"原点设定"按钮（原点设置完成）。

"前一次方法"中，会显示前一次原点设定的方式。

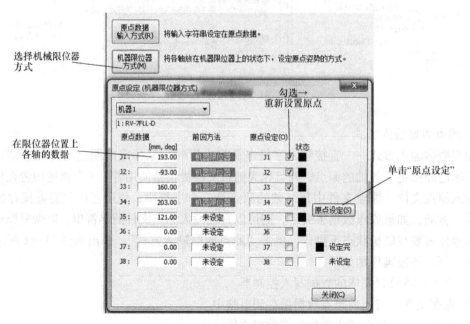

图 11-43　机器限位器方式设置原点数据画面

3. 工具校正棒方式

（1）功能　以校正棒校正各轴的位置，并将该位置设置为原点。

（2）操作方法

1）单击原点数据画面的"夹具方式"按钮，显示画面如图 11-44 所示（夹具方式就是校正棒方式）。

2）将机器人各轴移动到校正棒校正的各轴位置。

3）选中需要做原点设定的轴的复选框。

4）单击"原点设定"按钮（原点设置完成）。

"前一次方法"中，会显示前一次原点设定的方式。

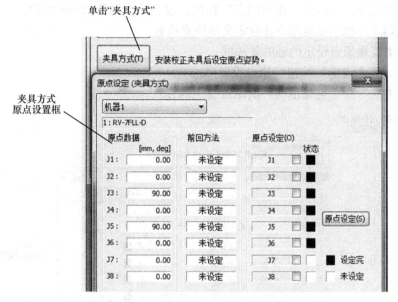

图 11-44　夹具方式设置原点数据画面

4. ABS 原点方式

（1）功能　在机器人各轴位置都有一个三角符号△，将各轴的三角符号△与相邻轴的三角符号△对齐，此时各轴的位置就是原点位置。

（2）操作方法

1）单击原点数据画面的"ABS 原点方式"按钮，显示画面如图 11-45 所示。

2）将机器人各轴移动到三角符号△对齐的位置。

3）选中需要做原点设定的轴的复选框。

4）单击"原点设定"按钮（原点设置完成）。

"前一次方法"中，会显示前一次原点设定的方式。

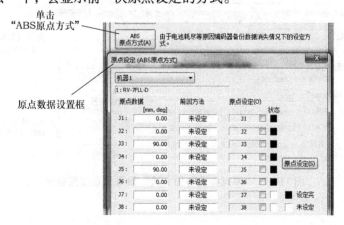

图 11-45　ABS 方式设置原点数据画面

5. 用户原点方式

（1）功能 由用户自行定义机器人的任意位置为原点位置。

（2）操作方法

1）单击原点数据画面的"用户原点"按钮，显示画面如图 11-46 所示。

2）将机器人各轴移动到用户任意定义的原点位置。

3）选中需要做原点设定的轴的复选框。

4）单击"原点设定"按钮（原点设置完成）。

"前一次方法"中，会显示前一次原点设定的方式。

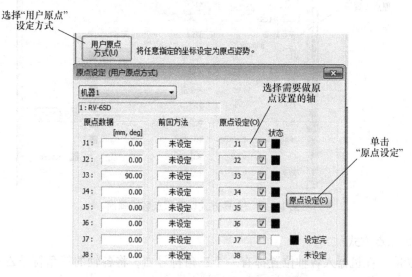

图 11-46 用户原点方式设置原点数据画面

6. 原点参数备份方式

功能：将原点参数备份到电脑，也可以将电脑中的原点数据写入控制器，如图 11-47 所示。

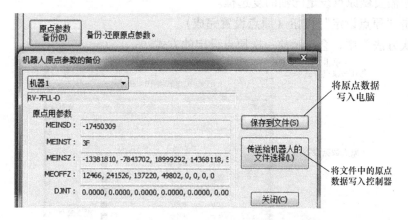

图 11-47 "原点参数备份方式"设置原点数据画面

11.5.2　初始化

功能：将机器人控制器中的数据进行初始化。

可对下列信息进行初始化：时间设定、所有程序的初始化、电池剩余时间的初始化和控制器的序列号的确认设定。

操作方法如图 11-48 所示。

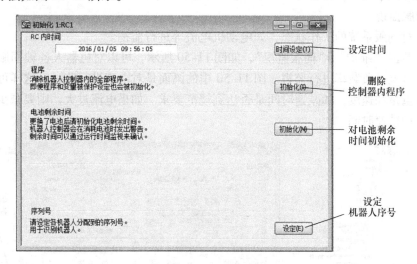

图 11-48　初始化操作框

11.5.3　维修信息预报

功能：将机器人控制器中的维保信息数据进行提示预告。

可对下列维保信息进行提示预告：电池使用剩余时间、润滑油使用剩余时间、皮带使用剩余时间、控制器序列号的确认设定。

维保信息框如图 11-49 所示。

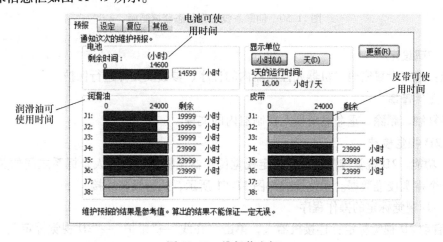

图 11-49　维保信息框

11.5.4　位置恢复支持功能

如果由于碰撞导致抓手变形或由于更换电机导致原点位置发生偏差，则使用位置恢复功能，只对机器人程序中的一部分位置数据进行再示教作业，从而可生成补偿位置偏差的参数，对控制器内全部位置数据进行补偿。

11.5.5 TOOL 长度自动计算

功能：自动测定抓手长度，在实际安装了抓手后，对一个标准点进行 3~8 次的测定，从而获得实际抓手长度，设置为 TOOL 参数（MEXTL）。

11.5.6 伺服监视

功能：对伺服系统的工作状态，如电动机电流等进行监视。

操作：单击"维护"→"伺服监视"，如图 11-50 所示，可以对机器人各轴伺服电机的位置、速度、电流、负载率进行监视。图 11-50 中的画面是对电流进行监视，这样可以判断机器人抓取的重量和速度，加减速时间是否达到规范要求。如果电流过大，则要减少抓取工件质量或延长加减速时间。

图 11-50　伺服系统工作状态监视画面

11.5.7 密码设定

功能：通过设置密码对机器人控制器内的程序、参数及文件进行保护。

11.5.8 文件管理

能够复制、删除、重命名机器人控制器内的文件。

11.5.9 2D 视觉校准

（1）功能　2D 视觉校准功能是标定视觉传感器坐标系与机器人坐标系之间的关系，可以处理八个视觉校准数据。系统构成如图 11-51 所示，执行设备连接。

（2）2D 视觉标定的操作程序

1）启动 2D 视觉标定：连接机器人，单击"在线"→"维护"→"2D 视觉标定"。

2）选择标定序号：可选择任一标定序号，最大数 =8，如图 11-52 所示。

（3）示教点　在图 11-53 中，执行以下操作：

1）单击示教点所在行，移动光标，将 TOOL 中心点定位到标定点。

2）单击"Get the robot position"以获得机器人当前位置。"Robot. X and Robot. Y"的数

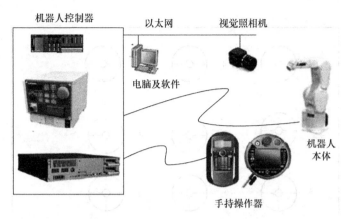

图 11-51　2D 视觉校准时的设备连接

| Calibration1 * | Calibration2 | Calibration3 |

图 11-52　选择标定序号

据将自动显示，在"Enable"框中自动进行检查。

3）在单击"Get the robot position"之前，不能编辑示教点数据。

4）通过视觉传感器测量标定指示器的位置。

分别在 Camera. X（照相机 X）和 Camera. Y（照相机 Y）位置键入 X，Y 像素坐标。

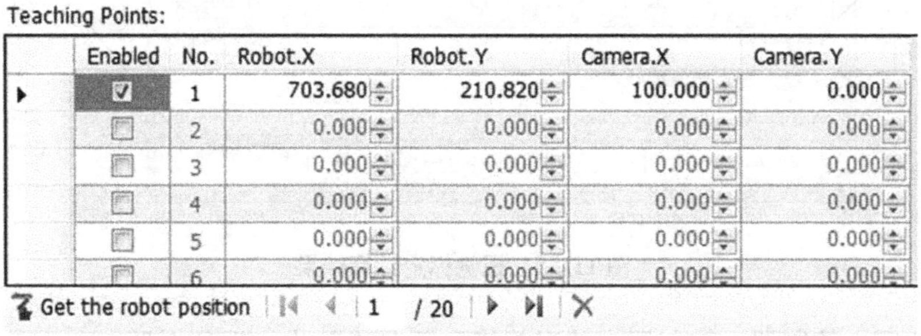

Teaching Points:

	Enabled	No.	Robot.X	Robot.Y	Camera.X	Camera.Y
▶	☑	1	703.680	210.820	100.000	0.000
	☐	2	0.000	0.000	0.000	0.000
	☐	3	0.000	0.000	0.000	0.000
	☐	4	0.000	0.000	0.000	0.000
	☐	5	0.000	0.000	0.000	0.000
	☐	6	0.000	0.000	0.000	0.000

Get the robot position ｜◀ ◀ 1 / 20 ▶ ▶｜ ✕

图 11-53　获得示教点视觉数据

如果视觉传感器坐标系与机器人坐标系的整合是错误的或示教点过于靠近，则可能出现错误的标定数据。

视觉标定最少需要四个示教点，如果是精确标定则需要九个点或更多点，分布如图 11-54 所示。

（4）计算视觉标定数据　若"Teaching points"数据表已经有四个点以上，则"Calculate after selecting 4 point sor more"按键变得有效，单击该按键，计算结果数据出现在"Result homography matrix"框内，如图 11-55 所示。

（5）写入机器人　单击"write to robot"按键，将计算获得的视觉传感器标定数据

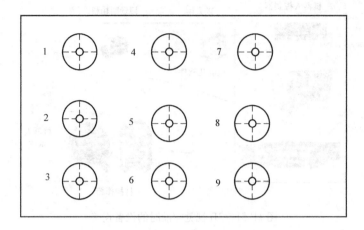

图 11-54　示教点的分布

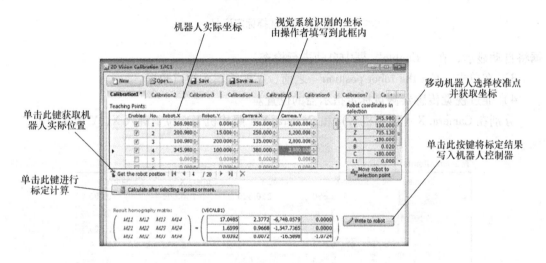

图 11-55　视觉标定计算结果

"VSCALBn"写入控制器。控制器内的当前值显示在" "中，以便对照。

（6）保存数据　单击"Save"或"Save as …"按键保存示教点和计算结果数据，具体内容可查看第 12 章。

11. 6　备份

（1）功能　将机器人控制器内的全部信息备份到电脑中。

（2）操作　单击"在线"→"维护"→"备份"→"全部"，进入全部数据备份画面，如图 11-56所示。选择"全部"→"OK"，即可将全部信息备份到电脑。

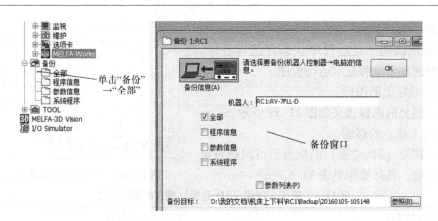

图 11-56　备份操作

11.7　模拟运行

11.7.1　选择模拟工作模式

模拟运行能够完全模拟和机器人连接的所有操作，能够在屏幕上动态地显示机器人运行程序，能够执行 JOG 运行、自动运行、直接指令运行以及调试运行，其功能很强大。

1. 选择

单击"在线"→"模拟"会弹出以下两个画面，即模拟操作面板如图 11-57 所示，3D 运行显示屏如图 11-58 所示。

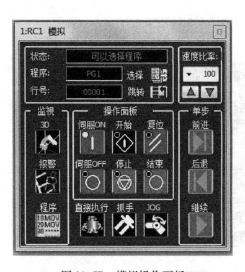

图 11-57　模拟操作面板

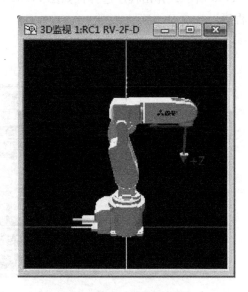

图 11-58　3D 运行显示屏

由于模拟运行状态完全模拟了实际的在线运行状态，所以大部分操作就与在线状态相同。

2. 模拟操作面板的功能

(1) 操作功能　选择"JOG"运行模式，选择"自动运行模式"，选择"调试运行模式"和选择"直接运行"。

（2）监视功能　显示程序状态并选择程序，显示并选择速度倍率和显示运行程序。

3. 在工具栏上的图标

在工具栏上的图标含义如图 11-59 所示。

4. 机器人视点的移动

机器人视图（3D 监视）的视点，可以通过鼠标操作来变更，具体操作见表 11-6。

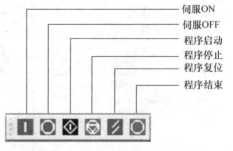

图 11-59　在工具条上的图标含义

表 11-6　机器人视图（3D 监视）视点的操作方法

要变更的视点	图形上的鼠标操作
视点的旋转	按住左键的同时，左右移动→进行以 Z 轴为中心的旋转 上下移动→进行以 X 轴为中心的旋转 按住左 + 右键的同时，左右移动→进行以 Y 轴为中心的旋转
视点的移动	按住右键的同时，上下左右移动
图形的扩大/缩小	按住 Shift 键 + 左键的同时上下移动

11.7.2　自动运行

1. 程序的选择

1) 如果机器人控制器内有程序，则可以在模拟操作面板上单击"程序选择"图标，如图 11-60 所示，弹出程序选择框如图 11-61 所示，选择程序并单击"OK"按钮，就可以选中程序。

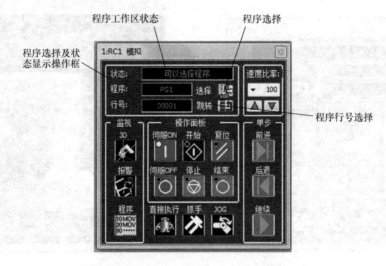

图 11-60　在操作面板上单击"程序选择"

2) 如果机器人控制器内没有程序，则需要将离线状态的程序写入在线，操作与常规状态相同，这样在程序选择框内就会出现已经写入的程序，从而有了选择对象。

2. 程序的启动/停止操作

如图 11-62 所示，在模拟操作面板中，有一个操作面板区，在操作面板区内有伺服 ON、

图 11-61　在程序选择框内选择程序

伺服 OFF、启动、复位、停止、结束六个按键。操作面板区用于执行自动操作,单击各按键即可执行相应的动作。

11.7.3　程序的调试运行

在模拟状态下可以执行调试运行,调试运行的主要形式是单步运行。在模拟操作面板上有单步运行框,如图 11-63 所示。单步运行框内有"前进、后退、继续"三个按键。功能就是单步的前进、后退,与正常调试界面的功能相同。

11.7.4　运行状态监视

在模拟操作面板上有运行状态监视框,如图 11-64 所示。运行状态监视框内有"3D 显示选择、报警信息选择、当前运行程序界面选择"三个按键。选择不同的按键会弹出不同的界面,图 11-65 所示为"报警信息"界面。

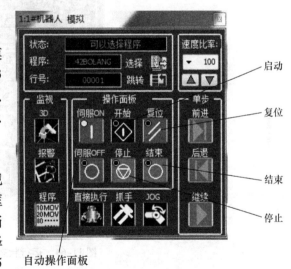

图 11-62　程序的启动/停止操作

11.7.5　直接指令

直接指令功能是指输入或选择某一指令后,直接执行该指令。既不是整个程序的运行,也不是手动操作,而是自动运行的一种形式,在调试时会经常使用。使用直接运行指令必须:①已经选择程序号;②移动位置点必须是程序中已经定义的位置点。

在模拟操作面板上单击"直接执行"图标,如图 11-66 和图 11-67 所示。

11.7.6　JOG 操作功能

模拟操作面板上有 JOG 操作功能,单击如图 11-68 的 JOG 图标就会弹出 JOG 界面,其操作与示教单元类似。通过模拟 JOG 操作,可以更清楚地了解各坐标系之间的关系。

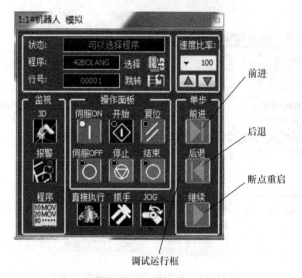

图 11-63　调试功能单步运行操作

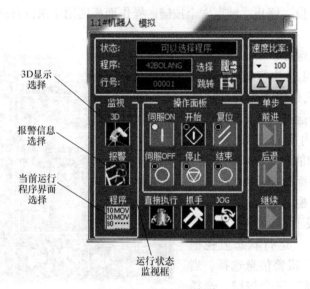

图 11-64　运行状态监视

图 11-65　"报警信息"界面

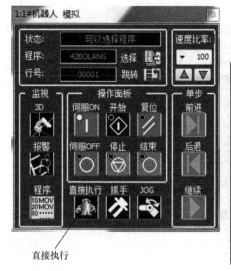

直接执行

图 11-66 选择"直接执行"界面

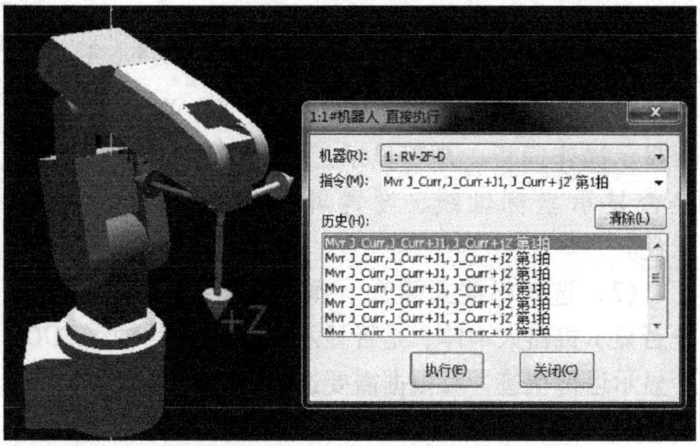

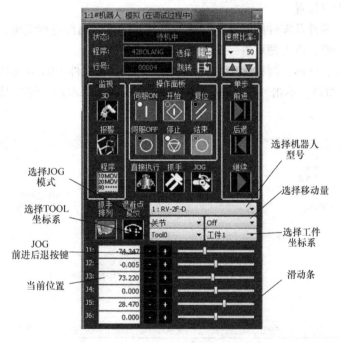

图 11-67 "直接执行"界面

图 11-68 JOG 操作界面

11.8 3D 监视

3D 监视是机器人很人性化的一个界面，可以在画面上监视机器人的动作、运动轨迹、各外围设备的相对位置。在离线状态下，也可以进行 3D 显示，但最好还是在模拟状态下进行 3D 显示。

11. 8. 1　机器人显示选项

单击菜单上的"3D 显示"→"机器人显示选项",弹出"机器人显示选项"窗口,如图 11-69 所示,本窗口的功能是选择显示的内容。

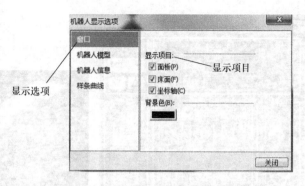

图 11-69　"机器人显示选项"窗口

（1）选择窗口功能　弹出选项：是否显示操作面板、是否显示工作台面、是否显示坐标轴线、设置屏幕的背景色。

（2）选择机器人模型　弹出选项：是否显示机器人本体、是否显示机器人法兰轴（TOOL 坐标系坐标轴）、是否显示抓手、是否显示运行轨迹,可根据需要选择。

（3）样条曲线　显示样条曲线的形状。

11. 8. 2　布局

布局也就是布置图,布局的功能模拟出外围设备及工件的大小、位置,同时模拟出机器人与外围设备的相对位置。

在本节中,有零件及零件组的概念,既要对每一零件的属性进行编辑,也可根据需要把相关零件归于同一组,以方便更进一步制作布置图。

系统自带矩形、球形、圆柱等 3D 部件,也可插入其他文件中的 3D 模型图。

"布局一览"窗口。单击"3D 显示"→"布局",弹出"布局一览"窗口,如图 11-70 所示。

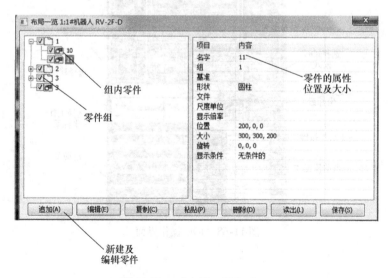

图 11-70　"布局一览"窗口

"布局一览"窗口中必须设置以下内容：

1）零件组：指一组零件,由多个零件组成。可以统一对零件组进行如移动、旋转等编辑。

2）零件：即某具体的工件。零件可以编辑，如选择为矩形或球形，也可以设置零件大小及在坐标系中的位置。

在"布局一览"窗口，选中要编辑的零件，单击"编辑"，弹出如图 11-71 所示"布局编辑"框，可进行零件名称、组别、位置、大小的编辑。图 11-72 中编辑了一个球形零件，指定了球的大小及位置。

在编辑时，可以在 3D 视图中观察到零件的位置和大小。

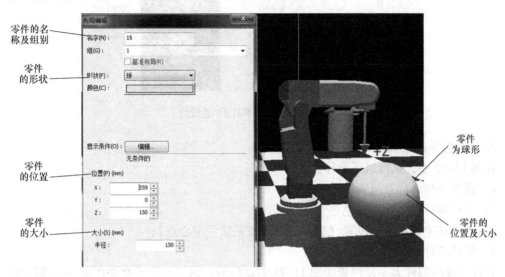

图 11-71　零件的编辑与显示

11.8.3　抓手的设计

1. 抓手设计的功能

抓手是机器人的附件，本软件提供的抓手设计功能是一个示意功能。抓手的设计与零件的设计相同，先设计抓手的形状大小，在抓手设计画面中的原点位置就是机器人法兰中心的位置。

软件会自动将设计完成的抓手连接在机器人法兰中心，操作方法如下：

1）单击"3D 显示"→"抓手"，进入抓手设计画面；

2）单击"追加"→"新建"，进入一个新抓手文件定义画面；

3）单击"编辑"，进入抓手的设计画面。

一个抓手可能由多个零部件构成，所以一个抓手也就可以视为一个零件组，这样抓手的设计就与零件组的设计相同了，图 11-72 所示为设计范例。

2. 设计抓手的第一个部件

在图 11-72 中，执行以下操作：

1）设置部件名称及组别；

2）设计部件的形状和颜色；

3）设置部件在坐标系中的位置（坐标系原点就是法兰中心点）；

4）设计部件的大小。

设计完成的部件大小及位置如图 11-72 右图所示。

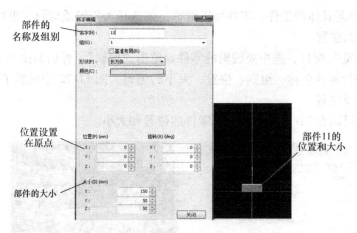

图 11-72　抓手部件 11 的设计

3. 设计抓手的第二个部件

在图 11-73 中，执行以下操作：

1）设置部件名称及组别；

2）设计部件的形状和颜色；

3）部件在坐标系中的位置（坐标系原点就是法兰中心点）；

4）设计部件的大小。

设计完成的部件大小及位置如图 11-73 右图所示，第二个部件叠加在第一个部件上。

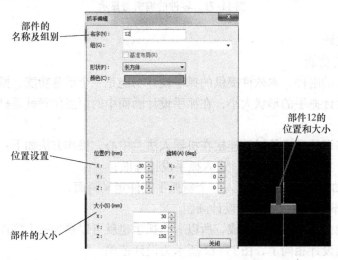

图 11-73　抓手部件 12 的设计

4. 设计抓手的第三个部件

在图 11-74 中，执行以下操作：

1）设置部件名称及组别；

2）设计部件的形状和颜色；

3）设置部件在坐标系中的位置（坐标系原点就是法兰中心点）；

4）设计部件的大小。

设计完成的部件大小及位置如图 11-14 右图所示，第三个部件叠加在第一个部件上，这样就构成了抓手的形状。

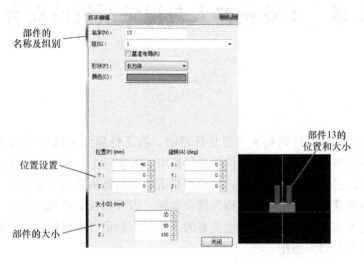

图 11-74　抓手部件 13 的设计

将以上文件保存完毕，再回到监视画面，抓手就连接到机器人法兰中心上，如图 11-75 所示。

也可将抓手设计成如图 11-76 所示的结构。

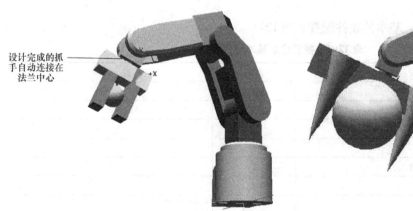

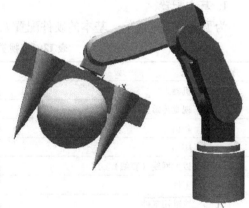

图 11-75　设计安装完成的抓手 1　　　　图 11-76　设计安装完成的抓手 2

第12章　工业机器人与视觉系统的联合使用

12.1　概说

在很多流水线上，工件的摆放位置是任意的，当工件随流水线运行到机器人工作范围时，要求机器人能够识别这些工件的位置进行抓取。而实际上，机器人只能够根据机器人的坐标系动作，所以必须采用视觉系统，即照相机通过照相将所获得的工件位置信息传送给机器人。视觉系统所获得工件位置信息称为像素坐标，即根据视觉系统的坐标系所获得的坐标值。将视觉坐标系与机器人坐标系建立关系的工作称为标定。经过标定后，视觉系统传过来的位置信息可以为机器人所用。

本章将介绍视觉系统在机器人上的应用。

12.2　前期准备及通信设置

12.2.1　基本设备配置及连接

1. 基本配置

为了进行视觉通信，基本的硬件配置见表 12-1。

表 12-1　视觉通信基本硬件配置

序号	设　　　　备	数量	说　　　明
1	机器人	1	
2	视觉传感器	1	
3	相机	1	
4	HUB	1	
5	以太网线（直线）	1	
6	工件	4	
7	校准用工件	8	
8	校正用指示针	2	
9	电脑	1	
10	RT – ToolBox2	1	机器人软件
11	In—sight Explorer	1	视觉传感器软件

2. 连接

机器人与电脑、机器人与视觉传感器都通过以太网进行连接，如图 12-1 所示。

12.2.2　通信设置

由于是以太网通信，所以设置原则是各通信设备的 IP 地址在同一网段内，即前 3 位数字相同，第 4 位数字不同。设置要求如下：

1）机器人 IP 地址设置为 192. 168. 0. 20。

2）电脑 IP 地址设置为 192. 168. 0. 30，子网掩码设置为 255. 255. 255. 0。

3）视觉传感器 IP 地址设置为 192. 168. 0. 10。

1. 机器人 IP 地址设置

操作方法如图 12-2 所示。

1）在 RT Tool Box2 建立新工作区；

2）通信设置选择"TCP/IP"；

3）单击"详细设定"，设置 IP 地址为"192. 168. 0. 20"；

4）单击"OK"按钮设置完成。

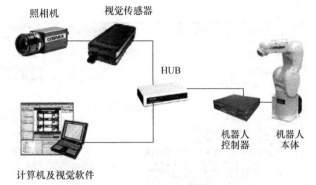

图 12-1 视觉系统与机器人连接图

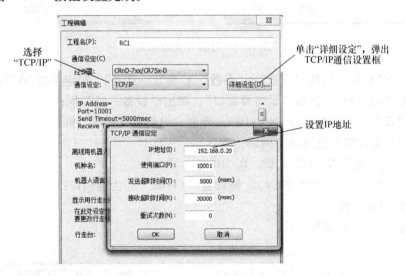

图 12-2 机器人 IP 地址设置

2. 电脑 IP 地址设置

操作方法如图 12-3 所示。

1）单击电脑"控制面板"；

2）单击"网络和 INTERNET 协议；

3）单击"属性"；

4）选择"TCP/IPv4"；

5）设置 IP 地址为"192. 168. 0. 30"，子网掩码设置为"255. 255. 255. 0"。

6）单击"确定"按钮，设置完成。

3. 视觉传感器 IP 地址设置

操作方法如图 12-4 所示。

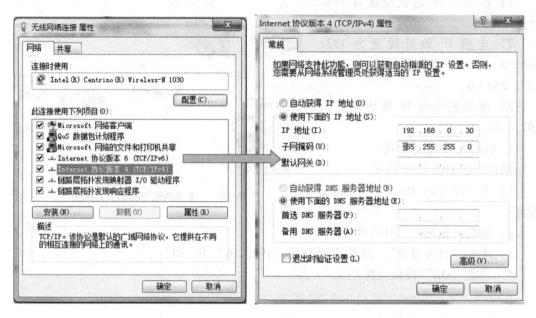

图 12-3　电脑 IP 地址设置

1）打开 RT 软件，选择"在线"→"参数"→"参数一览表"，设定参数 NVTRGTMG = 1；
2）单击"以太网"，选择"设备及端口"，弹出"设备一览"框；
3）在"设备一览"框选择"OPT19"，弹出"设备参数设定"框；
4）在"自动设定"框选择"网络传感器"；
5）在 IP 地址框设置"192. 168. 0. 10"；
6）在"分配（A）:（COMDEV）"框设置"COM2"作为通信口；
7）单击"OK"按钮；
8）单击"写入"，设置完成。

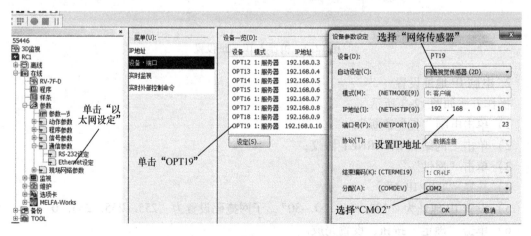

图 12-4　视觉传感器 IP 地址设置

12. 3　工具坐标系原点的设置

12. 3. 1　操作方法

由于在后续的操作中，推荐机器人使用 TOOL 坐标系进行定位，所以必须求出新的 TOOL 坐标系原点。以下是求 TOOL 坐标系原点的方法。

1. 安置指示针

在工作台上安置工件指针，作为以下机器人抓手校准的标志，如图 12-5 所示。

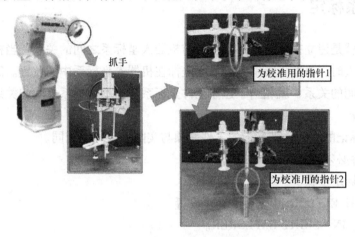

图 12-5　设置 TOOL 坐标系原点

2. 校准方法

1）对齐：使用示教单元 JOG 动作，使机器人抓手指针尖端对齐工作台上指针。

2）用示教单元打开程序 TLXY（见 12.3.2 节），按单步前进到第 5 行 "MVS P91" 结束。这时，抓手旋转 90°。

3）再次使用示教单元 JOG 动作，使机器人抓手指针尖端对齐桌上指针。

4）用示教单元打开程序 TLXY（见 12.3.2 节），按单步前进执行从第 7 行到 END。

5）用示教单元 JOG 动作，在 TOOL JOG 模式下，按 C +，C -，机器人动作，抓手指针与桌面指针的相对位置不变。此时，新的工具坐标系原点设置完成。

6）在 RT TOOL BOX2 软件中打开程序 TLXY 和 SVS。

7）复制程序 TLXY 中的位置变量 PLT2，粘贴到程序 SVS 中，保存并关闭程序。

12. 3. 2　求 TOOL 坐标系原点的程序 TLXY

```
程序 TLXY
'X - YTOOL setting program
PTOOL = P_TOOL ' ——P_Tool 为当前设置的 tool 坐标系数据
P0 = P_FBC ' —— P_FBC 为编码器反映的当前位置
1    P91 = P0 * (0,0,0,0,0,90) ' —— 计算 P91 位置点
2    MVS P91 ' 移动到 P91 ' —— 绕 Z 轴旋转 90°
'以上为第一阶段
3    P90 = P_FBC ' ——P_FBC 为编码器反映的当前位置
```

```
4    PTL = P_ZERO '——清零
5    PT = INV(P90) * P0 '——重要! PT 为 P90 与 P0 两点之间的偏差值
6    PTL.X = (PT.X + PT.Y)/2 ' ——PTL 为偏差值得中间量
PTL.Y = (- PT.X + PT.Y)/2
PLT2 = PTOOL * PTL '——PLT2 为在原 TOOL 坐标系原点加上偏差量后的位置点
7    TOOL PLT2 '——以 PLT2 为当前 tool 坐标系原点
8    HLT'——暂停
```

12.4 坐标系标定

坐标系标定就是建立视觉传感器坐标系与机器人坐标系之间的关系。当视觉传感器将像素坐标传到机器人时，机器人能够判定像素坐标在机器人坐标系中的位置。简单地说就是建立两个坐标系之间的关系，就相当于建立工件坐标系与基本坐标系之间的关系。

12.4.1 前期准备

1) 准备带标记的工件，带标记的工件必须与实际工件高度相同。

2) 标记工件必须准备 5 个。

12.4.2 坐标系标定步骤

1. IN – SIGHT EXPLORER 软件的初步设置

1) 打开软件 IN – SIGHT EXPLORER。

2) 单击菜单"系统"→"将传感器/设备添加到网络"。

3) 单击弹出的视觉传感器，设定视觉传感器的 IP 地址为 192.168.0.10，子网掩码为 255.255.255.0。

4) 单击菜单"系统"→"选项"。

5) 单击"用户界面"，选择"对 Easy Builder 使用英文符号标记"。

6) 单击"确定"。

2. 视觉传感器的观察与调节

1) 选中视觉传感器，单击"连接"。

2) 单击"联机"，使作业 JOB 进入联机状态。

3) 单击工具栏中的"触发"按钮，调整镜头的亮度和焦点，一直调整并触发，直到工件清晰地出现在页面内。

4) 选中应用程序步骤中的"检查部件"。

5) 打开"几何工具"，单击"用户定义的点"，单击"添加"，一共需要添加 5 个点。

6) 移动各工件（用户定义点），使其均匀分布在视觉范围内。

7) 在选择板中可以看到这 5 个点的"像素坐标"（这是最重要的工作目的）。

3. 视觉传感器的精确调节

1) 移动工件，单击工具栏上的"触发"按钮，不断移动、触发，使十字线交叉点与工件标记点重合（获得像素坐标）。

2) 使用示教单元移动机器人 JOG，使抓手指示针与工件标记十字线重合（停止，获得机器人坐标)。

4. 坐标系标定

1) 打开 RT 软件,单击"维护"→"2D VISION Calibration",选择"Calibration1"(可以选择 Calibration1 ~ Calibration8 中的任何一个),如图 12-6 所示。

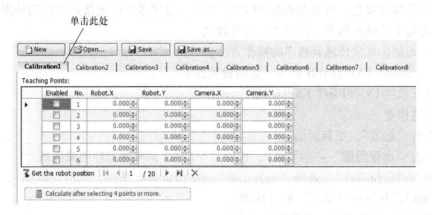

图 12-6　RT 软件设置选择标定序号

2) 选中做好标记的点(以第 3 点为例),单击"Get the robot position"获得当前位置 X、Y 坐标值,如图 12-7 所示。

3) 手动输入第 3 点像素坐标。

4) 按照以上方法获得 5 个点的机器人坐标和像素坐标,在标定完成前,必须一直保持伺服 = ON。

5) 单击"Calculate after selection 4points or more",本步骤计算两个坐标系之间的关系。

6) 单击"Write to robot"写入机器人。

7) 单击"Save"保存。

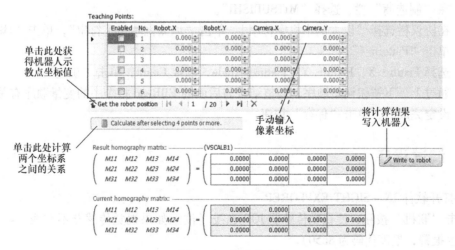

图 12-7　标定方法

经过以上步骤后,标定结束。

12.5　视觉传感器程序制作

定位部件 Pat Max 用于记忆工件的特征，包括工件外部的轮廓和工件上的表面特征，工件周边的颜色即背景色。所以在调整 MODEL 框时，应该尽可能地接近工件的外形，注意周边颜色不能与工件颜色相同，最好颜色反差较大。

下面介绍制作视觉传感器程序的操作方法。

在 IN – SIGHT EXPLORER 软件一侧的设置如下：

1）打开软件 IN – SIGHT EXPLORER。

2）新建作业。

3）单击"触发"，更新画面。

4）单击"设置图像"→"触发器"，选择"手动"，调整曝光使图像清晰。

5）单击"定位部件"，选择"位置工具"中的 Pat Max 图案，单击"添加"，视区内会出现两个矩形，分别是"模型"和"搜索"。

6）调整"模型"矩形，使其包括工件。

7）调整"搜索"矩形，使其在视觉传感器的搜索区域内，单击"OK"。

8）保存本程序，程序名为"TSC."。

12.6　视觉传感器与机器人的通信

在 IN – SIGHT EXPLORER 软件一侧的设置如下：

1）打开软件 IN – SIGHT EXPLORER。

2）单击"通信"→"添加设备"。

3）在"设备选择框"中，选择"机器人"。

4）在"制造商"栏，选择"MITSUBISHI"。

5）在协议栏选择"以太网本机字符串"，单击"以太网本机字符串"，单击"添加"。

6）单击"Pattern_1"。

7）选择 Fixture. X，Fixture. Y，Fixture. Angle，Pass_Count，单击"确定"。

8）通过上、下按钮调整顺序，调整结果与后面的 EBRead 指令中的变量顺序有关。

9）设定完成后，单击"保存"按钮。

12.7　调试程序

1. 打开软件 IN – SIGHT EXPLORER

单击"联机"按钮，使视觉传感器 JOB 在线（注意如果视觉传感器不在线，则执行程序会发生报警，报警代码为 8650）。

2. 使用示教单元确定工作点

1）使用示教单元打开程序 SVS，使机器人以 JOG 模式动作。示教机器人待机位置为 Phome，工件抓取点为 PWK（此点位于工件上，不同于标记点）。示教完成后不可以移动工件。

2）使用示教单元关闭程序 SVS，保存程序。

3. RT Tool Box2 软件的使用

1）打开程序 SVS（如下），取消 19 行的注释符号，让 19 行程序生效。

2）将程序中 17 行、23 行、57 行的内容改为"TSC.JOB"，保存并关闭程序。

3）在自动模式下，使用示教单元选择程序 SVS，启动执行 SVS，程序运行结束后，就获得抓取点与识别点之间的补偿量 PH。

4. 调试程序

程序 SVS

```
1 loadset 1.1 '——选择抓手及工件
2 OADL  ON '——对应抓手及工件条件，选择最佳加减速模式的指令
3 SERVO ON '——伺服 ON
4 WAIT  M_SVO = 1 '——M_Svo = 1，伺服电源 = ON
5 OVRD M_NOVRD '——速度倍率的初始值(100%)
6 SPD M_NSPD '——初始速度(最佳速度控制)
7 ACCEL 100,100 '——加减速度倍率指令(%)，设置加减速度的百分数
8 BASE  P_NBASE '——以基本坐标系的初始位置为当前世界坐标系
9 TOOL  PLT2 '——以 PLT2 为 TOOL 坐标系原点
10 'open  port。
'以下判断1#文件是否开启，如果没有开启则指令 com2 开启，并一直等待1#文件开启完成
11 IF m_nvopen(1) < >1 then
12 nvopen "com2:"as #1
13 wait  m_nvopen(1) = 1
14 endif
15 NVLoad #1,"tsc.  job" '——装入"tsc.  job"作为1#文件
...
19  GOSUB * MAKE_PH
20 *MAIN
21 MOV PHOME
22 DLY 0.5
23 NVRUN  #1,"tsc.  job"
24 EBREAD #1,"""",M1,PVS1 '——  读1#文件
25 IF M1 = 0 THEN ERROR  9102
26 DLY 0.5
27 NVRUN #1"tsc.  job"
29 EBREAD #1,"""",M1,PVS0
```

5. 程序的保存

1）自动运行完成后，首先关闭在电脑上的程序。此时，不要保存程序，因为此时操作错误的话，刚才做的 PH 数据就会丢失。

2）在 RT ToolBox2 的"在线"中打开程序 SVS，将 19 行"GOSUB ＊MAKE_PH"变为注释行，即"'GOSUB ＊MAKE_PH"，保存并关闭程序。

12.8　动作确认

1）在自动模式下，使用示教单元执行 SVS 程序，机器人会先移动到 PWK 位置，然后再回到 Phome 位置。

2）移动工件位置，再次运行 SVS 程序，确认机器人会先移动到 PWK 位置，然后再回到 Phome 位置。

12.9　与视觉功能相关的指令

常用的与视觉应用相关的指令/状态变量见表 12-2。

表 12-2　视觉功能相关的指令一览表

序号	指令	名称	功能
1	NVLoad	加载视觉程序	将指定的视觉程序加载到视觉传感器
2	NVOpen	连接视觉传感器	连接指定的视觉传感器并登录注册该传感器
3	NVClose	关断视觉传感器通信线路	关断视觉传感器通信线路
4	NVIn	接收视觉传感器的识别信息	接收视觉传感器的识别信息
5	NVPst	启动视觉程序并获取数据	启动指定的视觉程序并获取数据
6	NVRun	启动运行视觉程序	启动运行指定的视觉程序
7	NVTrg	指令视觉传感器拍摄图像	指令视觉传感器拍摄图像
8	PVSCL	视觉标定指令	
状态变量			
9	P_NvS1 ~ P_NvS8	以位置数据格式保存视觉传感器的识别信息	位置数据
10	M_NvOpen	通信连接状态变量	表示视觉通信是否连接完成
11	M_NvNum	检测到工件总数的状态变量	表示检测到工件总数
12	M_NvS1 ~ M_NvS8	以数值表示识别信息的变量	数值

12.10　视觉功能指令详细说明

12.10.1　NVOpen——连接并注册视觉传感器

（1）功能　连接视觉传感器并登记注册该视觉传感器。

（2）格式　NVOpen "＜通信口编号＞" AS #＜视觉传感器编号＞。

（3）格式说明

1）＜通信口编号＞（不能省略）：以 OPEN 指令同样的方法设置通信口编号 COM＊＊，但不能使用 COM1。COM1 口是 TB 单元的 RS－232 通信专用口。设置范围为 COM2 ~ COM8。

2）＜视觉传感器编号＞（不能省略）：设置与机器人通信口连接的视觉传感器编号。设置范围为 1 ~ 8。

（4）程序样例

```
1 If  M_NvOpen(1) < >1 Then '——判断1#视觉传感器是否连接
```

2 NVOpen "COM2:" AS #1 '——将视觉传感器连接到 COM2 口并设置为 1#传感器

3 EndIf

4 Wait M_NvOpen(1)=1 '——等待 1#视觉传感器连接完成

（5）说明

1）本指令功能为连接视觉传感器到指定的通信口 COM * 并登记注册该视觉传感器。

2）最多可连接 7 个视觉传感器，视觉传感器的编号要按顺序设置，用逗号分隔。

3）与 OPEN 指令共同使用时，OPEN 指令使用的通信口号 COM * 和文件号与本指令使用的通信口号 COM * 和视觉传感器编号要合理分配，不能重复。例如：

1 Open "COM1:" AS #1

2 NVOpen "COM2:" AS #2

3 NVOpen "COM3:" AS #3

4）错误的样例。

1 Open "COM2:" AS #1

2 NVOpen "COM2:" AS #2 '——COM2 口已经被占用

3 NVOpen "COM3:" AS #1 '——"视觉传感器编号"已经被占用

在一台机器人控制器和一台视觉传感器的场合，开启的通信线路不能够大于 1。

5）注册视觉传感器需要用户名和密码，因此需要在机器人参数 NVUSER 和 NVPSWD 中设置用户名和密码。用户名和密码可以为 15 个字符，是数字 0 ~ 9 及字母 A ~ Z 的组合。

T/B（示教器）仅支持大写字母，所以使用 T/B 时，设置用户名和密码必须使用大写字母。

购置的网络视觉传感器的用户名是"admin"，密码是" "。因此参数 NVUSER 和 NVPSWD 的预设值为 NVUSER = "admin"，NVPSWD = " "。

当使用 MELFA – Vision 更改用户名和密码时，必须更改参数 NVUSER 和 NVPSWD，更改参数后断电上电后参数生效。

注意：如果连接多个视觉传感器到一个机器人控制器，则所有视觉传感器必须使用同样的用户名和密码。

6）本指令的执行状态可以用 M_ NvOpen. 状态变量检查。

7）如果在执行本指令时，程序被删除，则立即停止。再启动时，按顺序联机传感器，必须复位机器人程序再启动。

8）在多任务工作时使用本指令，有如下限制：不同的任务区的程序中，"通信口编号 COM *"和"视觉传感器编号"不能相同。

① 如果使用了相同的 COM * 编号，则会出现" attempt was made to open an already open communication file（试图打开已经被开启了的一个通信口）"报警。如图 12-8 所示，在任务区 2 和任务区 3 中都同时指定了 COM2 口，所以会报警。

② 如果设置了同样的视觉传感器编号，那么也会报警。在图 12-9 中，在任务区 2 和任务区 3 中都指定了 1#视觉传感器，所以会报警。

9）不支持启动条件为"Always"与设置为"连续功能"的程序（连续功能参见 8.3 节）。

10）在构建系统时要注意，一个视觉传感器可以同时连接 3 个机器人，如果连接第 4 个机器人，则第 1 个被切断。

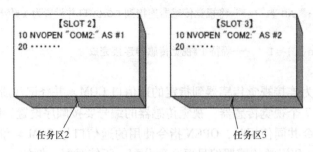

图 12-8　在任务区 2 和任务区 3 中都同时指定了 COM2 口

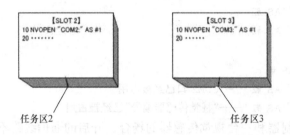

图 12-9　在任务区 2 和任务区 3 中都指定了 1#视觉传感器

（6）报警

1）如果数据类型错误，则会出现"syntax error in input command（指令语法错误）"报警。

2）如果 COM ∗ 口编号不是 COM2~COM8，则会报警。

3）如果视觉传感器编号不是 1~8，则会报警。

12.10.2　NVClose——关断视觉传感器通信线路指令

（1）功能　关断视觉传感器通信线路。

（2）格式　NVClose［［#］＜视觉传感器编号＞］，［［#］＜视觉传感器编号＞］。

（3）格式说明　＜视觉传感器编号＞（不能省略）。指连接到机器人通信口的视觉传感器编号（可能在一个网络上可有多个视觉传感器）。设置范围为 1~8。如果有多个传感器，则用逗号分割。

（4）程序样例

```
1 If M_NvOpen(1)< >1 Then'——判断1#视觉传感器是否联机完成
2 NVOpen "COM2:" AS #1 '—— 在 COM2 口连接视觉传感器并将其设置为 1#传感器
3 EndIf
4 Wait M_NvOpen(1) =1'——等待1#传感器联机通信完成
5 …
10 NVClose #1 '——关断1#视觉传感器与 COM2 口的通信
```

（5）说明

1）本指令功能为关断在 NVOpen 指令下的通信连接。

2）如果省略了＜视觉传感器编号＞，则切断所有视觉传感器的通信连接。

3）如果通信线路已经切断，则转入下一步。

4）由于可以同时连接 7 个视觉传感器，所有必须按顺序编写＜视觉传感器编号＞，这样可以按顺序关断视觉传感器。

5）如果执行本指令时程序被删除，则继续执行本指令直到本指令处理的工作完成。

6）如果在多任务中使用本指令，则在使用本指令的任务中，仅仅需要关闭由 NVOpen 指令打开的通信线路。

7）不支持启动条件为"Always（上电启动）"和设置为"连续功能"的程序。

8）如果使用 END 指令，则所有由 NVOpen 或 Open 指令开启的连接都会被切断，但是在调用子程序指令时不会关断。程序复位也会切断通信连接，所以在程序复位和 END 指令下不使用本指令也会切断通信连接。

9）如果在执行本指令时，有某个中断程序的启动条件已经成立，则在执行完本指令后才执行中断程序。

（6）报警　如果视觉传感器编号超出 1 ~ 8 的范围，则会出现"超范围报警（argument out of range）"。

12.10.3　NVLoad——加载程序指令

（1）功能　加载指定的视觉程序到视觉传感器。

（2）格式　NVLoad # < 视觉传感器名称 >，" < 视觉程序名称 >"。

（3）格式说明　< 视觉程序名称 > 指要启动的视觉程序名称（已经存在的视觉程序名称可以省略），只可以使用 0 ~ 9，A ~ Z，a ~ z，-，以及下划线_，对程序进行命名。

（4）程序样例

```
1 If M_NvOPen(1) < >1 Then '——判断1#视觉传感器是否联机完成
2 NVOpen "COM2:" AS #1 '—— 在COM2 口连接视觉传感器并将其设置为1#传感器
3 EndIf
4 Wait M_NvOpen(1) =1 '——等待通信连接完成
5 NVLoad #1,"TEST" '——加载 "Test"程序
6 NVPst #1,"","E76","J81","L84",0,10
```

（5）说明

1）本指令功能为加载指定的程序到指定的视觉传感器。

2）在加载程序到视觉传感器的位置点，本指令将移动到下一步。

3）如果执行本指令时删除了程序，立即停机。

4）如果指定的程序名已经被加载。则本指令立即结束不做其他处理。

5）在执行多任务时使用本指令，必须在任务区执行 NVOpen 指令，同时必须用NVOpen 指令指定传感器编号。

6）不支持启动条件为"Always（上电启动）"与设置为"连续功能"的程序。

7）如果在执行本指令时，某个中断程序的启动条件成立，则立即执行中断程序。

12.10.4　NVPst——启动视觉程序获取信息指令

（1）功能　启动指定的视觉程序并获取信息，从视觉传感器接收的数据存储于机器人控制器作为状态变量。

（2）格式　NVPst # < 视觉传感器编号 >," < 视觉程序名称 >"," < 存储识别工件数据量的单元格号 >"," < 开始单元格编号 >"," < 结束单元格编号 >", < 数据类型 >[, < 延迟时间 >]。

（3）格式说明

1）<视觉传感器编号>：对使用的视觉传感器设置的编号（不能省略）。设置范围为 1 ~ 8。

2）<视觉程序名称>（不能省略）：设置视觉程序名称，已经加载的视觉程序可省略。只有 0 ~ 9，A ~ Z，a ~ z，-，以及下划线 _ 等字符可以使用。

3）<存储识别工件数据量的单元格号>：指定一个单元格，在这个单元格内存储被识别的工件数量。

设置范围：行为 0 ~ 399，列为 A ~ Z，例如 A5。

被识别的工件数存储在 M_NvNum（*）（* = 1 ~ 8）。

4）<开始单元格编号>/<结束单元格编号>（不能省略）：指定（电子表格内）视觉传感器识别信息的存放范围（从起始到结束），单元格的内容存储在 P_NvS*（30），M_NvS*（30，10），C_NvS*（30，10）（* = 1 ~ 8）等变量中。

设置范围：行为 0 ~ 399，列为 A ~ Z，例如 A5，如图 12-10 所示。但是，当指定的行 = 30，列 = 10，或单元格总数超过 90 就会出现"设置的单元格数超出范围"报警。

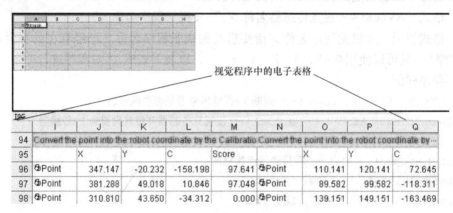

图 12-10 在视觉程序中的电子表格及单元格

5）<数据类型>：（不能省略）数据类型的设置及数据类型见表 12-3，用于设置所获取的数据类型。所获取的数据类型有位置型数据、单精度实数、文本型数据。设置范围为 0 ~ 7。

表 12-3　<数据类型>设置表

设定值	0	1	2	3	4	5	6	7
单元格状态	一个数据/单元格（每个单元格内放一个数据）				（每个单元格内放两个或更多个数据）			
对应使用的状态变量	P_NVS（）	M_NVS（）	C_NVS（）	M_NVS（） C_NVS（）	P_NVS（）	M_NVS（）	C_NVS（）	M_NVS（） C_NVS（）
数据类型	位置型数据	单精度实数	文本型	单精度实数 文本型	位置型数据	单精度实数	文本型	单精度实数 文本型

6）<延迟时间>：本指令执行的时间。

（4）程序样例

```
1 If M_NvOpen(1) < >1 Then
```

```
2 NVOpen "COM2:" AS #1
3 EndIf
4 Wait M_NvOpen(1) = 1
5 NVPst #1,"TEST","E76","J81","L84",1,10 '——启动运行"Test"程序,在 E76 单元格内
```
存放识别工件数量,识别信息存放区域为 J81 到 L84,"数据类型"为单精度实数,同时识别信息还存放在机器人状态变量 M_NvS1()
```
30 NVclose #1 '——关闭通信线路
```

（5）说明

1）本指令功能为启动视觉程序并接收识别信息。

2）在延迟时间内,直到信息接收完成之前,不要移动到下一步。

注意:在机器人程序停止时,本指令立即被删除,程序重新启动后继续处理。

3）如果指定的程序已经被加载,则本指令无需加载程序而立即执行,从而缩短处理时间。

4）当在多任务状态下使用本指令时,必须使用 NVOpen 指令。

5）如果 <Type> 设置为 4~7,则可以提高信息接收的速度。

6）不支持启动条件为" Always（上电启动)"和设置为"连续功能"的程序。

7）如果在本指令执行过程中,有任一中断程序执行条件成立,则立即执行中断程序。

（6）多通道模式的使用方法　当使用多通道模式时,根据机器人的数量设置 <启动单元格> 和 <结束单元格> 以取得信息,同时"数据类型"设置为 1~3。表 12-4 是一个多通道模式的信息处理方法。

表 12-4　视觉程序电子表格信息

	I	J	K	L	M	N	O	P	Q
94	Convert the point into the robot coordinate by the Calibration Convert the point into the robot coordinate by…								
95		X	Y	C	Score		X	Y	C
96	✎Point	347. 147	− 20. 232	− 158. 198	97. 641	✎Point	110. 141	120. 141	72. 645
97	✎Point	381. 288	49. 018	10. 846	97. 048	✎Point	89. 582	99. 582	− 118. 311
98	✎Point	310. 810	43. 650	− 34. 312	0. 000	✎Point	139. 151	149. 151	− 163. 469

表 12-4 中,设置 <启动单元格> 和 <结束单元格> 为 J96~M98,则给第 1 个机器人的信息储存在视觉程序表格 J97~M98。

传送给第 2 个机器人的信息存储在视觉程序表格 O97~R98。如果在 NVPst 指令中设置 <数据类型> =1,则数据被存储在 M_NvS1 (),见表 12-5。

表 12-5　以数值变量形式存储的数据

Row		Column								
		1	2	3	4	5	6	7	8	9
M_NvS1 ()	1	347. 147	− 20. 232	− 158. 198	97. 641	0. 0	0. 0	0. 0	0. 0	0. 0
	2	381. 288	49. 018	10. 846	97. 048	0. 0	0. 0	0. 0	0. 0	0. 0
	3	310. 81	43. 65	− 34. 312	0. 0	0. 0	0. 0	0. 0	0. 0	0. 0
	4	0. 0	0. 0	0. 0	0. 0	0. 0	0	0	0	0
	5	0. 0	0. 0	0. 0	0. 0	0. 0	0	0	0	0

例:如果为 2 通道模式,<启动单元格> =J96,<结束单元格> =R98,<数据类型> =1,

则存储在 M_NvS1（30，10），结果见表 12-6。

表 12-6　2 通道模式下以数值变量形式存储的数据

Row		Column								
		1	2	3	4	5	6	7	8	9
M_ NvS1 （　）	1	347. 147	− 20. 232	− 158. 198	97. 641	0. 0	110. 141	120. 141	72. 645	97. 641
	2	381. 288	49. 018	10. 846	97. 048	0. 0	89. 582	99. 582	− 118. 311	97. 048
	3	310. 81	43. 65	− 34. 312	0. 0	0. 0	139. 151	149. 151	− 163. 469	95. 793
	4	0. 0	0. 0	0. 0	0. 0	0. 0	0. 0	0. 0	0. 0	0. 0
	5	0. 0	0. 0	0. 0	0. 0	0. 0	0. 0	0. 0	0. 0	0. 0

一台视觉传感器最多可同时连接三台机器人控制器，不过本指令在同一时间只能使用一次，本指令可以用于任何一台机器人控制器。

（7）三台机器人与一台视觉传感器构成的跟踪系统实例

工作步骤如图 12-11 所示。

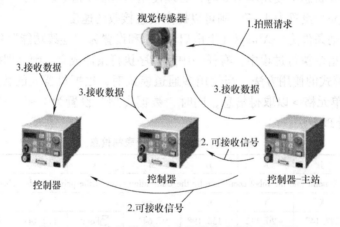

图 12-11　三台机器人与一台视觉传感器构成的系统

1）三台机器人，一台设置为主站，主站使用 NVPST 指令向视觉传感器发出拍照请求，视觉传感器启动拍照，当拍照结束后，将数据信息传送到机器人主站。

2）主站机器人发出接收通知给另外两台机器人（推荐两台机器人之间使用 I/O 连接，另一台机器人使用以太网连接）。

3）使用 NVIN 指令，每台机器人可分别接收各自的信息。

（8）两台机器人与一台视觉传感器构建系统的样例

工作步骤如图 12-12 所示。

1）当前使用视觉传感器的控制器首先要检查视觉传感器没有被另一台控制器使用并向另外一台控制器发出"在使用中"的信号。

2）向视觉传感器发出拍照请求。

3）当视觉传感器处理完成图像数据后，控制器就接收必要的数据。

4）控制器关闭"在使用中"的信号并输出给另外 1 控制器。

5）另一台控制器执行步骤 1）~ 4）。

用这种方法，两台控制器能够交替使用一台视觉传感器。

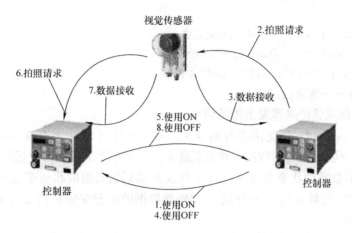

图 12-12　两台机器人与一台视觉传感器构成的系统

12. 10. 5　NVIn——读取信息指令

（1）功能　接收来自视觉传感器的识别信息，这些识别信息被保存在机器人控制器中作为状态变量。

（2）格式　NVIn #＜视觉传感器编号＞,"＜视觉程序名称＞","＜存储识别工件数据量的单元格号＞","＜开始单元格编号＞","＜结束单元格编号＞",＜数据类型＞[,＜延迟时间＞]。

（3）程序样例

1 If M_NvOpen(1)＜＞1 Then '——判断1#传感器是否联机完成，如果没有联机完成，就连接到"COM2:"

2 NVOpen "COM2:" AS #1 '

3 EndIf

4 Wait M_NvOpen(1)=1

5 NVRun #1,"TEST" '——启动"TEST"程序

6 NVIn #1,"TEST""E76""J81""L84",0,10 '——接收信息，在 E76 内存放工件数量，J81～L84 存放识别的数据，数据是位置变量，位置变量存储在 P_NvS1（30）

30 NVClose #1

（4）说明

1）NVIn 指令与 NVPST 指令的区别在于：NVIn 指令仅仅是一个读取信息的指令，而 NVPST 指令是先启动程序运行再读取信息的指令。NVIn 指令与 NVPST 指令的术语定义完全相同。

2）通过设置＜数据类型＞，将读取的信息存放在 P_NvS1（30）。

12. 10. 6　NVRun——视觉程序启动指令

（1）功能　启动运行指定的程序。

（2）格式　NVRun #＜传感器编号＞,"＜传感器程序名＞"。

（3）程序样例

1 If M_NvOpen(1)＜＞1 Then '——判断1#传感器是否联机完成，如果没有联机完成就连接到"COM2:"

2 NVOpen "COM2:" AS #1 '——将传感器连接到通信口 COM2

3 EndIf

4 Wait M_NvOpen(1)=1 '——等待联机完成

5 NVRun #1,"TEST" '——启动运行 "Test" 程序

6 NVIn 1,"TEST","E76","J81","L84",0,10

12.10.7　NVTrg——请求拍照指令

（1）功能　向视觉传感器发出拍照请求。

（2）格式　NVTrg #<视觉传感器编号>，<延迟时间>，[<存放 1#编码器数据的状态变量>]，[<存放 2#编码器数据的状态变量>]，[<存放 3#编码器数据的状态变量>]]，[<存放 4#编码器数据的状态变量>]，[<存放 5#编码器数据的状态变量>]]，[<存放 6#编码器数据的状态变量>]，[<存放 7#编码器数据的状态变量>]]，[<存放 8#编码器数据的状态变量>]。

（3）格式说明

1）<Delay time>：延迟时间，即从向传感器发出拍照指令到编码器数据被读出的时间。设置范围为 0 ~ 150ms。

2）<存放 N#编码器数据的状态变量>：指定一个双精度变量，这个变量存储从外部编码器 n 读出的数据。设置范围为 n = 1 ~ 8。

（4）程序样例

1 If M_NvOpen(1) < >1 Then

2 NVOpen "COM2:" AS #1

3 EndIf

4 Wait M_NvOpen(1)=1

5 NVRun #1,"TEST"

6 NVTrg　#1,15,M1#,M2#——'请求 1#视觉传感器拍照并在 15ms 后将编码器 1 和编码器 2 的值存储在变量 M1#和 M2#中

12.10.8　P_NvS1 ~ P_NvS8 ——位置型变量

（1）功能　P_NvS* 是以位置数据格式保存的视觉传感器的识别信息。在 NVPst 指令或 NVIn 指令中，设置 <type> = 0" 时，数据以 X，Y，C 坐标数据的格式保存识别信息，也就是"位置型数据"。样例见表 12-7。

表 12-7　视觉程序信息表格

	I	J	K	L	M	N	O	P	Q
94	Convert the point into the robot coordinate by the Calibration Convert the point into the robot coordinate by…								
95		X	Y	C	Score		X	Y	C
96	Point	347. 147	− 20. 232	− 158. 198	97. 641	Point	110. 141	120. 141	72. 645
97	Point	381. 288	49. 018	10. 846	97. 048	Point	89. 582	99. 582	− 118. 311
98	Point	310. 810	43. 650	− 34. 312	0. 000	Point	139. 151	149. 151	− 163. 469

在 NVPst 指令或 NVIn 指令中，设置 <启动单元格> = J96，<结束单元格> = L98，则 P_NVS1（）如下（有三点有效的数据）：

P_NvS1(1) = (+347.14 , -20.23 , +0.00 , +0.00 , +0.00 , -158.19 , +0.00 , +0.00)
(0 ,0)

P_NvS1(2) = (+381.28 , +49.01 , +0.00 , +0.00 , +0.00 , +10.84 , +0.00 , +0.00)

(0，0)

　　P_NvS1(3)=(+310.81，+43.65，+0.00，+0.00，+0.00，-34.312，+0.00，+0.00)
(0，0)

　　P_NvS1(4)=(+0.00，+0.00，+0.00，+0.00，+0.00，+0.00，+0.00，+0.00)(0，0)

　　P_NvS1(5)=(+0.00，+0.00，+0.00，+0.00，+0.00，+0.00，+0.00，+0.00)
(0，0)

　　P_NvS1(30)=(+0.00，+0.00，+0.00，+0.00，+0.00，+0.00，+0.00，+0.00)
(0，0)

　　注意：在 P_NvS1 * 位置数据中，没有 Z、A、B 及第 7 轴，第 8 轴数据，直接使用
P_NvS1 *，要特别注意检查，注意程序样例中的处理方法。

　　（2）格式　<位置 变量>=P_NVS*(<位置点编号>)　*（1~8）：视觉传感器编号。

　　（3）格式说明　<位置点编号>为 1~30。

　　（4）程序样例

1 If M_NvOpen(1)<>1 Then '——如果 1#传感器通信连接未完成

2 NvOpen "COM2:" AS #1 '——将 1#传感器连接到 COM2 通信口

3 EndIf

4 Wait M_NvOpen(1)=1'——等待 1#传感器通信连接完成

5 NvPst #1,"TEST","E76","J96","L98",0,10 '——读取的数据存放在 P_NvS1 ()

6 MvCnt =M_NvNum(1) '——以"检测到的工件数量"设置为 MvCnt

7 For MCnt =1 To MvCnt '——以"检测到的工件数量"编制一个循环程序

8 P10 = P1

9 P10 = P10 * P_NvS1(MCnt) '——将 P10 * P_NvS1(MCnt)相乘获得完整位置信号

10 Mov P10，-50

11 Mvs P10

12 HClose 1 '——抓手信号

13 Mvs P10，-50

14 Next MCnt '——循环语句

12.10.9　M_NvNum ——存储视觉传感器检测到的工件数量的状态变量

　　（1）功能　存储视觉传感器检测到的工件数量（0~255）。

　　（2）格式　<数字变量>=M_NVNUM（<传感器编号>）。

　　（3）术语　<数字变量>：设置需要使用的数字变量。

　　（4）程序样例

1 If M_NvOpen(1)<>1 Then

2 NvOpen "COM2:" AS #1

3 EndIf

4 Wait M_NvOpen(1)=1

5 NvPst #1,"TEST","E76","J81","L84",1,106 '

7 MvCnt =M_NvNum(1) '—— MvCnt =1#视觉传感器检测到的工件数量

　　（5）说明

　　1）M_NvNum 是一个状态变量，用于表示执行 NVPst 指令 或 NVIn 指令时，视觉传感

器检测到的工件数量。

2）存储的识别数量数据会一直保存，直到执行下一个 NVPst 指令 或 NVIn 指令。

12.10.10　M_ NvOpen——存储视觉传感器的连接状态的状态变量

（1）功能　存储视觉传感器通信连接状态。在 NVOpen 指令之后，检查通信连接是否连接完成。

① M_NVOPEN = 0——未连接完成；

② M_NVOPEN = 1——连接完成；

③ M_NVOPEN = -1——未连接。

（2）格式　<数字变量> = M_NVOPEN（<视觉传感器编号>）。

（3）程序样例

```
1 If M_NvOpen(1)<>1 Then'——判断:如果1#视觉传感器没有连接
2 NvOpen "COM2:" AS #1' ——将视觉传感器连接到COM2口并设置为1#视觉传感器
3 EndIf
4 Wait M_NvOpen(1)=1 '—— 等待连接完成
```

（4）说明　初始值 M_NvOpen = -1，在执行 NVOpen 指令时，M_NvOpen = 0，表示通信线路未连接完成，随后 M_NvOpen = 1，表示联机完成。

12.10.11　M_NvS1 ~ M_NvS8——视觉传感器识别的数值型变量

（1）功能　M_NvS * 是状态变量。M_NvS * 以数字格式存储视觉传感器的识别数据。在 NVPst 指令或 NVIn 指令中，如果设置 <type> = 1，3，5，7，则其指定范围内的识别信息被转换为数值并存储。

视觉识别信息与变量的关系见表 12-8。

表 12-8　视觉识别信息与变量的关系

	I	J	K	L	M	N	O	P	Q
94	Convert the point into the robot coordinate by the Calibration Convert the point into the robot coordinate by…								
95		X	Y	C	Score		X	Y	C
96	Point	347.147	-20.232	-158.198	97.641	Point	110.141	120.141	72.645
97	Point	381.288	49.018	10.846	97.048	Point	89.582	99.582	-118.311
98	Point	310.810	43.650	-34.312	0.000	Point	139.151	149.151	-163.469

a)

Element1		Element2								
		1	2	3	4	5	6	7	8	9
M_ NvS1 ( )	1	347.147	-20.232	-158.198	97.641	0.0	110.141	120.141	72.645	0.0
	2	381.288	49.018	10.846	97.048	0.0	89.582	99.582	-118.311	0.0
	3	310.810	43.650	-34.312	0.0	0.0	139.151	149.151	-163.469	0.0
	4	0.0	0.0	0.0	0.0	0.0	0.0	0.0	0.0	0.0
	5	0.0	0.0	0.0	0.0	0.0	0.0	0.0	0.0	0.0

b)

表 12-8a 是视觉程序所获得识别信息。使用 NVPst 指令或 NVIn 指令，设置 <启动单元格> = J96，<停止单元格> = L98。这样在状态变量 M_NvS * 中，其对应的数据见表 12-8b。

（2）格式　<数字变量> = M_NVS *（<行编号>，<列编号>）* （1 ~ 8）：视觉传

感器编号。

注意：M_NvS∗ 与 P_NvS∗ 的区别在于 P_NvS∗ 是一个位置型变量，可以表示一个位置点，而 M_NvS∗ 只是表示电子表格中一个单元格的数据。请注意样例程序中的用法。

（3）程序样例

```
1 If M_NvOpen(1) < >1 Then
2 NvOpen "COM2:" AS #1
3 EndIf
4 Wait M_NvOpen(1) =1
5 NvPst #1,"TEST","E76","J96","Q98"0.1,10 '——数据类型 =1，获取的数据存放在 M_NVS1()
6 MvCnt =M_NvNum(1) '——获取视觉传感器检测到的工件数
7 For MCnt =1 To MvCnt   '——做循环程序
8 P10 =P1
9 P10.X =M_NvS1(MCnt,1) '——指定 M_NvS1()第 1 行第 1 列的数据 = P10.X
10 P10.Y =M_NvS1(MCnt,2) '——指定 M_NvS1()第 1 行第 2 列的数据 = P10.Y
11 P10.C =M_NvS1(MCnt,3) '——指定 M_NvS1()第 1 行第 3 列的数据 = P10.C
12 Mov P10, -50
13 Mvs P10
14 HClose 1
15 Mvs P10, -50
16 Next MCnt '——下一循环，在下面的循环中，MCnt =2,3,4
```

（4）说明

1）M_NvS∗ 中的数据会一直保持直到执行下一个 NVPst 指令 或 NVIn 指令，但是在断电、执行 END 指令、程序 reset 指令时，M_NvS∗ 的数据会被清零。同时，如果 <数据类型> 设置不是 1，3，5，7，则 M_NvS∗ 的数据会被清零。

2）如果识别的数据是字符串，则 M_NvS∗ 的数据会被清零。

12.10.12　EBRead（EasyBuilder read）——读数据指令（康奈斯专用）

（1）功能　读出指定视觉传感器的数据，这些数据被储存在指定的变量中。本指令专用于康奈斯公司的 EB 软件制作的视觉程序。

（2）格式　EBRead # <视觉传感器编号>，[<标签名称>]，<变量1> [，<变量12>].. [，<延迟时间>]。

（3）格式说明　视觉程序名：指定视觉程序名，读出该程序内存储的数据。如果省略视觉程序名，则要在参数 EBRDTAG 内设置，初始值为" Job. Robot. FormatString"。延迟时间设置范围为 1~32767s。

（4）程序样例

```
100 If M_NvOpen(1) < >1 Then
110 NVOpen "COM2:" As #1
120 End If
130 Wait M_NvOpen(1) =1
140 NVLoad #1,"TEST"
150 NVRun #1,"TEST"
```

160 EBRead #1,,MNUM,PVS1,PVS2 '——读出程序名为"Job.Robot.FormatString"内的数据，将这些数据存储在指定的变量中

（5）说明

1）本指令用于读取数据。

2）数据存储在指定的变量中。

3）变量用逗号分隔，数据按变量排列的顺序存储，因此读出数据的类型要与指定变量的类型相同。

4）当指定变量为位置型变量时，存储的数据为 X、Y、C，而其他各轴的值为 0，C 值的单位为弧度。

5）如果指定的变量数少于接收数据，则接收的数据仅仅存储在指定的变量中。

6）如果指定的变量数多于接收数据，则多出的数据部分不上传。

7）如果省略视觉程序名称，则默认为参数 EBRDTAG 的初始值" Job. Robot. Format-String"。

8）在延迟时间内不要移动到下一步，必须等到数据读出完成。

注意：如果机器人程序停止，则本指令立即被删除，需要用重启指令继续执行本指令。

9）多任务时必须使用 NVOpen 指令和 NVRun 指令，在相关的任务区程序内指定视觉传感器的编号。

10）不支持启动条件为"上电启动"和"连续功能"的程序。

如果执行本指令时，某一中断程序的条件成立，则立即执行中断程序。待中断程序执行完毕后再执行本指令。

为了缩短生产时间，可以在执行 NVRun 指令和 EBRead 后执行其他动作。

如果在执行 NVRun 指令后立即执行 EBRead 指令，则必须设置参数 NVTRGTMG ＝1。

如果参数 NVTRGTMG ＝出厂值，则在执行 NVRun 指令后的下一个程序无须等待视觉程序的处理完成即可执行。

如果在 NVRun 和 EBRead 之间，程序停止，则执行 NVRun 指令 and EBRead 指令的结果可能不同。

（6）指令样例　变量值：执行 EBRead 指令的变量如下：

1）如果视觉程序的内容是 10，则

① 执行"EBRead #1," Pattern_1. Number_Found"，MNUM 后 MNUM ＝10；

② 执行"EBRead #1," Pattern_1. Number_Found"，CNUM" CNUM ＝10。

2）如果执行视觉程序 Job. Robot. FormatString 的内容为

2, 125.75, 130.5, -117.2, 55.1, 0, 16.2

① 执行"EBRead #1,, MNUM, PVS1, PVS2"后 MNUM ＝2；

PVS1. X ＝125.75　　PVS1. Y ＝130.5　　PVS1. C ＝ -117.2；

PVS2. X ＝55.1，PVS2. Y ＝0，PVS2. C ＝16.2，其他轴数据 ＝0。

注意：PVS1，PVS2 是位置型变量，所以读出的数据为位置点数据。

② 执行"EBRead #1,, MNUM, MX1, MY1, MC1, MX2, MY2, MC2"后 MNUM ＝2；

MX1 ＝125.75　　MY1 ＝130.5　　MC1 ＝ -117.2；

MX2 ＝55.1　　　MY2 ＝0　　　MC2 ＝16.2。

注意: MX1, MY1, MC1 是数据型变量, 所以读出的数据为数字。

③ 执行"EBRead #1,, CNUM, CX1, CY1, CC1, CX2, CY2, CC2"后 CNUM = "2"
CX1 = "125. 75"　CY1 = "130. 5"　CC1 = " -117. 2"
CX2 = "55. 1", CY2 = "0", CC2 = "16. 2"

注意: CX1, CY1, CC1 是字符串型变量, 所以读出的数据为字符串。

3) 如果执行视觉程序 Job. Robot. FormatString 的内容为 2, 125.75, 130.5, 则执行
"EBRead #1,, MNUM, PVS1"后 MNUM = 2 PVS1. X = 125. 75　PVS1. Y = 130. 5, 其他轴数
据 = 0。

12. 11　应用案例

12. 11. 1　案例 1: 抓取及放置工件

1. 工况状态及要求

在图 12-13 中, 工件放置的标准位置的缺口是垂直方向(设置为 0 度位置)。同时要求
经过机器人搬运到下一工位后, 工件的放置位置仍然为缺口 = 0 度的位置。但是工件的实际
上料位置可能千变万化(缺口位置可能是任意角度), 所以用视觉系统获得工件的实际上料
位置, 其工作流程如图 12-13 和图 12-14 所示。

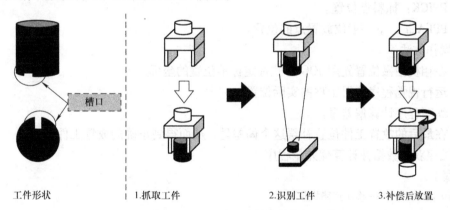

图 12-13　抓取工件工作流程

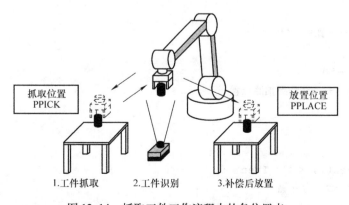

图 12-14　抓取工件工作流程中的各位置点

2. 解决问题的思路

在图 12-13 中，工件放置的标准位置的缺口是垂直放置的，但是实际上料位置可能千变万化，解决问题的思路是使用视觉相机拍摄被抓取工件实际位置，求出标准位置数据与实际位置数据的偏差量，并将该偏差量作为后续定位位置的补偿量。

在这种方法中，关键是如何计算偏差量。图 12-15 是计算偏差量的示意图，其实标准位置数据 PVSCHK 和视觉相机拍摄获得的数据 PVSO 都是以机器人坐标系确定的数据，通过空间位置点的计算就可以获得这两个位置点之间的偏差量（PH = Inv（PVSO）* PVSCHK）

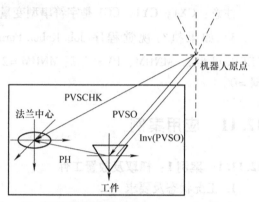

图 12-15　计算偏差量示意图

在图 12-14 和图 12-15 中，各点位的意义如下：

1）PVSCHK：拍摄位置的标准位置点，用 JOG 示教获得。

2）PVSO：拍摄位置的实际位置点，用相机拍摄获得。

3）PH：偏差量，计算获得。

4）PPICK：抓料点位置。

5）PPLACE：下一工位放置点的位置。

3. 操作方法

1）在相机拍摄位置先用 JOG 方式标定标准位置的坐标。

2）运行视觉程序获得工件的实际位置。

3）编写程序计算偏差量。

4）在最后的放置工件位置补偿这个偏差量，从而得到正确的放置工件位置。

4. 拍照获取数据并计算偏差量程序

步骤 1

```
1 Mov PHOME '——移动到待机位置
2 Mov PPICK,-50 '——移动到抓料位置上方
3 Mvs PPICK '——移动到抓料位置
4 Dly 0.5
5 HClose 1 '——抓手 = ON
6 Dly 0.5
7 Mvs PPICK,-50
8 Mov PVSCHK '——移动到拍照位置
9 Dly 0.5
10 Hlt '
```

步骤 2

```
11 If M_NvOpen(1) < > 1 Then
12 NVOpen "COM2:" As #1
13 Wait M_NvOpen(1)=1'——连接相机通信线路
```

```
14 EndIf
15 NVRun #1,"sample.job"'——运行视觉程序
16 EBRead #1,,MNUM,PVS '——读取视觉识别信息
17 If MNUM=0 Then *VS_MISS'——如果无法识别就跳转到报警程序
18 PVS0=P_Zero'——对PVS0清零
19 PVS0=PVS '——设置PVS0为识别点位置
20 PVS0.FL1=PVSCHK.FL1'——设置PVS0的位置结构标志与标准位置相同
21 PH=Inv(PVS0)*PVSCHK ——计算偏差量
22 Hlt '
```

步骤 3

```
P_01=PVSCHK'——设置各有关点为全局变量
23 P_02=PH'—— 注意这是偏差量
24 P_03=PPLACE'——放置位置
25 P_04=PHOME' ——原点位置
26 P_05=PPICK' ——抓取点位置
27 Hlt
28 End
29 '****** ERROR报警子程序 *****
30 *VS_MISS
31 Error 9001
32 GoTo *VS_MISS
33 Return
```

5. 说明

1）NVRun 命令紧接着为 EBRead 命令时，必须设置参数 NVTRGTMG=1。如果参数 NVTRGTMG 为出厂设定（NVTRGTMG=2），则 NVRun 命令不等待视觉识别处理结束就执行下一条命令。因此紧接着执行 EBRead 命令的话，有可能会读出上一次的识别结果。

2）执行 EBRead 命令时，识别结果（识别工件数）保存至变量 NMUM 中，工件的识别位置（X、Y、C）保存至变量 PVS 中。识别结果 NG 或识别数量为 0 时，会进行报警处理。

3）识别的角度数据的符号颠倒的情况下，请追加以下处理：PVS0.C=PVS.C*(-1)。

4）步骤 1 中使用的变量需要传送给步骤 2，使用了全局变量。本程序中，使用 P_01 ~ P_05，全局变量在本工程的所有程序中都生效，使用时务必注意。

6. 应用偏差量进行补偿的搬送程序

```
1 PVSCHK=P_01'——代入相关变量
2 PH=P_02
3 PPLACE=P_03
4 PHOME=P_04
5 PPICK=P_05
6 Mov PHOME'——移动到待机点
7 Dly 0.5
8 HOpen 1
9 If M_NvOpen(1) <>1 Then
10 NVOpen "COM2:" As #1'——连接视觉相机等待通信完成
```

```
11 Wait M_NvOpen(1)=1
12 EndIf
13 Mov PPICK,-50
14 Mvs PPICK'—— 移动到取料点
15 Dly 0.5
16 HClose 1
17 Dly 0.5
18 Mvs PPICK,-50
19 Mov PVSCHK'——移动到拍照位置
20 Dly 0.5
21 NVRun #1,"sample.job"'——运行视觉程序
22 EBRead #1,MNUM,PVS'——读出视觉识别信息*1
23 If MNUM=0 Then *VS_MISS'——如果无法识别就跳转到报警程序
24 PVS1=P_Zero
25 PVS1=PVS*2
26 PVS1.FL1=PVSCHK.FL1
27 PPLACE1=PPLACE*PH'——关键! 对工件放置位置进行补偿
28 Mov PPLACE1,-50
29 Mvs PPLACE1
30 Dly 0.5
31 HOpen 1
32 Dly 0.5
33 Mvs PPLACE1,-50
34 Mov PHOME
35 Hlt
36 End
37'***** ERROR *****
38 *VS_MISS
39 Error 9001
40 GoTo *VS_MISS
41.Return
```

7. 说明

1）视觉程序 JOB 的识别结果（识别工件数）保存至变量 NMUM 中，将工件的识别位置（X、Y、C）保存至变量 PVS 中。识别结果 NG 或识别数量为 0 时，会进行报警处理。

2）识别的角度数据的符号颠倒的情况下，须要追加以下处理：PVS0.C=PVS.C*(-1)。

8. 操作方法

（1）步骤 1

1）在工件识别的面贴上画有十字线的纸，然后使用机器人抓取工件。

2）设定工具点使纸上画的十字线的交点成为旋转中心。

3）机器人抓住工件向拍照位置移动，使工件上的十字线与相机镜头对焦，对焦完成后的位置即为位置变量 PVSCHK。

4）进行位置变量 PVSCHK 确认的同时，实施视觉传感器的 N 点校准（2D 校准）。

5）打开抓手取出工件，设置工件抓取位置。

6）机器人抓取出工件的位置即为位置变量 PPICK。

7）将待机位置设置为位置变量 PHOME。

8）执行自动运行，运行至 Hlt 停止。

（2）步骤 2

1）使用示教单元打开程序，JOG 运行使十字线再次对焦，再次示教位置变量 PVSCHK。

2）对焦完成后制作工件识别 JOB 并保存。

3）使视觉传感器在线，自动运行至停止。运行视觉程序并执行读取指令 EBREAD 后的数据如图 12-16 所示。

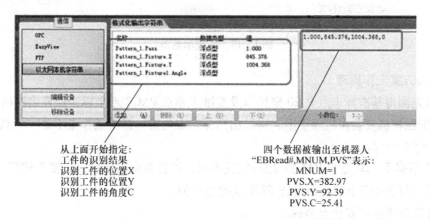

图 12-16　视觉程序信息

（3）步骤 3

1）使用 TB 打开程序，通过 JOG 运行将工件的放置位置示教为位置变量 PPLACE。

2）放开工件，将机器人移动至待机位置，保存程序。

12.11.2　案例 2：将两个工件安装在一起

1. 工作要求

工作要求为在工件 A 上安装工件 B，由机器人夹持工件 B 安装在工件 A 上，如图 12-17 所示。工件 A 由其他设备上料，每次工件 A 的实际位置与理想基准位置都会发生偏差，所以要靠视觉照相机获得实际的位置信息。

在图 12-17 中有几个重要的位置点，现说明如下：

1）P_20：基准标志点，即工件 A 在理想基准位置的照相标志点。

2）PA1：基准安装工作点，即工件 A 在理想基准位置的安装工作点。

3）PLN：实际标志点，即工件 A 在实际位置的照相标志点。

4）PACT：实际安装工作点，即工件 A 在实际位置的安装工作点。

由于照相机安装在机器手上，所以拍照标志点与实际抓手工作点不是一个点，这是 P_20 与 PA1 的区别和不同用途。

如图 12-17 所示，每次上料后，工件 A 的基准标志点 P_20 偏移到 PLN 点，这样工件 B 的实际安装点就移动到 PACT 点。视觉照相机的功能就是要获得 PLN 点的坐标值。

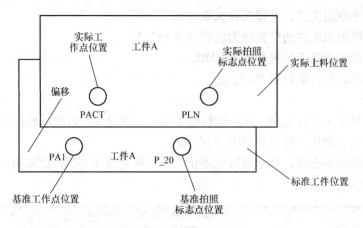

图 12-17 工况示意图

2. 解决方案工作原理

1) 预先测得基准标志点 P_20 坐标以及基准工作点 PACT 点坐标, 计算出这两点之间的关系 (由于照相机安装在机器手上, 所以拍照标志点与实际抓手工作点不是一个点)。

```
PA1 = P_20 * P_22
```

P_22 根据 P_20 点与 PA1 点 相对位置求出, 设置为全局变量, 以便于使用。

2) 通过每次拍照获得实际标志 PLN 点的坐标值。

3) 计算获得实际安装点坐标。

```
PACT = PLN * P_22
```

3. 操作步骤

1) 确认工件上的基准拍照标志点, 用示教单元获取该点的位置坐标, 并命名为 P_20。

2) 确认工件上的基准安装点, 用示教单元获取该点的位置坐标, 并命名为 PA1。

3) 根据 PA1 = P_20 * P_22 公式, 计算出 P_22。

4) 移动机器人到拍照位, 拍照并读取视觉信息, 获得 PLN 点坐标值。

5) 根据 PACT = PLN * P_22 计算出实际安装点位置。

4. 机器人程序

```
1 '判断位置回安全高度
2 Servo On  '——伺服 ON
3 If P_Curr. Z >850 Then '—— 判断当前位置点的 Z 轴坐标是否大于 850, 如果为 YES, 则
4 Ovrd 20 '——设置速度倍率
5 phome = P_Curr '——定义 phome 为当前位置
6 phome. Z =800 '——定义 phome 的高度为 800mm
7 Mvs phome '——上升回 800m 高度
8 EndIf
9 GoTo *get1
10 '通信并接收数据
11 * comm
```

```
12 NVOpen "COM3:" As #1 '——将1#视觉传感器与通信口3建立通信通道
13 Wait M_NvOpen(1)=1 '——等待通信接口联机完成
14 NVLoad #1,"AF1" '——加载程序"AF1"
15 NVRun #1,"AF1" '——启动相机的程序,"AF1"是<视觉传感器用程序名>"
16 DLY 0.5
17 NVIn #1,"AF1","J21","K21","M21",0,10 '——读取位置型数据
18 GoSub *data '——跳转子程序
19 GoTo *putfs1
20 Hlt '——暂停,等待 START 再启动
21 End
22 *data 数据整定
23 PLN = P_NvS1(1) '——PLN:实际标志点视觉信息数据
27 PACT = PLN * P_22. '——获得实际安装工作点位置数据
36 Return '——返回
37 '取抓手138 *get1
39 Mov phand1get +( +0.00, +0.00, -200.00, +0.00, +0.00, +0.00)
40 Ovrd 40 '——速度倍率40% (速度)
41 Dly 0.5 '——暂停0.5s
42 Mvs phand1get +( +0.00, +0.00, -50.00, +0.00, +0.00, +0.00) '——移动到抓取1号
抓手上方50mm
43 M_Out(14)=1 '——卡爪收回
44 Ovrd 5 '——速度倍率5%
45 Mvs phand1get '——降到抓取位置
46 M_Out(14)=0 '——打开卡爪
47 Dly 0.5
48 Mvs phand1get +( +0.00, +0.00, -50.00, +0.00, +0.00, +0.00) '——回升到50mm
上方
49 Hlt '——暂停
50 GoTo *getfs
51 '抓取工件1
52 *getfs
53 Ovrd 40
54 Mvs phand1get +( +0.00, +0.00, -250.00, +0.00, +0.00, +0.00) '——高速移动到抓
手上方300mm高度
55 Mov pfs1get +( +0.00, +0.00, -250.00, +0.00, +0.00, +0.00) '——高速移动到取工
件1上方300mm高度
56 Mvs pfs1get +( +0.00, +0.00, -50.00, +0.00, +0.00, +0.00) '——高速下降到工件1
上方50mm
57 M_Out(10)=0 '——汽缸关闭检查
58 M_Out(12)=0
```

```
59 Ovrd 5
60 Mvs pfs1get '——低速下降到抓取工件1位置
61 Dly 0.5
62 M_Out(10)=1 '——工件1夹取
63 M_Out(12)=1
64 Dly 0.5
65 Mvs pfs1get+( +0.00,+0.00,-50.00,+0.00,+0.00,+0.00) '——低速回升到抓取工
件1上方50mm
66 Ovrd 40
67 Mvs pfs1get+( +0.00,+0.00,-250.00,+0.00,+0.00,+0.00) '——高速回升到抓取
工件1上方300mm
68 Hlt
69 GoTo *photo1
70 '1号工件1拍照
71 *photo1
73 Mov P_20.'——移动到标准拍照点
74 HLT
75 GoTo *comm '—— 跳转到通信程序执行拍照
76 '安装工件177 *putfs1
78 'hlt
81 Ovrd 5
82 Mvs PACT '——PACT是实际的工件安装位置
83 Dly 0.5
END
```

****

第 13 章　工业机器人在手机外壳抛光生产线中的应用研究

13.1　项目综述

某客户的手机外壳要求采用机器人抓取实现抛光。手机外壳如图 13-1 所示，要求抛光 5 个面，抛光运行轨迹由机器人完成。

客户要求如下：

1）抛光轮由变频电动机驱动，必须能够预置多种速度。

2）手机外壳由机器人夹持实施抛光，抛光面 5 个。

3）机器人由两套系统控制，即外部硬件操作屏与触摸屏 GOT 构成，在触摸屏上可以设置各种工作参数，例如位置补偿值。

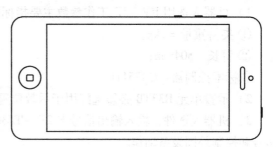

图 13-1　加工手机外壳

4）能够简单检测抛光质量。

5）要求机器人运行轨迹符合手机外壳的 3D 轨迹。

6）能够进行手机外壳计数。

7）夹持手机外壳不需要视觉装置辅助调整。

8）能够提供实用的工艺参数（抛光轮速度、机器人运行线速度、抛光轮及磨料）。

9）抛光精度 < 0.12mm。

10）成本低。

13.2　解决方案

13.2.1　硬件配置

1. 硬件配置一览表

经过技术经济分析，决定采用表 13-1 所示硬件配置。

表 13-1　硬件配置

序号	名称	型号	数量	备注
1	机器人	RV-2F	1	三菱
2	简易示教单元	R33TB	1	三菱
3	输入输出卡	2D-TZ368	1	三菱

（续）

序号	名称	型号	数量	备注
4	PLC	FX3U – 32MR	1	三菱
5	触摸屏	GS1000	1	三菱
6	变频器	A740 – 2.2K	1	三菱
7	电动机	普通电机 2kW	1	
8	光电开关		1	

2. 硬件配置说明

硬件选配以三菱机器人 RV – 2F 为中心，该机器人为 6 轴机器人，由于需要对 5 个工作面进行抛光作业，所以必须选择 6 轴机器人，同时手机外壳加抓手重量小于 2kg，所以选用搬运重量 = 2kg 的机器人。

1）机器人选用 RV – 2F 工作参数主要指标如下：

① 夹持重量 = 2kg；

② 臂长：504mm；

③标配控制器：CR751D。

2）示教单元 R33TB 必须选配用于示教位置点。

3）机器人选件：输入输出信号卡 2D – TZ368（32 输入/32 输出）用于接收外部操作屏信号和控制外围设备动作。

4）选用变频电动机 + 三菱变频器 A740 – 2.2K 作为抛光轮驱动系统，速度可调。

5）选用三菱 PLC FX3U – 32MR 做主控系统。

6）触摸屏选用 GS1000 系列，触摸屏可以直接与机器人相连接，直接设置和修改各工艺参数。

13.2.2 应对客户要求的解决方案

1. 解决方案

1）抛光轮由变频器 + 普通电动机驱动，由 PLC 控制可以预置 7 种速度，速度值可以修改。

2）手机外壳由机器人夹持实施抛光，机器人搬运重量 = 2kg，6 轴，臂长为 504mm，可实现复杂的空间运行轨迹。

3）触摸屏 GS1000 可以直接与机器人相连接，直接设置和修改各工艺参数。

4）使用机器人的负载检测控制，间接实现抛光质量检测。

5）在进料输送端设置挡块，使手机外壳定位。抓手为内张型抓手，可以控制定位位置。同时放大抛光行程，可以满足手机外壳表面全抛光的要求。

6）手机外壳计数由卸料端光电开关检测，由 PLC 计数，在 GOT 上显示。

7）机器人重复定位精度 = 0.02mm，可以满足 < 0.12mm 的要求。

8）抛光工艺参数必须通过工艺试验确定，以下是工艺试验方案。

2. 工艺试验方案

（1）抛光轮材料、磨料、速度与抛光手机外壳质量的关系　在机器人运行速度确定和抛光磨料确定的条件下测试抛光轮材料、速度与手机外壳抛光质量的关系。

试验时以不同的磨轮（不同材料的磨轮）在不同的转速下进行，试验记录表格见表 13-2 ~ 表 13-4。

表 13-2　磨轮速度与抛光手机外壳质量的关系 1

机器人运行速度秒/件　　　　　抛光磨料：甲

	速度 1	速度 2	速度 3	速度 4	速度 5
抛光轮 A					
抛光轮 B					
抛光轮 C					
抛光轮 D					
抛光轮 E					

表 13-3　磨轮速度与抛光手机外壳质量的关系 2

机器人运行速度秒/件　　　　　抛光磨料：乙

	速度 1	速度 2	速度 3	速度 4	速度 5
抛光轮 A					
抛光轮 B					
抛光轮 C					
抛光轮 D					
抛光轮 E					

表 13-4　磨轮速度与抛光手机外壳质量的关系 3

机器人运行速度秒/件　　　　　抛光磨料：丙

	速度 1	速度 2	速度 3	速度 4	速度 5
抛光轮 A					
抛光轮 B					
抛光轮 C					
抛光轮 D					
抛光轮 E					

（2）手机外壳抛光质量与工作电流的关系　必须测定最佳工作电流，因为磨轮是柔性磨轮，无法预先确定运行轨迹，而工作电流表示了手机外壳与磨轮的贴合程度（磨削量），所以必须在基本选定磨轮转速和手机外壳运行速度后，测定最佳工作电流。只有达到最佳工作电流才能被认为是正常抛光完成。试验时需要逐步加大抛光磨削量以观察工作电流的变化，要注意磨削量在图纸给出的加工范围内。试验用表格见表 13-5。

表 13-5　手机外壳抛光质量与工作电流的关系

序号	工作电流	手机外壳抛光质量
1		
2		
3		
4		
5		
6		

13.3 机器人工作程序编制及要求

编制程序的要求如下：

1）必须按手机外壳的3D轮廓编制运行轨迹，不采用描点法。

2）能够设置1次、2次、3次磨削量，能够设置磨轮转速。

3）能够根据磨轮材料自动匹配磨轮转速、手机外壳线速度。根据每一次手机外壳的最少加工时间（效率）确定手机外壳运动线速度。

4）自动添加抛光磨料。

5）有手机外壳（工件）计数功能。

13.3.1 工作流程图

图13-2所示为抛光手机外壳总流程图。主要核心在于有一个试磨程序，即通过检测工作负载率测试手机外壳与抛光轮的贴合紧密程度，如果达到最佳工作电流则进入正常抛光工作程序，如果未达到最佳工作电流则进入基准工作点补偿程序。所以最佳工作电流是手机外壳抛光质量的间接反映。

正常抛光工作流程如图13-3所示，包括背面抛光和其余4个面的圆弧抛光。

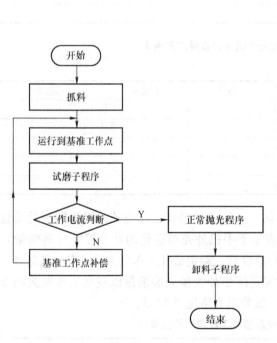

图13-2 手机外壳抛光程序总流程图

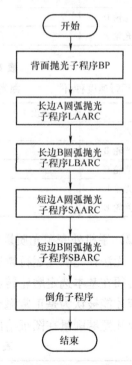

图13-3 正常抛光工作流程

13.3.2 子程序汇总表

由于5个面的抛光运行轨迹各不相同，因此为简化编程，预先将各部分动作划分为若干子程序。经过分析，需要编制的子程序见表13-6。

表 13-6　子程序汇总表

序号	子程序名称	功　能	程序代号
1	初始化程序	进行初始化	CSH
2	抓料子程序	抓料	ZL
3	试磨及电流判断子程序	试磨/电流判断/基准点补偿	ACTEST
4	背面抛光子程序	抛光背面	BP
5	长边 A 抛光子程序	抛光长边 A 圆弧	LAARC
6	长边 B 抛光子程序	抛光长边 B 圆弧	LBARC
7	短边 A 抛光子程序	抛光短边 A 圆弧	SAARC
8	短边 B 抛光子程序	抛光短边 B 圆弧	SBARC
9	圆弧抛光子程序	纯粹圆弧抛光	YHPG
10	圆角抛光子程序 1	抛光圆角	ARC1
11	圆角抛光子程序 2	抛光圆角	ARC2
12	圆角抛光子程序 3	抛光圆角	ARC3
13	圆角抛光子程序 4	抛光圆角	ARC4
14	卸料子程序	卸料	XIEL

13.3.3　抛光主程序

为编程简洁明了，将工作程序分解为若干子程序，主程序则负责调用这些子程序。

抛光主程序 MAIN100

```
1 CALLP  "CSH" '——调用初始化子程序
2 CALLP "ZL" '——调用抓料子程序
3 CALLP "ACTEST"  '——调用试磨电流判断子程序
4 *ZC '——正常抛光程序运行标记
5 CALLP "BP" '——调用背面磨子程序
6 CALLP "LAARC" '——调用长边 A 抛光子程序
7 CALLP "LBARC" '——调用长边 B 抛光子程序
8 CALLP  "SAARC" '——调用短边 A 抛光子程序
9 CALLP  "SBARC"'——调用短边 B 抛光子程序
10 CALLP  "ARC1"'——调用圆弧倒角子程序 1
11 CALLP  "ARC2"  '——调用圆弧倒角子程序 2
12 CALLP  "ARC3"  '——调用圆弧倒角子程序 3
13 CALLP  "ARC4"'——调用圆弧倒角子程序 4
14 CALLP  "XIEL"'——调用卸料子程序
15 END
```

13.3.4　初始化子程序

初始化程序用于对机器人系统的自检和外围设备的起动和检测。初始化程如下：

初始化程 CSH

```
1 '初始化程序
2 *CSH '——初始化程序标签
3 M_OUT(10)=1 '——抛光轮起动
4 DLY 0.5
5 M_OUT(11)=1 '——汽泵起动
```

```
6 M10 = M_IN(10)'——M_IN(10)汽压检测
7 M11 = M_IN(11)'——M_IN(11)抛光轮速度到位检测
8 M12 = M_IN(12)'——M_IN(12)输送带有料无料检测
9 M15 = M10 + M11 + M12'
10 '判断气压,抛光轮速度,有料信号是否全部到位
11 IF M15 = 3 THEN
12 GOTO * ZL  '——跳转到抓料子程序
13 ELSE
14 GOTO  * CSH '——跳转回到初始化子程序
15 endif
16 END
17 * ZL '——抓料子程序标签
'如果气压、抛光轮速度、有料信号全部到位,则进入抓料程序,否则继续进行初始化程序
```

13.3.5　电流判断子程序

```
* ACTEST' 电流检测程序
1 M52 = M_LdFact(2)'——检测2轴负载率
2 M53 = M_LdFact(3)'——检测3轴负载率
3 M55 = M_LdFact(5)'——检测5轴负载率
4 M60 = M52 + M53 + M55 '——M60为综合负载率
5 P1 = P1 + P101'——P101为磨削补偿量
6 Mov P1'—— P1试磨起点(基准点)
7 MVS P2 '——试磨终点
8 If M60 < M_100 The  '——工作电流判断(M_100为工艺规定数据,可以设定)如果综合负载率
小于工艺规定数据,则
9 P101.X = P101.X + 0.01 '——  P101为磨削补偿(对试磨基准点进行补偿)
10 GOTO *ACTEST'—— 重新试磨
11 Else
12 GOTO *PG100 '——  PG100为正常抛光程序
13 EndIf
14 END
```

13.3.6　背面抛光子程序

1. 背面抛光运行轨迹

背面抛光运行轨迹如图13-4所示。

背面抛光程序必须考虑做3次抛光运行,每一次比前一次有一个微前进量,背面抛光运行轨迹如图13-4所示。以P1点为基准点,其余P2,P3,P4各点根据P1点计算,运行轨迹为P1→P2→P3→P4→P5→P6→P3→P4→P7→P8→P3。

2. 背面抛光子程序BP

```
1 P2 = P1 - P_10 ' ——P_10为手机外壳长
2 P3 = P2 - P_11 '——P_11为退刀量
```

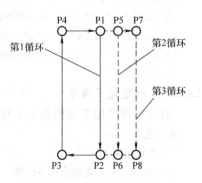

背面抛光运行轨迹

图13-4　背面抛光运行轨迹

```
3 P4 = P3 + P_10
4 '第 1 次粗抛光循环
5 MOV P1 '——P1 为测定的基准点
6 MVS P2 '—— 移动到 P2 点
7 MVS P3 '—— 移动到 P3 点
8 MVS P4 '—— 移动到 P4 点
9 '第 2 次抛光循环
10 MVS P1 + P101'——P101 为1#进刀量
11 MVS P2 + P101'
12 MVS P3'
13 MVS P4'
14 '第 3 次抛光循环
15 MVS P1 + P102 '——P102 为2#进刀量
16 MVS P2 + P102'
17 MVS P3'
18 MVS P4'
19 END
```

13.3.7　长边 A 抛光子程序

1. 长边圆弧的抛光运行轨迹

长边圆弧的抛光运行轨迹分为上半圆弧运行轨迹和下半圆弧运行轨迹,如图 13-5 所示。这是因为抛光轮的抛光工作线是一直线,而且是一个方向旋转 (图中是顺时针方向),所以为简化编程,将其分为上半圆弧运行轨迹和下半圆弧运行轨迹。

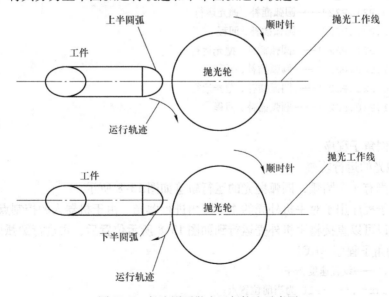

图 13-5　长边圆弧抛光运行轨迹示意图

2. 上半圆弧运行程序 YHARC

(1) 上半圆弧运行轨迹　上半圆弧运行轨迹如图 13-6 所示。

(2) 上半圆弧运行程序 YHARC

1 Ovrd 20'——设置速度倍率

2 P10 = P_Curr '—— 取当前点为 P10

3 P11 = P_Curr - P_38' —— P_38 是圆弧插补终点数据，
P11 为圆弧插补终点

4 P12 = P_Curr - P_36　'—— P_36 是圆弧插补半径数据，
P12 为圆心

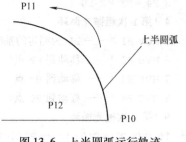

图 13-6　上半圆弧运行轨迹

5 MVR3 P10,P11,P12 '——圆弧插补，抛光运行

6 MVR3 P11,P10,P12 '——圆弧插补，回程

7 MVR3 P10,P11,P12 '——圆弧插补，抛光运行

8 MVR3 P11,P10,P12 '——圆弧插补，回程

9 MVR3 P10,P11,P12 '——圆弧插补，抛光运行

10 MVR3 P11,P10,P12 '——圆弧插补，回程

11 End

3. 下半圆弧运行程序

（1）下半圆弧运行轨迹　下半圆弧运行轨迹如图 13-7
所示。

（2）下半圆弧运行程序

1 Ovrd 20 '——设置速度倍率

2 P20 = P_Curr ' ——取当前点为 P20

3 P21 = P_Curr + P_38 ——' P_38 是圆弧插补终点数据，P11 为
圆弧插补终点

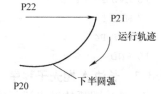

图 13-7　下半圆弧运行轨迹

3 P22 = P_Curr + P_37　'—— P_37 是圆弧插补半径数据，P22 为圆心

4 MVR3 P20,P21,P22'——圆弧插补，抛光运行

5 MVR3 P21,P20,P22'——圆弧插补，回程

6 MVR3 P20,P21,P22 '——圆弧插补，抛光运行

7 MVR3 P21,P20,P22 '——圆弧插补，回程

8 MVR3 P20,P21,P22 '——圆弧插补，抛光运行

9 MVR3 P21,P20,P22 '——圆弧插补，回程

10 End

13.3.8　圆弧倒角子程序

1. 圆弧抛光的运行轨迹

本手机外壳有 4 个圆弧，圆弧抛光的运行轨迹如图 13-8 所示。

圆弧倒角子程序用于对手机外壳的 4 个圆角进行抛光。由于机器人的控制点设置在手机
外壳中心，所以可以直接将手机外壳运行到如图 13-8 所示位置后，再进行圆弧插补。

2. 圆弧倒角子程序 ARC1

1 Ovrd 20,'——设置速度倍率

2 P10 = P_Curr ,'——P10 为当前位置点

3 P11 = P_Curr + P_28 ,'——P_28 是圆弧终点数据

4 P12 = P_Curr - P_26 ,'——P_26 是圆弧半径，P12 是圆心

5 Mvr3 P10,P11,P12 ,' —— 圆弧倒角，抛光

6 Mvr3 P11,P10,P12 ' —— 圆弧倒角，回程

7 Mvr3 P10,P11,P12 ' —— 圆弧倒角，抛光

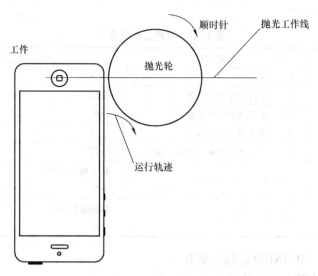

图 13-8　圆弧抛光的运行轨迹

```
8  Mvr3 P11,P10,P12 '——  圆弧倒角,回程
9  Mvr3 P10,P11,P12 '——  圆弧倒角,抛光
10 Mvr3 P11,P10,P12 '——  圆弧倒角,回程
11 Mvr3 P10,P11,P12 ' ——圆弧倒角,抛光
12 End
```

圆弧倒角子程序与长边圆弧抛光程序在结构上是相同的,都是设置运行圆弧轨迹,只是各自的圆弧起点、终点、圆弧半径圆心位置不相同,所以需要做不同的设置。

13.3.9　空间过渡子程序

1. 概说

手机外壳为矩形,由于手机外壳有 5 个面需要抛光,抛光磨削工作线为抛光轮直径水平线,故其位置是固定的。在机器人坐标系中,其 X 、Z 坐标是固定的, Y 坐标取抛光轮中心线。因此,编程序的工作是使手机外壳待抛光面与抛光轮磨削工作线有相对运动。

由于机器人夹持手机外壳,故为编程方便,设置机器人控制点为手机外壳矩形背面中心点(计入了抓手长度因素)。

基准抛光点为背面磨削的起点,即手机外壳底部中心点位于磨削线 Z 向 10mm 处。该点用全局变量 P_01 表示,即在各全部程序中有效。

为了将各待抛光面移动到抛光轮工作线,需要进行空间移动。机器人的形位(pose)会改变。其中绕 X/Y/Z 轴的旋转是通过两个点的乘法进行的。本节是编制空间过渡点程序,通过该程序实现了各子程序的连接。手机外壳尺寸示意图如图 13-9 所示。

2. 专用工作位置点

为编程需要,必须预置专用工作点,专用工

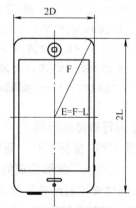

图 13-9　手机外壳尺寸示意图

作位置点见表13-7所示。

表 13-7　专用工作位置点

序号	变量名称	变量内容	变量类型
1	P_01	抛光基准点	全局
2	P_02	L——手机外壳 1/2 长度	全局
3	P_03	D——手机外壳 1/2 宽度	全局
4	P_04	H——手机外壳 1/2 厚度	全局
5	P_05	E——手机外壳数据（斜边－直边）	全局
6	P_06	(0, 0, 0, 0, 90, 0)	绕 Y 轴旋转 90° 全局
7	J_6	(0, 0, 0, 0, 0, 90)	J6 轴旋转 90° 全局

3. 抛光主程序　MAIN100 的核心部分

（CALLP "BP" 调用背面抛光子程序）

```
1 MOV P_01 '——回到基准点
2 MVS P_01 -(2L,0,0,0,0,0)
3 'X 方向退 2L(L=1/2 手机外壳长度),D=1/2 手机外壳宽度,E=斜边减长边, 取 E=20)
4 MOV P_CURR * P_06 '——B 轴旋转 90°(呈水平面)
5 MOV P_CURR -(0,0,L+10,0,0,0)'——Z 方向下行 L+10mm
6 MOV P_CURR +(L+R,0,0,0,0,0)'——X 方向前进 L+R, 到圆弧插补起点
7 CALLP "SAARC" '——做圆弧插补(3 次)抛光短边 1
8 MOV P_CURR -(E,0,0,0,0,0)'——X 方向退 E(斜边－长边), 准备磨长边 1
9 MOV J_CURR +(0,0,0,0,0,90)'——Z 轴旋转 90°
10 MOV  P_CURR +(X1,0,0,0,0,0)'——X 方向前进(L-D+E)+R, 到圆弧插补起点(X1 = L-D+E+R)
11 CALLP "LAARC" '——做圆弧插补(3 次)磨长边 1
12 MOV  P_CURR -(X1,0,0,0,0,0)'——X 方向退(L-D+E)+R, 准备磨短边 2
13 MOV J_CURR +(0,0,0,0,0,90)'——Z 轴旋转 90°
14 MOV  P_CURR +(X2,0,0,0,0,0)'——X 方向前进(E+R), 到圆弧插补起点(X1 = E+R)
15 CALLP "SAARC" '——磨短边 2 做圆弧插补(3 次)
16 MOV  P_CURR -(E,0,0,0,0,0)'——X 方向退(E), 准备磨长边 2
17 MOV J_CURR +(0,0,0,0,0,90)'——Z 轴旋转 90°
18 MOV P_CURR +(X1,0,0,0,0,0)'——X 方向前进(L-D+E)+R, 到圆弧插补起点
19 CALLP "LAARC" '——做圆弧插补(3 次)磨长边 2
20 END
```

4. 关于运行轨迹的问题

1）设置 TOOL 坐标系时，要尽量减小对 Z 轴的设置，因为 Z 方向过大，会出现当需要摆角 90°时，机器人不能够完成的情况。所以在设计抓手时，应该尽量缩短抓手的长度。

机器人的位置控制点必须设置在抓手中心点（出厂设置在机械 IF 法兰中心点）。为了使抓手绕 XYZ 轴都能够旋转，（而且能够旋转较大的角度）就必须设置 Z 坐标尽量小。

2）手机外壳需要旋转某一角度时，使用点与点的乘法指令效果较好。使用点与点的加

法有时可以得到同样效果，但有时却会得到意想不到的轨迹。

　　3）对于 TOOL 坐标系，可以绕其中某一点旋转，但运动轨迹不一定是需要的轨迹。

　　4）如果确定是直线运动，则必须用 MVS 指令，用 MOV 指令可能出现意想不到的轨迹。

　　5）要获得确切的轨迹，必须使用圆弧插补指令和直线指令。

　　6）尽量少使用全局变量，以免全局变量的改变影响所有程序。

13.4　结语

　　抛光项目涉及的工艺因素很多，是比较复杂的应用类型。

　　1）从机器人的使用角度来考虑，主要受磨削工作电流的影响，因此在不同的磨轮材料和速度下，检测获得适当的工作负载电流值极其重要。

　　2）机器人的工作运行轨迹有多种编程方法，本章介绍的只是其中一种方法。

　　3）注意在圆弧磨削时上半圆弧与下半圆弧的区别。

第14章　机器人在手机成品检测流水线中的应用研究

14.1　项目综述

　　某一项目是机器人在手机成品检测流水线上的应用。其工作过程如下：手机成品在流水线上，要求机器人抓取手机成品置于检验槽中，检验合格再抓取回流水线进入下一道工序。如果一次检验不合格，则再抓取手机成品进入另外一个检验槽。共检验三次，如果全都不合格则放置在废品槽中。设备布置如图14-1所示。

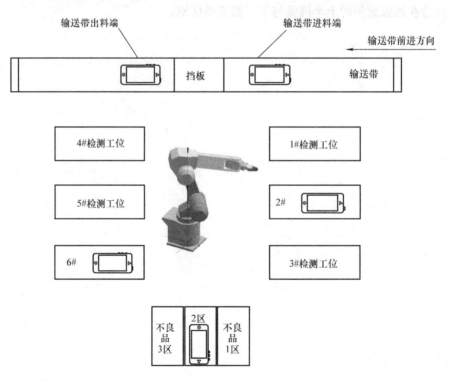

图14-1　工程项目设备布置图

14.2　解决方案

　　经过技术经济行分析，决定采用以下方案：

　　1）配置一台机器人作为工作中心，负责手机成品抓取搬运。机器人配置32点输入32点输出的I/O卡，选取三菱 RV – 2F 机器人，该机器人搬运重量为2kg，最大动作半径为504mm，可以满足工作要求。

　　2）示教单元：R33TB　（必须选配，用于示教位置点）。

3）机器人选件：输入输出信号卡 2D – TZ368（用于接收外部操作屏信号和控制外围设备动作）。

4）选用三菱 PLC FX3U – 48MR 做主控系统，用于控制机器人的动作并处理外部检测信号。

5）配置 AD 模块 FX3U – 4AD 用于接收检测信号，产品检测仪给出模拟信号，由 A – D 模块处理后送入 PLC 做处理及判断。

6）触摸屏选用 GS2110 – WTBD，触摸屏可以直接与机器人相连接，直接设置和修改各工艺参数，发出操作信号。

14.2.1　硬件配置

硬件配置见表 14-1。

表 14-1　硬件配置一览表

序号	名称	型号	数量	备注
1	机器人	RV – 2F	1	三菱
2	简易示教单元	R33TB	1	三菱
3	输入/输出卡	2D – TZ368	1	三菱
4	PLC	FX3U – 48MR	1	三菱
5	AD 模块	FX3U – 4AD	2	三菱
6	GOT	GS2110 – WTBD	1	三菱

14.2.2　输入/输出点分配

根据项目要求，需要配置的输入/输出信号见表 14-2 和表 14-3。在机器人一侧需要配置 I/O 卡。I/O 卡型号为 TZ – 368。TZ – 368 的地址编号是机器人识别的 I/O 地址。

1. 输入信号地址分配（见表 14-2）

表 14-2　输入信号地址一览表

序号	输入信号名称	输入信号地址（TZ – 368）
1	自动起动	3
2	自动暂停	0
3	复位	2
4	伺服 ON	4
5	伺服 OFF	5
6	报警复位	6
7	操作权	7
8	回退避点	8
9	机械锁定	9
10	气压检测	10
11	输送带正常运行检测	11
12	输送带进料端有料无料检测	12
13	输送带出料端有料无料检测	13
14	1#工位有料无料检测	14
15	2#工位有料无料检测	15

（续）

序号	输入信号名称	输入信号地址（TZ-368）
16	3#工位有料无料检测	16
17	4#工位有料无料检测	17
18	5#工位有料无料检测	18
19	6#工位有料无料检测	19
20	1#工位检测合格信号	20
21	2#工位检测合格信号	21
22	3#工位检测合格信号	22
23	4#工位检测合格信号	23
24	5#工位检测合格信号	24
25	6#工位检测合格信号	25
26	1#废料区有料无料检测	26
27	2#废料区有料无料检测	27
28	3#废料区有料无料检测	28
29	抓手夹紧到位	29
30	抓手松开到位	30

2. 输出信号地址分配（见表14-3）

表14-3 输出信号地址一览表

序号	输出信号名称	输出信号地址（TZ-368）
1	机器人自动运行中	0
2	机器人自动暂停中	4
3	急停中	5
4	报警复位	2
11	抓手夹紧	11
12	抓手松开	12

3. 数值型变量 M 分配

由于本项目中机器人程序复杂，故为编写程序方便，预先分配使用数值型变量和位置点的范围。数值型变量分配见表14-4，位置变量 P 分配见表14-5。

表14-4 数值型变量 M 分配一览表

序号	数值型变量名称	应用范围
1	M1 – M99	主程序
2	M100 – M199	上料程序
3	M200 – M299	卸料程序
4	M300 – M499	不良品检测程序
5	M201 – M206	1～6#工位有料无料检测
6	M221 – M226	1～6#工位检测次数

4. 位置变量 P

表 14-5　位置变量 P 分配一览表

序号	位置变量名称	应用范围	类型
1	P_30	机器人工作基准点	全局
2	P_10	输送带进料端位置	全局
3	P_20	输送带出料端位置	全局
4			
5	P_01	1#工位 位置点	全局
6	P_02	2#工位 位置点	全局
7	P_03	3#工位 位置点	全局
8	P_04	4#工位 位置点	全局
9	P_05	5#工位 位置点	全局
10	P_06	6#工位 位置点	全局
11			
12	P_07	1#不良品区 位置点	全局
13	P_08	2#不良品区 位置点	全局
14	P_09	3#不良品区 位置点	全局

14.3　编程

14.3.1　总流程

1. 总的工作流程

由于机器人程序复杂，因此应该首先编制流程图，根据流程图，编制程序流程及框架。编制流程图时，需要考虑周全，确定最优工作路线，这样编程时才会事半功倍。

总的工作流程如图 14-2 所示。

1）系统上电或启动后，首先进入初始化程序，包括检测输送带是否起动，起动气泵并检测气压及报警程序。

2）进入卸料工序，只有先将测试区的手机成品搬运回输送线上，才能够进行下一工步。

3）在卸料工步执行完毕后，进入不良品处理工序。在不良品处理工序中，要对检测不合格的产品执行三次检测，三次均不合格才判定为不良品。从机器人动作来看，要将同一手机成品置于不同的三个测试工位中进行测试，测试不合格才将手机成品转入不良品区。执行不良品处理工步也是要空出测试区。

4）经过卸料工步和不良品处理工步后，测试区各工位已经最大限度空出，所以执行上料工步。

5）如果工作过程中发生机器人系统的报警，则机器人会停止工作。外部也配置有急停按钮，拍下急停按钮后，系统立即停止工作。

6）总程序可以设置为反复循环类型，即启动之后反复循环执行，直到接收到停止指令。

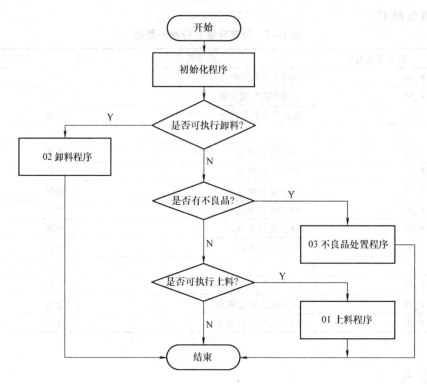

图 14-2　总的工作流程图

2. 主程序 MAIN

根据总流程图，编制的主程序 MAIN 如下：

主程序 MAIN

1 CALLP "CSH"'——调用初始化程序

2 '进入卸料工步判断

3 IF M210 =6 THEN *LAB2 '——如果全部工位检测不合格则跳到＊LAB2

4 IF M_IN(13)=1 THEN * LAB2 '——如果输送带出口段有料则跳到＊LAB2

5 CALLP "XIEL"'——调用卸料程序

6 GOTO *LAB4

7 *LAB2 ——"不良品工步"标记

8 '进入"不良品工步"工步判断

9 IF M310 =0 THEN *LAB3'——如果全部工位检测合格则跳到＊LAB3

10 IF M310 =6 THEN *LAB5'——如果全部工位检测不合格则跳到＊LAB5 报警程序

11 CALLP "BULP"'——调用不良品处理程序

12 GOTO *LAB4

13 *LAB3'——上料程序标记

14 IF M110 =6 THEN *LAB4 '——如果全部工位有料则跳到＊LAB4

15 IF M_IN(12)=1 THEN *LAB4 '——如果输送带进口段无料则跳到＊LAB4

16 CALLP "SL"'——调用上料程序

17 *LAB4 ——主程序结束标志

18 END

```
19 *LAB5 '——报警程序
20 CALLP"BAOJ"'——调用报警程序
21 END
```

14.3.2　初始化程序流程

初始化包括检测输送带是否起动，起动气泵并检测气压等工作。初始化的工作流程如图 14-3 所示。

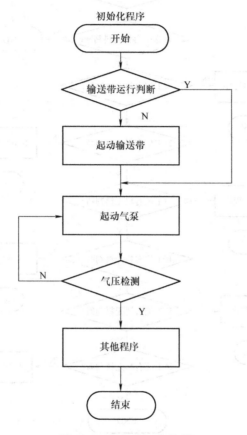

图 14-3　初始化工作流程

14.3.3　上料流程

1. 上料程序流程及要求

1）上料程序必须首先判断：

① 输送带进口段上是否有料？

② 测试区是否有空余工位？

2）如果不满足这两个条件，则结束上料程序返回主程序。

3）如果满足这两个条件，则逐一判断空余工位，然后执行相应的搬运程序。

4）由于上料动作必须将手机成品压入测试工位槽中，所以采用了机器人的柔性控制功能，在压入过程中如果遇到过大阻力，则机器人会自动做相应调整，这是关键技术之一。

5）每一次搬运动作结束后，不是回到程序 END，而是回到程序起始处，重新判断，直到 6 个手机成品全部装满手机成品。

2. 上料工步流程图

上料工步流程图如图 14-4 所示。

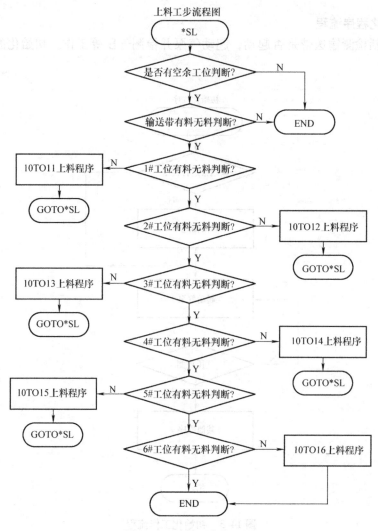

图 14-4　上料工步流程图

3. 上料程序 SL

```
1 *SL——程序分支标签
2 M101 = M_In(14)'——1#工位有料无料检测信号
3 M102 = M_In(15)'——2#工位有料无料检测信号
4 M103 = M_In(16)'——3#工位有料无料检测信号
5 M104 = M_In(17)'——4#工位有料无料检测信号
6 M105 = M_In(18)'——5#工位有料无料检测信号
7 M106 = M_In(19)'——6#工位有料无料检测信号
8 M110 = M101% + M102% + M103% + M104% + M105% + M106%
9 IF M110 = 6 THEN *LAB '——如果全部工位有料则跳到程序结束
3 IF M_IN(12) = 1 THEN *LAB '——如果输送带无料则跳到程序结束
```

4 ' 如果 1#工位无料就执行上料程序"10TO11",否则进行 2#工位判断

5 IF M_In（14）=0 THEN

6 CALLP"10TO11"

7 GOTO＊SL

8 ELSE '（1）

9 ENDIF

10 ' 如果 2#工位无料就执行上料程序"10TO12",否则进行 3#工位判断

11 IF M_In（15）=0 THEN

12 CALLP"10TO12"

13 GOTO＊SL

14 ELSE '（2）

15 ENDIF

16 ' 如果 3#工位无料就执行上料程序"10TO13",否则进行 4#工位判断

17 IF M_In（16）=0 THEN

18 CALLP"10TO13"

20 ELSE '（3）19 GOTO＊SL

21 ENDIF

22 ' 如果 4#工位无料就执行上料程序"10TO14",否则进行 5#工位判断

23 IF M_In（17）=0 THEN

24 CALLP"10TO14"

25 GOTO＊SL

26 ELSE '（4）

27 ENDIF

28 ' 如果 5#工位无料就执行上料程序"10TO15",否则进行 6#工位判断

29 IF M_In（18）=0 THEN

30 CALLP"10TO15"

31 GOTO＊SL

32 ELSE '（5）

33 ENDIF

34 ' 如果 6#工位无料就执行上料程序"10TO16",否则结束上料程序

35 IF M_In（19）=0 THEN

36 CALLP"10TO16"

37 ELSE '（6）

38 ENDIF

39 ＊LAB

40 END

4. 程序 10TO11

本程序用于从输送带抓料到 1#工位,使用了柔性控制功能。

1 SERVO ON '——伺服 ON

2 OVRD 100 '——速度倍率 100%

3 MOV P_10,50 '——快进到输送带进料端位置点上方 50mm

4 OVRD 20

5 MVS P_10 '——慢速移动到输送带进料端位置点

```
6 M_OUT(11)=1 '—— 抓手 ON
7 WAIT M_IN(29)=1 '—— 等待抓手夹紧完成
8 DLY 0.3
9 MOV P_10,50 '——移动到输送带进料端位置点上方50mm
10 OVRD 100
11 MOV P_01,50 '——快进到1#工位位置点上方50mm
1 2 OVRD 20
13 CmpG 1,1,0.7,1,1,1,'——设置各轴柔性控制增益值
14 Cmp Pos,&B000100 '——设置 Z 轴为柔性控制轴
15 MVS P_01 '—— 工进到1#工位位置点
16 M_OUT(11)=0 '——松开抓手
17 WAIT M_IN(30)=1'—— 等待抓手松开完成
18 DLY 0.3
19 OVRD 100
20 Cmp Off '—— 关闭柔性控制功能
21 MOV P_01,50 '——移动到1#工位位置点上方50mm
22 MOV P_30 '—— 移动到基准点
23 END
```

14.3.4 卸料工序流程

1. 卸料程序的流程及要求

1）卸料程序必须首先判断：

① 输送带出口段上是否有料？

② 测试区是否有合格手机成品？

2）如果不满足这两个条件，则结束卸料程序返回主程序；

3）如果满足这两个条件，则逐一判断合格手机成品所在工位，然后执行相应的搬运程序。

4）每一次搬运动作结束后，不是回到程序 END，而是回到程序起始处，重新判断，直到全部合格手机成品被搬运到输送带上。

2. 卸料工步流程图

卸料工步流程如图 14-5 所示。

3. 卸料程序 XIEL

```
1 *XIEL——程序分支标签
2 M201=M_In(20)' —— 1#工位检测合格信号
3 M202=M_In(21)' —— 2#工位检测合格信号
4 M203=M_In(22)' —— 3#工位检测合格信号
5 M204=M_In(23)' —— 4#工位检测合格信号
6 M205=M_In(24)' —— 5#工位检测合格信号
7 M206=M_In(25)' —— 6#工位检测合格信号
'检测合格信号=0，检测不合格信号=1
8 M210=M201+M202+M203+M204+M205+M206
9 IF M210=6 THEN *LAB20'——如果全部工位检测不合格则跳到程序结束
```

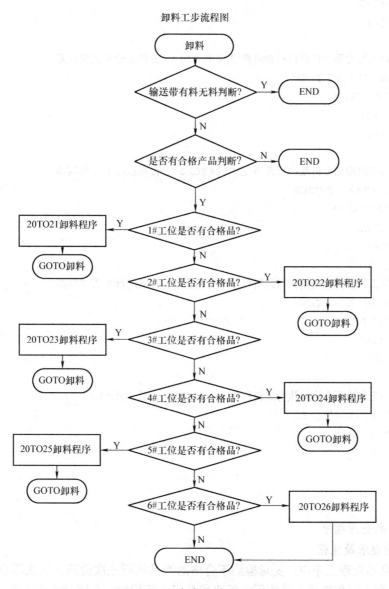

图 14-5　卸料工步流程图

```
3  IF M_IN(13)=1 THEN * LAB20 '——如果输送带有料则跳到程序结束
4 '如果1#工位检测合格就执行卸料程序"21TO20"，否则进行2 工位判断
5 IF M_In(20)=0 THEN
6 CALLP"21TO20"
7  GOTO * XIEL
8  ELSE '(1)
9  ENDIF
10 '如果2#工位检测合格就执行卸料程序"22TO20"，否则进行3 工位判断
11 IF M_In(21)=0 THEN
12 CALLP"22TO20"
```

```
13 GOTO *XIEL
14 ELSE '(2)
15 ENDIF
16 '如果3#工位检测合格就执行卸料程序"23TO20"，否则进行4工位判断
17 IF M_In(22)=0 THEN
18 CALLP"23TO20"
19 GOTO *XIEL
20 ELSE '(3)
21 ENDIF
22 '如果4#工位检测合格就执行卸料程序"24TO20"，否则进行5工位判断
23 IF M_In(23)=0 THEN
24 CALLP"24TO20"
25 GOTO *XIEL
26 ELSE '(4)
27 ENDIF
28 '如果5#工位检测合格就执行卸料程序"25TO20"，否则进行6工位判断
29 IF M_In(24)=0 THEN
30 CALLP"25TO20"
31 GOTO *XIEL
32 ELSE '(5)
33 ENDIF
34 '如果6#工位检测合格就执行卸料程序"26TO20"，否则GOTO END
35 IF M_In(25)=0 THEN
36 CALLP"25TO20"
37 ELSE '(6)
38 ENDIF
39 *LAB20
40 END
```

14.3.5　不良品处理程序

1. 程序的要求及流程

1）在不良品处理工序中，要对检测不合格的产品执行三次检测，三次不合格才判定为不良品。从机器人动作来看，要将同一手机成品置于不同的三个测试工位中进行测试。测试不合格才将手机成品转入不良品区，因此在不良品处理工序中：

①首先判断有无不良品，无不良品则结束本程序返回上一级程序。

②判断是否全部为不良品，如果全部为不良品，则必须报警，因为可能是出现了重大质量问题，需要停机检测。

2）如果不满足以上条件，则逐一判断不良品所在工位，判断完成后，执行相应的搬运程序。

3）在下一级子程序中，还需要判断是否有空余工位，并且标定检测次数，在检测次数=3时，将手机成品搬运到不良品区。

2. 不良品处理程序流程图

不良品处理流程如图14-6所示。

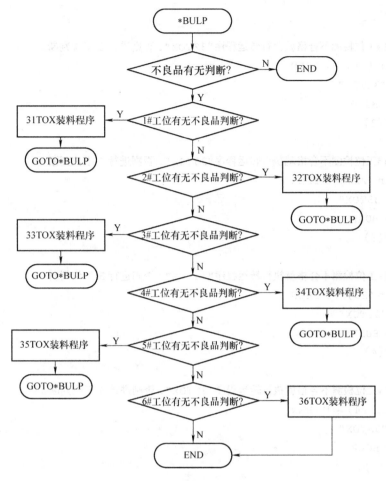

图 14-6 不良品处理流程图

3. 不良品处理程序 BULP

1 *BULP——程序分支标签

2 M301 =M_In(20)'——1#工位检测合格信号

3 M302 =M_In(21)'——2#工位检测合格信号

4 M303 =M_In(22)'——3#工位检测合格信号

5 M304 =M_In(23)'——4#工位检测合格信号

6 M305 =M_In(24)'——5#工位检测合格信号

7 M306 =M_In(25)'——6#工位检测合格信号

' 检测合格信号 =0,检测不合格信号 =1

8 M310 =M301 +M302 +M303 +M304 +M305 +M306

9 IF M310 =0 THEN *LAB2'——如果全部工位检测合格则跳到 *LAB2(结束程序)

3 IF M310 =6 THEN *LAB3'——如果全部工位检测不合格则跳到报警程序

4 '如果1#工位检测不合格就执行转运程序"31TOX",否则进行2工位判断

5 IF M_In(20) =1 THEN

6 CALLP"31TOX"

7 GOTO *BULP'——回程序起始行

```
 8 ELSE '(1)
 9 ENDIF
10 '如果2#工位检测不合格就执行转运程序"32TOX"，否则进行3工位判断
11 IF M_In(21)=1 THEN
12 CALLP"32TOX"
13 GOTO * BULP
14 ELSE '(2)
15 ENDIF
16 '如果3#工位检测不合格就执行转运程序"33TOX"，否则进行4工位判断
17 IF M_In(22)=1 THEN
18 CALLP"33TOX"
19 GOTO * BULP
20 ELSE '(3)
21 ENDIF
22 '如果4#工位检测不合格就执行转运程序"34TOX"，否则进行5工位判断
23 IF M_In(23)=1 THEN
24 CALLP"31TOX"
25 GOTO * BULP
26 ELSE '(4)
27 ENDIF
28 '如果5#工位检测不合格就执行转运程序"35TOX"，否则进行6工位判断
29 IF M_In(24)=1 THEN
30 CALLP"35TOX"
31 GOTO * BULP
32 ELSE '(5)
33 ENDIF
34 '如果6#工位检测不合格则执行转运程序"36TOX"，否则结束程序
35 IF M_In(24)=1 THEN
36 CALLP"36TOX"
37 ELSE '(6)
38 ENDIF
 * LAB2
END
39 * LAB3
40 END
```

14.3.6　不良品在1#工位的处理流程

1. 不良品在1#工位的处理程序流程

不良品在1#工位的处理程序（31TOX）流程图如图14-7所示。

1）当1#工位（包括2#～5#工位）有不良品时，先要进行检测次数判断。工艺规定对每一手机成品要进行三次检测，如果三次检测都不合格，才可以判断为不良品。

2）当检测次数=3时，进入31TOFEIP程序（将手机成品放入不良品区）

3）当检测次数=2时，进入31TO2X子程序（将手机成品放入其他工位进行第3次检

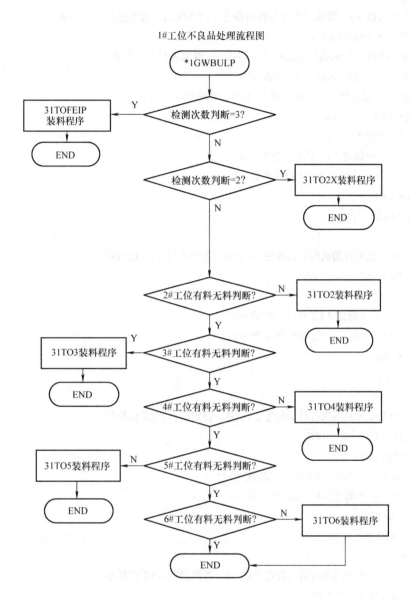

图 14-7　不良品在 1#工位的处理程序（31TOX）流程

测）。

4）当检测次数 =0（第 1 次）时，进入 31TOX 子程序（将手机成品放入其他工位进行第 2 次检测）。如果检测次数 =0（初始值），则顺序判断各工位有料无料状态，执行相应的搬运程序。为此必须标定检测次数，从 1#工位将手机成品转运到 N#工位后必须对各工位的检验次数进行标定，同时清掉 1#工位的检测次数。

2. 不良品在 1#工位的处理程序 31TOX

1 ＊1GWEIBULP——程序分支标签

2' 如果检测次数 = 3，则执行不良品转运程序 31TOFEIP，否则进行下一判断

3 IF M221 = 3 THEN CALLP "31TOFEIP"。

4 '如果检测次数 = 2，则执行转运程序 31TO2X，否则进行下一判断

5 IF M221 = 2 THEN CALLP "31TO2X"

6 '如果 2#工位无料就执行转运程序 31TO2，否则进行 3#工位判断

7 IF M_In(14) = 0 THEN

8 CALLP"31TO2"

9 M222 = 2'——标定 2#工位检测次数 = 2

10 M221 = 0'——标定 1#工位检测次数 = 0

11 GOTO * LAB

12 ELSE '(1)

13 ENDI

14 '如果 3#工位无料则执行转运程序 31TO3，否则进行 4#工位判断

15 IF M_In(15) = 0 THEN

16 CALLP"31TO3

17 M223 = 2'——标定 3#工位检测次数 = 2

18 M221 = 0'——标定 1#工位检测次数 = 0

19 GOTO * LAB

20 ELSE '(2)

21 ENDI

22 '如果 4#工位无料则执行转运程序 31TO4，否则进行 5#工位判断

23 IF M_In(17) = 0 THEN

24 CALLP"31TO4

25 M224 = 2'—— 标定 4#工位检测次数 = 2

26 M221 = 0'—— 标定 1#工位检测次数 = 0

27 GOTO * LAB2

28 ELSE '(3)

29 ENDIF

30 '如果 5#工位无料则执行转运程序 31TO5，否则进行 6#工位判断

31 IF M_In(18) = 0 THEN

32 CALLP"31TO5"

33 M225 = 2'—— 标定 5#工位检测次数 = 2

34 M221 = 0'—— 标定 1#工位检测次数 = 0

35 GOTO * LAB2

36 ELSE '(4)

37 ENDIF

38 '如果 6#工位无料则执行转运程序 31TO6，否则 GOTOEND

39 IF M_In(1) = 0 THEN

40 CALLP"31TO6"

41 M226 = 2'—标定 5#工位检测次数 = 2

42 M221 = 0'——标定 1#工位检测次数 = 0

```
43 GOTO * LAB2
44 ELSE '(5)
45 ENDIF
46 '如果6#工位检测不合格则执行转运程序36TOX，否则结束程序
47 IF M_In (24) =1 THEN
48 CALLP"36TOX"
49 ELSE '(6)
50 ENDIF
51 *LAB2
52 END
53 *LAB3
54 END
```

3. 不良品在1#工位的向废品区的转运程序31TOX（不良品在2#~6#工位向废品区的转运程序与此相同）

1）不良品在1#工位时向废品区的转运流程如图14-8所示。

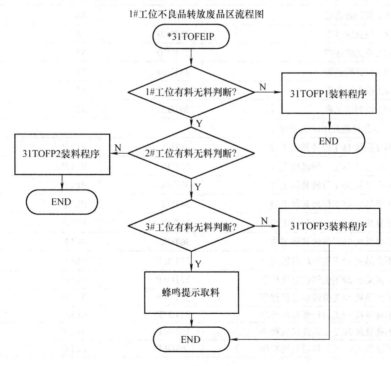

图14-8 不良品在1#工位时向废品区的转运流程图

2）程序可参见31TOX。

14.3.7 主程序和子程序汇总表

由以上的分析可知，即使这样看似简单的搬运测试程序，也可以分解成许多子程序。对应于复杂的程序流程，将一段固定的动作编制为子程序是一种简单实用的编程方法，程序汇总见表14-6。

表 14-6 主程序子程序汇总表

序号	程序名称	程序号	上级程序
1	主程序	MAIN	
第 1 级子程序			
2	上料子程序	SL	MAIN
3	卸料子程序	XL	MAIN
4	不良品处理程序	BULP	MAIN
	报警程序	BAOJ	MAIN
第 2 级子程序 上料子程序所属子程序			
5	输送带到 1#工位	10TO11	SL
6	输送带到 2#工位	10TO12	SL
7	输送带到 3#工位	10TO13	SL
8	输送带到 4#工位	10TO14	SL
9	输送带到 5#工位	10TO15	SL
10	输送带到 6#工位	10TO16	SL
第 2 级子程序 卸料子程序所属子程序			
11	1#工位到输送带	21TO20	XL
12	2#工位到输送带	22TO20	XL
13	3#工位到输送带	23TO20	XL
14	4#工位到输送带	24TO20	XL
15	5#工位到输送带	25TO20	XL
16	6#工位到输送带	26TO20	XL
第 2 级子程序 不良品处理程序所属子程序			
17	不良品从 1#工位转其他工位	31TOX	BULP
18	不良品从 2#工位转其他工位	32TOX	BULP
19	不良品从 3#工位转其他工位	33TOX	BULP
20	不良品从 4#工位转其他工位	34TOX	BULP
21	不良品从 5#工位转其他工位	35TOX	BULP
22	不良品从 6#工位转其他工位	36TOX	BULP
23	不良品从 1#工位转废品区程序	31TOFP	BULP
24	不良品从 2#工位转废品区程序	32TOFP	BULP
25	不良品从 3#工位转废品区程序	33TOFP	BULP
26	不良品从 4#工位转废品区程序	34TOFP	BULP
27	不良品从 5#工位转废品区程序	35TOFP	BULP
28	不良品从 6#工位转废品区程序	36TOFP	BULP
第 3 级子程序			
29	不良品从 1#工位转 2#工位程序	31TO32	31TOX
30	不良品从 1#工位转 3#工位程序	31TO33	31TOX
31	不良品从 1#工位转 4#工位程序	31TO34	31TOX
32	不良品从 1#工位转 5#工位程序	31TO35	31TOX
33	不良品从 1#工位转 6#工位程序	31TO36	31TOX
34	不良品从 2#工位转 1#工位程序	32TO31	32TOX
35	不良品从 2#工位转 3#工位程序	32TO33	32TOX
36	不良品从 2#工位转 4#工位程序	32TO34	32TOX

（续）

序号	程序名称	程序号	上级程序
第 3 级子程序			
37	不良品从 2#工位转 5#工位程序	32TO35	32TOX
38	不良品从 2#工位转 6#工位程序	32TO36	32TOX
39	不良品从 3#工位转 1#工位程序	33TO31	33TOX
40	不良品从 3#工位转 2#工位程序	33TO32	33TOX
41	不良品从 3#工位转 4#工位程序	33TO34	33TOX
42	不良品从 3#工位转 5#工位程序	33TO35	33TOX
43	不良品从 3#工位转 6#工位程序	33TO36	33TOX
44	不良品从 4#工位转 1#工位程序	34TO31	34TOX
45	不良品从 4#工位转 2#工位程序	34TO32	34TOX
46	不良品从 4#工位转 3#工位程序	34TO33	34TOX
47	不良品从 4#工位转 5#工位程序	34TO35	34TOX
48	不良品从 4#工位转 6#工位程序	34TO36	34TOX
49	不良品从 5#工位转 1#工位程序	35TO31	35TOX
50	不良品从 5#工位转 2#工位程序	35TO32	35TOX
51	不良品从 5#工位转 3#工位程序	35TO33	35TOX
52	不良品从 5#工位转 4#工位程序	35TO34	35TOX
53	不良品从 5#工位转 6#工位程序	35TO36	35TOX
54	不良品从 6#工位转 1#工位程序	36TO31	36TOX
55	不良品从 6#工位转 2#工位程序	36TO32	36TOX
56	不良品从 6#工位转 3#工位程序	36TO33	36TOX
57	不良品从 6#工位转 4#工位程序	36TO34	36TOX
58	不良品从 6#工位转 5#工位程序	36TO35	36TOX
59	不良品从 1#工位转废品区 1	31TOFP1	31TOFP
60	不良品从 1#工位转废品区 2	31TOFP2	31TOFP
61	不良品从 1#工位转废品区 3	31TOFP3	31TOFP
62	不良品从 2#工位转废品区 1	32TOFP1	32TOFP
63	不良品从 2#工位转废品区 2	32TOFP2	32TOFP
64	不良品从 2#工位转废品区 3	33TOFP3	32TOFP
65	不良品从 3#工位转废品区 1	33TOFP1	33TOFP
66	不良品从 3#工位转废品区 2	33TOFP2	33TOFP
67	不良品从 3#工位转废品区 3	33TOFP3	33TOFP
68	不良品从 4#工位转废品区 1	34TOFP1	34TOFP
69	不良品从 4#工位转废品区 2	34TOFP2	34TOFP
70	不良品从 4#工位转废品区 3	34TOFP3	34TOFP
71	不良品从 5#工位转废品区 1	35TOFP1	35TOFP
72	不良品从 5#工位转废品区 2	35TOFP3	35TOFP
73	不良品从 5#工位转废品区 3	36TOFP3	35TOFP
74	不良品从 6#工位转废品区 1	36TOFP1	36TOFP
75	不良品从 6#工位转废品区 2	36TOFP3	36TOFP
76	不良品从 6#工位转废品区 3	36TOFP3	36TOFP

14.4　结语

1) 在手机成品检测项目中，编程的主要问题不是编制搬运程序，而是建立一个优化的程序流程。因此在进行程序编程初期，要与设备制造商的设计人员反复商讨工艺流程，在确认一个优化的工作流程后，再着手编制流程图和后续程序。

2) 对每一段固定的动作必须将其编制为子程序，以简化编程工作和有利于对主程序的分析。

3) 柔性控制技术在将手机成品压入检测槽时是关键技术，如果手机成品没有紧密放置在检测槽内，会影响检测结果。

第 15 章　机器人如何做一个乐队指挥

15.1　项目综述

使用机器人做乐队指挥，用于表演与科普。

15.2　解决方案

解决方案选用搬运重量最小的 6 轴机器人和配置一触摸屏，这样可以选择歌曲（程序号）。

15.3　编程

1. 第一方案

由于机器人有高精度的定位功能，而歌曲乐谱是由旋律、节奏构成的，简谱中的数字音符实际代表了音程的高度和占用时间的长短。从坐标系来看，如果以 Z 轴表示音高，以 Y 轴表示每一个音符的长度，则可以完整地表示一首乐曲，演奏速度的快慢可以通过调整速度倍率来实现。按照这一方案进行初步的试验之后，发现机器人的动作大部分时间处于急剧的加减速中，仿佛一直在抖动，没有轻歌曼舞的感觉，不适于做指挥，所以放弃这一方案。

2. 第二方案

在观察了许多指挥家的表演后，决定以每首乐曲的节拍为基础，表现整首乐曲。机器人用不同的曲线轨迹对应不同的节拍，将所有节拍组合起来就形成了一首乐曲，初步试验后，效果可以模仿人的动作，所以决定采用第二方案，也称为节拍方案。

15.3.1　节拍与子程序汇总表

目前，歌曲中的节拍多为 2/4、3/4、4/4 拍。以 2/4 拍为例，4 分音符为一拍，一个小节里有 2 拍，每一拍占有的时间相同。将每一种节拍类型描绘成标准的曲线轨迹，编制相应的程序，这相应的程序就是子程序。只要收入的节拍类型足够丰富，就能够完美地表现乐曲，节拍与子程序汇总见表 15-1。

表 15-1　节拍与子程序汇总表

NO	程序号	节拍	简谱	曲线轨迹
1	42PBOLS 42PBOLN	2/4	56　56	
2	42PWS 42PWN	2/4	56　56	

（续）

NO	程序号	节拍	简谱	曲线轨迹
3	2PS 2PN	2/4	2—	
4	42PJQS 42PJQN	2/4	> > 2 3	
5	43PBOLS 43PBOLN	3/4	5 1 1	
6	43PSJS 43PSJN	3/4	5 1 1	
7	43PJQS 43PJQN	3/4	> > > 2 3 5	
8	44PBOLS 44PBOLN	4/4	25 35 23 35	
9	44PSJS 44PSJN	4/4	25 35 23 35	
10	44PJQS 44PJQN	4/4	> > > > 2 3 5 6	
11	4PS 4PN	4/4	2 — — —	
12	1PAS 1PAN	1 拍	3	
13	1PBOLS 1PBOLN	1 拍	35	
14	05PS 05PN	半拍	3	
15	3PS 3PN	3 拍	3 — —	
16	QFYAS QFYAN	切分音	5 6 5	
17	QFYBS QFYBN	切分音	5 3 5	
18	1P5TO5AS 1P5TO5AN	1 拍半 TO 半拍	6. 5	
19	1P5TO5BS 1P5TO5BN	一拍半 TO 半拍	3. 5	

（续）

NO	程序号	节拍	简谱	曲线轨迹
20	05PTO15AS 05PTO15AN	1 拍 TO 1 拍半	5 3.	
21	05PTO15BS 05PTO15BN	1 拍 TO 1 拍半	5 6.	

15.3.2 子程序详细代码

1. 2/4 拍波浪形轨迹

子程序号	节拍类型	简谱形式	曲线轨迹
42PBOLS 42PBOLN	2/4	<u>56</u> <u>56</u>	

（1）程序 42PBOLS（波浪形轨迹，从左到右 J1 轴顺时针，以下简称 S）

```
1 Servo  On
2 Mvr J_Curr,J_Curr +( -10,0,10,0,0,0),J_Curr +( -20,0,0,0,0,0) '——第 1 拍轨迹
3 Mvr J_Curr,J_Curr +( -10,0,10,0,0,0),J_Curr +( -20,0,0,0,0,0) '—— 第 2 拍轨迹
4 End
```

（2）程序 42PBOLN（波浪形轨迹，从右到左 J1 轴逆时针，以下简称 N）

```
1 Servo  On
2 Mvr J_Curr,J_Curr +(10,0,10,0,0,0),J_Curr +(20,0,0,0,0,0) '—— 第 1 拍轨迹
3 Mvr J_Curr,J_Curr +(10,0,10,0,0,0),J_Curr +(20,0,0,0,0,0) '—— 第 2 拍轨迹
4 End
```

2. 2/4 拍 W 形轨迹

这种轨迹适合于表现比较刚强的感情及有力的节奏。

子程序号	节拍类型	简谱形式	曲线轨迹
42PWS 42PWN	2/4	<u>25</u> <u>35</u> <u>23</u> <u>35</u>	

程序 42 PWS（W 形轨迹）

```
1 Servo  ON
2 Ovrd 15
3 '以下为三角形轨迹
4 Mov J_Curr +( -5,0,20,0,0,0)
5 Mov J_Curr +( -5,0, -20,0,0,0)
6 Mov  J_Curr +( -5,0,20,0,0,0)
7 Mov J_Curr +( -5,0, -20,0,0,0)
8 End
```

3. 2分音符直线轨迹

子程序号	节拍类型	简谱形式	曲线轨迹
2PS 2PN	2/4	2—	→→→

程序2 PS（2分音符直线轨迹）

```
1 Servo ON
2 Ovrd 15
3 '以下为2分音符轨迹
4 MVS P_Curr +(0, 20, 0,0,0,0)
5 End
```

4. 2/4拍加强音轨迹

子程序号	节拍类型	简谱形式	曲线轨迹
42PJQS 42PJQN	2/4	>　　> 2　-　3	→→　　→→→

程序42 PJQS（加强音轨迹）

```
1 Servo  ON
2 Ovrd 15
3 '以下为加强音轨迹
4 MVS P_Curr +(0, 10, 0,0,0,0)
5 DLY 0.2
6 MVS P_Curr +(0, 10, 0,0,0,0)
7 End
```

5. 3/4拍波浪形轨迹

程序号	节拍类型	简谱形式	曲线轨迹
43PBOLS 43PBOLN	3/4	5 1 1	～～～

程序43PBOLS

```
1 Servo On
2 Ovrd 20
3 Mvr J_Curr,J_Curr +J1, J_Curr +j2 '——第1拍
4 Mvr J_Curr,J_Curr +J1, J_Curr +j2 '——第2拍
5 Mvr J_Curr,J_Curr +J1, J_Curr +J2 '——第3拍
6 End
```

6. 3/4拍三角形轨迹

序号	节拍类型	简谱形式	曲线轨迹
43PSJS 43PSJN	3/4	5 1 1	

程序 43PSJS

```
1 Servo  On
2 Ovrd 10
3 CNT 1
4 Mov J_Curr +(10,0,20,0,0,0)'——第 1 拍
5 DLY 0.1
6 Mov J_Curr +(20,0,0,0,0,0)'——第 2 拍
7 DLY 0.1
8 Mov  J_Curr +( -10,0, -20,0,0,0)'——第 3 拍
9 DLY 0.1
10 CNT 0
11 End
```

7. 3/4 拍加强型轨迹

程序号	节拍类型	简谱形式	曲线轨迹
43PJQS 43PJQN	3/4	> > > 2 3 5	→ → →

程序 43PJQS

```
1 Servo  On
2 Ovrd 10
3 MVS P_Curr +(0, -10, 0,0,0,0)' ——第 1 拍
4 DLY 0.1
5 MVS P_Curr +(0, -10, 0,0,0,0)' ——第 2 拍
6 DLY 0.1
7 MVS P_Curr +(0, -10, 0,0,0,0)'—— 第 3 拍
8 DLY 0.1
9 End
```

8. 4/4 拍波浪形轨迹

序号	节拍类型	简谱形式	曲线轨迹
44PBOLS 44PBOLN	4/4	25 35 23 35	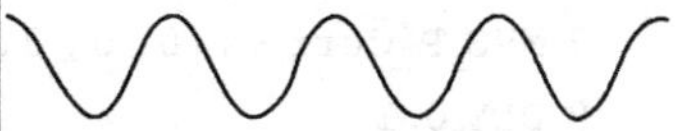 〜〜〜〜

程序 44PBOLS

```
1 Servo  On
2 Ovrd 20
3 Mvr J_Curr,J_Curr +J1, J_Curr +j2' ——第 1 拍
4 Mvr J_Curr,J_Curr +J1, J_Curr +j2'—— 第 2 拍
5 Mvr J_Curr,J_Curr +J1, J_Curr +J2' ——第 3 拍
6 Mvr J_Curr,J_Curr +J1, J_Curr +J2' ——第 4 拍
7 End
```

9. 4/4 拍三角形轨迹

序号	节拍类型	简谱形式	曲线轨迹
44PSJS 44PSJN	4/4	<u>25</u> <u>35</u> <u>23</u> <u>35</u>	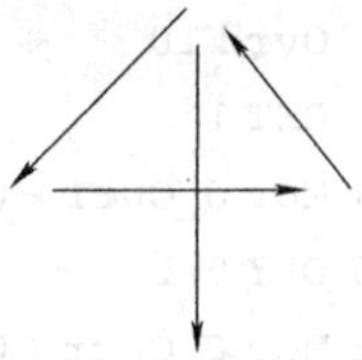

程序 44PSJS

```
1 Servo On
2 Ovrd 10
3 MVS P_Curr +(0,20,-10,0,0,0)'——第1拍
4 DLY 0.1
5 MVS P_Curr +(0,-40,0,0,0,0)'——第2拍
6 DLY 0.1
7 MVS P_Curr +(0,20,10,0,0,0)'——第3拍
8 DLY 0.1
9 MVS P_Curr +(0,0,-20,0,0,0)'——第4拍
10 End
```

10. 4/4 拍加强型轨迹

序号	节拍类型	简谱形式	曲线轨迹
44PJQS 44PJQN	4/4	> > > > 2 3 5 6	

程序 44PJQS

```
1 Servo On
2 Ovrd 10
3 MVS P_Curr +(10,0,0,0,0,0)'—— 第1拍
4 DLY 0.1
5 MVS P_Curr +(10,0,0,0,0,0)' ——第2拍
6 DLY 0.1
7 MVS P_Curr +(10,0,0,0,0,0)' ——第3拍
8 DLY 0.1
9 MVS P_Curr +(10,0,0,0,0,0)' ——第4拍
10 End
```

对于加强音轨迹，必须采用"点对点"的直线轨迹。所以全部采用 MVS 指令。

11. 全音符

序号	节拍类型	简谱形式	曲线轨迹
4PS 4PN	4/4	2 - - -	

程序 4PS

```
1 Servo On
2 Ovrd 10
3 MVS P_Curr +(40, 0, 0,0,0,0)'——第1拍
4 End
```

12. 1 拍 A 直线轨迹

序号	节拍类型	简谱形式	曲线轨迹
1PAS 1PAN	1 拍	3	———

程序 1PAS

```
1 Servo On
2 Ovrd 10
3 MVS P_Curr +(0, 5, 0,0,0,0)'——第1拍
4 End
```

13. 1 拍 B 波浪形轨迹

序号	节拍类型	简谱形式	曲线轨迹
1PBOLS 1PBOLN	1 拍	23	 ∨

程序 1PBOLS

```
1 Servo On
2 Ovrd 20
3 Mvr J_Curr,J_Curr +J1, J_Curr +j2 '——第1拍
4 END
```

对于波浪形轨迹，采用的是圆弧轨迹指令 Mvr。

14. 半拍轨迹

序号	节拍类型	简谱形式	曲线轨迹
05PS 05PN	半拍	5	———

程序 05PS

```
1 Servo On
2 Ovrd 10
3 MVS P_Curr +(0, 5, 0,0,0,0)'—— 第1拍
4 End
```

15. 3 拍直线轨迹

序号	节拍类型	简谱形式	曲线轨迹
3PS 3PN	3 拍	3 - -	———

程序 3PS

```
1 Servo On
2 Ovrd 10
3 MVS P_Curr +(0,15,0,0,0,0)'——3 拍
4 End
```

16. 切分音 A 轨迹

序号	节拍类型	简谱形式	曲线轨迹
QFYAS QFYAN	切分音	5̲ 6 5̲	

程序 QFYAS

```
1 Servo On
2 Ovrd 15
3 CNT 1'——启动连续运行功能
4 Mov J_Curr +(5,0,0,0,0,0)' ——半拍
5 CNT 1,0,0
6 MVR J_Curr ,J_Curr +(5,0,-10,0,0,0),J_Curr +(10,0,0,0,0,0)'——1 拍
7 CNT 1,0,0
8 Mov J_Curr +(5,0,0,0,0,0)' ——半拍
9 CNT 1,0,0
10 CNT 0
11 End
```

17. 切分音 B 轨迹

序号	节拍类型	简谱形式	曲线轨迹
QFYBS QFYBN	切分音	5̲ 3 5̲	

程序 QFYBS（注意，本程序轨迹与程序 QFYAS 的轨迹不同，其中一个圆弧是上半圆，一个圆弧是下半圆）

```
1 Servo  On
2 Ovrd 15
3 CNT 1
4 Mov J_Curr +(5,0,0,0,0,0)
5 CNT 1,0,0
6 MVR J_Curr ,J_Curr +(5,0,10,0,0,0),J_Curr +(10,0,0,0,0,0)
7 CNT 1,0,0
8 Mov J_Curr +(5,0,0,0,0,0)
9 CNT 1,0,0
10 CNT 0
11 End
```

18. 1 拍半 TO 半拍 A 轨迹

子程序号	节拍类型	简谱形式	曲线轨迹
1P5TO5AS 1P5TO5AN	1 拍半 TO 半拍	6 . 5	

程序 1P5TO5AS

```
1 Servo On
2 Ovrd 15
3 CNT 1'——启用连续轨迹功能
4 MVR J_Curr , J_Curr +(8,0,5,0,0,0),J_Curr +(15,0,10,0,0,0)' —— 运行圆弧轨迹
（1 拍半轨迹）
5 CNT 1,50,50'——设置到圆弧起点的过渡轨迹
6 Mov J_Curr +(5,0,0,0,0,0)'——（半拍轨迹）
7 CNT 1,50,50'——设置圆弧到直线的过渡轨迹
8 End
```

19. 1 拍半 TO 半拍 B

序号	节拍类型	简谱形式	曲线轨迹
1P5TO5BS 1P5TO5BN	一拍半 TO 半拍	3 . 5	

程序 1P5TO5BS

```
1 Servo On
2 Ovrd 15
3 CNT 1'——启用连续轨迹功能
4 MVR J_Curr , J_Curr +(8,0,-5,0,0,0),J_Curr +(15,0,-10,0,0,0)' —— 运行圆弧轨迹
（1 拍半轨迹）
5 CNT 1,50,50'——设置到圆弧起点的过渡轨迹
6 Mov J_Curr +(5,0,0,0,0,0)'——（半拍轨迹）
7 CNT 1,50,50'——设置圆弧到直线的过渡轨迹
8 End
```

20. 半拍 TO 1 拍半 A 轨迹

序号	节拍类型	简谱形式	曲线轨迹
05PTO15AS 05PTO15AN	半拍 TO 1 拍半	5 3 .	

程序 05PTO15AS

```
1 Servo  On
2 Ovrd 15
3 CNT 1'——启用连续轨迹功能
4 Mov J_Curr +(5,0,0,0,0,0)'——（半拍轨迹）
```

5 MVR J_Curr , J_Curr +(8,0,5,0,0,0),J_Curr +(15,0,10,0,0,0)'——运行圆弧轨迹(1拍半轨迹)

6 CNT 1,50,50'——设置到圆弧起点的过渡轨迹

7 CNT 0

8 End

21. 半拍 TO 1 拍半 B 轨迹

序号	节拍类型	简谱形式	曲线轨迹
05PTO15BS 05PTO15BN	半拍 TO 1 拍半	5 6.	

程序 05PTO15BS

1 Servo On

2 Ovrd 15

3 CNT 1'——启用连续轨迹功能

4 Mov J_Curr +(5,0,0,0,0,0)'——（半拍轨迹）

5 MVR J_Curr,J_Curr +(8,0,-5,0,0,0),J_Curr +(15,0,-10,0,0,0)' ——运行圆弧轨迹（1 拍半轨迹）

6 CNT 1,50,50'——设置到圆弧起点的过渡轨迹

7 CNT 0

8 End

15.3.3 主程序的合成

1）歌曲《亲吻祖国》的简谱如图 15-1 所示。

程序 QWZG

```
SERVO ON
OVRD 30
MOV P_40 '—— 回起始点
CALLP"42PBOLS" '——顺时针2/4拍波浪
CALLP"2PS" '——顺时针2分音符
CALLP"42PBOLS" '——顺时针2/4拍波浪
CALLP"2PS" '——顺时针2分音符
'反向 逆时针运行
CALLP"42PBOLN" '——逆时针2/4拍波浪
1 CALLP"05PTO15BN"' ——顺时针2分音符
2 CALLP"42PBOLN"'——逆时针2/4拍波浪
3 CALLP"2PN" '——逆时针2分音符
4 CALLP"42PBOLN" '——逆时针2/4拍波浪
5 CALLP"QFYAN" '——逆时针切分音
6 CALLP"42PBOLN" '——逆时针2/4拍波浪
7 CALLP"1P5TO5AN" '——逆时针1拍半TO半拍
8 '反向 顺时针运行
9 CALLP"42PBOLS" '——顺时针2/4拍波浪
```

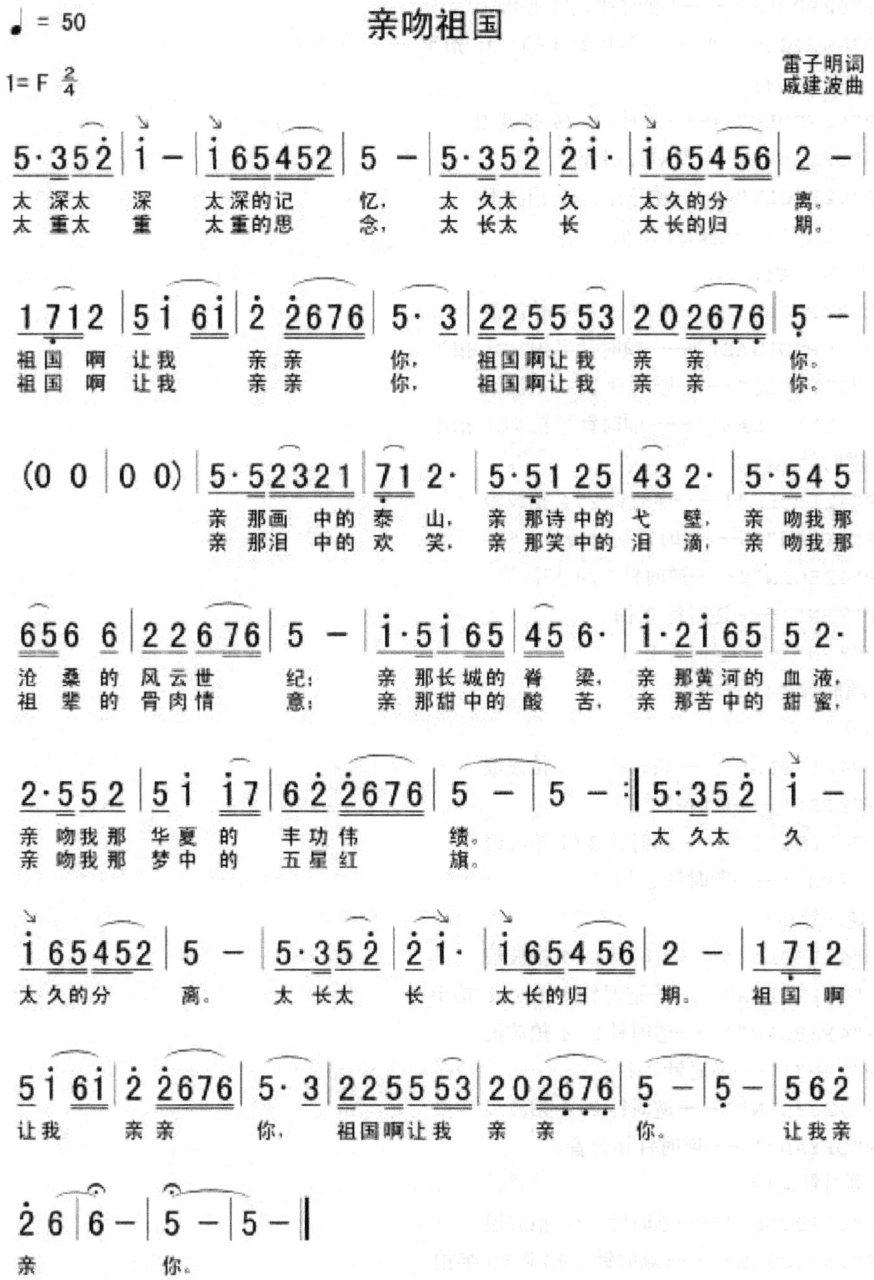

图 15-1　歌谱《亲吻祖国》

```
10 CALLP"05PS" '——顺时针半拍
DLY 0.5
CALLP"1PS" '——顺时针1拍
CALLP"2PS" '——顺时针2分音符
DLY 4 '——停两小节
CALLP"42PBOLS" '——顺时针2/4拍波浪
CALLP"05PTO15AS" '——顺时针半拍TO1拍半
```

CALLP"42PBOLS" ——'顺时针2/4拍波浪
CALLP"05PTO15AS" '——顺时针半拍TO1拍半
'反向 逆时针运行
CALLP"42PBOLN" '——逆时针2/4拍波浪
CALLP"QFYAN" '——逆时针切分音
CALLP"42PBOLN"'——逆时针2/4拍波浪
CALLP"2PN"'——逆时针2拍
'反向 顺时针运行
CALLP"42PBOLS"'——顺时针2/4拍波浪
CALLP"05PTO15AS"'——顺时针半拍TO1拍半
CALLP"42PBOLS"'——顺时针2/4拍波浪
CALLP"05PTO15AS"'——顺时针半拍TO1拍半
'反向 逆时针运行
CALLP"42PBOLN"'——逆时针2/4拍波浪
CALLP"QFYAN"'——逆时针切分音
CALLP"42BOLN"'——逆时针2/4拍波浪
CALLP"2PN"'——逆时针2拍
CALLP"2PN"'——逆时针2拍
'反向 顺时针运行
OVRD 20
CALLP"42PBOLS"'——顺时针2/4拍波浪
CALLP"2PS"'——顺时针2拍
CALLP"42PBOLS"'——顺时针2/4拍波浪
CALLP"2PS"'——顺时针2拍
'反向 逆时针运行
CALLP"42PBOLN"'——逆时针2/4拍波浪
CALLP"05PTO15AN"'——逆时针半拍TO1拍半
CALLP"4P2BOLN"'——逆时针2/4拍波浪
CALLP"2PN"'——逆时针2拍
CALLP"42PBOLN"'——逆时针2/4拍波浪
CALLP"QFYAN"'——逆时针切分音
'反向 顺时针运行
CALLP"42PBOLS"'——顺时针2/4拍波浪
CALLP"15PTO5BS"'——顺时针1拍半TO半拍
CALLP"42PBOLS"'——顺时针2/4拍波浪
CALLP"05PS"'——顺时针半拍
DLY 0.5
CALLP"1PS"'——顺时针1拍
CALLP"2PS"'——顺时针2拍
CALLP"2PS"'——顺时针2拍
'反向 逆时针运行
CALLP"42PBOLN"'——逆时针2/4拍波浪
11CALLP"1PN"'——逆时针1拍

```
12 CALLP "1 PN" ' ——逆时针 1 拍
13 '反向 顺时针运行
14 CALLP "2 PS" ' ——顺时针 2 拍
15 CALLP "2 PS" ' ——顺时针 2 拍
16 CALLP "2 PS" ' ——顺时针 2 拍
END
```

2）歌曲《梁祝》的简谱如图 15-2 所示。

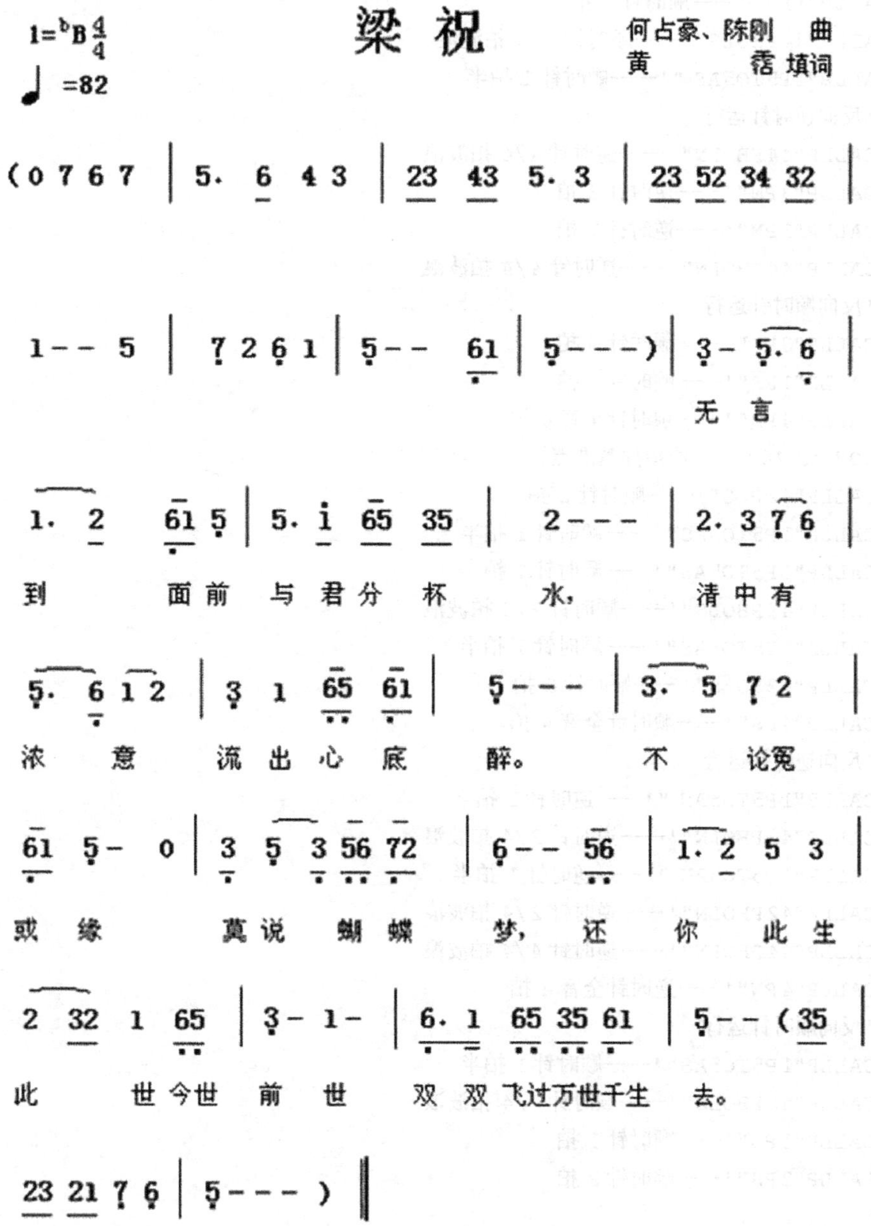

梁　祝

何占豪、陈刚　曲
黄　霑　填词

1=♭B 4/4

♩=82

(0 7 6 7 | 5. 6 4 3 | 23 43 5.3 | 23 52 34 32 |

1 - - 5 | 7 2 6 1 | 5 - - 61 | 5 - - -) | 3 - 5.6 |
　　　　　　　　　　　　　　　　　　　　　　无　言

1. 2 61 5 | 5. 1 65 35 | 2 - - - | 2.3 7 6 |
到　　　面 前 与 君 分 杯　水，　清 中 有

5. 6 1 2 | 3 1 65 61 | 5 - - - | 3. 5 7 2 |
浓　意 流 出 心 底 醉。　不　论 冤

61 5 - 0 | 3 5 3 56 72 | 6 - - 56 | 1.2 5 3 |
或　缘　莫 说 蝴 蝶 梦，还 你 此 生

2 32 1 65 | 3 - 1 - | 6.1 65 35 61 | 5 - - (35 |
此　世 今 世 前 世　双 双 飞 过 万 世 千 生　去。

23 21 7 6 | 5 - - -)‖

图 15-2　歌谱《梁祝》

程序 LIANGZHU

1　SERVO ON

2　OVRD 30

3　MOV　P_40'——回指挥基准点

4　CALLP"44PBOLS"'——顺时针4/4拍波浪

5　CALLP"1P5TO5AS"'——顺时针1拍半

6　CALLP"1PS"'——顺时针1拍

7　CALLP"1PS"'——顺时针1拍

8　CALLP"44PBOLS"'——顺时针4/4拍波浪

9　CALLP"1P5TO5AS"'——顺时针1拍半

10　'反向逆时针运行

11　CALLP"44PBOLN"'——逆时针4/4拍波浪

12　CALLP"3PN"'——逆时针3拍

13　CALLP"1PN"'——逆时针1拍

14　CALLP"44PBOLN"'——逆时针4/4拍波浪

15　'反向顺时针运行

16　CALLP"3PS"'——顺时针3拍

17　CALLP"1PS"'——顺时针1拍

18　CALLP"4PS"'——顺时针全音4拍

19　MOV　P_40'——回指挥基准点

20　CALLP"42P2S"'——顺时针2拍

21　CALLP"1P5TO5AS"'——顺时针1拍半

22　CALLP"1P5TO5AS"'——顺时针1拍半

23　CALLP"42PBOLS"'——顺时针2/4拍波浪

24　CALLP"1P5TO5AS"'——顺时针1拍半

25　CALLP"42BOLS"'——顺时针2拍

26　CALLP"4PS"'——顺时针全音4拍

27　'反向逆时针运行

28　CALLP"1P5TO5AN"'——逆时针1拍半

29　CALLP"42PBOLN"'——逆时针2/4拍波浪

30　CALLP"1P5TO5AN"'——逆时针1拍半

31　CALLP"42PBOLN"'——逆时针2/4拍波浪

32　CALLP"44PBOLN"'——逆时针4/4拍波浪

33　CALLP"4PN"'——逆时针全音4拍

34　'反向顺时针运行

35　CALLP"1P5TO5AS"'——顺时针1拍半

36　CALLP"42PBOLS"'——顺时针2/4拍波浪

37　CALLP"1PS"'——顺时针1拍

38　CALLP"2PS"'——顺时针2拍

DLY 1

CALLP"QFYAS"'——顺时切分音

CALLP"42PBOLS"'——顺时针2/4拍波浪

CALLP"3PS"'——顺时针3拍

```
CALLP"1PS"'——顺时针 1 拍
'反向逆时针运行
39  CALLP"1P5TO5AN"'——逆时针 1 拍半
40  CALLP"42PBOLN"'——逆时针 2/4 拍波浪
41  CALLP"44PBOLN"'——逆时针 4/4 拍波浪
42  CALLP"2PN"'——逆时针 2 拍
43  CALLP"2PN"'——逆时针 2 拍
44  '反向顺时针运行
45  CALLP"44PBOLS"'——顺时针 4/4 拍波浪
46  CALLP"4PS"'——顺时针 4 拍
END
```

15.4　结语

编制按轨迹运行这类程序，要充分使用当前点的功能，各种曲线轨迹都可以当前点为基础通过加减乘的方法编制。同时要根据编程的方便，随时变化使用关节坐标和直交坐标。在本项目的编程中，经常使用关节坐标，这是因为 J1 轴的旋转类似人的转动。同时要注意方向的变化，一般 3~4 个小节就转换一次方向，否则就会超出机器人的行程范围。

在主程序中几乎全部是对子程序的调用指令。这样如果有曲线轨迹不流畅，那么只需要修改相应的子程序即可。

第16章　工业机器人在包装箱码垛项目中的应用研究

16.1　项目综述

  某项目需要使用机器人对包装箱进行码垛处理。如图 16-1 所示，由传送线将包装箱传送到固定位置，再由机器人抓取并码垛。码垛规格要求为 6×8，错层布置，层数 = 10，左右各一垛。

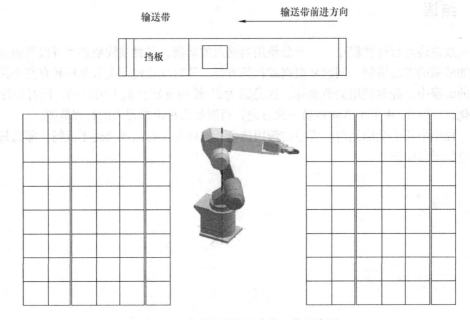

图 16-1　机器人码垛流水线工作示意图

16.2　解决方案

  1）配置一台机器人作为工作中心，负责工件抓取搬运码垛。机器人配置 32 点输入 32 点输出的 I/O 卡，选取三菱 RV – 7FLL 机器人，该机器人搬运重量为 7kg，最大动作半径为 1503mm。由于是码垛作业，所以选取机器人的动作半径要求尽可能的大一些，三菱 RV – 7FLL 臂长加长型的机器人可以满足工作要求。

  2）示教单元：R33TB（必须选配，用于示教位置点）。

  3）机器人选件：输入输出信号卡 2D – TZ368（用于接收外部操作屏信号和控制外围设备动作）。

  4）选用三菱 PLCFX3U – 48MR 做主控系统，用于控制机器人的动作并处理外部检测信号。

5) 触摸屏选用 GS2110，触摸屏可以直接与机器人相连接，直接设置和修改各工艺参数，发出操作信号。

16.2.1　硬件配置

根据技术经济性分析，选定硬件配置见表 16-1。

表 16-1　硬件配置一览表

序号	名称	型号	数量	备注
1	机器人	RV – 7FLL	1	三菱
2	简易示教单元	R33TB	1	三菱
3	输入输出卡	2D – TZ368	1	三菱
4	PLC	FX3U – 48MR	1	三菱
5	GOT	GS2110 – WTBD	1	三菱

16.2.2　输入/输出点分配

根据现场控制和操作的需要，设计输入/输出点，输入/输出点通过机器人 I/O 卡 TZ – 368 接入，TZ – 368 的地址编号是机器人识别的 I/O 地址。为识别方便，分列输入/输出信号，见表 16-2 和表 16-3。

1) 输入信号地址分配见表 16-2。

表 16-2　输入信号一览表

序号	输入信号名称	输入地址（TZ – 368）
1	自动起动	3
2	自动暂停	0
3	复位	2
4	伺服 ON	4
5	伺服 OFF	5
6	报警复位	6
7	操作权	7
8	回退避点	8
9	机械锁定	9
10	气压检测	10
11	输送带正常运行检测	11
12	输送带进料端有料无料检测	12
13	输送带无料时间超常检测	13
14	1#垛位有料无料检测	14
15	2#垛位有料无料检测	15
16		
17	吸盘夹紧到位检测	29
18	吸盘松开到位检测	30

2）输出信号见表16-3。

表16-3 输出信号一览表

序号	输出信号名称	输出信号地址（TZ-368）
1	机器人自动运行中	0
2	机器人自动暂停中	4
3	急停中	5
4	报警复位	2
5		
6		
7		
8		
9		
10		
11	吸盘 ON	11
12	吸盘 OFF	12
13	输送带无料时间超常报警	13

16.3 编程

16.3.1 总工作流程

总工作流程如图16-2所示。

（1）初始化程序

（2）输送带有料无料判断

1）如果无料，则继续判断是否超过无料等待时间，如果超过，则进入报警程序，再跳到程序 END。

2）如果未超过无料等待时间，则继续进行有料无料判断。

3）输送带有料无料判断：如果有料，则进行1#垛可否执行码垛作业判断，如果 Yes，则执行1#码垛作业；如果 No，则执行2#码垛作业。

4）进行2#垛可否执行码垛作业判断，如果 Yes，则执行2#码垛作业；如果 No，则跳到报警提示程序，再执行结束 END。

16.3.2 编程计划

1. 程序结构分析

必须从宏观着手编制主程序，只有在编制主程序时考虑周详，无所遗漏，安全可靠，保护严密，才能达到事半功倍的效果。

分析总工作流程图，在总流程图上主程序可以分为四个二级程序，见表16-4。

其中，1#码垛程序与2#码垛程序内又各自可按层数分为10个子程序，部分子程序见表16-5。

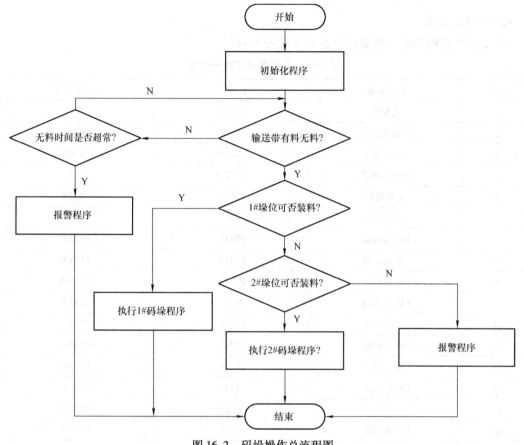

图 16-2　码垛操作总流程图

表 16-4　二级程序汇总表

1	初始化程序	CHUSH	MAIN
2	1#码垛程序	PLT199	MAIN
3	2#码垛程序	PLT299	MAIN
4	报警程序	BJ100	MAIN

表 16-5　三级程序汇总表

16	2#1 层码垛	PLT21	PLT299
17	2#2 层码垛	PLT22	PLT299
18	2#3 层码垛	PLT23	PLT299
19	2#4 层码垛	PLT24	PLT299
20	2#5 层码垛	PLT25	PLT299
21	2#6 层码垛	PLT26	PLT299
22	2#7 层码垛	PLT27	PLT299
23	2#8 层码垛	PLT28	PLT299
24	2#9 层码垛	PLT29	PLT299
25	2#10 层码垛	PLT210	PLT299

2. 程序汇总表

经过程序结构分析，需要编制的程序见表 16-6。

表 16-6　主程序子程序一览表

序号	程序名称	程序号	上级程序
1	主程序	MAIN	
2	初始化程序	CHUSH	MAIN
3	1#码垛程序	PLT199	MAIN
4	2#码垛程序	PLT299	MAIN
5	报警程序	BJ100	MAIN
6	1#1 层码垛	PLT11	PLT199
7	1#2 层码垛	PLT12	PLT199
8	1#3 层码垛	PLT13	PLT199
9	1#4 层码垛	PLT14	PLT199
10	1#5 层码垛	PLT15	PLT199
11	1#6 层码垛	PLT16	PLT199
12	1#7 层码垛	PLT17	PLT199
13	1#8 层码垛	PLT18	PLT199
14	1#9 层码垛	PLT19	PLT199
15	1#10 层码垛	PLT110	PLT199
16	2#1 层码垛	PLT21	PLT299
17	2#2 层码垛	PLT22	PLT299
18	2#3 层码垛	PLT23	PLT299
19	2#4 层码垛	PLT24	PLT299
20	2#5 层码垛	PLT25	PLT299
21	2#6 层码垛	PLT26	PLT299
22	2#7 层码垛	PLT27	PLT299
23	2#8 层码垛	PLT28	PLT299
24	2#9 层码垛	PLT29	PLT299
25	2#10 层码垛	PLT210	PLT299

经过试验，可以将每一层的运动程序编制为一个子程序，在每一个子程序中都重新定义 PLT（矩阵）规格，而且每一层的矩阵位置点也确实与上下一层各不相同。主程序就是顺序调用子程序，这样的编程也简洁明了，同时也不受 PLT 指令数量的限制。

3. 主程序 MAIN

根据图 16-2 主程序流程图编制的主程序如下。

主程序 MAIN

```
1 CallP"CHUSH"'——调用初始化程序
2 *LAB1 程序分支标志
```

```
3 If m_IN(12)=0 Then '——进行输送带有料无料判断
4 GOTO LAB2 '——如果输送带无料则跳转到＊LAB2
5 ELSE '——否则往下执行
6 ENDIF '判断语句结束
7 If m_IN(14)=1 Then'—— 进行1#码垛位有料无料（是否码垛完成）判断
8 GOTO LAB3 '——如果1#码垛位有料（码垛完成）则跳转到＊LAB3
9 ELSE' ——否则往下执行
10 ENDIF '——判断语句结束
11 CallP"PLT99" '——调用1#码垛程序
12 ＊LAB4'——程序结束标志
13 END'——程序结束
14 ＊LAB2 输送带无料程序分支
15 If m_IN(13)=1 Then '——进行待料时间判断
16 m_OUT(13)=1 ——如果待料时间超长则发出报警
17  GOTO ＊LAB4'——结束程序
18 ELSE'——否则重新检测输送带有料无料
19 GOTO ＊LAB1
20 ENDIF
21 ＊LAB3'——1#垛位有料程序分支，转入对2#码垛位的处理
22 If m_IN(15)=1 Then'——如果2#垛位有料，则报警
23  m_OUT(13)=1
24 GOTO ＊LAB4'——结束程序
25 ELSE
26 CallP"PLT199" '——调用2#码垛程序
27 ENDIF
28 END
```

4. 1#垛码垛程序 PLT99

1#垛码垛程序 PLT99 又分为 10 个子程序，每一层的码垛分为一个子程序。这是因为其一包装箱需要错层布置，防止垮塌；其二每一层的高度在增加，需要设置 Z 轴坐标。

```
1#垛码垛程序 PLT99

1 CallP"PLT11"'——调用第1层码垛程序
2 Dly 1
3 CallP"PLT12" '——调用第2层码垛程序
4 Dly 1
5 CallP"PLT13" '——调用第3层码垛程序
6 Dly 1
7 CallP"PLT14" '——调用第4层码垛程序
8 Dly 1
9 CallP"PLT15"'——调用第5层码垛程序
10 Dly 1
11 CallP"PLT16" '——调用第6层码垛程序
12 Dly 1
```

```
13 CallP"PLT17" '——调用第 7 层码垛程序
14 Dly 1
15 CallP"PLT18" '——调用第 8 层码垛程序
16 Dly 1
17 CallP"PLT19" '——调用第 9 层码垛程序
18 Dly 1
19 CallP"PLT110" '——调用第 10 层码垛程序
20 End
```

5. 码垛程序 PLT11（1#垛第 1 层）

码垛程序 PLT11 是 1#垛第 1 层的码垛程序，在这个程序中，使用了专用的码垛指令，用于确定每一格的定位位置，这是程序的关键点。

1#1 层码垛子程序的流程如图 16-3 所示。

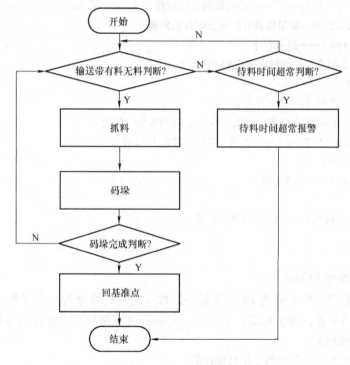

图 16-3　1#1 层码垛子程序的流程图

在码垛程序 PLT11 中，其运动点位如图 16-4 所示。

```
1 Servo On
2 Ovrd 20
3 '以下对托盘 1 各位置点进行定义
4 P10 = P_01 + ( +0.00, +0.00, +0.00, +0.00, +0.00, +0.00 ) '——起点
5 P11 = P10 + ( +0.00, +100.00, +0.00, +0.00, +0.00, +0.00 ) '——终点 A
6 P12 = P10 + ( +140.00, +0.00, +0.00, +0.00, +0.00, +0.00 ) '——终点 B
7 P13 = P10 + ( +140.00, +100.00, +0.00, +0.00, +0.00, +0.00 ) '——对角点参见图 16-4
8 Def Plt 1,P10, P11,P12,P13,6,8,1
10 *LOOP'——循环程序起点标志
```

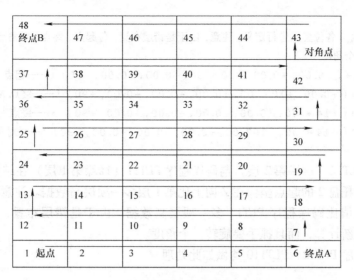

图 16-4　PLT 指令定义托盘位置图

11 If m_IN(11)=0　Then *LAB1 '——输送带有料无料判断,如果无料,则跳转到 *LAB1 程序分支处,否则往下执行

12 Mov P1,-50'——移动到输送带位置点准备抓料

13 Mvs P1

14 m_OUT(12)=1'——指令吸盘=ON

15 WAIT m_IN(12)=1'——等待吸盘=ON

16 Dly 0.5

17 Mvs,-50'

18 P100=Plt 1,m1'—— 以变量形式表示托盘1中的各位置点

19 Mvs P100,-50'——运行到码垛位置点准备卸料

20 Mvs P100

21 m_OUT(12)=0'——指令吸盘=OFF,卸料

22 WAIT m_IN(12)=0'——等待卸料完成

23 Dly 0.3

24 Mvs,-50

25 m1=m1+1'—— 变量加1

26 If m1<=48　Then *LOOP -'——判断:如果变量小于等于48,则继续循环

27 '否则移动到输送带待料

28 Mov P1,-50

29 End

30 *LAB1

31 If m_IN(12)=1　Then m_OUT(10)=1 '——如果待料时间超常,则报警

32' 否则重新进入循环 *LOOP

33 GOTO *LOOP

34 End

6. 码垛程序 PLT12（1#垛第2层）

1 Servo On

```
2 Ovrd 20
```

3 '以下对托盘 2 各位置点进行定义，注意，由于是错层布置，各起点、终点、对角点位置要重新计算，而且抓手要旋转一个角度

```
4 P10 = P_01 + ( +0.00, +0.00, +10 *.00, +0.00, +0.00, +90 ) '——起点
5 P11 = P10 + ( +0.00, +10 *.00, +0.00, +0.00, +0.00, +90 ) '——终点 A
6 P12 = P10 + ( +14 *.00, +0.00, +0.00, +0.00, +0.00, +90 ) '——终点 B
7 P13 = P10 + ( +14 *.00, +108.00, +0.00, +0.00, +0.00, +90 ) '——对角点
```

（省略）

　　码垛程序 PLT12（1#垛第 2 层）与码垛程序 PLT11（1#垛第 1 层）在结构形式上完全相同，唯一区别是托盘 2 的起点坐标在 Z 向上比第 1 层多一项层高数据。注意程序中序号第 4 行，其中 Z 向数值比码垛程序 PLT11 多一项层高数据。由于是错层布置，各起点、终点、对角点位置要重新计算，而且抓手要旋转一个角度。

　　其余各层程序 PLT12～PLT110 均做如此处理。

16.4　结语

　　机器人在码垛中的应用主要使用 PLT 指令，但实质上 PLT 指令只是一个定义矩阵格中心位置的指令。由于实际码垛一般需要错层布置，所以不能一个 PLT 指令用到底，每一层的位置都需要重新定义。然后使用循环指令反复的执行抓取，而且必须要作为一个完整的系统工程来考虑。

第 17 章 工业机器人在汽车部件喷漆悬挂生产线中的应用研究

17.1 项目综述

某汽车零部件生产线，汽车零件悬挂于空中输送线上，要求使用一台机器人随输送线同步运行，对汽车零件的规定部位区间进行喷漆，如图 17-1 所示。

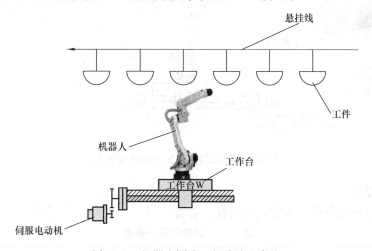

图 17-1 机器人同步运行喷漆生产线

17.2 解决方案

本项目的难点在于同步运行，为了提高生产效率，悬挂输送线在正常情况下是以设定速度运行的，所以要求将机器人置于一个运动工作台上，在喷漆期间必须保证机器人与工件是同步运动的，这样才能保证机器人的喷漆动作如同工件在静止状态进行。

1. 解决方案 1

机器人工作台不运动，悬挂生产线运动。由光电开关检测是否有工件经过，悬挂线由变频器控制做定位运行，当悬挂线上的工件到达喷漆位置时，立即停止，同时起动机器人做喷漆运行。机器人喷漆完成后，发出信号起动悬挂线运行，如此连续运行。这种方案的优点是控制方案简单，喷漆质量高，误差少。但缺点是效率低，悬挂线起动停止频繁。

2. 解决方案 2

由伺服电动机驱动机器人工作台，在悬挂输送线上配置一个旋转编码器，该编码器检测悬挂线的实际速度，通过高速计数器输入到 PLC 中，PLC 再将速度指令发给伺服系统，通过伺服系统保证机器人工作台的运动速度与悬挂线速度一致。机器人工作台的运动是反复

"起动→匀速运动→返回→停止"的过程。

这种方案的优点是生产效率高，但是控制方案复杂。方案 2 的设备布置如图 17-2 所示，机器人的喷漆运行轨迹根据工件几何形状制定。客户要求采用第 2 种方案。

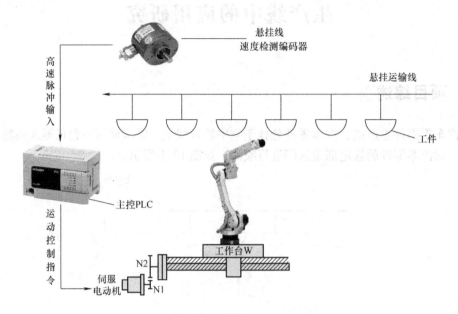

图 17-2   使用编码器作为运动速度的监测

17.2.1 硬件配置

根据技术经济性分析，选定硬件配置，见表 17-1。

表 17-1   硬件配置一览表

序号	名称	型号	数量	备注
1	机器人	RV – 7FLL	1	三菱
2	简易示教单元	R33TB	1	三菱
3	输入输出卡	2D – TZ368	1	三菱
4	PLC	FX3U – 48MR	1	三菱
5	GOT	GS2110 – WTBD	1	三菱
6	伺服驱动系统	MR – J4 – 200A	1	三菱
7	伺服电动机	HG – SR202	1	三菱
8	编码器			

17.2.2 输入/输出点分配

根据现场控制和操作的需要，设计输入/输出点，输入/输出点通过机器人 I/O 卡 TZ - 368 接入，TZ - 368 的地址编号是机器人识别的 I/O 地址。为识别方便，分列输入/输出信号，见表 17-2 和表 17-3。

1）输入信号地址分配见表 17-2。

表 17-2　输入信号一览表

序号	输入信号名称	输入信号地址（TZ-368）
1	自动起动	3
2	自动暂停	0
3	复位	2
4	伺服 ON	4
5	伺服 OFF	5
6	报警复位	6
7	操作权	7
8	回退避点	8
9	机械锁定	9
10	工件进入任务区检测信号	10
11	悬挂线正常运行检测	11
12	伺服电动机同步速度到达信号	12
13	悬挂线故障停机信号	13
14	悬挂线速度过慢信号检测	14
15	悬挂线速度过快信号检测	15
16	工件位置正常信号	16
17	油漆压力泵压力正常信号	17
18	喷嘴与工件距离过大检测信号	18
19	喷嘴与工件距离过小检测信号	19

2）输出信号地址分配见表 17-3。

表 17-3　输出信号一览表

序号	输出信号名称	输出信号地址（TZ-368）
1	机器人自动运行中	0
2	机器人自动暂停中	4
3	急停中	5
4	报警复位	2
5		
6		
7		
8		
9		
10		
11	喷漆起动 ON	11
12	喷漆停止 OFF	12
13	输送带无料时间超常报警	13
14	工作台速度补偿指令 1	14
15	工作台速度补偿指令 2	15

17.3 编程

17.3.1 编程规划

编程规划与伺服工作台动作的相关程序（各种检测信号的采集、判断、处理，包括机器人的起动、停止）全部由 PLC 处理，因为 PLC 处理逻辑关系方便明了。

机器人一侧的动作由机器人程序确定，机器人一侧的输入输出信号要与 PLC 一侧相连接。

17.3.2 伺服电动机的运动曲线

1. 伺服电动机的运动曲线

理想的伺服电动机的运动曲线如图 17-3 所示。

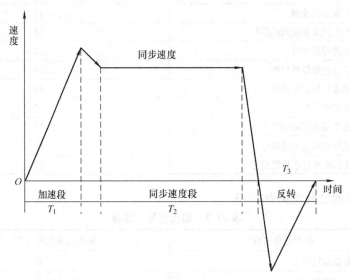

图 17-3 伺服电动机的运动曲线

伺服电动机采用速度控制是为了保证工作台与工件保持恒定的工作距离，在同步速度段实施喷漆。

2. 伺服电动机的速度控制

伺服电动机的速度控制分为以下三段：

（1）加速段（T_1） 在加速段完成后要保证

$$S = S_1 - S_2$$

式中 S——喷嘴与工件的正常工作距离；

S_1——伺服工作台运行距离；

S_2——悬挂线（工件）移动距离。

（2）同步运行段（T_2） T_2 时间取决于喷漆时间。在保证喷漆质量的前提下，调整机器人最佳工作速度，以获得最短工作时间。

（3）减速停止及回工作点 2 的时间 T_3 T_3 段时间越短越好，以不引起伺服电动机过载为标准。

17.3.3　主要检测信号的功能

（1）主要检测信号

10	工件进入任务区检测信号
11	悬挂线正常速度运行检测
12	伺服电动机同步速度到达信号
13	悬挂线故障停机信号
14	悬挂线速度过低信号检测
15	悬挂线速度过高信号检测
16	工件位置正常信号
17	油漆压力泵压力正常信号
18	喷嘴与工件距离过大检测信号
19	喷嘴与工件距离过小检测信号

（2）使用器件及功能

序号	检测信号名称	PLC 输入地址号
10	工件进入任务区检测信号	X0

器件：光电开关。

功能：用于检测悬挂线上的工件是否进入任务区，当工件进入任务区时，X0 = ON，本信号是伺服电动机起动的必要条件。

序号	检测信号名称	PLC 输入地址号
11	悬挂线正常速度运行检测	X1

器件：编码器。

功能：通过对编码器输入脉冲的计算，判断悬挂线运行速度是否正常。如果速度不正常，则不发出机器人起动指令，同时发出报警提示信号。

序号	检测信号名称	PLC 输入地址号
12	伺服电动机同步速度到达信号	X1

功能：本信号由伺服驱动器发出，表示工作台速度到达设定的速度（同步速度），是机器人起动的条件之一。

序号	检测信号名称	PLC 输入地址号
18	喷嘴与工件距离过大检测信号	X2

器件：接近开关。

功能：用于检测悬挂线上的工件与机器人喷嘴之间的距离。如果距离过大，则发出速度补偿指令 1，降低工作台速度。

序号	检测信号名称	PLC 输入地址号
19	喷嘴与工件距离过小检测信号	X3

器件：接近开关。

功能：用于检测悬挂线上的工件与机器人喷嘴之间的距离。如果距离过小，有可能发生喷嘴与工件之间碰撞，则发出速度补偿指令 2，提高工作台速度。

17.3.4　PLC 相关程序

1. 同步速度的调节

为了保证同步速度，必须实时对伺服电动机速度进行调节，采用 PID 调节是目前最常用的方法。

1）取工作台速度与悬挂线速度之差为调节目标。

2）伺服电机速度为调节对象。

假设 v_2 为工作台速度与悬挂线速度之差；v_1 为工作台速度；v_0 为悬挂线速度。

则
$$v_2 = v_1 - v_0$$

式中　v_0——由悬挂线编码器脉冲输入到 PLC；

　　　v_1——由伺服驱动器一侧的编码器脉冲输出端输出的脉冲。

2. PID 控制

1）PID 控制指令格式如图 17-4 所示。

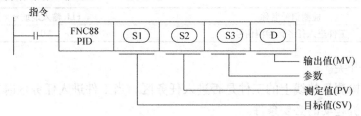

图 17-4　指令格式

在图 17-4 中，S1 为控制对象的目标值（SV）；S2 为控制对象当前值（PV）；S3 为 PID 控制参数（S3，S3 +1…）；D 为输出值（MV）。

在同步速度中，v_2 为控制对象，输出值为伺服电动机速度。

2）与 PID 控制相关的 PLC 程序如图 17-5 所示。

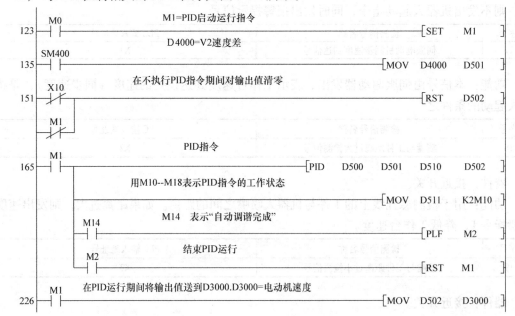

图 17-5　PLC 程序图

17.3.5　机器人动作程序

1）喷漆工作流程如图 17-6 所示。

2）工作流程图的说明：

① 调用初始化程序；

② 检测喷嘴与工件之间的距离并作出判断，随后发出相关速度补偿指令；

③ 执行喷漆轨迹动作。

3）机器人动作程序

根据流程图编制的机器人动作程序如下：

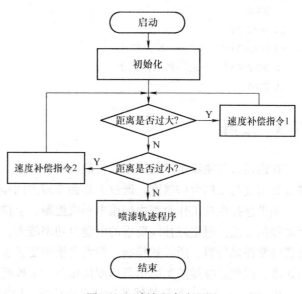

图 17-6　喷漆程序流程图

```
1 SERVO ON
2 OVRD 30
3 Def Act 1,M_In(17)=1 GoTO *
L100 '——如果悬挂线速度异常,则执行
中断 ACT1
4 MOV P1'——工作基准点 1
5 *LAB1'——程序分支标志
6 '以下是判断喷嘴与工件距离是否过大?
7 '如果过大,则发出工作台速度补偿指令 1
8 '否则进入下一步
9 IF M_IN(18)=0 THEN'——M_IN(18)是喷嘴与工件距离过大检测
10 M_OUT(14)=1'——发出工作台速度补偿指令 1
11 GOTO *LAB1
12 ELSE
13 ENDIF
14 '以下是判断喷嘴与工件距离是否过小?
15 '如果过小,则发出工作台速度补偿指令 2
16 '否则进入下一步
17 IF M_IN(2)=0 THEN'——M_IN(18)是喷嘴与工件距离过小检测
18 M_OUT(2)=1'——发出工作台速度补偿指令 2
19 GOTO *LAB1
20 ELSE
21 ENDIF
22 M_OUT(3)=1'——喷漆起动
23 P2=p1+(0,0,0,0,0,0)'
24 P3=p1+(0,0,0,0,0,0)'
25 ACT1=1'——中断程序生效区间
26 MVR P1,P2,P3'——按工件形状进行插补运行
27 ACT1=0'——中断程序生效区间结束标志
28 M_OUT(3)=0'——喷漆停止
29 MOV P4'——运动到工作点 2
```

```
30 M_OUT(4)=1'——发出喷漆结束信号
31 *LAB10
32 END
33 *L100
34 M_OUT(3)=0'——喷漆停止
35 MOV P4'——运动到工作点2
36 END
```

17.4　结语

在机器人与喷漆生产线同步运行的项目中，最关键的问题是同步，因此必须实时检测悬挂线的速度与工作台的速度，通过 PID 调节减少同步速度的误差。

如果悬挂线与工作台都由伺服电动机控制，上位采用运动控制器，那么也有成熟的同步运动控制方法。但是悬挂线要求的电动机功率较大，使用伺服电动机成本太高，而且悬挂线可能经常停机待料，所以悬挂线一侧常常使用变频器 + 普通电动机，也可以调节悬挂线的运行速度，因此悬挂线的实际运行速度用编码器来检测最为精确。

由 PLC 对机器人和悬挂线的运动实施控制，同时还可以兼顾对悬挂线的其他控制要求。

第 18 章　工业机器人在数控折边机上下料中的应用研究

18.1　项目综述

在一般普通的折边机中，每一块工件板料的每一工步都需要画线，还需要操作工凭肉眼观察是否对齐，工效低而且精度低。即使数控折边机采用后挡板结构解决了板料对齐问题，但还是无法解决换向和翻转，仍然无法实现一次成型。

用机器人代替操作工后，可以实现精确地定位、翻边、换向。在本项目中，机器人夹持工件送入数控折边机中，要求机器人在折边过程中需要始终夹持工件，在折边过程中，机器人必须随工件运动，与人工操作略有不同，这是对机器人应用的特殊要求。机器人与数控折边机的配合应用如图 18-1 所示。

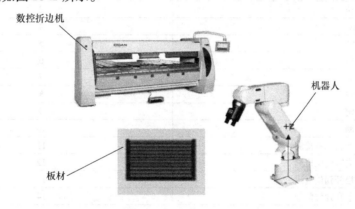

图 18-1　机器人在数控折边机中的应用

18.2　解决方案

18.2.1　方案概述

1）配置一台数控折边机，数控折边机能够发出折边加工上升到位，下降到位、正常启动等工作信号。

2）选用三菱 RV – 7FLL 机器人，要求机器人具备加长手臂。

3）机器人配置 TZ – 368 I/O 模块，用于执行与数控折边机侧的信息交换。

4）配置 PLC FX3U – 48MR，用于处理来自机器人和数控机床侧的 I/O 信号，特别是处理各信号的安全保护条件。

5）配置一台触摸屏，用于发出各种操作信号和工作状态的监视。

18.2.2　硬件配置

经过技术经济分析，选用主要硬件设备见表 18-1。

表 18-1 系统硬件配置表

序号	名称	型号	数量	备注
1	机器人	RV – 7FLL	1	三菱
2	简易示教 单元	R33TB	1	三菱
3	输入输出卡	2D – TZ368	1	三菱
4	PLC	FX3U – 48MR	1	三菱
5	GOT	GS2110 – WTBD	1	三菱

18.2.3 输入/输出点分配

1. 输入信号

根据现场控制和操作的需要，设计输入/输出点，输入/输出点通过机器人 I/O 卡 TZ – 368 接入，TZ – 368 的地址编号是机器人识别的 I/O 地址。为识别方便，分列输入/输出信号。输入信号见表 18-2。

表 18-2 输入信号地址分配

序号	输入信号名称	输入信号地址（TZ – 368）
1	自动起动	3
2	自动暂停	0
3	程序复位	2
4	伺服 ON	4
5	伺服 OFF	5
6	报警复位	6
7	操作权	7
8	回退避点	8
9	机械锁定	9
10	气压检测	10
11	进料端有料无料检测	11
12	1#抓手夹紧到位检测	12
13	1#抓手松开到位检测	13
14	折边机上升到位信号	14
15	折边机下降到位信号	15
16	折边机正常工作中信号	16

2. 输出信号

输出信号见表 18-3。

表 18-3 机器人一侧的输出地址表

序号	输出信号名称	输出信号地址（TZ – 368）
1	机器人自动运行中	0
2	机器人自动暂停中	4
3	急停中	5
4	报警复位	2
11	1#抓手夹紧（＝ON）	11
12	1#抓手松开（＝OFF）	12
13	折边机滑块下降指令信号	13
14	折边机滑块上升指令信号	14
15	折边机起动指令	15

18.3　编程

18.3.1　主程序

1. 工作流程图

机器人的主工作流程如图 18-2 所示。

2. 对流程图的说明

在主流程图中：

1）执行初始化程序；

2）进行气压检测，保证压力达到标准才可执行下一工步；

3）检测折边机是否正常起动；

4）检测滑块是否上升到位；

5）在这些条件满足后，机器人才执行正常的夹料和送料折边程序。

为了编程方便，初始化程序和折边程序单独编制为子程序，以方便阅读和修改。

3. 主程序

根据主工作流程图编制程序如下：

主程序 MAIN

```
1   CALLP " CHUSH "'——调用初始化程序
2   *YALI'—— 程序分支标志
3   IF M15 =0 THEN GOTO *YALI '——判断气压是否达到标准
4   *QULIAO'—— 程序分支标志
5   IF M25 =0 THEN GOTO *QULIAO'——判断上料端有料无料
6   IF M100 =0 THEN GOSUB *LAB1 '——判断是否执行折边机起动程序
7   IF M200 =0 THEN GOTO *LAB2'——判断是否执行滑块上升指令
8   CALLP " ZBJ "'——调用折边机程序
END
*LAB1'—— 执行折边机起动程序
9   M_OUT(15) =1'——发送折边机起动指令
10  Return
11  *LAB2'——执行滑块上升指令
12  M_OUT(14) =1'——发送滑块上升指令
13  Wait M_IN(14) =1'—— 等待滑块上升到位
14  Return
```

18.3.2　第一级子程序——折边子程序

1. 折边工作流程

折边子程序是机器人从取料到折边、调头装夹、随动运行、卸料的全部过程。零件图如图 18-3 所示，折边子程序的流程如图 18-4 所示。

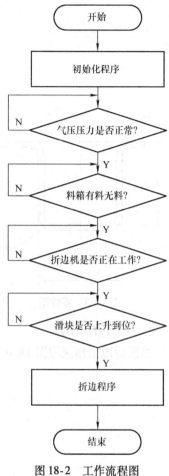

图 18-2　工作流程图

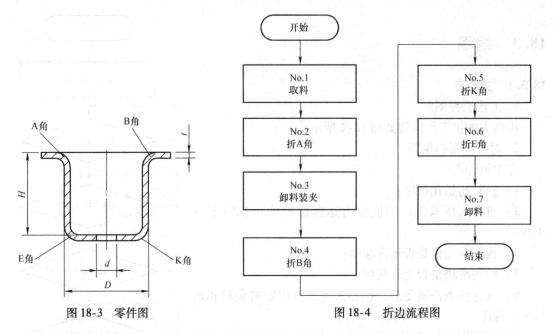

图 18-3　零件图　　　　　　　　　　　图 18-4　折边流程图

2. 折边程序 ZBJ

根据折边工作流程图 18-4 和机器人移动路径图 18-5，编制折边程序 ZBJ。

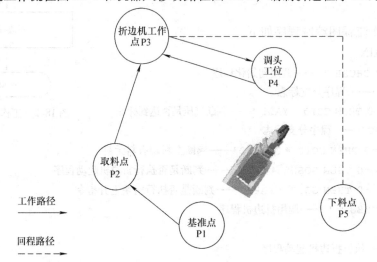

图 18-5　机器人移动路径图

程序 ZBJ

```
MOV P1 '——回基准点
'以下为取料动作
1   OVRD 80 '——预置速度倍率
2   MOV P2,-50'——移动到取料点 P2
3   M_OUT(11)=1'——发送抓手松开指令
4   WAIT M_IN(13)=1'——等待抓手松开完成
5   OVRD 30'——调节速度倍率
6   MOV P2 '——前进到 P2
7   M_OUT(12)=1'—— 抓手夹紧
```

```
8    WAIT M_IN(12)=1'。——等待抓手夹紧完成
9    WAIT M_IN(14)=1'——检测折边机滑块是否上升到位
10   OVRD 80'——调节速度倍率
11   MOV P3A'——移动到工件 A 点 P3A
12   CALLP "101"'——调用折边子程序 101
13   '以下是调头装夹程序
14   OVRD 80'——调节速度倍率
15   MOV P4'——移动到调头工位
16   M_OUT(11)=1'—— 发送抓手松开指令
17   WAIT M_IN(13)=1'——等待抓手松开完
18   MOV P4A,-50'——快速前进到 P4A 上方（调头装夹点）
19   OVRD 30'——调节速度倍率
20   MOV P4'——工进到 P4
21   M_OUT(12)=1 -'抓手夹紧
22   WAIT M_IN(12)'=1'—— 等待抓手夹紧完成
23   WAIT M_IN(14)=1'——等待折边机滑块上升到位
24   OVRD 80'——调节速度倍率
25   MOV P3B'——移动到工件 P3B 点
26   DLY 0.2'——暂停 0.2s
27   CALLP "102"'——调用折边子程序 102
28   MOV P3K'——移动到工件 K 点 P3K
29   CALLP "103"'——调用折边子程序 103
30   MOV P3E'——移动到工件 E 点 P3E
31   CALLP "104"'——调用折边子程序 104
34   OVRD 80
35   MOV P5'——移动到卸料点 P5
36   M_OUT(11)=1'——发抓手松开指令
37   WAIT M_IN(13)'——=1 等待抓手松开完成
38   MOV P1'——回基准点
39   END
```

18.3.3　第二级子程序——随动子程序

随动子程序包括滑块下降执行折边动作，机器人随工件运动而上升。本项目中，机器人动作的特殊之处在于，由于折边过程中，工件被折成直角边或其他角度，所以夹持板料的机器人抓手要随之运动，与工件的变形过程完全同步，否则就会抓手脱落或损坏。机器人的随动轨迹实际上是圆弧轨迹，但运行速度要根据折边机滑块的下降工作速度而定。因此在程序中，运行速度使用变量，要根据现场调试决定。

由于在零件的各折边点抓手位置不同，因此随动圆弧轨迹不同，所以每次折边动作都有对应的随动子程序。

1. 随动子程序 101（A）

```
1    M_OUT(13)=1'——发送滑块下降指令
2    WAIT M_IN(15)=1'——等待滑块下降到位
3    DLY 0.2'——暂停 0.2s
4    OVRD M101'—— 速度可调，注意这是要点！
5    Mvr3 P101,P102,P103'——抓手做圆弧随动
```

```
6   DLY 0.2 '——暂停0.2s
7   M_OUT(14)=1'——发送滑块上升指令
8   WAIT M_IN(14)=1'——等待滑块上升到位
9   END
```

2. 随动子程序102（B）

```
1   M_OUT(13)=1'——发送滑块下降指令
2   WAIT M_IN(15)=1 '——等待滑块下降到位
3   DLY 0.2'——暂停0.2s
4   OVRD M102'——速度可调
5   Mvr3 P201,P202,P203'——抓手做圆弧随动
6   DLY 0.2 '——暂停0.2s
7   M_OUT(14)=1'——发送滑块上升指令
8   WAIT M_IN(14)=1 '——等待滑块上升到位
END
```

3. 随动子程序103（K）

```
1   M_OUT(13)=1'——发送滑块下降指令
2   WAIT M_IN(15)=1 '——等待滑块下降到位
3   DLY 0.2'——暂停0.2s
4   OVRD M103'—— 速度可调
5   Mvr3 P301,P302,P303'——抓手做圆弧随动
6   DLY 0.2'——暂停0.2s
7   M_OUT(14)=1'——发送滑块上升指令
8   WAIT M_IN(14)=1'——等待滑块上升到位
9   END
```

4. 随动子程序104（E）

```
1   M_OUT(13)=1'——发送滑块下降指令
2   WAIT M_IN(15)=1 '——等待滑块下降到位
3   DLY 0.2 '——暂停0.2s
4   OVRD M104' —— 速度可调
5   Mvr3 P401,P402,P403'——抓手做圆弧随动
6   DLY 0.2'——暂停0.2s
7   M_OUT(14)=1 - '——发送滑块上升指令
8   WAIT M_IN(14)=1 '——等待滑块上升到位
9   END
```

18.4　结语

　　在本项目中，机器人为数控折边机上下料，最关键的技术要点是机器人在折边过程中，要随着工件运动，这是在其他的机械设备中没有的运动要求。影响随动过程的因素有压力机滑块的运行速度和夹持工件的位置，因此必须计算出滑块下行速度与机器人夹持工件点圆弧运行速度的关系，才能保证运行的稳定。

第19章 机器人在数控车床上下料中的应用研究

19.1 项目综述

机器人与数控机床配合使用是智能化制造工厂的重要核心板块，这个项目的要求如下：

1）机器人能够执行抓料、开门、卸料、一次装夹、工件掉头装夹、关门、卸料等一系列动作。

2）要求机器人工作信号与数控机床上的工作信号进行交流。

3）要求双抓手，能够在一个工作点（卡盘）实现装夹和卸料动作。

4）要求机器人的运动轨迹是规定的路径，避免发生碰撞事故。

5）加工工件要求双头加工，因此在加工过程中要求进行调头装夹。

机器人与数控机床的联合工作如图 19-1 所示，加工工件如图 19-2 所示。

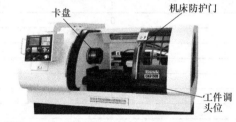

图 19-1 机器人上下料工作示意图

图 19-2 工件示意图

19.2 解决方案

19.2.1 方案概述

1）数控机床为数控加工中心，能够发出工件加工完毕信号和主轴转速信号。

2）选用三菱 RV -7FLL 机器人，要求机器人具备加长手臂。

3）机器人配置 TZ -368 I/O 模块，用于执行与数控机床侧的信息交换。

4）配置 PLC FX3U -48MR，用于处理来自机器人和数控机床侧的 I/O 信号，特别是处理各信号的安全保护条件。

5）配置一台触摸屏，用于发出各种操作信号和工作状态的监视。

19.2.2 硬件配置

经过技术经济分析，选用主要硬件设备见表 19-1。

表 19-1 系统硬件配置表

序号	名称	型号	数量	备注
1	机器人	RV－7FLL	1	三菱
2	简易示教单元	R33TB	1	三菱
3	输入输出卡	2D－TZ368	1	三菱
4	PLC	FX3U－48MR	1	三菱
5	GOT	GS2110－WTBD	1	三菱

19.2.3 输入/输出点分配

1. 输入信号

根据现场控制和操作的需要，设计输入/输出点，输入/输出点通过机器人 I/O 卡 TZ－368 接入，TZ－368 的地址编号是机器人识别的 I/O 地址。为识别方便，分列输入/输出信号，输入信号见表 19-2。

表 19-2 输入信号地址分配

序号	输入信号名称	输入信号地址（TZ－368）
1	自动起动	3
2	自动暂停	0
3	程序复位	2
4	伺服 ON	4
5	伺服 OFF	5
6	报警复位	6
7	操作权	7
8	回退避点	8
9	机械锁定	9
10	气压检测	10
11	进料端有料无料检测	11
12	机床关门到位检测	12
13	机床开门到位检测	13
14	机床卡盘夹紧到位检测	14
15	机床卡盘松开到位检测	15
16	1#抓手夹紧到位检测	16
17	1#抓手松开到位检测	17
18	2#抓手夹紧到位检测	18
19	2#抓手松开到位检测	19
20	数控机床工件加工完成信号	20
21	数控机床主轴转速 =0 信号	21

2. 输出信号

输出信号见表 19-3。

表 19-3 机器人一侧的输出地址表

序号	输出信号名称	输出信号地址（TZ－368）
1	机器人自动运行中	0
2	机器人自动暂停中	4
3	急停中	5
4	报警复位	2

（续）

序号	输出信号名称	输出信号地址（TZ－368）
5	1#抓手夹紧（=ON）	11
6	1#抓手松开（=OFF）	12
7	2#抓手夹紧（=ON）	13
8	2#抓手松开（=OFF）	14
9	机床卡盘夹紧（=ON）	15
10	机床卡盘松开（=OFF）	16
11	机床加工程序启动	17

19.3　编程

19.3.1　主程序

1. 主程序流程图

根据工艺要求及效率原则，编制了工艺流程图。在本流程图中有初始化程序、首次装夹程序、调头装夹程序、卸料装夹程序，需要根据不同的工作条件进行选择。

主流程图如图 19-3 所示。

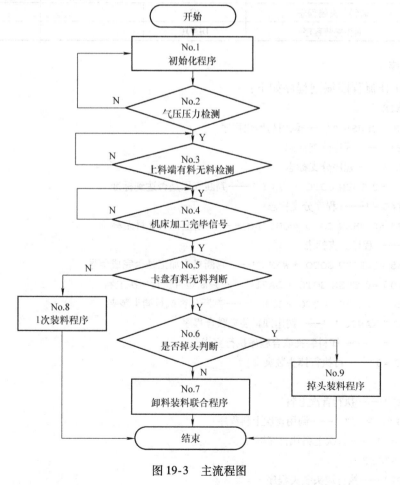

图 19-3　主流程图

2. 程序总表

为了编程序简便，需要将主程序分解成若干个子程序，经过程序结构分析，需要编制的程序见表19-4。

表19-4　程序汇总表

序号	程序名称	程序号	功能	上级程序
1	主程序	MAIN		
第1级子程序				
2	初始化程序	CHUSH		MAIN
3	首次装料程序	FIRST		MAIN
4	调头夹装程序	EXC		MAIN
5	卸料及夹装联合程序	XANDJ		MAIN
第2级子程序				
6	取料子程序	QL		
7	开门子程序	KAIM		
8	卸料子程序	XIAL		
9	夹装子程序	JIAZ		
10	关门子程序	GM		
11	卸料及夹装程序	XJ		
12	调头夹装程序	DIAOT		

3. 主程序

根据主工作流程图编制程序如下：

主程序 MAIN

```
1   CALLP " CHUSH "'——调用初始化程序
2   *LAB3'——程序分支标志
3   *YALI'—— 程序分支标志
4   IF M15 =0 THEN GOTO *YALI '——判断气压是否达到标准
5   *QULIAO -'—— 程序分支标志
5   IF M25 =0 THEN GOTO *QULIAO'——判断上料端有料无料
    *WANC'—— 程序分支标志
6   IF M35 =0 THEN GOTO *WANC '——判断机床加工是否完成信号
7   IF M100 =0 THEN GOTO *LAB1 '——判断是否执行一次上料
8   IF M200 =0 THEN GOTO *LAB2'——判断是否执行调头装夹
9   CALLP " XANDJ " '——调用卸料装夹联合程序
10   M300 =1'—— 卸料装夹联合程序执行完毕
11   M200 =0'——可执行掉头装夹
14 END
15   *LAB1'—— 执行首次上料
16 CALLP"FIRST" '——调用首次上料程序
17 M100 =1' ——首次上料执行完毕
18 GOTO *LAB3
19   *LAB2'——执行调头装夹程序
```

```
20 CALLP " EXC "'——调用调头装夹程序
21 M200 = 1'——掉头装夹执行完毕
22 GOTO * LAB3
```

19.3.2 第一级子程序

1. 首次装夹子程序

首次装夹——指卡盘上没有工件，机器人进行的第一次工件装夹。

1）首次装夹子程序流程如图19-4所示。

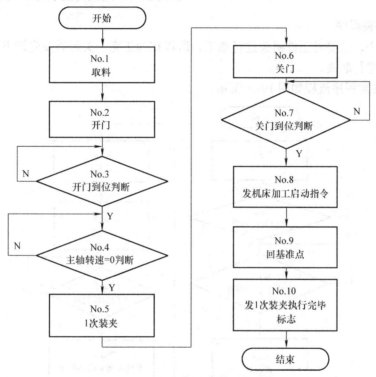

图19-4 首次装夹子程序流程图

2）首次装夹工作路径如图19-5所示。

首次装夹指卡盘上没有工件，机器人进行的第一次工件装夹，其运动路径如图19-5所示。

1#基准点 P1→取料点 P2→开门起点 P4→（开门动作行程）→卡盘位置 P6（装夹工件）→退出→关门起点 P5→（关门动作行程）→回1#基准点 P1。

3）首次装夹程序

```
1  CallP "QUL"'——调用取料子程序
2  CallP "KAIM"'——调用开门子程序
3  *LAB1
4  IF M_IN(11) = 1 THEN GOTO *
```

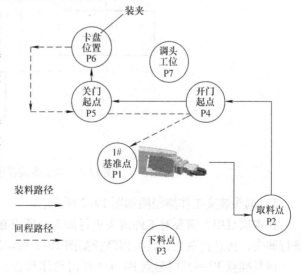

图19-5 首次装夹工作路径图

LAB1'——主轴速度 = 0 判断

　5　'如果主轴速度不为 0，则跳转到 * LAB1，否则执行下一步

　6　callP "JIAZ"'——调用夹装子程序

　7　callP "GM"'——调用关门子程序

　8　M_OUT(17) = 1'——发送机床加工起动指令

　9　MOV P1 '——回基准点

　10　M100 = 1'——发送首次装夹完成标志

END

2. 调头夹装程序

在本项目中，需要对工件两头进行加工，所以在加工完一头后需要先卸下，在调头工位进行调头，再进行装夹。

1）调头夹装程序流程如图 19-6 所示。

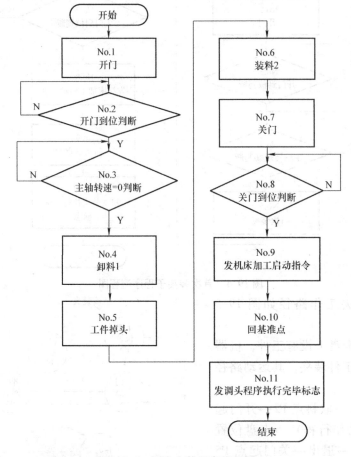

图 19-6　调头夹装程序流程图

2）调头装夹工作路径图如图 19-7 所示。

在本项目中，需要对工件两头进行加工，所以在加工完一头后需要先卸下，在调头工位进行调头，再进行装夹，其工作路径如图 19-7 所示。

1#基准点 P1→开门起点 P4→（开门动作行程）→卡盘位置 P6（卸下工件）→至调头

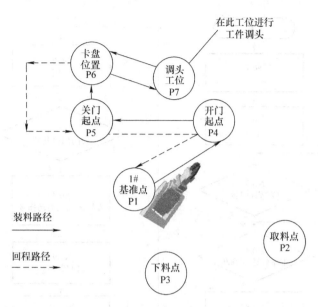

图 19-7　调头装夹工作路径图

工位 P7（调头处理）→卡盘位置 P6（装夹工件）→退出→关门起点 P5→（关门动作行程）→回1#基准点 P1。

3）调头夹装程序

```
1  CallP "KAIM"'——调用开门子程序
2  *LAB1
3  IF M_IN(11)=1 THEN GOTO *LAB1'——主轴速度=0 判断
4  '如果主轴速度不为0,则跳转到*LAB1
5  callP "DIAOT"'——调用调头夹装子程序
6  callP "GM"'——调用关门子程序
7  M_OUT(17)=1'——发送机床加工起动指令
8  MOV P1 '——回基准点
9  M200=1'——发送调头装夹程序完成标志
END
```

3. 卸料装夹联合程序

在本项目中，当工件加工完成后，为提高效率，需要先卸料再进行装夹新料。

1）卸料装夹联合程序流程如图 19-8 所示。

2）卸料装夹程序路径如图 19-9 所示。

在本项目中，当工件加工完成后，为提高效率，需要先卸料再进行装夹新料，其工作路径如图 19-9 所示。

1#基准点 P1→取料 P2→开门起点 P4→（开门动作行程）→卡盘位置 P6（卸下工件）→装夹工件→退出→关门起点 P5→（关门动作行程）→回下料点下料→回 1#基准点 P1。

3）卸料装夹程序

```
1  CallP "KAIM"'——调用开门子程序
2  *LAB1
```

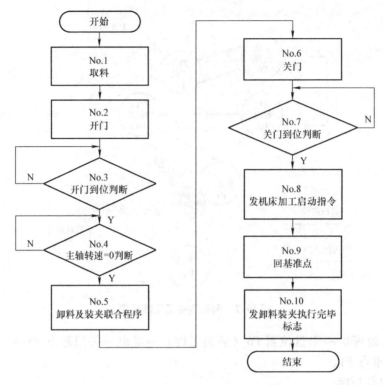

图 19-8　卸料装夹联合程序流程图

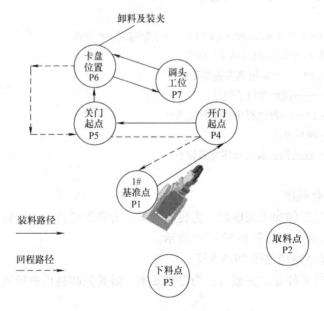

图 19-9　卸料装夹程序路径图

3　IF M_IN(11)=1 THEN GOTO *LAB1'——主轴速度=0判断
4　'如果主轴速度不为0,则跳转到 *LAB1
5　callP "XJ"'——调用卸料装夹子程序
6　callP "GM"'——调用关门子程序

```
7    M_OUT(17)=1'——发送机床加工起动指令
8    callP "xial"'——调用下料子程序
9 END
```

19.3.3　第二级子程序

1. 开门子程序 KAIM

```
1    MOV P4'——移动到开门点 P4
2    DLY 0.2'——暂停
3    MOV P5 '——开门行程
4    DLY 0.2'——暂停
5    *LAB1'—— 程序分支标记
6    IF M_IN(13)=0 GOTO *LAB1'——等待开门到位信号
7    MOV P10'——移动到门中间
8    END
```

2. 关门子程序 GM

```
1    MOV P10'——移动到门中间
2    MOV P5 '——移动到关门点 P5
3    DLY 0.2'——暂停
4    MOV P4'——关门行程
5    DLY 0.2'——暂停
6    *LAB2'
7    IF M_IN(12)=0 GOTO *LAB2'——等待关门到位信号
8    MOV P10'——移动到门中间位
9 END
```

3. 调头处理子程序

```
OVRD 70
1    MOV P6 ,30'——2#抓手移动卡盘上方30mm
2    DLY 0.2'——暂停
3    M_OUT(14)=1 '——发送2#抓手松开指令
4    WAIT  M_IN(19)=1'——等待2#抓手松开到位
5    MOV P6 '——2#抓手移动卡盘中心点
6    M_OUT(13)=1 '——2#抓手夹紧
7    WAIT  M_IN(18)=1 '——等待2#抓手夹紧到位
8    M_OUT(16)=1 '——发送卡盘松开指令
9    WAIT  M_IN(15)=1 '——等待卡盘松开到位
10   MOV P16'——拉出工件
11   MOV P17,30'——移动到调头工位上方30mm
12   MOV P17'——移动到调头工位
13   M_OUT(14)=1'——发送2#抓手松开指令
14   WAIT  M_IN(19)=1'——等待2#抓手松开到位
15   MOV P17,30'——上升30mm
16   MOV P18,30'——移动到工件正中间位
17   MOV P18'——下降30mm
```

18　M_OUT(13)=1 '——2#抓手夹紧

19　WAIT　M_IN(18)=1 '——等待2#抓手夹紧到位

20　MOV P18,60'——上升60mm

21　MOV J_CURR+(0,0,0,0,0,180)'——旋转180°

22　MOV P19'——移动到调头位

23　M_OUT(14)=1'——发送2#抓手松开指令

24　WAIT　M_IN(19)=1 '——等待2#抓手松开到位

25　MOV P19,30'——上升30mm

26　MOV P17,30'——移动到调头工位上方30mm

27　MOV P17'——移动到调头工位

28　M_OUT(13)=1 '——2#抓手夹紧

29　WAIT　M_IN(18)=1'——等待2#抓手夹紧到位

30　MOV P17,30'——上升30mm

31　MOV P16'——移动到卡盘中心点

32　MOV P6'——工件插入卡盘内

33　M_OUT(15)=1'——发送卡盘夹紧指令

34　WAIT　M_IN(14)=1'——等待卡盘夹紧完成

35　M_OUT(14)=1 '——发送2#抓手松开指令

36　WAIT　M_IN(19)=1 '——等待2#抓手松开到位

37　MOV P10'——退出机床门外

END

4. 卸料及装夹程序 XANDJ

1　OVRD 70

2　MOV P6 ,30 '——2#抓手移动卡盘上方30mm

3　DLY 0.2'——暂停

4　M_OUT(14)=1 '——发送2#抓手松开指令

5　WAIT　M_IN(19)=1 '——等待2#抓手松开到位

6　MOV P6 '——2#抓手移动卡盘中心点

7　M_OUT(13)=1 '——2#抓手夹紧

8　WAIT　M_IN(18)=1'——等待2#抓手夹紧到位

9　M_OUT(16)=1'——发送卡盘松开指令

10　WAIT　M_IN(15)=1 '——等待卡盘松开到位

11　MOV P16 '——拉出工件

12　MOV P20'——1#抓手到装夹位

13　MOV P21'——插入工件

14　M_OUT(15)=1'——发送卡盘夹紧指令

15　WAIT　M_IN(14)=1'——等待卡盘夹紧完成

16　M_OUT(12)=1 '——发送1#抓手松开指令

17　WAIT　M_IN(17)=1 '——等待2#抓手松开到位

18　MOV P10 '——退出机床门外

END

第 20 章　工业机器人的视觉追踪功能及应用

20.1　概说

20.1.1　什么是追踪功能

追踪功能指机器人追踪在传送带上的工件运动的功能，可以在传送带不停机的情况下抓取及搬运工件，不需要工件固定于某一位置。其特点如下：

1) 能够追踪在传送带上线性整齐排列的工件并抓取搬运工件（使用光电开关检测在传送带上的工件位置）。

2) 能够追踪在传送带上不规则排列的工件（包括不同种类的工件）并抓取搬运工件（使用视觉系统检测工件位置）。

3) 追踪传送带运动速度变化的工件。

4) 使用 MELFA – BASIC V 编程指令可以方便编制追踪程序。

5) 使用采样程序可以方便构建系统。

20.1.2　一般应用案例

追踪功能一般应用于场合如下：

1) 食品加工流水线：在食品生产流水线上使用机器人进行追踪抓取摆放成品的案例如图 20-1 所示。

2) 将工件排列整齐：将生产流水线上随机凌乱排列的工件摆放整齐的案例如图 20-2 所示。

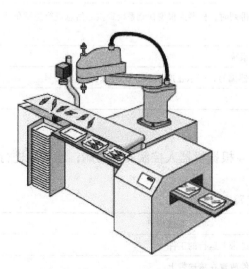 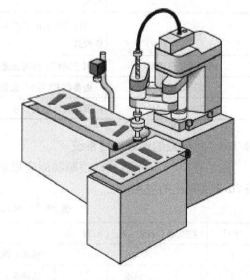

图 20-1　在食品生产流水线上使用机器人进行追踪　　图 20-2　将生产流水线上随机排列的工件摆放整齐

3) 小型电子产品的装配：使用机器人的追踪功能进行小型电子产品装配的案例如

图 20-3 所示。

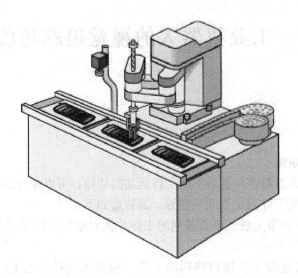

图 20-3　使用机器人的追踪功能进行小型电子产品装配

20.1.3　追踪功能技术术语和缩写

关于追踪功能的部分技术术语及缩写见表 20-1。

表 20-1　追踪功能的部分名称及缩写

名词	功　能
追踪功能	追踪功能即机器人追踪在传送带上的工件运动，在传送带不停机的情况下抓取及搬运工件的功能
传送带追踪	传送带上的工件为线性整齐排列时，机器人根据光电开关的信息进行追踪工作的模式
视觉追踪	当传送带上的工件为不规则排列时，机器人根据视觉系统提供的信息进行追踪的工作模式
网络视觉传感器	用于识别工件的视觉传感器系统
编码器编号	由参数 EXTENC 设置的编码器编号，表示在追踪功能中使用的编码器序号
TREN signal	追踪功能使能信号

20.1.4　可构成的追踪应用系统

除了在 20.1.2 节列举的追踪功能应用场合外，根据机器人控制器的功能，还可以进行表 20-2 所列出的应用。

表 20-2　可构成的追踪应用系统

序号	控制器 CR750 – D、CR751 – D	系统样例
1	OK	机器人抓取在传送带上运行的工件
2	OK	从托盘上抓取工件放置在传送带上
3	OK	将工件放置在机器人上方的 S 型挂钩上
4	OK	在追踪过程中，机器人对传送带上的工件进行加工处理

（续）

序号	控制器 CR750 – D、CR751 – D	系统样例
5	OK	在追踪过程中，对传送带上的工件进行装配
6	OK	能够对传送带 A 和传送带 B 进行追踪
7	OK	能够使用差动型编码器进行追踪
8	OK	能够使用电压型编码器和集电极开路型编码器构成追踪系统

20.2　硬件系统构成

本节将叙述构成追踪系统所需要的最基本的硬件，即除了机器人本体外所需要的硬件。

20.2.1　传送带追踪用部件构成

传送带追踪系统所需要的硬件见表 20-3。

表 20-3　传送带追踪系统所需要的硬件

部件名称	型　号	数量	说　明
机器人部分			
示教单元	R32TB/R33TB	1	
抓手		1	
抓手传感器		1	用于确认抓手抓牢工件
电磁阀套件		1	
抓手输入电缆		1	
气阀输入接口	2A – RZ365 或 2A – RZ375	1	
标定用检具		1	
传送带部分			
编码器		N	推荐使用编码器型号 Omron E6B2 – CWZ1X – 1000/2000 编码器电缆为带屏蔽双绞线
光电开关		N	用于同步追踪系统
5V 电源		N	用于编码器
24V 电源		N	用于光电开关
个人计算机			
个人计算机			
RT ToolBox2	3D – 11C – WINE 3D – 12C – WINE		

20.2.2　视觉追踪系统部件构成

视觉追踪系统所需要的硬件见表 20-4。

表 20-4 视觉追踪系统所需要的硬件

部件名称	型号	数量	备注
机器人部分			
示教单元	R32TB/R33TB	1	
抓手		1	
抓手传感器		1	用于确认抓手抓牢工件
电磁阀套件		1	
抓手输入电缆		1	
气阀输入接口	2A – RZ365 或 2A – RZ375	1	
标定用检具		1	
传送带部分			
编码器		N	推荐使用编码器型号 Omron E6B2 – CWZ1X – 1000/2000 编码器电缆为带屏蔽双绞线
光电开关		N	用于同步追踪系统
5V 电源		N	用于编码器
24V 电源		N	用于光电开关
视觉系统			
视觉系统	4D – 2CG5xxxx – PKG	1 套	
镜头		1	
照明设备		1	
连接部件			
HUB		1	
以太网电缆		1	机器人控制器与 HUB 之间连接；计算机与 HUB 之间连接
个人计算机			
个人计算机			
RT ToolBox2	3D – 11C – WINE 3D – 12C – WINE		

20.2.3 传送带追踪系统构成案例

本节将以图示方式说明追踪系统的构成和布置如图 20-4 和图 20-5 所示。

在传送带追踪系统中，机器人的动作范围必须覆盖传送带运行区域的一部分。传送带上的工件是线性整齐排列的，即在机器人坐标系中，工件位置的 X 和 Z 坐标都不变化，只有 Y 坐标不断变化，而且：

1）使用简单的光电开关检测工件经过的位置，光电开关的检测信号输入机器人控制器的通用 I/O 单元，光电开关使用 DC 24V 电源。

2）使用编码器检测传送带的运动速度，也间接表示了在传送带上工件的运动位置。编码器信号直接输入到机器人控制器中，编码器使用 DC 5V 电源。

20.2.4 视觉追踪系统构成案例

本节将以图示方式说明视觉追踪系统的构成和布置，如图 20-6 和图 20-7 所示。

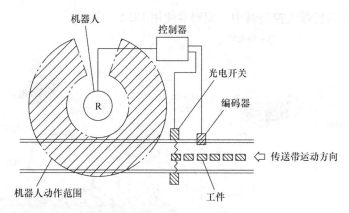

图 20-4　传送带追踪系统的构成和布置

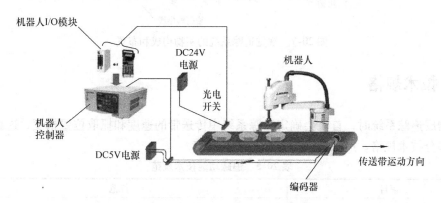

图 20-5　传送带追踪系统的实物构成图

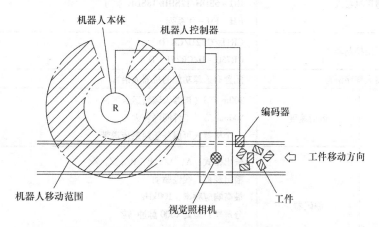

图 20-6　视觉追踪系统的构成和布置

在视觉追踪系统中，机器人的动作范围必须覆盖传送带运行区域的一部分。传送带上的工件是无规则排列的，即在机器人坐标系中，工件位置的 X，Y，Z 坐标都可能变化。

1）使用视觉系统检测工件的位置，视觉系统通过以太网与机器人控制通信，将检测识别到工件位置信息传送到机器人控制器，视觉系统使用 DC 24V 电源。

2）使用编码器检测传送带的运动速度，也间接表示了在传送带上工件的运动位置。编码器信号直接输入到机器人控制器中，编码器使用 DC 5V 电源。

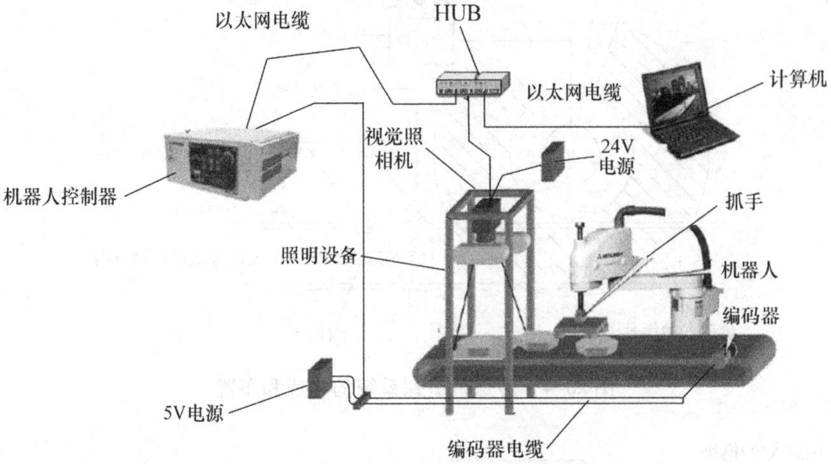

图 20-7 视觉追踪系统的实物构成和布置

20.3 技术规格

在构成追踪系统时，首先会确定追踪系统中传送带的速度和抓取位置精度，这就是追踪系统的部分技术规格。追踪功能技术规范见表 20-5。

表 20-5 追踪功能技术规范

项目		规范
适用机器人		RV - 3SD/6SD/12SD 系列 RH - 6SDH/12SDH/18SDH 系列 RH - FH - D 系列
适用控制器		CR1D/CR2D/CR3D CR750 - D/CR751 - D
机器人程序语言		配置有追踪功能的机器人语言
传送带	运动速度	300mm/S（机器人频繁运送工件） 500mm/S（工件间隔较大） 一个机器人可服务于两条传送带
	编码器	输出格式：A，A/，B，B/，Z，Z/ 输出规范：线性驱动 最高响应频率：100kHz 分辨率：最高 2000 脉冲/转 推荐型号：Omron E6B2 - CWZ1X - 1000 E6B2 - CWZ1X - 2000
	编码器电缆	24AWG（0.2mm^2） 电缆长度：最长 25m，屏蔽双绞线
光电开关		
视觉系统		
位置精度		约 +/ - 2mm（传送带速度为 300mm/s）

20.4　追踪工作流程

本节将叙述追踪工作的流程，有些工作在之后的章节中介绍，本节只起到一个提纲挈领的作用，按照图 20-8 所示的工作流程就不会发生紊乱。

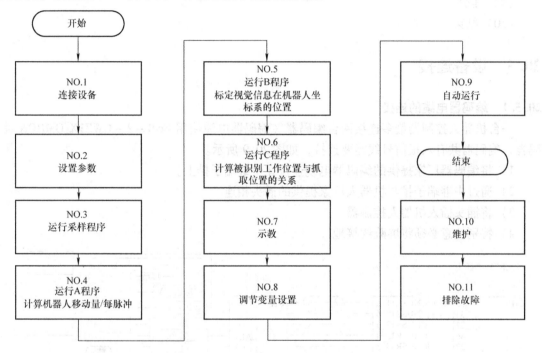

图 20-8　追踪工作流程图

对工作流程的说明：

（1）工作开始

（2）连接设备　机器人本体连接安装及初始化。

1）机器人本体安装及自带电缆的连接。

2）机器人原点设置及初始化设置。

3）机器人 I/O 信号端子排制作及安装连接。

4）机器人操作面板的制作及连接。

5）编码器端子头的制作及电缆制作连接。

6）光电开关安装及信号连接。

7）视觉系统安装以及以太网连接。

8）编码器安装及电缆连接。

（3）设置参数　根据 20.6 节的说明进行参数设置，参数是必不可少的。

（4）进行各信号的有效性检查

1）检查传送带运行编码器数值是否有变化？

2）检查光电开关信号是否有效？

3）检查是否能够接收到视觉系统发出的数据。

（5）运行 A 程序　进行单位脉冲机器人移动量标定。

（6）运行 B 程序　进行视觉坐标系与机器人坐标系关系的标定。

（7）运行 C 程序　标定抓取点、待避点、下料摆放点。

（8）试运行　运行 1#程序及 CM1 程序，调整抓取点位置补偿量。

（9）维护

（10）结束

20.5　设备连接

20.5.1　编码器电缆的连接

一台机器人控制器最多连接两台编码器（编码器电缆使用 E6B－2－CWZ1X OMRON 编码器，编码器共有八根信号线需要连接，如图 20-9 所示。

1）将编码器厂家提供的编码器电缆连接在中继端子排上。

2）通过中继端子排与机器人厂家提供的插头相连。

3）将插头插入机器人控制器。

4）特别注意必须将屏蔽线接地。

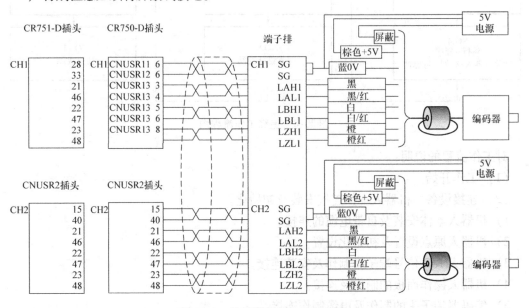

图 20-9　编码器信号电缆连接图

20.5.2　编码器电缆与控制器的连接

编码器电缆最终必须连接到机器人控制器上，控制器上有两个插口，不同的插口对应的编码器编号不同。编码器编号是一个重要的概念，在后续的编程中会常常提到，所以在连接时必须特别注意。不同控制器其编码器插口位置不一样，请注意图 20-10 及图 20-11 所示的位置。

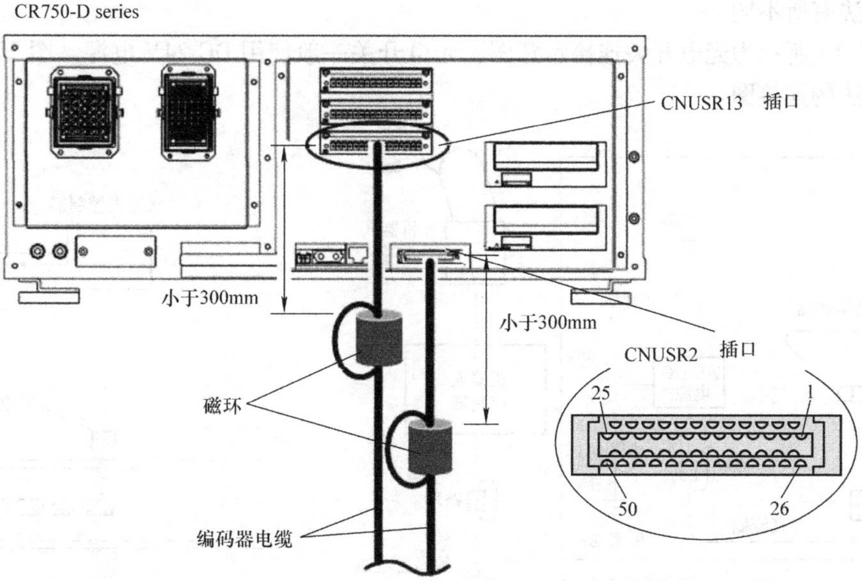

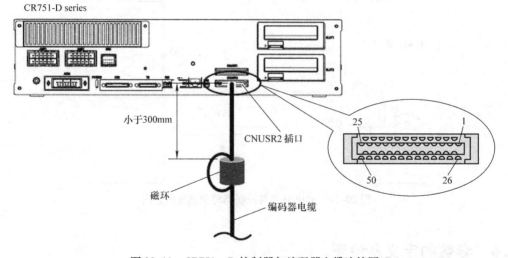

图 20-10　CR750 – D 控制器与编码器电缆连接图

图 20-11　CR751 – D 控制器与编码器电缆连接图

20.5.3　抗干扰措施

在现场使用机器人追踪系统时，电磁干扰可能会对编码器信号造成干扰，有时甚至是极大的干扰，造成机器人不能够正常的工作甚至是误动作，所以必须采取基本的抗干扰措施。如图 20-12 所示，至少必须采取以下三项措施：

1）在 AC 电源侧加装线性滤波器。

2）在电缆上加装磁环。

3）必须保证良好的接地，接地线应该大于 $14mm^2$。

20.5.4　与光电开关的连接

光电开关的信号直接作为输入信号接入机器人控制器的通用 I/O 单元中，注意源型接法和漏型接法有所不同。

图 20-13 所示为光电开关连接示意图，光电开关一般使用 DC 24V 电源。图 20-14 所示为源型接法的连接图。

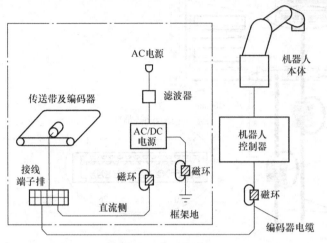

图 20-12 抗干扰措施

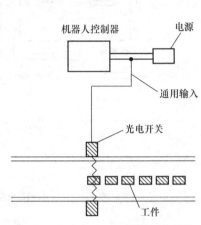

图 20-13 光电开关与控制器的连接

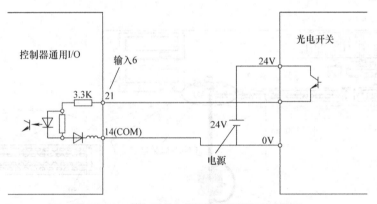

图 20-14 光电开关与控制器源型接法示意图

20.6 参数的定义及设置

本节解释有关追踪参数的定义和设置，追踪参数见表 20-6。

表 20-6 追踪参数

参数	参数名	功能说明		出厂值
追踪模式	TRMODE	追踪功能使能 0：不能，1：使能		0

参数的编辑

参数名：TRMODE　　　机器号：0

说明：tracking permission[0:disable 1:enable]

1：1

（续）

参数	参数名	功能说明	出厂值
编码器连接通道编号	EXTENC	设置编码器连接通道编号，指明编码器连接在控制器的那个通道口上 | 连接通道	编码器编号	备注
---	---	---
标准通道1	1	
标准通道2	2	
Slot1	CH1	后续扩展用
Slot1	CH2	
Slot2	CH1	
Slot2	CH2	
Slot3	CH1	
Slot3	CH2			

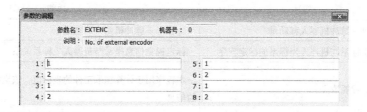

参数	参数名	功能说明	出厂值
工件间隔（判断）距离	TRCWDST	工件的间隔距离，当工件通过传感器时，传感器可能多次发出信号，机器人控制器可能将一个工件视为两个或更多工件，因此设置这个参数，使传感器在两个工件之间不发信号	5

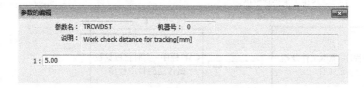

20.7 追踪程序结构

由于追踪程序不是一个单一的程序，在运行自动程序之前，必须先运行几个采样及标定程序以获得必要的数据。本节将叙述不同的追踪程序中所包含的采样程序和自动程序。

20.7.1　传送带追踪程序结构

传送带追踪程序结构所包含的各采样程序和自动程序见表 20-7。

表 20-7　传送带追踪的各采样程序和自动程序

程序名	描述	功能
A	采样计算每一脉冲机器人移动量	计算每一脉冲机器人移动量
C	工件坐标系与机器人坐标系的配合程序	本程序用于计算工件抓取点坐标值，该坐标值基于光电开关的信号
1	自动程序	本程序用于在追踪移动中吸抓工件并搬运工件
CM1	写数据程序	本程序用于监视编码器值并写入追踪缓存区

20.7.2　视觉追踪程序结构

视觉追踪所包含的各采样标定程序和自动程序见表 20-8，各程序之间的关系如图 20-15 和图 20-16 所示。

表 20-8　视觉追踪的各采样程序和自动程序

程序名	描述	功能
A	计算每一脉冲机器人移动量	计算每一脉冲机器人移动量
B	视觉坐标系与机器人坐标系的标定程序	标定视觉信息坐标与机器人坐标系关系
C	标定工件抓取点	本程序用于计算抓取工件的坐标值，该坐标值基于视觉系统的信息
1	自动操作程序	本程序用于自动追踪抓取传送工件
CM1	写数据程序	本程序用于将视觉识别信息及编码器值写入追踪缓存区供 1# 程序使用

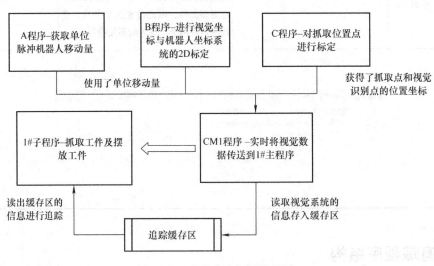

图 20-15　各程序之间的关系图 1

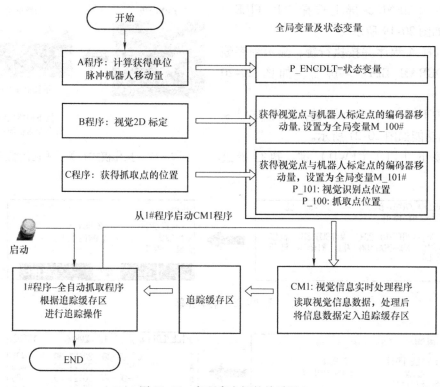

图 20-16　各程序之间的关系图 2

20.8　A 程序——传送带运动量与机器人移动量关系的标定

A 程序用于传送带移动量与机器人移动量关系的标定。A 程序适用于传送带追踪和视觉追踪。

传送带的标定要参考传送带在机器人坐标系中的移动方向，并且计算编码器每一次脉冲的机器人移动量，编码器每一次脉冲的机器人移动量被保存在机器人状态变量 P_EncDlt. 中。

在工作前，要监测编码器的数值是否已经输入控制器。旋转编码器并监视状态变量 M_Enc(1) ~ M_Enc(8)，监测这些值是否改变，如果没有改变，则检查参数 TRMODE 的设置是否正确。如果没有设置参数 TRMODE =1，则 M_ Enc（1）的值不会改变。

20.8.1　示教单元运行 A 程序的操作流程

A 程序是采样程序，所以运行时可以用示教单元操作，一步一步地运行程序，也可以使用自动模式运行程序，采集数据并计算。

手动操作程序运行如下：

1）在机器人上加装一个标定用的测针（针尖状检具——便于对准工件标记点）。

2）设置机器人控制模式为手动，设置 TB（示教单元）为"使能状态 ENABLE"（在示教单元背面有使能按钮，按下使能按钮，灯亮后即为使能状态），如图 20-17 所示。

3）在屏幕出现 < TITLE > 时，按下执行键，出现 < MENU > 屏幕，如图 20-18 所示。

4）在＜MENU＞屏上选择"1. FILE／EDIT"，如图20-19所示。

5）选择A程序并按执行键，显示程序编辑＜PROGRAM EDIT＞屏幕，如图20-20所示。

6）按下［FUNCTION］键，改变［F1］~［F4］键的功能如图20-21所示。

7）按下［F1］（FWD）键，执行步进操作。

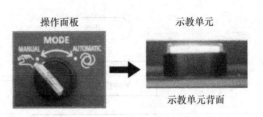

操作面板　示教单元

示教单元背面

按下使能按键
灯亮即为使能状态

图20-17　操作模式开关及手动使能开关

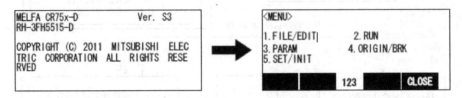

图20-18　菜单屏幕

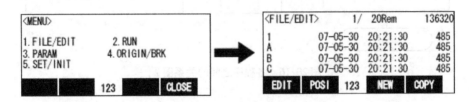

图20-19　文件及编辑屏幕

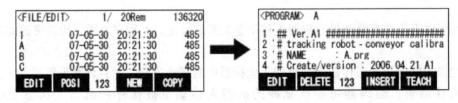

图20-20　程序编辑＜PROGRAM EDIT＞及监视屏幕

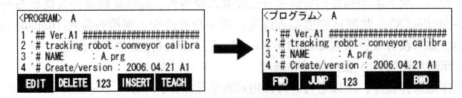

图20-21　改变功能键

以上是使用TB单元的步进操作方法，也可以在自动模式下直接执行启动/停止操作。

20.8.2　设置及操作

A程序对应的现场操作如图20-22所示。

A程序现场操作步骤如图20-22和图20-23所示。

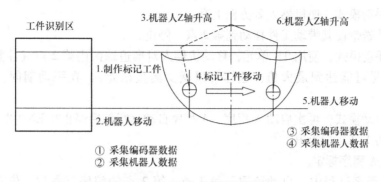

图 20-22　A 程序对应的现场操作

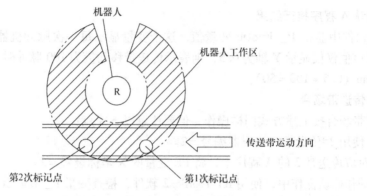

图 20-23　第 1 标记点和第 2 标记点

在机器人上装一个标定用的测针，针尖状检具便于对准工件标记点。

1）在 RT 软件中，设置任务区 1 内的程序为 A 程序。

2）给工件贴上识别标记，移动工件进入追踪区，并停止传送带，工件停止在第 1 点。可以使用的标记板如图 20-24 所示，可使用其中一个标记点作为工件标记点。

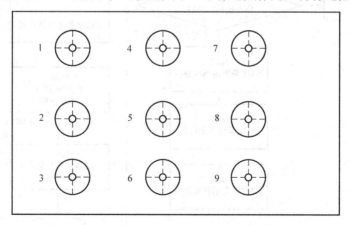

图 20-24　可以在 A 程序中使用的标记板

3）测量第 1 点数据，选择手动模式，使用 TB 单元，移动机器人对准追踪区内第 1 点。

4）选择自动模式，使用 TB 示教单元启动 A 程序，A 程序自动运行然后停止在 HLT 步。

5）选择手动模式，使机器人 Z 方向上升。

6）起动传送带使其带动工件移动到第 2 点，停止。

7）选择手动模式，使用 TB 单元，移动机器人对准追踪区内第 2 点（注意：标记工件移动范围应该尽可能达到最大值，这样可以减少测量误差）。在手动期间，不要使程序复位。

8）选择自动模式，再次启动 A 程序，A 程序自动运行然后停止在 END 步。

9）使机器人 Z 方向上升。

10）完成 A 程序标定。

在执行 A 程序过程中，自动读取了第 1 点、第 2 点的编码器数据、位置数据，并进行标定。

20.8.3 确认 A 程序执行结果

在 RT 软件中监视 P_ EncDlt 变量值，这个变量显示每一次脉冲机器人各坐标移动量。例如，如果该值仅仅显示 Y 轴为 0.5，则表示传送带移动量为 100 脉冲时，机器人在 Y 轴方向移动 50mm（0.5 * 100 = 50）。

20.8.4 多传送带场合

多传送带场合按上述方式同样操作，但要注意以下要点：

例如，使用 2#传送带，编码器编号 = 2。

1）在对应传送带 2 的 A 程序中，将 PE 变量的 X 坐标设置 = 2。

2）在动作确认操作中，使用 RT ToolBox2 软件，检查变量 P_ EncDlt（2）的数值。

20.8.5 A 程序流程图

A 程序流程如图 20-25 所示。

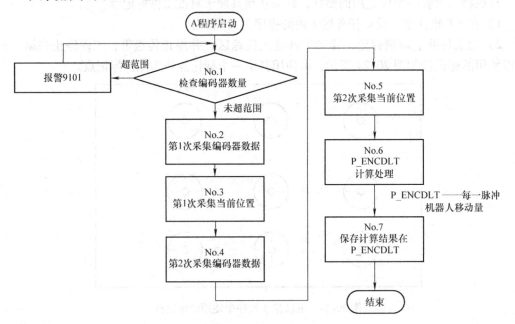

图 20-25　A 程序流程图

20.8.6　实用 A 程序

（单引号之后是对程序的解释）

1 '（将编码器编号设置为 PE 变量的 X 坐标）

2 '检查设置变量

3 MECMAX = 8 '——设置编码器编号最大值 MECMAX = 8

4 If PE.X < 1 Or PE.X > MECMAX Then Error 9101 '——如果编码器编号超范围，则报警 9101

5 MENCNO = PE.X　'——（获取编码器编号）将 PE.X 值赋予 MENCNO

6 '在传送带上放置带标记的工件，移动工件进入追踪区

7 '移动机器人到标记工件的中心点

8 MX10EC1# = M_Enc(MENCNO) '——获取此位置编码器数据（第 1 点）

9 PX10PS1 = P_Zero '——清零

10 PX10PS1 = P_Fbc(1) '——获取机器人当前值，PX10PS1——机器人当前值（第 1 点）

11 HLT——暂停

12 '使机器人向上运动

13 ' 移动机器人到第 2 点标记工件中心位置

14 MX10EC2# = M_Enc(MENCNO) '——获取编码器值第 2 次

15 PX10PS2 = P_Zero '——清零

16 PX10PS2 = P_Fbc(1) '——获取当前值 第 2 次；PX10PS2 = 当前值（第 2 次）

17 '使机器人向上运动

18 '

19 GoSub *S10ENC '——跳转到进行'P_EncDlt 计算的子程序

20 P_EncDlt(MENCNO) = PY10ENC '——保存计算结果

21 End

22 '

23 '##### 计算 P_EncDlt 的程序#####

24 'MX10EC1:第 1 次编码器数据

25 'MX10EC2:第 2 次编码器数据

26 'PX10PS1:第 1 次位置数据

27 'PX10PS2:第 1 次位置数据

28 'PY10ENC:计算结果

29 *S10ENC　　P_EncDlt——计算子程序

30 M10ED# = MX10EC2# - MX10EC1# (编码器数据相减)

31 If M10ED# > 800000000.0 Then M10ED# = M10ED# - 1000000000.0

32 If M10ED# < -800000000.0 Then M10ED# = M10ED# + 1000000000.0

'以上是对编码器数据的处理

33 PY10ENC.X = (PX10PS2.X - PX10PS1.X)/M10ED#

34 PY10ENC.Y = (PX10PS2.Y - PX10PS1.Y)/M10ED#

35 PY10ENC.Z = (PX10PS2.Z - PX10PS1.Z)/M10ED#

36 PY10ENC.A = (PX10PS2.A - PX10PS1.A)/M10ED#

37 PY10ENC.B = (PX10PS2.B - PX10PS1.B)/M10ED#

38 PY10ENC.C = (PX10PS2.C - PX10PS1.C)/M10ED#

39 PY10ENC.L1 = (PX10PS2.L1 - PX10PS1.L1)/M10ED#

40 PY10ENC.L2 = (PX10PS2.L2 - PX10PS1.L2)/M10ED#

'以上是计算一个编码器脉冲对应的机器人移动量的过程，各坐标值相减的结果除以编码器数据

41 Return

42 '

43 '以下是 A 程序运行前必须预设置的变量

PE=(1.000,0.000,0.000,0.000,0.000,0.000,0.000,0.000)(0,0)

PE.X 是编码器编号，是预先设置的位置变量形式

PX10PS1=(0.000,0.000,0.000,0.000,0.000,0.000,0.000,0.000)(0,0)(第 1 位置数据)

PX10PS2=(0.000,0.000,0.000,0.000,0.000,0.000,0.000,0.000)(0,0)(第 2 位置数据)

PY10ENC=(0.000,0.000,0.000,0.000,0.000,0.000,0.000,0.000)(0,0)("一个编码器脉冲对应的机器人移动量")

从以上 A 程序可知，在机器人工作区域内取两个工作点（一般应该涵盖机器人工作区最大区域），分别获取这两点的编码器数值和位置点数据，通过计算获得机器人移动量/脉冲。

20.9　B 程序——视觉坐标与机器人坐标关系的标定

本节将介绍使用 B 程序进行的标定，B 程序用于视觉系统与机器人坐标系的标定。

20.9.1　示教单元的操作

1）使用 T/B 打开 B 程序。

2）设置控制模式为"手动"，设置 TB 为"使能状态 ENABLE"，如图 20-26 所示。

3）在屏幕出现 < TITLE > 时，按下执行键，出现 < MENU > 屏幕，如图 20-27 所示。

4）选择"1. FILE /EDIT"，如图 20-28 所示。

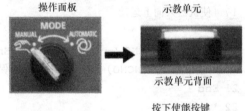

图 20-26　操作模式开关和手动使能开关

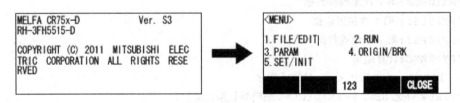

图 20-27　菜单屏幕

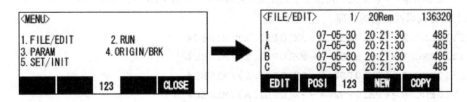

图 20-28　文件及编辑屏幕

5）选择 B 程序并按执行键，显示程序编辑 < PROGRAM EDIT > 屏幕，如图 20-29 所示。

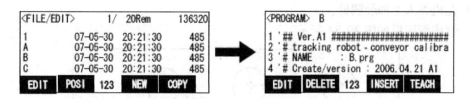

图 20-29　程序编辑 <PROGRAM EDIT> 屏幕

6）按下［FUNCTION］键，改变功能显示如图 20-30 所示。

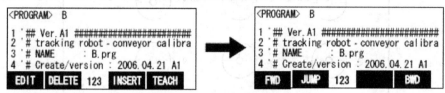

图 20-30　改变操作键功能

7）按下［F1］(FWD) 键，执行步进操作。

20.9.2　现场操作流程

B 程序操作如图 20-31 所示。

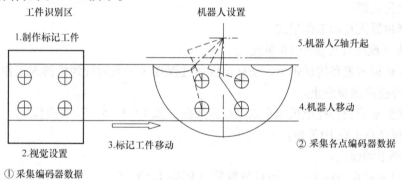

图 20-31　B 程序操作图示

根据图 20-31 及图 20-32 所示，进行的操作如下：

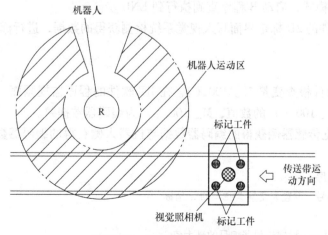

图 20-32　B 程序工作示意图

1) 在机器人上加装测针。

2) 制作标记板如图20-33所示。

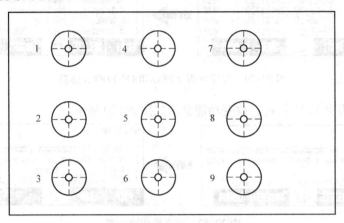

图20-33　B 程序使用的标定板

3) 在 RT 软件中，设置任务区 1 中为 B 程序。

4) 检查与视觉系统的通信状态，保证通信正常，启动视觉系统。

5) 起动传送带。

6) 选择机器人自动工作模式。

7) 启动 B 程序（可使用 TB 单元）。

8) 将标记板放置在传送带上，使标记板通过视觉区一直运行到机器人工作区，在机器人工作区中部使传送带停止。

9) 由视觉系统获得标记板四个以上点位数据（如 1、3、5、7、9 点位）。

10) B 程序停止在 HLT 步。

11) 选择手动模式。

12) 通过示教获得四个以上的点位数据（例如 1、3、5、7、9 点位），全部记录在 RT 软件的 2D 标定界面，如图 20-34 所示。

13) 机器人 Z 轴上升。

14) 选择自动模式，启动 B 程序直到执行到 END 步。

15) 在 RT 软件的 2D 标定界面写入视觉系统检测获得的数据，进行标定并写入机器人，B 程序执行完毕。

20.9.3　操作确认

1) 使用 RT 软件检查变量 M_ 100 ( )。在 RT 软件的程序监视画面，通过变量监视功能，也可以监视 M_ 100 ( ) 的数值，M_ 100 ( ) 为编码器数据差。

2) 确认在视觉传感器侧获得的编码器数据与机器人侧获得的编码器数据之差已经设置在 M_ 100 ( )。

20.9.4　实用 B 程序

```
1 '将"编码器编号"设置为变量"PE"的 X 坐标
2 '检查设定值
3 MECMAX =8   '——设置编码器编号的最大值
```

4 If PE.X<1 Or PE.X>MECMAX Then Error 9101　'——如果编码器编号超出允许范围，则报警，否则执行下一步

5 MENCNO=PE.X　'——取得编码器编号

6 '在视觉传感器识别区域放置标定板

7 '观察视觉画面，确认标定板位置是否正确

8 '视觉系统照相——由视觉系统记录 5 个点的数据（视觉数据）

9 ME1#=M_Enc(MENCNO)'——取得编码器数据（第 1 次）

10 Hlt'——暂停

11 '

12 '将标定板由传送带移动至机器人动作范围内

13 '将机器人抓手移动至标记点 1 的中心处，获取机器人坐标

14 '

15 '(8)重复作业，获取 5 个点机器人位置

17 '(10)上升机器人手臂

18 ME2#=M_Enc(MENCNO)　'——取得编码器数据（第 2 次）

19 MED#=ME1#-ME2#　'——计算两个位置的编码器数值差

20 If MED#>800000000.0# Then MED#=MED#-1000000000.0#

21 If MED#<-800000000.0# Then MED#=MED#+1000000000.0#

22 M_100#(MENCNO)=MED#

23 Hlt ——暂停'

24 End

25 '以下是运行前必须预置的变量'PE=(+1.000，+0.000，+0.000，+0.000，+0.000，+0.000，+0.000，+0.000)(0,0)

　　B 程序执行完毕后获得两点之间的编码器移动量 MED#，设置为全局变量 M_100#。

20.9.5　2D——标定操作

操作步骤如下：

1）打开 RT 软件，单击"维护"→"2D"，弹出如图 20-34 所示界面。

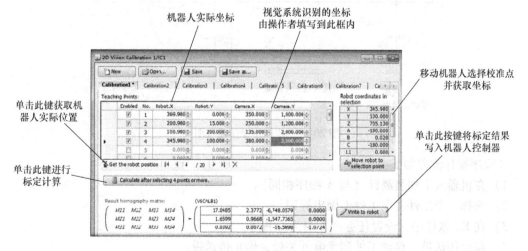

图 20-34　RT 软件的 2D——标定画面

2）每示教1点就单击"获取机器人数据"键，该示教点数据自动进入机器人坐标框。一共获取的5点数据。

3）将视觉系统获得的对应5点数据写入视觉坐标框。

4）单击"数据计算标定键"，数据进行标定转换。

5）单击"写入机器人键"。

6）操作完成。

20.10　C程序——抓取点标定

本节介绍由C程序执行的任务，在传送带追踪和视觉追踪都需要执行C程序，只是各自的执行方法有所不同。

20.10.1　用于传送带追踪的程序

在用于传送带追踪的C程序中，既获取了光电开关检测点的编码器数据，也获取了机器人抓取工件点的数据，因此在光电开关检测动作时，机器人能够识别工件坐标。

20.10.2　示教单元运行C程序的操作流程

1）设置控制模式为手动，设置TB为使能状态ENABLE，如图20-35所示。

2）在手动模式下，进行示教操作，运动到抓取点、待避点、下料摆放点。

3）当选择自动模式时，可使用示教单元执行启动，停止操作。

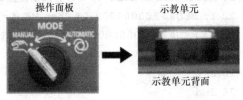

图20-35　模式开关及使能开关操作

1. C程序操作流程

C程序操作流程如图20-36所示。

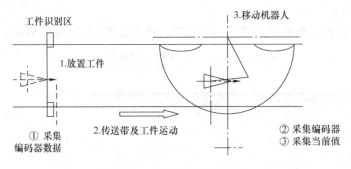

图20-36　C程序操作流程图

C程序操作流程如下：

1）在机器人上加装测针（与A程序相同）。

2）选择一个工件，在工件上做出标记。

3）在RT软件中，设置任务区1中为C程序。

4）起动传送带，移动工件到光电开关处，停止传送带。

5）选择机器人自动工作模式。

6）启动C程序（可使用TB单元），一直运行C程序到HLT暂停步。

7）起动传送带，在机器人工作区中部使传送带停止。

8）选择手动模式。

9）使用机器人示教功能，标定机器人抓取点 PGT。

10）选择自动模式，启动 C 程序直到执行到 END 步。

11）标定出待避点 P1、下料摆放点 PPT。

12）C 程序执行完毕。

2. 动作确认

使用 RT 软件监视确认变量 M_101（），P_100（）和 P_102（）的数值。

1）M_101：在光电开关动作点与机器人抓取点编码器数据之间的差值。

2）P_100（）：工件被抓取点的位置。

3）P_102（）：在 STEP1 中设置的 PRM1 数值。

必须检查以上各值是否正确。

3. 实用 C 程序

1）C 程序流程如图 20-37 所示。

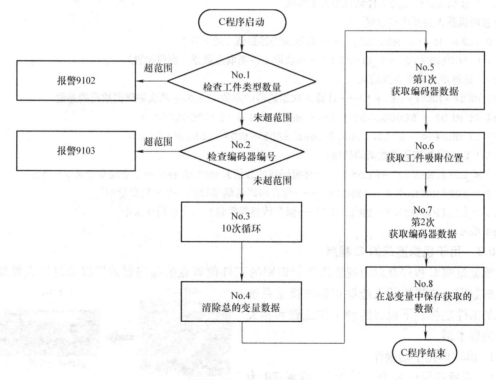

图 20-37　C 程序流程图

2）C 程序。

```
1 '以变量"PRM1"的 X 坐标值表示工件类型数量
2 '以变量"PRM1"的 Y 坐标值表示编码器编号
3 '以变量"PRM1"的 Z 坐标值表示传感器数量
4 '检查设置在 PRM1 中的数据
5 MWKMAX =10 '——设置工件类型数最大 =10
```

6 MECMAX = 8 '——设置编码器编号最大 = 8

7 MWKNO = PRM1.X '——获取工件类型数量

8 MENCNO = PRM1.Y '——获取编码器编号数量

9 If MWKNO < 1 Or MWKNO > MWKMAX Then Error 9102

'如果工件类型数量超范围就报警 9102

10 If MENCNO < 1 Or MENCNO > MECMAX Then Error 9101 '

'如果编码器编号数超范围就报警 9101

11 For M1 = 1 TO 10 '——做一循环，对相关变量清零

12 P_100(M1) = P_Zero '——对存储工件位置的变量置零

13 P_102(M1) = P_Zero '——对存储操作条件的变量置零

14 M_101#(M1) = 0 '——对存储编码器数值差的变量置零

15 Next M1

16 '将工件移动到光电开关位置

17 ME1# = M_Enc(MENCNO) '——获取编码器数据（第 1 次）

18 HLT '——暂停

19 '移动传送带上的工件到机器人工作区

'移动机器人到抓取点位置。

20 ME2# = M_Enc(MENCNO) '——获取编码器数值（第 2 次）

21 P_100(MWKNO) = P_Fbc(1) '——获取工件抓取点数据（当前位置）

22 '执行步进操作直到结束

23 MED# = ME2# - ME1# '——计算 2 次编码器的差值，MED# = 两次编码器数据的差值

24 If MED# > 800000000.0 Then MED# = MED# - 1000000000.0

25 If MED# < -800000000.0 Then MED# = MED# + 1000000000.0

26 ' 以上是对编码器数值的处理

27 M_101#(MWKNO) = MED# '——将编码器的数值差 MED# 保存在一个全局变量 M_101# 中

28 P_102(MWKNO).X = PRM1.Y '——保存编码器编号数在一个全局变量中

29 P_102(MWKNO).Y = PRM1.Z '——保存传感器数量在一个全局变量中

30 End

20.10.3　用于视觉追踪的 C 程序

视觉追踪 C 程序获取由视觉传感器识别的工件位置点的编码器数据以及机器人抓取工件点的数据，这样机器人能够识别由视觉系统获取的工件坐标。下面将解释工作流程和相关工作内容术语。

操作面板　　　示教单元

示教单元背面

按下使能按键
灯亮即为使能状态

图 20-38　模式开关及使能开关操作

1. 示教单元手动操作

1）设置控制模式为"手动"，设置 TB 为"使能状态 ENABLE"，如图 20-38 所示。

2）在手动模式下，进行示教操作，运动到抓取点、待避点、下料摆放点。

3）当选择自动模式时，可以使用示教单元执行启动，停止操作。

2. 执行 C 程序操作的流程

C 程序执行如图 20-39 和图 20-40 所示。

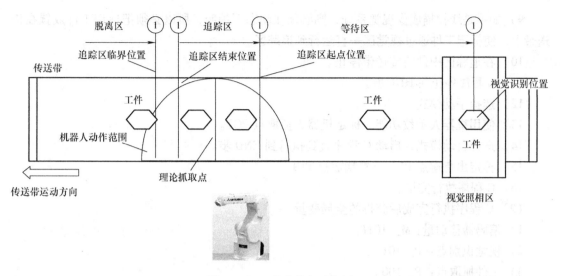

图 20-39　C 程序执行示意图

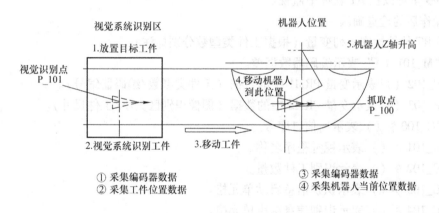

编码器移动量 M_101#

图 20-40　C 程序执行参考图

（1）操作流程

1）在机器人上加装测针（与 A 程序相同）。

2）制作标记工件，选择一个工件，在工件上做出标记。

3）在 RT 软件中，设置任务区 1 中为 C 程序。

4）检查与视觉系统的通信状态，保证通信正常，启动视觉系统。

5）起动传送带。如果是面成像照相视觉系统，可以在静态下拍照，则不需要起动传送带；如果是线扫描成像系统，则需要起动传送带。

6）选择机器人"自动工作"模式。

7）启动 C 程序（可使用 TB 单元）。

8）如果是面成像照相视觉系统，可以在静态下拍照，则放置标记工件在照相区。视觉系统拍照完毕，发出信号给机器人，机器人获取相关信息，在 RT 软件上可监视编码器变量值。起动传送带，将工件移动进入追踪区。

9）如果是线扫描成像视觉系统，则必须在动态下拍照，所以必须把标记工件放置在传送带上，使标记工件通过视觉区一直运行到追踪区。

10）在追踪区中部使传送带停止。

11）C 程序停止在 HLT 步。

12）选择手动模式。

13）使用机器人示教功能，标定机器人抓取点 PGT。

14）选择自动模式，启动 C 程序直到执行到 END 步。

15）标定出待避点 P1、下料摆放点 PPT。

16）C 程序执行完毕。

（2）C 程序执行完成后获得的全局变量

1）编码器移动量：M_ 101#。

2）视觉识别点：P_ 101。

3）工件抓取点：P_ 100。

这些变量可以在 RT 软件中监视。

3. 操作后的检查确认

使用 RT 软件检查下列变量（根据工件类型数分别标注）：

1）"M_101（）"表示编码器数据差。

2）P_102（）表示变量 PRM1 中的数据（工件类型数/编码器编号）。

3）P_103（）表示变量 PRM2 中的数据（图像识别区大小/工件尺寸）。

4）"C_100 $ （）表示通信口序号。

5）C_101 $ （）表示视觉程序名称。

6）C_102 $ （）表示识别工件数量。

7）C_103 $ （）表示识别信息启动单元格。

8）C_104 $ （）表示识别信息结束单元格。

4. 实用 C 程序

C 程序

```
1 '将工件类型数量设置为变量 PRM1 的 X 坐标
2 '将编码器编号设置为变量 PRM1 的 Y 坐标
3 '观察视觉传感器的实时画面，将移动方向的视界长度设置为变量 PRM2 的 X 坐标
4 '将工件的长度设置为变量 PRM2 的 Y 坐标值
5 '打开端口，将 COM 的端口号输入至下行中 CCOM $ =处
6 CCOM $ ="COM3:"——设定通信端口号
7 '将视觉程序名称输入至下行中 CPRG $ =处
8 CPRG $ ="TRK.JOB"——设定视觉程序名
9 '将工件放置在视觉传感器可以识别的位置
10 '将视觉传感器设置为在线
10 '自动运行 C 程序，程序停止的话，使用 T/B 再启动 C1 程序
12 MWKNO=PRM1.X '——获取工件类型数量
13 MENCNO=PRM1.Y '——获取编码器编号
14 '与视觉传感器端口连接
```

15 NVClose '——关闭端口

16 NVOpen CCOM $ As #1 '——开启端口指令

17 Wait M_NvOpen(1)=1 '——等待端口打开

18 'NVLoad #1,CPRG $ '——加载视觉程序

19 NVTrg #1,5,MTR1#,MTR2# '——摄像要求＋获取编码器值

20 EBRead #1,"",MNUM,PVS1,PVS2,PVS3,PVS4 '——分别获取各个识别工件的数据。

21 'open "COM2:" as #1 '——打开通信端口 2

22 'wait m_open(1)=1 '——等待通信端口打开

23 'print #1,"SEO"

24 'input #1,mt1,mx1,my1,mc1' ——读取数据

25 'pvs0.x=mx1

26 'pvs0.y=my1

27 'pvs0.c=mc1

28 PVS0=PVS1

29 PVS1=PVSCal(1,PVS0.X,PVS0.Y,PVS0.C)'——标定指令

30 P_101(MWKNO)=PVS1 '——获取识别位置工件的数据（将视觉系统识别的数据设置为一个全局变量）

31 ME1#=M_Enc(MENCNO) '——获取编码器数据 1

32 NVClose #1;'（以上程序 1～32 行读出了视觉系统的信息并进行了标定，也读出了编码器的数值）

33 Hlt '——暂停

34 '移动传送带将工件移动至机器人动作范围内（将工件所在位置定为抓取点）

35 '将机器人移动至"抓取点"

36 ME2#=M_Enc(MENCNO) '——获取编码器数据 2

37 P_100(MWKNO)=P_Fbc(1) '——获取机器人抓取点位置

38 '执行程序直至 END

39 MED#=ME2#-ME1# '——计算编码器的移动量

40 If MED#>800000000.0# Then MED#=MED#-1000000000.0#

41 If MED#<-800000000.0# Then MED#=MED#+1000000000.0#

42 M_101#(MWKNO)=MED# '——编码器移动量（设置为全局变量）

43 P_102(MWKNO)=PRM1 '——编码器编号（设置为全局变量）

44 P_103(MWKNO)=PRM2 '——视觉界面尺寸与工件尺寸（设置为全局变量）

45 C_100 $(MWKNO)=CCOM $ '——COM 编号

46 C_101 $(MWKNO)=CPRG $ '——视觉传感器程序名

47 Hlt

48 End

49 '（同时设置"待避点－原点 P1"和"下料摆放点 PPT"）

50 '本程序为获得视觉传感器识别的工件位置与机器人抓取位置的关系

51 '运行前必须设置的变量

PRM1=(+1.000,+1.000,+0.000,+0.000,+0.000,+0.000,+0.000,+0.000)(0,0)

20.11　1#程序——自动运行程序

本节将解释运行 1#程序的操作流程。1#程序在传送带追踪和视觉追踪中都是必要的，

1#程序指令机器人追踪并抓取工件。工件的位置或是由光电开关识别或是由视觉系统识别。

20.11.1　示教

对原点和下料摆放点的示教。以下是操作流程：

1）用示教单元 TB 打开 1 号程序。

2）打开"Position data Edit 位置数据编辑"屏幕。

3）当系统启动后，设置 P1 为原点。

4）移动机器人到原点位置并获取该位置，将其设置为 P1。

5）设置 PPT 为下料摆放点位置（该位置是工件最终被放置的位置）。

6）移动机器人到搬运终点位置并获取该位置数据设置为 PPT。

20.11.2　设置调节变量

1. 变量的定义及设置

本节将解释在 1#程序中的变量以及如何设置调节变量，相关的变量见表 20-9。

表 20-9　变量及设置

变量名称	解释	设置样例
PWK "工件类型数量"	设置工件类型数量，即在一个追踪项目中，有几种类型的工件，X = 工件类型数量（1~10）	如果设置"工件类型数量 = 1"，则（X，Y，Z，A，B，C）=（+1，+0，+0，+0，+0，+0）
PRI	1#程序和 CM1 程序可以被同时执行，1#程序控制机器人运动，CM1 程序获取传感器或视觉识别数据，PRI 用于指定程序的执行优先顺序，并不是在同一时间执行同一数量的程序，而是交替执行 X = 1#程序执行的行数（1~31） Y = CM1 程序执行的行数（1~31）	如果设置 1#程序运行 1 行而 CM1 程序运行 10 行，则（X，Y，Z，A，B，C）=（+1，+10，+0，+0，+0，+0）
PUP1 工作高度（抓取工件过程）	在抓取工件的操作中，设置机器人工作高度（mm） X = 机器人等待点高度（mm） Y = 抓取点的近点高度（在抓取之前） Z = 抓取点的近点高度（在抓取之后） 由于 Y 和 Z 表示的是在 TOOL 坐标系中 Z 轴的位置，所以这些信号变量取决于机器人模式	如果等待高度 = 50mm，抓取高度（抓取前）= -50mm，抓取高度（抓取后）= -50mm，则（X，Y，Z，A，B，C）=（+50，-50，-50，+0，+0，+0）
PUP2 工作高度（释放工件过程）	在放置工件的操作中，设置机器人工作高度，高度是指释放工件的高度（mm） Y = 工件释放位置的高度（在释放之前） Z = 工件释放位置的高度（在释放之后） 由于 Y 和 Z 表示的是在 TOOL 坐标系中 Z 轴的位置，所以这些信号变量取决于机器人模式	如果释放高度（释放前）= -50mm，释放位置（释放后）= -50mm，则（X，Y，Z，A，B，C）=（+0，-50，-50，+0，+0，+0）
PAC1	设置抓取工件的加减速时间比率 X = 加速到工件位置的倍率（1%~100%） Y = 减速到工件位置的倍率（1%~100%）	如果设置加减速比率 = 100%，则（X，Y，Z，A，B，C）=（+100，+100，+0，+0，+0，+0）

（续）

变量名称	解释	设置样例
PAC2	设置抓取工件的加减速时间比率 X＝加速到工件位置的倍率（1%～100%） Y＝减速到工件位置的倍率（1%～100%）	如果设置加速比＝10%，减速比＝20%，则（X，Y，Z，A，B，C）＝（＋10，＋20，＋0，＋0，＋0，＋0）
PAC3	设置朝着工件前进时抓取工件的加减速时间比率 X＝加速到工件位置的倍率（1%～100%） Y＝减速到工件位置的倍率（1%～100%）	如果设置加速比＝50%，减速比＝80%，则（X，Y，Z，A，B，C）＝（＋50，＋80，＋0，＋0，＋0，＋0）
PAC11	设置运动到释放工件位置时的加减速时间比率 X＝加速到释放工件位置的倍率（1%～100%） Y＝减速到释放工件位置的倍率（1%～100%）	如果设置加速比＝80%，减速比＝70%，则（X，Y，Z，A，B，C）＝（＋80，＋70，＋0，＋0，＋0，＋0）
PAC12	设置运动到释放工件位置时的加减速时间比率 X＝加速到释放工件位置的倍率（1%～100%） Y＝减速到释放工件位置的倍率（1%～100%）	如果设置加速比＝5%，减速比＝10%，则（X，Y，Z，A，B，C）＝（＋5，＋10，＋0，＋0，＋0，＋0）
PAC13	当执行释放工件动作时，设置朝工件位置运动时的加减速时间比率 X＝加速到工件位置的倍率（1%～100%） Y＝减速到工件位置的倍率（1%～100%）	如果设置加速比＝100%，减速比＝100%，则（X，Y，Z，A，B，C）＝（＋100，＋100，＋0，＋0，＋0，＋0）
PDLY1	设置抓取吸附时间 X：抓取吸附时间	如果设置吸附时间为0.5s，则（X，Y，Z，A，B，C）＝（＋0.5，＋0，＋0，＋0，＋0，＋0）
PDLY2	设置释放时间 X：释放时间	如果设置释放时间为0.3s，则（X，Y，Z，A，B，C）＝（＋0.3，＋0，＋0，＋0，＋0，＋0）
POFSET	当抓取位置改变后，其差值可以被设置，用本参数设置校正值，本参数是调整抓取点的重要参数	
PTN 设置机器人和传送带以及工件移动方向的关系，简称机带关系	X值（1~6） <table><tr><td>设置值</td><td>传送带位置</td><td>传送带方向</td></tr><tr><td>1</td><td>前</td><td>从右到左</td></tr><tr><td>2</td><td>前</td><td>从左到右</td></tr><tr><td>3</td><td>左</td><td>从右到左</td></tr><tr><td>4</td><td>左</td><td>从前到后</td></tr><tr><td>5</td><td>右</td><td>从右到左</td></tr><tr><td>6</td><td>右</td><td>从左到右</td></tr></table>	如果传送带在机器人前方，工件移动方向从右到左，则设置（X，Y，Z，A，B，C）＝（＋1，＋0，＋0，＋0，＋0，＋0）
PRNG	设置追踪区范围（在该范围内机器人能够追踪工件） X＝开始位置 Y＝结束位置 Z＝临界位置	"PRNG"与"PTN"的关系参见图20-41～图20-44

2. 追踪区范围及机带关系设置

1）传送带在机器人前方，工件移动方向为从右向左。设置 PTN 的 X 坐标＝1，追踪区范围 PRNG：（X，Y，Z）＝（＋500，＋300，＋400），如图20-41所示。

2）传送带在机器人前方，工件移动方向为从左向右。设置 PTN 的 X 坐标 = 2，追踪区范围 PRNG：(X, Y, Z) = (+300, +100, +200)，如图 20-42 所示。

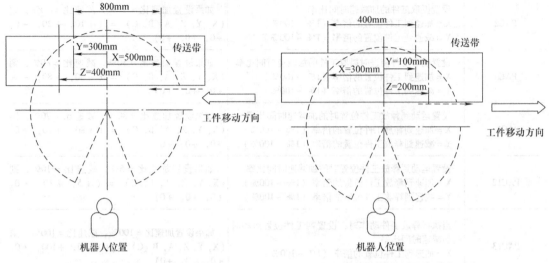

图 20-41　机器人追踪区域及机带关系布置图（PTN 的 X 坐标 = 1）

图 20-42　机器人追踪区域及机带关系布置图（PTN 的 X 坐标 = 2）

3）传送带在机器人左侧，工件移动方向为从前向后。设置 PTN 的 X 坐标 = 4，追踪区范围 PRNG：(X, Y, Z) = (+400, +200, +300)，如图 20-43 所示。

4）传送带在机器人右侧，工件移动方向为从后向前。设置 PTN 的 X 坐标 = 5，追踪区范围 PRNG：(X, Y, Z) = (+500, +300, +400)，如图 20-44 所示。

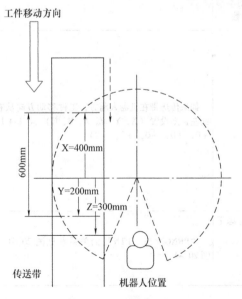

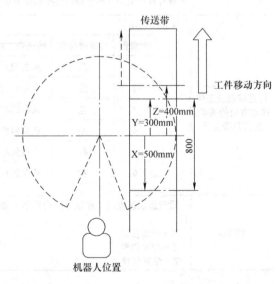

图 20-43　机器人追踪区域及机带关系布置图（PTN 的 X 坐标 = 4）

图 20-44　机器人追踪区域及机带关系布置图（PTN 的 X 坐标 = 5）

20.11.3　1#程序流程图

1#程序是自动运行程序，以主程序为框架，包含有若干子程序，子程序汇总见表 20-10。

表 20-10　子程序汇总表

序号	子程序名称	功　　能
1	回原点子程序 * S90HOME	回原点
2	初始化子程序 S10INIT	进行初始化
3	抓取被追踪工件 S20TRGET	抓取被追踪工件
4	搬运放置工件 S30WKPUT	将工件放置在最终位置

1. 1#主程序流程

1#程序流程图如图 20-45 所示。

2. 回原点子程序流程

回原点程序流程如图 20-46 所示。

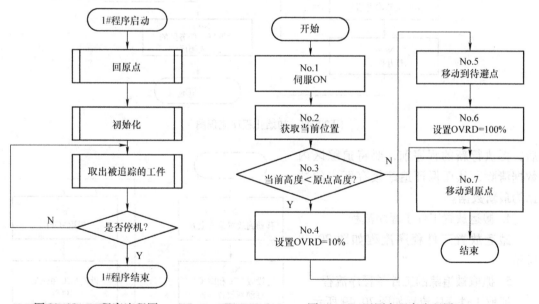

图 20-45　1#程序流程图
图 20-46　回原点程序流程图

对回原点程序流程图的说明：

1）回原点程序以 P1 点为原点（P1 点又作为待避点）。

2）判断机器人当前位置的 Z 轴坐标高度是否小于 P1 点的 Z 轴坐标高度？

3）如果 YES，就直接升高当前点到 P1 点的 Z 轴坐标高度。

4）如果 NO，就直接指令回到 P1 点。

3. 初始化子程序流程

初始化程序流程如图 20-47 所示。

在初始化程序中，有一步很重要，就是清除追踪缓存区内的数据。因为每一次的工件视觉识别数据都被写入追踪缓存区，而 1#程序是反复循环执行的，所以每执行完一次 1#程序

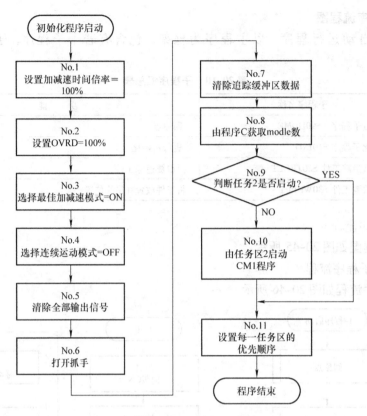

图 20-47　初始化程序流程图

后，再执行新的程序前，要将追踪区内数据清除，从而保证追踪缓存区内的数据为最新数据。

4. 搬运放置工件子程序流程

搬运放置工件程序流程如图 20-48 所示。

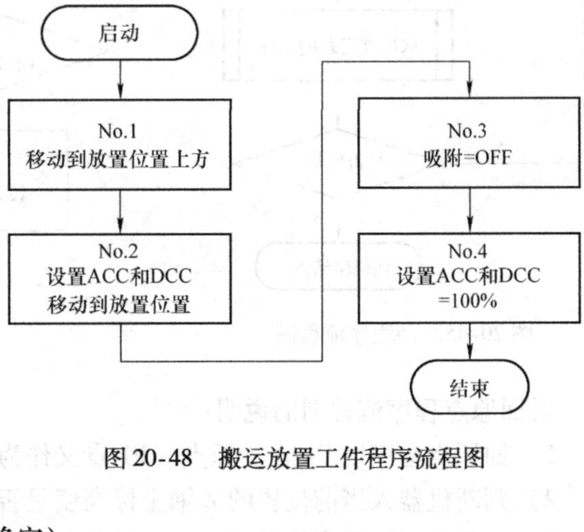

5. 抓取被追踪的工件子程序流程

抓取工件程序流程如图 20-49 所示。

（1）追踪动作各点位　追踪动作的各点位如图 20-50 所示。

1）P500 为待避点/原点（由操作者设定）。

图 20-48　搬运放置工件程序流程图

2）P510 为等待点（由 1#程序中计算确定）。

3）P520 为追踪启动点（由 1#程序中计算确定）。

4）P530 为抓取点（在 C 程序中设置）。

5）P540 为下料摆放点（由操作者示教设定）。

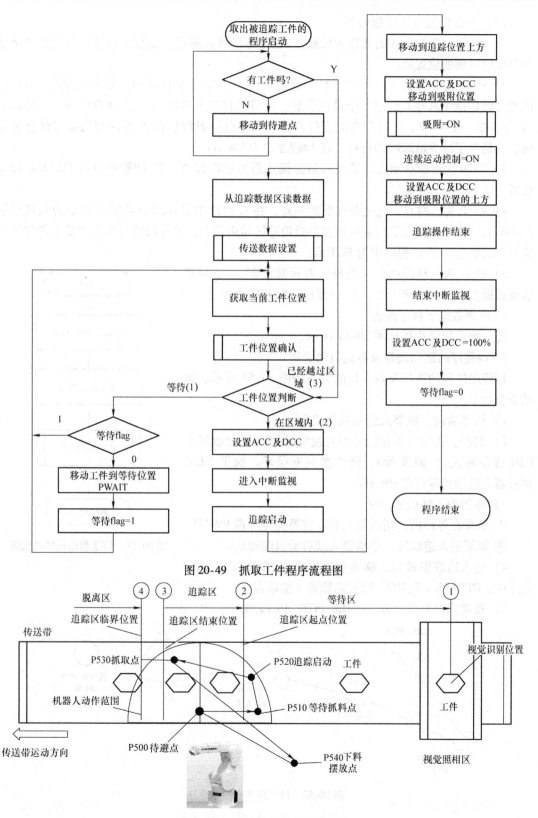

图 20-49　抓取工件程序流程图

图 20-50　追踪动作各点位示意图

（2）对各位置点的详细说明

1）P500 为待避点（由操作者设定），也称为机器人原点，是程序启动后及追踪全部动作完成后回到的位置点。

2）P510 为等待点（由 1#程序计算确定），为工件在等待区时的机器人位置点。等待点的意义就是指令机器人到达一个最佳位置，等待工件进入追踪区。在 1#程序中，以待避点 P1 为基准，在 X，Z、C 三个方向进行调整。等待点一般设置在 X 方向与当前工件坐标相同，这是为了减少追踪时的行程，在 1#程序中为 PWAIT 点。

3）P520 为追踪启动点，是进入追踪模式后的追踪起点，在 1#程序中由 TRBASE 指令设置。

4）P530 为抓料点，这是最重要的一点，在 C 程序中具体示教确定（设定为全局变量 P_100.）。P530 抓料点的设置应该在靠近追踪区结束位置，这样设置是为了满足工件相隔距离较小的场合，在 1#程序中为 PGT 点。

5）P540 为下料摆放点（由操作者示教设定），下料摆放点根据实际工况要求确定，在 1#程序中为 PPT 点。

6. 传送数据子程序流程

传送数据程序流程如图 20-51 所示。

7. 1#程序的运动流程及各点位的关系

1#程序的运动流程及各点位的关系如图 20-52 所示。运动流程如下：

1）程序启动，机器人运动到待避点 P1。

2）判断：在追踪缓存区是否有视觉数据（视觉数据由 CM1 程序写入）？如果 NO，则继续判断循环。如果 YES，则机器人运动到等待点 PWAIT。

3）做当前工件位置判断：

① 如果在等待区，则机器人就一直停在等待点 PWAIT。

② 如果进入追踪区，则机器人就启动追踪模式。

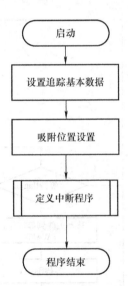

图 20-51 传送数据程序流程图

4）进入追踪模式后，移动到追踪原点 PTBASE。在 1#程序中，PTBASE = P_100，即追踪原点 = 抓取点。

5）移动到抓取点上方——Mov PGT, PUP1. Y Type 0, 0。

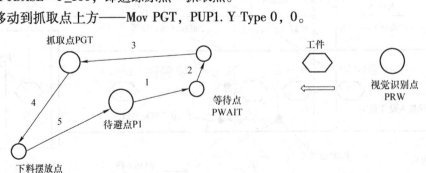

图 20-52 1#程序各点位示意图

6）移动到抓取点—— Mov PGT Type 0，0。

7）移动到抓取点上方——Mov PGT，PUP1. Z Type 0，0。

8）移动到下料摆放点 PPT。

20.11.4 实用 1#程序

1 '###主程序 ###

2 *S00MAIN '——程序分支标记。

3 GoSub *S90HOME '——调回原点子程序

4 GoSub *S10INI '——调初始化子程序

5 *LOOP ——循环指令

6 GoSub *S20TRGET '——调用抓取工件子程序

7 GoSub *S30WKPUT '——调放置工件子程序

8 GoTo *LOOP(反复执行以上 2 个程序)

9 End

10 '###初始化子程序###

11 *S10INIT

12 '///Speed related///——设置速度倍率相关程序

13 Accel 100,100

14 Ovrd 100

15 LOADSET 1,1

16 Oadl On

17 Cnt 0

18 Clr 1'——输出点复位

19 HOpen 1

20 '///初始值设置///

21 TrClr 1 '——对追踪缓存区 1 清零(重要)

22 MWAIT1 =0 '——对工件到达标志执行清零

23 '///多任务启动(启动任务区 2 内的程序 CM1)///

24 M_09#= PWK. X '——设置工件类型数量，PWK. X 是专门规定用于设置工件类型数的变量，PWK. X 为位置变量形式，所以必须在位置变量区域设置，参见程序最后部分

24 If M_Run(2) =0 Then '——M_Run 为状态变量，表示任务区内程序执行状态，M_Run(2) =0 表示任务区 2 内的程序处于停止状态

26 XRun 2，"CM1"，1 '——指令任务区 2 内的 CM1 程序做单次运行

27 Wait M_RUN(2) =1'——等待任务区 2 内的程序启动(以上是启动执行任务区 2 内的 CM1 程序)

28 EndIf

29 Priority PRI. X，1 '——执行在任务区 1 内的程序，行数由变量 PRI 的 X 坐标值确定(变量 PRI 需要预先设置)

30 Priority PRI. Y，2 ——执行在任务区 2 内的程序，行数由变量 PRI 的 Y 坐标值确定(变量 PRI 需要预先设置)，Priority 在多任务工作时，指定各任务区程序的执行行数

31 Return

32 '### ——抓取被追踪工件子程序

33 *S20TRGET

34 '///追踪缓存区数据检查///

35 * LBFCHK——检查追踪缓存区数据

36 If M_Trbfct(1) > =1 Then GoTo * LREAD '——判断追踪缓存区内是否写入视觉识别数据，如果 NO，则回原点等待，如果 YES，则跳转到 * LREAD

M_Trbfct——状态变量，表示在追踪缓存区内的数据内容

37 Mov P1 Type 0 , 0 '——如果 NO 移动到 P1 点，P1 点是退避点位置

38 MWAIT1 = 0 '——发出 MWAIT1 = 0 信号，MWAIT1 是自定义变量，表示机器人处于等待状态

39 GoTo * LBFCHK ——返回 * LBFCHK 继续进行缓存区数据检查

40 '///工件数据采集///

41 * LREAD——如果追踪缓存区内有写入的数据，则从 36 行跳转到本行

42 TrRd PBPOS, MBENC#,MBWK% ,1,MBENCNO% '—— 从追踪缓存区读数据，读出的数据分别存储，位置数据存储在 PBPOS，编码器数值存储在 MBENC#，工件类型数量存储在 MBWK% .，缓存区序号 =1，编码器编号存储在变量 MBENCNO%

43 GoSub * S40DTSET '——调子程序 * S40DTSET，* S40DTSET 子程序用于生成追踪起点和抓取点位置

44 '///工件位置判断///

45 * LNEXT

46 PX50CUR = TrWcur(MBENCNO% , PBPOS, MBENC#) '——获取当前工件位置数据，TrWcur 是函数，用于获得当前点的编码器数值和当前工件位置，由于工件在传送带上运行，所以 PX50CUR 是一个动态值

MBENCNO% ——编码器编号

PBPOS——视觉点位置

MBENC#——编码器数值

PX50CUR——是当前工件点的位置

47 MX50ST = PRNG. X '——设置追踪区启动位置线

48 MX50ED = PRNG. Y '——设置追踪区结束位置线

49 MX50PAT = PTN. X '——设置机 - 带位置编号，PTN 用于表示传送带与机器人的位置关系

50 GoSub * S50WKPOS ' ——调用确认工件位置程序

'以下是根据当前工件位置进行等待、追踪、放弃工作模式的选择

51 If MY50STS = 3 Then GoTo * LBFCHK '——MY50STS 是一个变量，MY50STS 是工件当前位置的判断结果，如果已经超出追踪区范围，则跳转到 * LBFCHK(在 35 行)，读取下一工件信息，MY50STS = 3 表示工件已经超出机器人工作范围

52 If MY50STS = 2 Then GoTo * LTRST '——如果 MY50STS = 2，则跳转到 * LTRST，启动追踪程序(工件进入追踪区)

53 If MWAIT = 1 Then GoTo * LNEXT '——如果 MWAIT = 1，则跳转到 * LNEXT，再进行工件位置判断

54 '///到等待点 PWAIT ///

55 PWAIT = P1 '——P1 为待避点，把 PWAIT 点设置成为待避点

56 Select PTN. X '——根据 PTN(机器人与传送带位置关系)选择程序流程

57 Case 1 TO 2 '——如果 PTN. X = 1 ~ 2，则

58 PWAIT. X = PX50CUR. X '——赋值，将当前工件点位置的 X 值赋予 PWAIT. X

59 Case 3 TO 6——如果 PTN. X = 3 ~ 6，则

60 PWAIT. Y = PX50CUR. Y '——赋值，将工件被检测点位置的 Y 值赋予 PWAIT. Y

61 End Select

62 PWAIT.Z = PX50CUR.Z + PUP1.X

PUP1.X——待机高度(待机点的高度 = 当前工件点高度 + 调整值)

63 PWAIT.C = PX50CUR.C ——赋值,待机位置的 C 角度 = 当前工件位置 C 角度(以上对待避点设置完毕)

64 Mov PWAIT Type 0,0 '——移动到待机点 PWAIT

65 MWAIT1 =1 '——发出机器人到达等待点标志(表示机器人已经到达待机位置,等待工件进入追踪区,以上程序是设置一个等待点,等待点 PWAIT 的 X、Y 值与检测工件点相同,Z 值比检测点高一个调整量,C 值与检测点相同)

66 GoTo *LNEXT'——跳转回工件位置判断程序行

67 '///启动追踪操作///——包含了追踪启动指令,到达吸附点的动作

68 *LTRST ——追踪程序标记

69 Accel PAC1.X, PAC1.Y '——加减速时间设置

70 Cnt 1,0,0 '——连续轨迹

71 Act 1 =1 '——中断程序 1 有效区间起点

72 Trk On, PBPOS, MBENC#, PTBASE, MBENCNO% '——追踪启动(包括了移动到追踪起点及追踪工件的动作)

73 Mov PGT, PUP1.Y Type 0,0'——移动到抓取位置 PGT 上方近点(PGT 由抓取点 + 调节量构成),PUP1.Y 为抓取前位置(高度)

74 Accel PAC2.X, PAC2.Y '——加减速时间设置

75 Mvs PGT '——移动到抓取位置

76 HClose 1 '——抓手动作

77 Dly PDLY1.X '——暂停,确认抓取

PDLY1.X——预先设置的吸附时间

78 Cnt 1'——连续路径

79 Accel PAC3.X, PAC3.Y '——加减速时间设置

80 Mvs PGT, PUP1.Z '——移动到抓取(完成)位置点,PUP1.Z 为预设的抓取(完成)位置点

81 Trk Off '——追踪结束

82 Act 1 =0 '——中断程序 1 的有效工作区间结束点

83 Accel 100,100

84 MWAIT =0 '—— 设置等待标志 =0

85 Return '——子程序返回

86 '###工件摆放程序###

87 *S30WKPUT

88 Accel PAC11.X, PAC11.Y '——设置加减速时间

89 Mov PPT, PUP2.Y '——移动到摆放位置上部,PPT 为摆放位置

90 Accel PAC12.X, PAC12.Y '——设置加减速时间

91 Cnt 1,0,0

92 Mvs PPT '——移动到放置位置

93 HOpen 1 '——抓手 =OFF

94 Dly PDLY2.X '——释放确认

95 Cnt 1

96 Accel PAC13.X, PAC13.Y '——设置加减速时间

97 Mvs PPT, PUP2.Z '——移动到放置位置上点

98 Accel 100,100

99 Return

100 '追踪数据设置(设置追踪起点、抓取点位置及调节量)

101 ＊S40DTSET——生成追踪起点、抓取工作点

102 PTBASE = P_100(PWK. X)'——生成追踪起点(P_100 为 C 程序确定的抓取点)

103 TrBase PTBASE, MBENCNO% '——设置追踪起点(注意,这时的追踪起点为示教抓取点 P_100)

104 PGT = PTBASE * POFSET '—— 设置抓取位置(对抓取点进行精度调节,注意是乘法运算)

PTBASE——追踪起点

POFSET——抓取点调节量(主要用于调整角度)

PGT——抓取位置

105 GoSub ＊S46ACSET '——调用子程序

106 Return

107 '###中断程序1 ###

'以下程序判断机器人的动作范围是否超过追踪区临界距离,如果超出范围,则结束追踪动作

108 ＊S46ACSET

109 Select PTN. X '——根据机 - 带位置关系选择动作

110 Case 1 '——如果 PTN. X = 1

111 MSTP1 = PRNG. Z '——设置追踪临界值,PRNG. Z 为追踪临界值,超过该值就停止追踪

112 Def Act 1, P_Fbc(1). Y >MSTP1 GoTo ＊S91STOP, S '—— 定义中断程序:如果机器人的当前位置(Y 坐标)大于追踪临界值则 GoTo ＊S91STOP

113 Break

114 Case 2 '——如果 PTN. X = 2

115 MSTP1 = - PRNG. Z ' ——设置追踪临界值为 - PRNG. Z

116 Def Act 1, P_Fbc(1). Y <MSTP1 GoTo ＊S91STOP, S ' —— 如果机器人的当前位置(Y 坐标)小于追踪临界距离则 GoTo ＊S91STOP

117 Break

118 Case 3 '——如果 PTN. X = 3

119 Case 5 '——如果 PTN. X = 5

120 MSTP1 = PRNG. Z '——设置追踪临界值为 PRNG. Z

121 Def Act 1, P_Fbc(1). X >MSTP1 GoTo ＊S91STOP, S

'如果机器人的当前位置(X 坐标)大于追踪临界值则 GoTo ＊S91STOP,S

122 Break

123 Case 4 '——如果 PTN. X = 4

124 Case 6 '——如果 PTN. X = 6

125 MSTP1 = - PRNG. Z ' ——设置追踪临界值为 - PRNG. Z

126 Def Act 1,P_Fbc(1). X <MSTP1 GoTo ＊S91STOP,S '——判断:如果机器人的当前位置(X 坐标)小于追踪临界值则 GoTo ＊S91STOP,S

127 Break

128 End Select

129 Return

130'以上程序用于判断机器人的动作范围是否超过临界追踪值

131'###确认工件位置程序###

'以下程序用于判断工件是否在工作区域。判断以后给出标志

132 ' PX50CUR'——当前工件位置(注意是工件位置而不是机器人位置)

133 ' MX50ST——追踪区启动线

134 'MX50ED——追踪区结束线(MX50ED = PRNG. Y)

135 'MX50PAT = PTN. X. ——表示机器人与传送带的位置关系

136 'MY50STS——当前工件位置的判断结果

(MY50STS =1:工件在等待区; MY50STS = 2:工件进入追踪区; MY50STS =3　工件已经超出追踪区)

137 ＊S50WKPOS ——分支标记。

138 MY50STS =0 '——清除 MY50STS 原结果数据

139 Select MX50PAT '——根据机带位置关系设置追踪区范围及判断工件当前位置

140 Case 1 ' ——如果 PTN. X =1

141 M50STT = - MX50ST '——(MX50ST = PRNG. X)MX50ST =追踪区起点线

142 M50END =MX50ED '——(MX50ED = PRNG. Y)MX50ED =追踪区结束线

143 If Poscq(PX50CUR) =1 And PX50CUR. Y > =M50STT And PX50CUR. Y < =M50END Then
' ——Poscq 是检测工件当前位置是否在机器人工作范围的运算函数,本行指令是判断如果工件当前位置在机器人工作范围,而且 PX50CUR. Y 大于追踪区起点,PX50CUR. Y 小于等于追踪区终点,则

144 MY50STS =2 '——设置 MY50STS =2 可进入追踪模式

145 Else '——否则

146 If PX50CUR. Y <0 Then MY50STS =1 '——再判断,工件当前位置 Y <0,则设置 MY50STS =1进入等待模式

147 If PX50CUR. Y >M50END Then MY50STS =3 '——再判断,工件当前位置 Y > M50END,则设置 MY50STS =3(工件已经超出追踪范围)

148 If Poscq(PX50CUR) =0 And PX50CUR. Y > =M50STT And PX50CUR. Y < =M50END Then
MY50STS =3 '——判断:如果工件当前位置超出机器人工作范围,则设置 MY50STS =3,表示工件已经越出了动作区域

149 EndIf

150 Break

151 Case 2 '——如果 PTN. X =2

152 M50STT =MX50ST'——设置追踪区起点

153 M50END = - MX50ED '——设置追踪区终点

154 If Poscq(PX50CUR) =1 And PX50CUR. Y < =M50STT And PX50CUR. Y > =M50END Then
MY50STS =2 '——可执行追踪

155 Else '——否则不能执行追踪

156 If PX50CUR. Y >0 Then MY50STS =1 '——等待

157 If PX50CUR. Y <0 Then MY50STS =3 '——移动到下一工件

158 If Poscq(PX50CUR) =0 And PX50CUR. Y < =M50STT And PX50CUR. Y > =M50END The
MY50STS =3 '——超出追踪区范围

159 EndIf

160 Break

161 Case 3 '——如果 PTN. X =3

162 Case 5 '——如果 PTN. X =5

163 M50STT = - MX50ST

```
164 M50END =MX50ED
165 If Poscq(PX50CUR) =1 And PX50CUR. X > =M50STT And PX50CUR. X < =M50END Then
166 MY50STS =2 '——可执行追踪
167 Else '——如果不能够执行追踪
168 If PX50CUR. X <0 Then MY50STS =1 '——等待
169 If PX50CUR. X >0 Then MY50STS =3 '——移动到下一工件
170 If Poscq(PX50CUR) =0 And PX50CUR. X > =M50STT And PX50CUR. X < =M50END Then
MY50STS =3 '——超出追踪区范围
171 EndIf
172 Break
173 Case 4 '——如果 PTN. X =4
174 Case 6 '——如果 PTN. X =6
175 M50STT =MX50ST
176 M50END = -MX50ED '
177 If Poscq(PX50CUR) =1 And PX50CUR. X < =M50STT And PX50CUR. X > =M50END Then
MY50STS =2 '——可执行追踪
178 Else '——如果不能执行追踪
179 If PX50CUR. X >0 Then MY50STS =1 '——等待
180 If PX50CUR. X <0 Then MY50STS =3 '移动到下一工件
181 If Poscq(PX50CUR) =0 And PX50CUR. X < =M50STT And PX50CUR. X > =M50END The
MY50STS =3 '——超出追踪区范围
182 EndIf
183 Break
184 End Select
185 If MY50STS =0 Then Error 9199 '报警而且应该修正程序
186 Return
187 '以上程序根据机器人与传送带的位置关系，判断当前工件是否在机器人的追踪范围之内。从而
发出判断信号(等待、可追踪、工件越出追踪区)
188 '###原回点###(比较当前位置点是否低于待机点高度 Z,如果低于待机点高度 Z,则直接提升到
待机点高度 Z,如果高于待机点高度 Z,则回到 P1 点,P1 点既是待避点,也是原点)
189 *S90HOME
190 Servo On
191 P90CURR =P_Fbc(1) '——获取机器人当前位置
192 If P90CURR. Z < P1. Z Then '——如果当前位置高度低于原点,则
193 Ovrd 10
194 P90ESC =P90CURR '——建立一个待机位置
195 P90ESC. Z =P1. Z '——P1 是原点(一般也是待避点)
196 Mvs P90ESC '——移动待避点
197 Ovrd 100
198 EndIf
199 Mov P1 '——移动到原点
200 Return
201 '###追踪中断 ###'——中断程序的内容是: 结束追踪模式、打开抓手、回到待避点
```

202 *S91STOP

203 Act 1 =0 '——中断程序 1 有效区间终点

204 Trk Off '——结束追踪模式

205 HOpen 1 '——抓手 OFF

206 P91P =P_Fbc(1) '——设置 P91P 为当前点

207 P91P.Z =P1.Z'——设置 P91P 的 Z 坐标为 P1.Z(原点高度)

208 Mvs P91P Type 0,0 '——升高机器人

209 Mov P1 '——回到原点

210 GoTo *LBFCHK 跳转回追踪缓存区信息判断

225 '各位置变量和调节变量的初始值

P1:运行前需要设置

PAC1 =(100.000,100.000,0.000,0.000,0.000,0.000,0.000,0.000)(0,0)

PAC11 =(100.000,100.000,0.000,0.000,0.000,0.000,0.000,0.000)(0,0)

PAC12 =(100.000,100.000,0.000,0.000,0.000,0.000,0.000,0.000)(0,0)

PAC13 =(100.000,100.000,0.000,0.000,0.000,0.000,0.000,0.000)(0,0)

PAC2 =(100.000,100.000,0.000,0.000,0.000,0.000,0.000,0.000)(0,0)

PAC3 =(100.000,100.000,0.000,0.000,0.000,0.000,0.000,0.000)(0,0)

PDLY1 =(1.000,0.000,0.000,0.000,0.000,0.000,0.000,0.000)(0,0)

PDLY2 =(1.000,0.000,0.000,0.000,0.000,0.000,0.000,0.000)(0,0)

POFSET =(0.000,0.000,0.000,0.000,0.000,0.000,0.000,0.000)(0,0)

PPT =(0.000,0.000,0.000,0.000,0.000,0.000,0.000,0.000)(0,0)

PRI =(1.000,1.000,0.000,0.000,0.000,0.000,0.000,0.000)(0,0)

PRNG =(300.000,200.000,0.000,0.000,0.000,0.000,0.000,0.000)(0,0)

PTN =(1.000,0.000,0.000,0.000,0.000,0.000,0.000,0.000)(0,0)

PUP1 =(50.000,-50.000,-70.000,0.000,0.000,0.000,0.000,0.000)(0,0)

PUP2 =(0.000,-50.000,-50.000,0.000,0.000,0.000,0.000,0.000)(0,0)

PWK =(1.000,0.000,0.000,0.000,0.000,0.000,0.000,0.000)(0,0)

20.12　CM1 程序——追踪数据写入程序

本节将对 CM1 程序进行解释。CM1 程序是一个与 1#程序同时运行的程序。传送带追踪模式与视觉追踪模式的 CM1 程序是不同的，在不同的模式下选用不同的 CM1 程序。

20.12.1　用于传送带追踪的程序

CM1 程序计算光电开关检测到的工件坐标，该坐标为机器人坐标，这一坐标数据由 A 程序和 C 程序获得。CM1 程序将计算完成的数据写入追踪缓存区中，追踪缓存区是临时存放数据的区域。

1. 获取的数据

1）编码器每一脉冲机器人的移动量（P_ EncDlt）。

2）在光电开关检测点与机器人抓取工件的位置点这两点的编码器数据之差。

3）机器人抓取工件的位置。

2. 流程图

CM1. Prg（CM1 程序是自动程序，放置在任务区 2）。图 20-53 所示为 CM1 程序流程图。

3. CM1 程序

```
1 '#####主程序#####
2 *S00MAIN '——程序标记
3 GoSub *S10DTGET '——获取数据子程序
4 *LOOP
5 GoSub *S20WRITE '——工件位置写入程序
6 GoTo *LOOP
7 End
8 '#####获取数据程序#####
9 *S10DTGET
```

10 '有关抓取工件位置数据、编码器数值、编码器编号已经由 C 程序获得

```
11 MWKNO=M_09# '——获取工件类型数
12 M10ED#=M_101#(MWKNO) '——编码器数值差
13 MENCNO=P_102(MWKNO).X '——编码器编号
14 MSNS=P_102(MWKNO).Y ——传感器序号
15 '计算光电开关检测到的工件位置(X/Y)
16 PWPOS=P_100(MWKNO)-P_EncDlt(MENCNO)*M10ED#
```

P_100(MWKNO)——机器人抓取工件位置

P_EncDlt(MENCNO)*M10ED#——从抓取位置到光电检测点的移动量

PWPOS——光电检测点位置

'以上是计算光电检测点位置的计算

```
17 Return
18 '#####位置数据写入程序#####
19 *S20WRITE
```

20 If M_In(MSNS)=0 Then GoTo *S20WRITE '——如果光电开关未有动作,则继续等待[M_In(MSNS)是光电检测点输入信号,即 M_In(MSNS)=1,光电开关动作,执行下一行动作],否则

21 MENC#=M_Enc(MENCNO) '——获取此时的编码器数值

22 TrWrt PWPOS,MENC#,MWKNO,1,MENCNO '——关键:将光电开关检测点的数据写入缓存区,写入的数据有工件在检测点的位置、检测点的编码器值、工件种类数、缓存区序号、编码器编号

```
23 *L20WAIT
```

24 If M_In(MSNS)=1 Then GoTo *L20WAIT 如果光电开关=ON,则一直在等待,否则结束子程序

```
25 Return
```

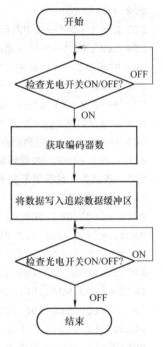

图 20-53 CM1 程序流程图

20.12.2 用于视觉追踪的 CM1 程序

1. CM1 程序中使用的数据

CM1 程序将视觉系统识别的工件位置写入机器人追踪区缓存区,追踪缓存区是临时存放追踪数据的区域。

在 CM1 程序中使用的数据如下:

1) 编码器每一脉冲机器人的移动量(P_EncDlt)。

2) 在视觉系统检测点与机器人位置点这两点的编码器数据之差。

3）由视觉系统识别的工件位置。

4）由视觉系统识别到的工件位置点与机器人抓取点的编码器数据之差。

5）工件间距。

6）在传送带移动方向上的视觉区域。

7）由视觉系统识别的工件长度。

2. 1#程序与 CM1 程序的关系

1#程序追踪传送带上的工件取决于由 CM1 程序写入在追踪缓存区中工件信息。CM1 程序将被识别的工件位置写入在追踪缓存区中。被存储在追踪缓存区中的信息由 1#程序读出，机器人根据这些信息追踪工件。

1#程序与 CM1 程序的关系可以简述为：

1）CM1 程序将视觉系统识别的工件位置信息写入追踪缓存区。

2）1#程序读出追踪缓存区的信息并据此进行追踪工件。

3. 实用 CM1 程序

1）CM1 程序流程如图 20-54 所示。

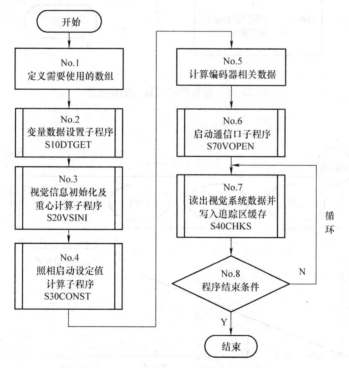

图 20-54　CM1 程序流程图

在以上程序中，最重要的读数据和写数据的子程序。程序名为 S40CHKS，其程序流程如图 20-55 所示。

工件位置与编码器数据关系如图 20-56 所示。

2）实用 CM1 程序。

```
1 Dim MX(4),MY(4),MT(4),PVS(4)'—— 定义需要使用的数组
2 '#####主程序处理#####
```

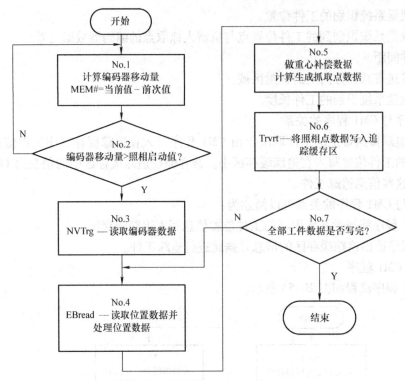

图 20-55　读数据和写数据的流程图

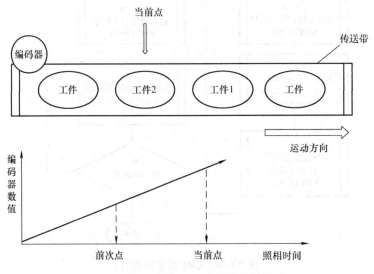

图 20-56　工件位置与编码器数据关系

```
3 *S00MAIN'——程序分支标记
4 GoSub *S10DTGE '——调用数据获取处理子程序
5 GoSub *S20VSINI '——调用视觉初始化处理子程序
6 GoSub *S30CONST '——调用条件设定子程序
7 MEP#=M_Enc(MENCNO)+MEI#+100
8 GoSub *S70VOPEN '——调用视觉端口打开 + 视觉程序加载处理子程序
```

```
 9 *L00_00
10 GoSub *S40CHKS '——调用视觉识别检查处理子程序
11 GoTo *L00_00
12 End
13 '#####数据处理 - 对要使用的变量进行赋值#####
14 *S10DTGET
15 MWKNO = 1 '——M_09#机种编号
16 MENCNO = P_102(MWKNO).Y '——编码器编号
17 MVSL = P_103(MWKNO).X '——VS 画面尺寸长边距离
18 MWKL = P_103(MWKNO).Y '——工件尺寸长边距离
19 PTEACH = P_100(MWKNO) '——工件抓取点位置
20 PVSWRK = P_101(MWKNO) '——视觉识别的位置
21 CCOM$ = C_100$(MWKNO) '——COM 口编号
22 CPRG$ = C_101$(MWKNO) '——视觉程序名
23 Return
24 '#####开启通信端口#####
25 *S70VOPEN
26 NVClose '——端口关闭
27 NVOpen CCOM$ As #1 '——端口打开 + 登录 ON
28 Wait M_NvOpen(1) = 1 '——等待端口连接完成
29 'NVLoad #1,CPRG$ '——视觉程序加载
30 Return
31 '#####视觉系统初始化处理/计算视觉重心与抓取中心偏差, 如果超出设定值则报警#####
32 *S20VSINI
33 MED1# = M_100#(MENCNO) '——M_100# = B 程序标定时传送带移动量
34 PRBORG = P_EncDlt(MENCNO) * MED1# '——PRBORG = 视觉识别点位置
35 MED2# = M_101#(MWKNO) '——M_101# = C 程序标定时编码器移动量
36 PBACK = P_EncDlt(MENCNO) * MED2# '——C 程序理论抓取点
37 PWKPOS = PRBORG + PVSWRK + PBACK '——将视觉识别工件变换至机器人区域的位置
38 PVTR = (P_Zero/PWKPOS) * PTEACH '——视觉重心位置和夹持位置的向量
39 If PVTR.X < -PCHK.X Or PVTR.X > PCHK.X  Then Error 9110 '——追踪位置的计算结果
与理论值有较大差异时报错
40 If PVTR.Y < -PCHK.Y Or PVTR.Y > PCHK.Y  Then Error 9110
41 Return
42 '#####条件设定/摄像启动条件计算#####
43 *S30CONST
44 MDX = P_EncDlt(MENCNO).X '——1 个脉冲的移动量(X)
45 MDY = P_EncDlt(MENCNO).Y '——1 个脉冲的移动量(Y)
46 MDZ = P_EncDlt(MENCNO).Z '——1 个脉冲的移动量(Z)
47 MD = Sqr(MDX^2 + MDY^2 + MDZ^2) '——1 个脉冲的向量移动量计算
48  MEI# = Abs((MVSL - MWKL)/MD) '——摄像启动设定值计算
49 Return
50 '#####视觉系统识别检查处理#####
```

```
51 *S40CHKS
52 *LVSCMD
53 *LWAIT
54 MEC#=M_Enc(MENCNO) '——获取当前编码器值
55 MEM#=MEC#-MEP# '——当前编码器当前值减去前次编码器值
56 If MEM#>800000000.0# Then MEM#=MEM#-1000000000.0#
57 If MEM#<-800000000.0# Then MEM#=MEM#+1000000000.0#
58 If Abs(MEM#)>MEI# GoTo *LVSTRG '——编码器移动量和相机启动设定值的比较
59 Dly 0.01
60 GoTo *LWAIT
61 *LVSTRG
62 MEP#=MEC# '——编码器当前值写入前次值
63 NVTrg #1,5,MTR1#,MTR2#,MTR3#,MTR4#,MTR5#,MTR6#,MTR7#,MTR8# '——摄像要求+获
取编码器值
64 '——获取编码器值
65 If M_NvOpen(1)<>1  Then Error 9100 '——通信异常
66 EBRead #1,"",MNUM,PVS1,PVS2,PVS3',PVS4 '——读取视觉系统数据
67 pvs11=PVS1
68 PVS(1)=PVSCal(1,pvs11.X,pvs11.Y,pvs11.C)'——整定
69 PVS(1).C=PVS1.C
70 pvs22=PVS2
71 PVS(2)=PVSCal(1,pvs22.X,pvs22.Y,pvs22.C)
72 PVS(2).C=PVS2.C
73 pvs33=PVS3
74 PVS(3)=PVSCal(1,pvs33.X,pvs33.Y,pvs33.C)
75 PVS(3).C=PVS3.C
76 pvs44=pvs4
77 pvs(4)=pvscal(1,pvs44.x,pvs44.y,pvs44.c)
78 If MNUM=0  Then GoTo *LVSCMD '——没有检测到工件时跳回子程序起首行
79 If MNUM>4 Then MNUM=4 '——设为工件数为最大4个
80 For M1=1 To MNUM '——循环次数为识别个数
81 MX(M1)=PVS(M1).X '——数据获取
82 MY(M1)=PVS(M1).Y
83 MT(M1)=PVS(M1).C
84 Next M1
85 GoSub *S60WRDAT '——识别数据存储处理
86 Return
87 '#####追踪数据存储处理#####
88 *S60WRDAT
89 For M1=1 To MNUM '——处理次数为识别个数
90 PSW=P_Zero
91 PSW=PRBORG '—— PRBORG=B程序确定的理论视觉点
92 PSW.X=PSW.X+MX(M1) '——生成视觉识别位置
```

```
93 PSW. Y = PSW. Y + MY(M1)
94 PSW. C = PSW. C - MT(M1)
95 PRW = P_Zero
96 PVTR. X = -40
97 PVTR. Y = -72
98 PFIX = P_Zero
99 PFIX. X = 8
100 PFIX. Y = -13
101 PVVV = PVTR * PFIX
102 PRW = PSW + PVVV '——最终获得的视觉点 PRW 计算公式
PRW = B 程序理论点 + 视觉补偿 + 重心补偿
103 PRW. FL1 = P_100(MWKNO). FL1
104 PRW. FL2 = P_100(MWKNO). FL2
105 Select MENCNO '——根据编码器编号选择执行不同的写入指令
106 Case 1
107 TrWrt PRW,MTR1 #,MWKNO,1,MENCNO '——写入识别点及编码器数值, 变量依次为位置、编码
器值、机种编号、缓存编号、编码器
108 Break
109 Case 2
110 TrWrt PRW,MTR2 #,MWKNO,1,MENCNO '——位置、编码器值、机种编号、缓存编号、编码器
编号
111 Break
112 Case 3
113 TrWrt PRW,MTR3 #,MWKNO,1,MENCNO '——位置、编码器值、机种编号、缓存编号、编码器
编号
114 Break
115 Case 4
116 TrWrt PRW,MTR4 #,MWKNO,1,MENCNO '——位置、编码器值、机种编号、缓存编号、编码器
编号
117 Break
118 Case 5
119 TrWrt PRW,MTR5 #,MWKNO,1,MENCNO '——位置、编码器值、机种编号、缓存编号、编码器
编号
120 Break
121 Case 6
122 TrWrt PRW,MTR6 #,MWKNO,1,MENCNO '——位置、编码器值、机种编号、缓存编号、编码器
编号
123 Break
124 Case 7
125 TrWrt PRW,MTR7 #,MWKNO,1,MENCNO'——位置、编码器值、机种编号、缓存编号、编码器
126 Break
127 Case 8
128 TrWrt PRW,MTR8 #,MWKNO,1,MENCNO '——位置、编码器值、机种编号、缓存编号、编码器
```

编号

129 Break

130 End Select

131 Next M1

132 Return

133 PVS(1) = (+0.000, +0.000, +0.000, +0.000, +0.000, +0.000, +0.000, +0.000)(0,0)

134 PVS(2) = (+0.000, +0.000, +0.000, +0.000, +0.000, +0.000, +0.000, +0.000)(0,0)

135 PVS(3) = (+0.000, +0.000, +0.000, +0.000, +0.000, +0.000, +0.000, +0.000)(0,0)

136 PVS(4) = (+0.000, +0.000, +0.000, +0.000, +0.000, +0.000, +0.000, +0.000)(0,0)

137 PTEACH = (+0.000, +0.000, +0.000, +0.000, +0.000, +0.000, +0.000, +0.000)(0,0)

138 PCSWRK = (+0.000, +0.000, +0.000, +0.000, +0.000, +0.000, +0.000, +0.000)(0,0)

139 PRBORG = (+0.000, +0.000, +0.000, +0.000, +0.000, +0.000, +0.000, +0.000)(0,0)

140 PBACK = (+0.000, +0.000, +0.000, +0.000, +0.000, +0.000, +0.000, +0.000)(0,0)

141 PWKPOS = (+0.000, +0.000, +0.000, +0.000, +0.000, +0.000, +0.000, +0.000)(0,0)

142 PVTR = (+0.000, +0.000, +0.000, +0.000, +0.000, +0.000, +0.000, +0.000)(0,0)

143 PCHK = (+100.000, +100.000, +0.000, +0.000, +0.000, +0.000, +0.000, +0.000)(0,0)

144 PSW = (+0.000, +0.000, +0.000, +0.000, +0.000, +0.000, +0.000, +0.000)(0,0)

145 PRW = (+0.000, +0.000, +0.000, +0.000, +0.000, +0.000, +0.000, +0.000)(0,0)

PVS(1) = (+1012.661, +648.378, +0.000, +0.000, +0.000, +179.511, +0.000, +0.000)(0,0)

PVS(2) = (+1012.661, +648.378, +0.000, +0.000, +0.000, +179.511, +0.000, +0.000)(0,0)

PVS(3) = (+1012.661, +648.378, +0.000, +0.000, +0.000, +179.511, +0.000, +0.000)(0,0)

PVS(4) = (+0.000, +0.000, +0.000, +0.000, +0.000, +0.000, +0.000, +0.000)(0,0)

PTEACH = (+670.618, -41.811, +217.342, +0.000, +0.000, -74.196, +0.000, +0.000)(0,0)

PVSWRK = (+550.148, +20.165, +0.000, +0.000, +0.000, +179.511, +0.000, +0.000)(0,0)

PRBORG = (+1224.914, +0.000, +0.000, +0.000, +0.000, +0.000, +0.000, +0.000)(4,0)

PBACK = (-1070.989, +0.000, +0.000, +0.000, +0.000, +0.000, +0.000, +0.000)(4,0)

PWKPOS = (+704.073, +20.165, +0.000, +0.000, +0.000, +179.511, +0.000, +0.000)(4,0)

PVTR = (+32.925, +62.260, +217.342, +0.000, +0.000, +106.293, +0.000, +0.000)

(0,0)

    PCHK = (+900.000, +800.000, +0.000, +0.000, +0.000, +0.000, +0.000, +0.000)(0,0)

    PVS1 = (+0.000, +0.000, +0.000, +0.000, +0.000, +0.000, +0.000, +0.000)(0,0)

    PVS2 = (+0.000, +0.000, +0.000, +0.000, +0.000, +0.000, +0.000, +0.000)(0,0)

    PVS3 = (+0.000, +0.000, +0.000, +0.000, +0.000, +0.000, +0.000, +0.000)(0,0)

    pvs11 = (+0.000, +0.000, +0.000, +0.000, +0.000, +0.000, +0.000, +0.000)(0,0)

    pvs22 = (+0.000, +0.000, +0.000, +0.000, +0.000, +0.000, +0.000, +0.000)(0,0)

    pvs33 = (+0.000, +0.000, +0.000, +0.000, +0.000, +0.000, +0.000, +0.000)(0,0)

    PSW = (+ 1695.076, − 170.838, + 0.000, + 0.000, + 0.000, − 10332.774, + 0.000, + 0.000)(4,0)

    PRW = (+ 1654.076, − 243.838, + 217.342, + 0.000, + 0.000, − 10226.480, + 0.000, + 0.000)(0,0)

    PFIX = (0.000,0.000,0.000,0.000,0.000,0.000,0.000,0.000)(0,0)

    PVVV = (0.000,0.000,0.000,0.000,0.000,0.000,0.000,0.000)(0,0)

    PCSWRK = (+0.000, +0.000, +0.000, +0.000, +0.000, +0.000, +0.000, +0.000)(0,0)

    pvs0 = (+0.000, +0.000, +0.000, +0.000, +0.000, +0.000, +0.000, +0.000)(0,0)

    PVS4 = (+0.000, +0.000, +0.000, +0.000, +0.000, +0.000, +0.000, +0.000)(0,0)

20.13　自动运行操作流程

本节解释在启动系统前如何操作机器人。

（1）预备

1）检查在机器人运动范围内是否有障碍物。

2）准备运行要执行的程序。

注意：如果没有机器人操作面板，则必须使用外部信号按以下步骤操作机器人。

（2）预操作流程

1）设置示教单元的使能开关 = "DISABLE"．（无效），如图 20-57 所示。

2）设置控制器模式开关 = "AUTOMATIC"．（自动），如图 20-58 所示。

图 20-57　示教单元的使能开关
= "DISABLE"．（无效）

图 20-58　控制器模式开关
= "AUTOMATIC"．（自动）

3）按下伺服 ON 按键，SVO ON = ON，如图 20-59 所示。

4）选择程序号，如图 20-60 所示。

图 20-59　伺服 ON

图 20-60　选择程序号

3. 执行

1）确认"急停"按键的功能有效而且不会引起机器人动作混乱。

2）使用控制器的操作面板运行程序（如果没有操作面板，则使用外部信号操作）。

3）按下"启动"按键，如图 20-61 所示。

4. 排除故障

如果机器人移动过程中出现报警，则必须参考报警手册予以排除。

图 20-61　启动信号 = ON

5. 结束

除非光电开关检测到工件或视觉系统识别到工件，否则机器人不会移动。

20.14　追踪功能指令及状态变量

20.14.1　追踪功能指令及状态变量一览

1）追踪指令见表 20-11。

表 20-11　指令一览表

指令名称	功　　能
TrBase	设置追踪模式的追踪起点和编码器编号
TrClr	对追踪缓存区清零
Trk	启动或结束追踪模式
TrOut	输出信号并读编码器数据
TrRd	从追踪缓存区读工件数据
TrWrt	向追踪数据缓存区写工件数据

2）状态变量见表 20-12。

表 20-12　状态变量一览表

变量名称	功能	属性	数据类型
M_Enc	编码器数值	R/W	双精度实数
M_EncL	已经储存的编码器数值	R/W	双精度实数

（续）

变量名称	功能	属性	数据类型
P_EncDlt	编码器每一脉冲机器人移动量，这一数据由程序 A 生成	R/W	位置数据
M_Trbfct	存储在追踪数据缓存区的数据数量	R	整数
P_Cvspd	传送带速度（mm, rad/s）	R	位置数据
M_EncMax	编码器数据最大值	R	双精度实数
M_EncMin	编码器数据最小值	R	双精度实数
M_EncSpd	编码器速度（脉冲/s）	R	单精度实数
M_TrkCQ	追踪操作状态 1：追踪模态 0：非追踪模态	R	实数

3）相关函数功能见表 20-13。

表 20-13　相关函数功能一览表

Poscq（<position>）	检查指定的点位是否在设置范围内	整数
TrWcur（<encoder number>, <position>, <encoder value>）	获得当前工件位置	位置
TrPos（<position>）	获取在追踪起点的工件位置	位置

20.14.2　追踪功能指令说明

1. TrBase 指令

TrBase（tracking base）：追踪基本指令。

（1）功能　本指令用于设定追踪原点和使用的编码器编号。

（2）格式　TrBase <原点位置>[, <编码器编号>]。

（3）格式说明

1）<原点位置>：追踪运行中的追踪的起点位置。

2）<编码器编号>：使用的编码器连接到控制器的通道号。

（4）程序样例

1 TrBase P0 '——以 P0 为追踪原点

2 TrRd P1,M1,MKIND '——从追踪缓存区读出被检测到的数据

3 Trk On,P1,M1 '——以 P1 和 M1 为对象进行追踪

4 Mvs P2 '——设置 P1 的当前位置为 P1C，使得机器人跟踪工件操作中的目标位置为 P1c＊P_Zero/P0＊P2."

'这说明追踪过程中目标位置一直在改变(事实上也一直在变化)，系统能够识别的目标位置＝P1c＊P_Zero/P0＊P2.

'P2 是实际程序中的抓取点

5 HClose 1

6 Trk Off '——停止追踪

（5）说明　本指令用于设置追踪原点以及编码器编号。如果没有标写编码器编号则为

预置值1，在控制器中设置有追踪原点及编码器编号的初始值，使用 TrBase 或 Trk 指令可以改变初始值。

$$追踪原点初始值 = P\_Zero，编码器编号初始值 = 1$$

2. TrClr 追踪缓存区数据清零指令

TrClr：追踪区数据清零。

（1）功能　清除追踪缓存区中的数据.

（2）格式　TrClr［<缓存区编号>］。

（3）格式说明　［<缓存区序号>］追踪数据缓存区的序号。设置范围为 1~4。

（4）程序样例

```
1 TrClr 1 '——清除1#追踪缓存区内的数据
2 *LOOP
3 If M_In(8)=0 Then GoTo *LOOP
4 M1#=M_Enc(1)
5 TrWrt P1,M1#,MK '——写入数据
```

（5）说明

1）清除存储在追踪缓存区内的数据。

2）在追踪程序初始化时使用本指令。

3. Trk 追踪功能指令

Trk：追踪功能。

（1）功能　Trk On 为机器人进入追踪模式工作；Trk Off 为停止追踪。

（2）格式　Trk On［，<测量位置数据>］［，［<编码器数据>］］［，［<追踪原点位置 ->］［，［<编码器编号>］］］］］Trk Off。

（3）格式说明

1）<测量位置数据>（可省略）：设置由传感器检测到的工件位置。

2）<编码器数据>（可省略）：设置当检测到工件时编码器的数值。

3）<追踪原点位置 ->（可省略）：设置追踪模式中使用的原点。如果省略，则使用 TrBase 指令设置的原点，其初始值 = PZERO。

4）<编码器编号>（可省略）

（4）程序样例

```
1 TrBase P0 '——设置P0为追踪原点
2 TrRd P1,M1,MKIND '——读出追踪缓存区数据
3 Trk On,P1,M1 '——追踪启动，以位置数据P1，编码器数据M1为基准进行追踪
4 Mvs P2 '——移动到P2点
5 HClose 1 '——抓手1=ON
6 Trk Off '——追踪模式结束
```

（5）说明　追踪工作以 检测点的工件位置 和检测点动作时的编码器数值为基础进行追踪。

4. TrOut 输出信号和读取编码器数值指令

（1）功能　指定一个输出信号 = ON 和读取编码器数值。

（2）格式　TrOut <输出信号编号（地址）>，<存储编码器1数值的变量>［，［<存

储编码器 2 数值的变量];

[，[＜存储编码器 3 数值的变量＞]［，［＜存储编码器 4 数值的变量＞];

[，[＜存储编码器 5 数值的变量＞]［，［＜存储编码器 6 数值的变量];

[，[＜存储编码器 7 数值的变量＞]［，［＜存储编码器 8 数值的变量＞]]]]]]]].

(3) 程序样例

```
1 *LOOP1
2 If M_In(10) < > 1 GoTo *LOOP1 '——检查外部信号(光电开关)是否动作,没有动作就继续等
待(如果光电开关 = ON,则执行下一步)
3 TrOut 20,M1# , M2# '——指定输出信号 20 = ON,同时指定编码器 1 的数据存储在 M1#变量,编
码器 2 的数据存储在 M2#变量,存储过程与输出信号 = ON 同步
4 *LOOP2
5 If M_In(21) < > 1 GoTo *LOOP2 '——如果 M_In(21) = 1,则
6 M_Out(20) = 0 '——设置 M_Out(20) = 0
```

(4) 说明

1) 本指令指定一个输出信号 = ON 和读取编码器数值。

2) 本指令可以在输出计算指令的同时获取由编码器测量的工件位置信息。

3) 因为通用输出信号是可以保持的,所以在确认已经获取视觉系统信息后,必须使用 M_Out 变量使通用用输出信号 = OFF。

5. TrRd 读追踪数据指令

(1) 功能 从追踪数据缓存区中读位置追踪数据以及编码器数据等。

(2) 格式 TrRd ＜位置数据＞[，＜编码器数据＞][，[＜工件类型数＞][，[＜缓存区序号＞][＜编码器编号＞]]]]。

(3) 格式说明

1) ＜位置数据＞(不能够省略):设置一个变量用于存储从缓存区中读出的工件位置。

2) ＜编码器数据＞可省略:设置一个变量用于存储从缓存区中读出的编码器数值。

3) ＜工件类型数＞(可省略):设置一个变量用于存储从缓存区中读出的工件类型数。

4) ＜缓存区序号＞(可省略):设置被读出数据的缓存区序号,如果设置为 1 则可省略。设置范围为 1 ~ 4,与参数 [TRBUF]) 相关。

5) ＜编码器编号＞(可省略):设置一个变量用于存储从缓存区中读出的编码器编号。

(4) 程序样例

1) 追踪操作程序。

```
1 TrBase P0 '——设置 P0 为追踪原点
2 TrRd P1,M1,MK '——读数据指令,读出的位置数据存储在 P1,编码器数据存储在 M1,工件类型
数量存储在 MK
3 Trk On,P1,M1 '——追踪启动,工件检测点 = P1,同时的编码器数据为 M1
4 Mvs P2
5 HClose 1
6 Trk Off '——追踪操作结束
```

2) 传感器数据接收程序。

```
1 *LOOP
2 If M_In(8)=0 Then GoTo *LOOP '——M_In(8)是光电开关检测信号
3 M1#=M_Enc(1)
4 TrRd P1,M1,MK
```
——读数据指令,读出的位置数据存储在 P1,编码器数据存储在 M1,工件类型数量存储在 MK

（5）说明

1）本指令读出由 TrWrt 指令写入指定缓存区的各数据,即工件位置、编码器数值、工件类型数等。

2）如果执行本指令时,在指定的缓存区内没有数据,则发出报警,报警号 2540。

6. TrWrt——写追踪数据指令

（1）功能　在追踪操作中,将位置数据,编码器数值写入追踪数据缓存区中。

（2）格式　TrWrt <位置数据>［,<编码器数据>］［,［<工件类型数>］［,［<缓存区序号>］［,<编码器编号>］］］］。

（3）格式说明

1）<位置数据>（不能省略）:指定由传感器检测的位置数据。

2）<编码器数据>（可省略）:编码器数值:编码器数值指在工件被检测到的位置点的编码器数值。获取的编码器数值存储在 M_Enc() 状态变量中并通常由 TrOut 指令指定。

3）<工件类型数>（可省略）:指定工件类型数量。设置范围为 1~65535。

4）<缓存区序号>（可省略）:指定数据缓存区序号。设置 =1 时,可以省略。设置范围为 1~4。

5）<编码器编号>（可省略）:设置外部编码器编号。

（4）程序样例

1）追踪操作程序。

```
1 TrBase P0 '——设置 P0 为追踪原点
2 TrRd P1,M1,MKIND '——读数据指令
3 Trk On,P1,M1 '——追踪启动
4 Mvs P2
5 HClose 1
6 Trk Off
```

2）光电传感器程序。

```
1 *LOOP
2 If M_In(8)=0 Then GoTo *LOOP '——如果光电开关的输入信号 =OFF,则反复循环等待,
否则
3 M1#=M_Enc(1) '——如果光电开关输入信号 8=ON,则将此时的编码器数据赋予 M1#
4 TrWrt P1,M1#,MK '——同时将此点位的工件数据 P1,编码器数据 M1#,以及工件类型数写入缓存
区
```

（5）说明

1）本指令将测量点（检测开关 =ON）的工件位置数据,编码器数据、工件类型数、和编码器编号写入追踪数据缓存区。

2）除工件位置外的其他参数可省略。

3）用参数 TRCWDST 设置工件间隔距离，如果工件在间隔之内，则被视为同一工件。即使数据被写入两次或两次以上，也只有一个数据被存储在缓存区。因此使用 TrRd 指令只会读出一个数据。

20.15 故障排除

20.15.1 报警号在 9000～9900 的故障

报警 9000～9900 故障见表 20-14。

表 20-14 报警 9000～9900 故障一览表

报警编号	故障现象	故障原因及排除方法
9100	通信故障	原因：在 C 程序中视觉系统与机器人未正确连接或机器人未能登录在视觉系统中 处理：检查连接机器人和视觉系统的以太网电缆
9101	编码器编号超范围	原因：编码器编号设置超出范围 处理：检查程序中 PE 变量的 X 坐标值
9102	工件类型数超范围	原因：设置的工件类型数超出范围 处理：检查 C 程序中变量 PRM1 的 X 坐标值 如果该值大于 11，则要修改 C 程序中的程序 MWKMAX = 10
9110	位置精度超范围	原因：由 A 程序和 C 程序计算的位置精度与理论值相差很大 处理： 1. 检查 CM1 程序中的位置变量 PVTR 的 X 和 Y 坐标值，这些数值表示了与理论值的差别 2. 如果这些数值相差过大，则再次运行 A 程序、B 程序、C 程序 3. 检查 CM1 程序中的位置变量 PCHK 的 X 和 Y 坐标值是否不为 0。如果 = 0，则需要修改这些差值到允许的精度
9199	程序错误	原因：在 1#程序中的 *S50WKPOS 程序不能生成一个返回值 处理：检查 *S50WKPOS 程序中的 MY50STS 值不能够从 0 改变为其他值的原因

20.15.2 其他报警

其他故障报警见表 20-15。

表 20-15 其他故障报警一览表

报警号	故障现象	故障原因及排除方法
L2500	编码器数据错误	原因：编码器数值不正常 处理：1. 以固定速度检查传送带的旋转状态 2. 检查编码器连接状态 3. 检查地线及接地
L2510	追踪参数错误	原因：追踪参数 EXCRGMN 和 EXCRGMX 设置值相反 处理：检查 ENCRGMX 和 ENCRGMN 的设置值

（续）

报警号	故障现象	故障原因及排除方法
L2520	追踪参数超范围	原因：参数 TRBUF 的设置值超范围 处理：检查并重新设置参数 TRBUF
L2530		原因：缓存区数据写入错误 处理：1. 检查 TrWrt 指令的执行次数是否正确 2. 检查参数 TRBUF 的设置是否正确 3. 检查 CM1 程序中的位置变量 PCHK 的 X 和 Y 坐标值是否不为 0，如果 =0，则需要修改这些差值到允许的精度
L2540	没有数据被写进缓存区，所以读不出数据	原因：没有数据被写进缓存区，所以读不出数据 处理：1. 使用状态变量 [M_Trbfct]. 确认缓存区内有数据之后再执行 TrRd 指令 2. 确认读指令与写指令的缓存区序号相同
L2560	追踪参数不当	原因：EXTENC 参数设置超出范围，设置范围为 1～8
L3982	点位不当不能使用	原因：奇异点
L6632	不能写入 TREN 信号	原因：在实时信号输入模式中，外部输出信号 810～817 不能被写入 处理：使用实时输入信号 TREN

20.15.3　调试故障及排除

案例 1：动态标定故障及排除

1. 故障现象

照相机为线扫描型，通过扫描成像，因此要求工件一直运动，这与静态照相取得数据是不同的（线扫描型难以获得成像位置的编码器数值）。

初始解决办法是在动态成像后，由视觉系统发出信号。机器人一侧使用 IN 指令收取视觉传送过来的标志信号，若收到信号，则执行读取编码器数值指令，否则就等待直到收到标志信号。

B 程序和 C 程序都如此处理。标定完成后，进行抓取试运行，出现下列现象：

1）八次试运行中，有五次无抓取动作，也没有回等待点动作。

2）有两次跟踪抓取动作，但是都在工件过了机器人原点后才跟踪动作，结果抓取失败。

3）有一次跟踪抓取成功。

2. 初步判定

1）从多次工件被判定为超出工作区来看，是工件位置信息出现错误。

2）由于是动态视觉标定，所以视觉侧发出标定信号的时间点是否有问题？

3）在 B 程序中发出标定信号的时间点和 C 程序中发出信号的时间点的延迟是否相同？

由于 B 程序和 C 程序的数据整定时间可能不同，这样是否会造成数据紊乱？如图 20-62 所示，数据整定的时间不是确定的，所以发出信号的位置点也是每次不同的。

3. 解决方案

（1）方案 1　视觉方面提出一个解决方案，即去掉整定时间，在数据获取位直接发出获

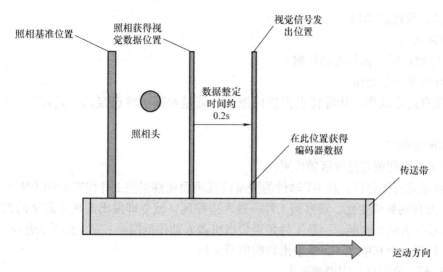

图 20-62　不同的数据整定时间造成的位置误差

取编码器位置指令。由 B 程序和 C 程序直接收取编码器数据，则编码器数据就与视觉位置数据完全对应。

在这之后发出图像有无信号，如果判断无图像则跳转到报警位，使程序复位后重新标定，如图 20-63 所示。

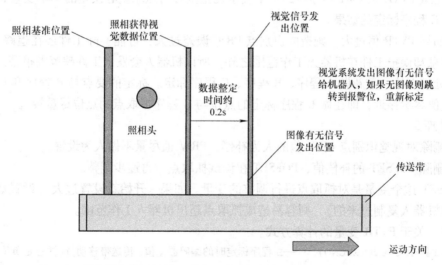

图 20-63　去掉数据整定时间

（2）方案 2（用于 B 程序 C 程序标定）　在视觉拍摄获得图像后：

1）停止传送带。

2）移动传送带，使工件到达某标定位置。

3）获取编码器位置。

这样视觉获得的位置与编码器位置处的实际工件位置之间有一个固定的向量值，这一差值可在机器人程序中予以补偿。

4）处理：使用方案 1 后，即可进行正常追踪。

案例2：无追踪动作

1. 故障现象

1#程序启动后，机器人动作如下：

1）有回等待点动作。

2）没有追踪动作，从等待点直接回原点，就是判断工件已经超出追踪区，判别信号 =3。

2. 判断及处理1

观察工件当前值在追踪区的位置。

1）点动运行传送带，在 RT 软件的变量监视画面观察当前工件位置 P50CUR. Y。逐步观察其在 Y 方向的数值变化。观察到工件一进入追踪区，就立即发出超越追踪区的判断信号。该判断信号是做两个判断，一是工件是否超出机器人动作范围？二是工件是否超出追踪区动作范围？只要符合其中之一，就发出判断信号 =3。

2）判断：追踪区范围设置不当。

3）再一次设置追踪区范围参数 PRNG，重新写入后断电上电。

4）检查抓取点是否在追踪区范围，启动后可以进入追踪模式。

5）结论：追踪区参数未生效，重新写入后断电上电使其生效。

3. 检查视觉偏差变量 PVTR 处理2

1）变量 PVTR 是 CM1 程序中的一个表示视觉重心与抓取重心误差的一个变量，取决于 B 程序和 C 程序标定的结果。

2）如果 PVTR 值过大，则造成识别点 PRW 误差过大，可能实际工件还在追踪工作区，但识别信息却误报工件在机器人工作范围之外，所以机器人会发出工件超范围报警。

3）处理办法：重新做 A 程序、B 程序、C 程序标定。标定的要点是 B 程序和 C 程序的编码器差值尽量接近，即在做 B 程序标定的点位与 C 程序抓取点的点位尽量接近。

4. 处理3

1）删除对视觉识别点 PRW 值的人为补偿，PRW 值尽量不做人为设置。

2）删除 POFSET 的补偿值，POFSET 在调试抓取点时再逐步调整。

POFSET 这个变量是对抓取点进行调整的变量。如果一开始就设置过大（设置数据可能是从其他机器人复制过来的），则容易造成抓取点超出机器人工作范围。

附注：关于 PVTR 变量的计算方式。

```
1 MED1#=M_100#(MENCNO) '——B 程序标定时的编码器差值，传送带移动量(注意是负值)
2 PRBORG=P_EncDlt(MENCNO)*MED1# '——根据 B 程序计算机器人(视觉)原点
3 MED2#=M_101#(MWKNO) '——C 程序识别的编码器差值
4 PBACK=P_EncDlt(MENCNO)*MED2#'——C 程序识别的机器人全移动量
5 PWKPOS=PRBORG+PVSWRK+PBACK' '——PVSWRK 为 P101 视觉识别点，PVSWRK 将视觉识别
工件变换至机器人区域的位置
6 PVTR=(P_Zero/PWKPOS)*PTEACH '——视觉重心位置和夹持位置的向量
```

案例3：无追踪动作

1. 故障现象

1#程序启动后，只有回原点动作，没有后续的回等待点动作和追踪动作。

2. 分析及处理

监视 1#程序，程序停止对追踪区内有无数据的判断环节。

1 *LBFCHK——缓存区数据检查

2 If M_Trbfct(1) > =1 Then GoTo *LREAD '—— 判断追踪缓存区内是否写入视觉系统传送过来的数据，如果 NO，则回原点等待，如果 YES，则跳转到 *LREAD，M_Trbfct 为状态变量，表示在追踪缓存区内的数据内容

3 Mov P1 Type 0,0 '——移动到 P1 点，P1 点是退避点位置

4 MWAIT1 =0 '——设置 MWAIT1 =0，MWAIT1 是自定义变量

5 GoTo *LBFCHK——返回 *LBFCHK 继续进行缓存区数据检查

这种现象表明在追踪缓存区内没有数据，现场观察 M_Trbfct（1）=0。什么样的情况下，追踪缓存区才没有数据呢？根据对程序的分析，在 1#程序中的初始化程序，有 TRclr 指令即清空缓存区指令，而向追踪缓存区写数据的指令在 CM1 程序中，所以要监视 CM1 程序是否已经执行了写指令程序。CM1 程序与 1#程序的通信取决于通信指令 IN，所以基本判断是通信的问题。

重新插拔以太网通信电缆，断电上电后，故障消除。

20.16   参数汇总

参数名称	参数简写	功　　能	出厂值
追踪缓存区	TRBUF	追踪缓存区的编号及大小（KB）追踪缓存区用于存储追踪工作的数据，主要存储每一传送带的数据，当增加传送带时就要改变设置值，设置范围为 1~8，缓存区大小设置范围 1~200KB	2, 64

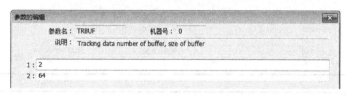

参数名称	参数简写	功　　能	出厂值
编码器数据最小值	ENCRGMN	编码器数据最小值 编码器数值由状态变量 M_Enc 获得	0, 0, 0, 0, 0, 0, 0, 0

参数名称	参数简写	功　能	出厂值
编码器数据最大值	ENCRGMX	编码器数据最大值 编码器数值由状态变量 M_ Enc 获得	100000000,

参数的编辑　　　　　　　　　　　　　　　　　　　　　　　　　✕

参数名：ENCRGMX　　　机器号：0

说明：Logical max value for external encoder

1: 1000000000　　　　　　　　5: 1000000000

2: 1000000000　　　　　　　　6: 1000000000

3: 1000000000　　　　　　　　7: 1000000000

4: 1000000000　　　　　　　　8: 1000000000

参数名称	参数简写	功　能	出厂值
追踪调节系数 1	TRADJ1	（以传送带速度 100mm/S 为基准）设置一个延迟量 例1　当传送带速度 = 50mm/s 时，需要延迟 2mm 时，设置 TRADJ1 = 4（2/50 * 100） 例2　当传送带速度 = 50mm/s 时，需要延迟 -1mm 时，设置 TRADJ1 = -2（-2/50 * 100）	

参数的编辑　　　　　　　　　　　　　　　　　　　　　　　　　✕

参数名：TRADJ1　　　机器号：1

说明：Coefficient1 of adjustment for tracking

1: 0.00　　　　　　　　5: 0.00

2: 0.00　　　　　　　　6: 0.00

3: 0.00　　　　　　　　7: 0.00

4: 0.00　　　　　　　　8: 0.00

参数名称	参数简写	功　能	出厂值
追踪调节系数 2	TRADJ2	修正传送带速度为 Vc + TRADJ2 * （Vc - Vp） Vc = 当前采样的传送带速度 Vp = 前一次采样的传送带速度	

参数的编辑　　　　　　　　　　　　　　　　　　　　　　　　　✕

参数名：TRADJ2　　　机器号：1

说明：Coefficient2 of adjustment for tracking

1: 0.00　　　　　　　　5: 0.00

2: 0.00　　　　　　　　6: 0.00

3: 0.00　　　　　　　　7: 0.00

4: 0.00　　　　　　　　8: 0.00

附录　报警及故障排除

报警编号的含义如图 A-1 所示。

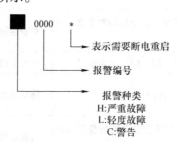

图 A-1　报警编号的含义

在图 A-1 中，＊表示故障严重，需要断电重启；0000 表示报警编号。报警类型分为
H——严重报警，伺服系统 = OFF；L——轻度故障停止动作；C——警告继续运行。

如果发生报警或故障，则查阅表 A-1 进行排除。

表 A-1　报警一览表

序号	报警编号	报警内容	排除方法
1	H0001	非正常电源 OFF	检查外部线路，重启电源
2	H0002	程序非正常停止	重启电源，多次发生本故障则报修
3	H0003	系统异常	重启电源，多次发生本故障则报修
4	H0004	CPU 异常	重启电源，多次发生本故障则报修
5	H0009	控制器软件升级信息	重启电源
6	C0010	控制器软件版本错误，程序被删除	重启电源
7	C0013 ＊	硬件存储区故障	做初始化
8	H0014	参数名称超过 14 个字符	修改参数名称
9	H0015	控制器内部信息错误	报修
10	L0016	电源启动错误	电源 OFF，延时较长时间后再启动电源 = ON
11	H0020	备份文件名重复	修改备份文件名
12	H0039	Door swith 信号线异常	检查 Door swith 信号线
13	H0040	Door swith 信号 = OFF	将 Door swith 信号 = ON
14	H0041 ＊	REMOTE I/O Channel 1 的连接异常	检查地线及其他配线
15	H0042 ＊	REMOTE I/O Channel 2 的连接异常	检查地线及其他配线
16	H0050	外部急停	检查引起急停的原因
17	H0051	外部急停配线错误	检查配线
18	H0053	附加轴外部急停	检查原因
19	H0060	操作面板 急停 = ON	检查原因

（续）

序号	报警编号	报警内容	排除方法
20	C043n（n 为轴号码）（1~8）	电动机过热警告	降低运行速度
21	C049n *（n 为风扇号码）（1~8）	风扇异常	更换风扇
22	H0743 *	供电主回路异常，由于接触器不良，主回路电压过低	检查主回路
23	H0850 *	输入电源（L1、L2、L3）发生断相	检查电源线路
24	H094n（n 为轴号码）（1~8）	伺服驱动器过负荷 1	降低速度
25	H096n（n 为轴号码）（1~8）	伺服 ON 中，位置指令及实际位置的偏差过大	检查负载、运行速度、配线情况
26	H097n（n 为轴号码）（1~8）	伺服 OFF 时，位置指令及实际位置的偏差过大	请确认在伺服 OFF 操作时，不会发生手臂落下等轴移动的情况
27	C1760	原点设定数据不正确，原点设定数据有输入错误	请输入正确原点设定数据，请确认 O：O（字母）与 0：零（数字），I：I（字母）与 1：一（数字）等是否有误
28	C1770	原点设定未完成	请原点设定后再执行
29	C1781	在伺服开启中做原点设定	请将伺服关闭再做原点设定
30	H1790 *	动作范围参数 MEJAR 的设定不正确	请修正参数 MEJAR，MEJAR 的有效范围是 −131072.00 ~ +131072.00
31	H1800 *	ABS 动作范围参数 MEMAR 的设定不正确（− 侧的值 >0 或 + 侧的值 <0 的情况）	修正参数 MEMAR
32	H1810 *	用户原点设定参数 USERORG 的设定不正确	请修正参数 USERORG
33	L182n（n 为轴号码）（1~8）	位置数据不一致，在电源 OFF 中，机器人位置改变（没有刹车的轴已动作，或在运输过程中由于外力或振动电动机已旋转，或编码器保持的多回转资料发生偏离）	请确认原点位置，如果发生偏离，仅对该轴进行 ABS 原点设定
34	L1830	执行的 JRC 命令超出动作范围	请确认当前位置及动作范围
35	L1860	路径方向参数 TLC 的设定不正确	请修正参数 TLC（=X/Y/Z）
36	L2000	因伺服 =OFF 使机器人无法动作	指令伺服 =ON 后，再开始动作
37	H2031 *	参数 JOGPSP，JOGJSP 设定不正确，JOGPSP，JOGJSP =（定寸 high、定寸 low）	定寸量请设定在 5 以下
38	H216n（n 为轴号码，1~8）	n 轴的正向关节移动量超过限制	确认参数 MEJAR（关节动作范围）的值，调整指令使移动位置不超过参数设置范围
39	H217n（n 为轴号码，1~8）	n 轴的负向关节移动量超过限制	确认参数 MEJAR（关节动作范围）的值，调整指令使移动位置不超过参数设置范围

（续）

序号	报警编号	报警内容	排除方法
40	H2181	X 轴的正向直交移动量超过限制	确认参数 MEPAR（直交动作范围）的值，调整指令使移动目标位置不超过参数设置范围
41	H2182	Y 轴的正向直交移动量超过限制	确认参数 MEPAR（直交动作范围）的值，调整指令使移动目标位置不超过参数设置范围
42	H2183	Z 轴的正向直交移动量超过限制	确认参数 MEPAR（直交动作范围）的值，调整指令使移动目标位置不超过参数设置范围
43	H2191	X 轴的负向直交移动量超过限制	确认参数 MEPAR（直交动作范围）的值，调整指令使移动目标位置不超过参数设置范围
44	H2192	Y 轴的负向直交移动量超过限制	确认参数 MEPAR（直交动作范围）的值，调整指令使移动目标位置不超过参数设置范围。
45	H2193	Z 轴的负向直交移动量超过限制	确认参数 MEPAR（直交动作范围）的值，调整指令使移动目标位置不超过参数设置范围
46	L2500	跟踪编码器数据异常	1）请确认输送带速度是否急剧变化 2）检查编码器配线 3）检查接地线是否连接
47	L2510	跟踪编码器参数设定值相反； 参数 ENCRGMN 和 ENCRGMX 最小值及最大值设定相反	重新检查和设置参数 ENCRGMN，ENCRGMX
48	L2601	开始位置在动作范围外	修正开始位置数据； 关节动作范围、直交动作范围分别参照参数 MEJAR，MEPAR，形位数据（pose）请参照标准规格
49	L2602	指令位置在关节动作范围或直交动作范围之外，或狭角、广角形位（pose）超标准范围	修正开始位置数据；关节动作范围、直交动作范围分别参照参数 MEJAR，MEPAR；形位数据（pose）请参照标准规格
50	L2603	中间位置在关节动作范围或直交动作范围之外，或形位（pose）数据超标准范围	确认直线插补的中途路径及圆弧插补的通过点是否在动作范围外；关节动作范围、直交动作范围请分别参照参数 MEJAR，MEPAR；形位（pose）数据请参照标准规格；修正开始位置、中间位置或目标位置数据
51	L2800	位置数据不当，该位置可能是机器人无法到达的位置或形位（pose）	确认报警发生的程序行，根据该位置变量值确认通过特异点时是否在动作范围外，并修正位置变量值； 圆弧插补命令的情况下，请通过 3 点确认是否可以生成圆弧。请确认 2 点或 3 点是否重叠，或 3 点是否几乎都在一条直线上
52	L2801	起点位置数据不当，该点可能是机器人无法到达的起点位置或形位（pose）	确认报警发生的程序行，确认起点位置是否为机器人无法到达的位置，修正位置数据

（续）

序号	报警编号	报警内容	排除方法
53	L2802	目标位置数据不当，该位置可能是机器人无法到达的终点位置或形位（pose）	确认报警发生的程序行、确认目标位置是否为机器人无法到达的位置，修正位置数据
54	L2803	圆弧插补的辅助点位置数据不当	确认报警发生行、修正起点、中间点或目标位置数据
55	L2810	起始点及目标点的形位（pose）标志不一致	调整位置数据
56	H2820	加减速比例过小	将加减速比例调大
57	L3100	超过程序用堆栈容量	修正程序，GOSUB 必须回到 RETURN，另外，FOR ~ NEXT 的情况下，不得漏写 GOTO
58	L3110	自变量的值超范围	确认自变量的范围后再次输入
59	L3120	自变量的个数不正确	确认自变量的个数后再次输入
60	L3220	IF/FOR 指令中的 FOR 等的嵌套超过规定	修正程序
61	L3230	FOR 和 NEXT 的个数不一致	修正程序
62	L3240	嵌套数执行超过 16 段（FOR，WHILE）	修正程序
63	L3250	WHILE 和 WEND 的数不一致	修正程序
64	L3252	IF 和 ENDIF 的个数不一致	修正程序
65	L3255	IF 和 ELSE 的个数不一致	修正程序
66	L3270	超过指令的长度	修改程序指令在 256 半角文字以下
67	L3282	程序未选择或属性不正确	请在指定的工作任务区加载程序，或者将程序启动条件的属性改为非 ERROR
68	L3285	程序运行中或中断中无法执行	将程序重置（RESET）（解除中断状态）
69	L3710	程序调用 CALL 指令超过 限制	减少 CALLP 的调用次数（嵌套），CallP 的调用最多为 8 层
70	L3810	四则运算、单项运算、比较运算或各函数的自变量的种类不同	指定正确自变量
71	L3840	未编制 GOSUB 指令，而编制了 RETURN	修改程序
72	L3860	位置数据错误	确认位置数据
73	H5000	示教作业中，操作面板的键为 AUTO（自动）模式时，示教单元的 ENABLE 键为有效	将示教单元的 Enable（有效）键设定为 Disable（无效），或将操作面板的键设定为示教模式
74	L5100	在指定的任务区中没有选择程序	请选择程序
75	L5130	无法伺服 ON，原因是伺服 OFF 动作中	关闭伺服 OFF 信号后再指令伺服（ON）
76	L5150	未进行原点设定	执行原点设定
77	L5600	报警发生中，无法执行程序	先排除报警
78	C5610	停止信号输入中，无法执行程序	将停止信号关闭后再执行程序

（续）

序号	报警编号	报警内容	排除方法
79	L6020	未取得操作权	指令操作权 = ON
80	H6510	RS232C 接收报警（过速/帧/奇偶校检）	请在符合通信设定的参数后再开启电源
81	L6600	在专用输入输出信号中分配下述号码超出规定范围： 1）257～799； 2）808～899； 3）8048～8999； 4）9005～9999； 5）18192～32767	确认专用输入输出信号的设置范围
82	H6640	专用信号参数的设定不正确	修正参数
83	C7500	控制器的电池电压低	更换控制器的电池

参 考 文 献

[1] 刘伟. 六轴工业机器人在自动装配生产线中的应用 [J]. 电工技术, 2015 (8): 49–50.

[2] 吴昊. 基于 PLC 的控制系统在机器人码垛搬运中的应用 [J]. 山东科学, 2011 (6): 75~78.

[3] 任旭, 等. 机器人砂带磨削船用螺旋桨关键技术研究 [J]. 制造技术与机床, 2015 (11): 127–131.

[4] 高强, 等. 基于力控制的机器人柔性研抛加工系统搭建 [J]. 制造技术与机床, 2015 (10): 41–44.

[5] 陈君宝. 滚边机器人的实际应用 [J]. 金属加工 (冷加工), 2015 (22): 60–63.

[6] 陈先锋. 伺服控制技术自学手册 [M]. 北京: 人民邮电出版社, 2010.

[7] 杨叔子, 杨克冲, 等. 机械工程控制基础 [M]. 武汉: 华中科技大学出版社, 2011.

[8] 戎罡. 三菱电机中大型可编程控制器应用指南 [M]. 北京: 机械工业出版社, 2011.

[9] 黄风. 三菱数控系统的调试及应用 [M]. 北京: 机械工业出版社, 2013.

[10] 黄风. 运动控制器与数控系统的工程应用 [M]. 北京: 机械工业出版社, 2014.

[11] 黄风. 机器人在仪表检测生产线中的应用 [J]. 金属加工 (冷加工), 2016 (18): 60–64.